Rebecca Stott

Darwin's

進化論の知られざる歴史

ダーウィンとその〈先駆者〉たち

Ghosts

レベッカ・ストット

高田茂樹 訳

The Secret History of Evolution

作品社

進化論の知られざる歴史

——ダーウィンとその〈先駆者〉たち

ケイトとアンナに、そして、ドリンダに

『進化論の知られざる歴史――ダーウィンとその〈先駆者〉たち』目次

凡例

- （　）と［　］は著者による補足を、〔　〕は訳者による補足を示す。
- ▼と番号は原注を示し、巻末にまとめた。
- 左ページ欄外の＊と番号は原書ページ下部の脚注を、◇と番号は日本語版での訳注を示す。人名等については、煩瑣になるのを避けるために、読み進める際に、わからないと躓きになるかもしれないものに範囲を限定した。
- 本文中のゴシックは原書のイタリックによる強調を示す。

一つの属の中の複数の種が互いに移行し合うとひとたび認めれば……、
枠組み全体がぐらついて、倒れてしまう。

チャールズ・ダーウィン『備忘録C』

傑作というのは、ほかと何の関わりもなく、
単独で生まれてくるのではない。
それらは何年にもわたって共有された思考
――人々の総体による思考――の結実なのであり、
それゆえ、一つの声の背後には、無数の人々の経験があるのだ。

ヴァージニア・ウルフ『自分だけの部屋』

まえがき

　私は、神による天地創造をはじめとする聖書の記述をそのまま事実として信じる家庭で育った。子供のころ、私はしばしばチャールズ・ダーウィンについて考えた。私は、彼がいったいどういう人だったのか、そして、祖父やほかの牧師たちが断言するように、彼が悪魔の仕事をするために地上に送られたということを自分で知っていたのか、疑問に思った。そんなことをさせるために人間を作るというのはおかしなことのように思えた。そうは思ったが、しかし、それも、ことの大きさという点では、神と悪魔がヨブをひどく苦しめる話や、ソドムとゴモラの町に天使たちが現れたことよりおかしいというわけではなく、ロトの妻が変えられた塩の柱や、黙示録に登場する四人の騎士よりも不思議というわけでもなかった。私はまた、ダーウィンが、悪魔の手下として、ひづめや鱗を持っていたのかというのも、気になった。けれども、概して、そういうことを質問するのは、賢明とは言えなかった。

　九歳か一〇歳のころのある夏の暑い日、ダーウィンとその考えについて尋ねたりしたら必ず叱られるとわかっていたので、我が家のブリタニカ百科事典のページを繰って彼に関する記述を探してみることにした。家には誰もいなかった――牧師をしていた父は外出しており、母は夕べの祈りの集いのために弟や妹を呼びに行っていた――が、それでも、本棚からDと記された巻を引き出す際には恐怖を感じた。自分が自らをたいへん厄介な状況に追い込みかねないとわかっていたのだ。

けれども、ダーウィンが載っているはずのページはすっぽり抜けていた。欠けた部分に沿って、まっすぐな切れ端だけが残されていた。ずっと後になって、そのページは一九五〇年代のいつごろかに祖父がカミソリで切って捨てたのだと、父が教えてくれた。百科事典が一揃い木箱に入って届いたとき、祖父は、ブライトンの家の居間に、その事典に感嘆させるべく、家族全員を召集した。その儀式のさなかに、彼はDの巻を取り上げて、チャールズ・ダーウィン氏の邪悪さについての説教を垂れながら、ページにカミソリを当てたのだという。

欠けたページは、ダーウィンが本当は何を言ったのか知ろうという私の決意をいっそう固めさせることにしかならなかった。我が家の本棚には、『メアリー・ジョーンズとその聖書』といった何冊かの道徳本など、用心深く選んだわずかな本しか置いてなかったので、私はすでに学校の図書室に潜む破戒の快感を発見していた。その図書室で、数日後、もう一組の百科事典を見つけて、授業の合間のわずかな時間に、いつなんどき見つかって糾弾されることになりかねないとはっきりわかっていたので、大急ぎで、進化の定義や、動物と人間の類縁関係、自然選択について読んだ。私はそのページに記された複雑な考えを理解しようと懸命に努めたが、それでも、先生にすら質問をぶつけることは出来なかった。私が科学に興味を持っているということが、父兄会の席でばらされるかもしれないと恐れたからである。疑問は頭の中でどんどん膨らんでいって、私は、半分動物で半分人間の姿をした生き物や、溶岩で覆われた大地の光景、あるいは、先史時代の世界などについて、夢想するようになった。

のちに両親は穏健な英国教会に加入して、より寛容な見解を取るようになり、さらに時が経つと、父は信仰そのものを失って、母も家族がそれぞれ自分の信ずる道を進んでいくことを認めるようになっていて、私は、十代のころには、自分の知的好奇心を追求する自由を得ていたが、それでも、ふらっと図書室に寄って、ダーウィンや進化論、あるいは、遺伝学についての本を収めた書架の前に立ち戻ることがよくあって、そんな際には、その後もずっと危険の抗いがたい魅力と戦慄とを同時に感じたものだった。今でもその感覚に変わりはない。

ある種の好奇心、おそらくとりわけ子供のころの禁止と破戒から生じる好奇心は、生涯にわたる読書と思索をもってしても満たされることはない。進化論は私に世界に対する一つの新しい見方を開けてみせた。それは、それまでの私が当たり前のように教えられて育った見方とは全く違うものだったが、だからといって、必ずしもより理解しやすいとか、あるいは、よりおかしくない、異様でないといったものでもなかった。

何年ものちに、私は若き日のダーウィンについて本を書いた。私は彼の頑なさや、その反逆心、あるいは、彼の想像力の幅広さと怜悧さゆえに、そしてまた、自分が異端者だと非難されるだろうと知りながら種の起源についての自説を曲げることなく自らの問いに対する答えを追求しつづけたその態度ゆえに、彼に深く傾倒するようになった。

同時にまた、私は、ダーウィンの背後に影のように見え隠れする人々、彼の先駆者たち、ダーウィンほどにはよく知られていないが、彼に先だって——場合によっては、彼よりもずっと以前に——種の起源について同様な問いを発して、同様な結論に至っていた反逆者たちについても、そういった経緯を知るにつれて、強く惹かれるようになった。このような人々はどういう種類の危険に身をさらしたのだろう。彼らはその好奇心に対してどのような代償を払ったのだろう。なぜ自然の法則や種の起源を理解することが彼らにとって重要であり、そのためには、彼らは知的あるいは宗教的な正統に対して挑戦し、そうすることで、自分の名声や時にはその自由をすら危険にさらすことを辞さなかったのだろう。私には、彼らが聡明であるだけでなく、不屈の意志の持ち主だったに違いないとわかっていた。

司祭や司教たちはダーウィンの先駆者たちを糾弾し、治安機関は彼らを監視した。彼らは家族を恥辱にさらすことを恐れて、自分たちの考えを奥深くにしまい込んだ。彼らはそういった考えを公にすることを先延ばしにした。そして、考えを共有する人々と、時間や種の起源について彼らをやみがたく駆り立てる問いを口にすることの出来る安全な場とを、探し求めた。彼らは地下に潜った。それでもなお、彼らはみな種とは固定されたものではなく、それらがすべて七日のうちに創造されたわけでもないと確信して、その証拠を集め続けた。

ダーウィンの先駆者の多くは不信心者（infidels）と呼ばれた。この言葉は一五世紀に由来し、最も広い意味で、信仰心のない者を指していた。一八、一九世紀ころまでに、宗教的な指導者がダーウィンの先駆者たちを不信心者と呼ぶとき、彼らは、こういった人々のことを十字軍の不信心な兵士[◇1]と同じくらい危険な存在と信じていた。種の可変性についての理論を推し進める者は誰であれ、そういった考えは聖書に記された聖なる真理に背馳するがゆえに、キリスト教の敵であると、彼らは宣告した。一八世紀初頭までに、たいへん多くの不信心者が――大方は、改革運動の一環として無神論を唱える急進主義者たちだったが――世にあふれているように感じられたので、福音派[◇2]の人々は、いかにして公の場で不信心者を見抜いて、彼らの危険な罠や策謀を避けて通るかを、若者に教え諭すために、『不信心から身を守るための若者の手引き』といった題の本を著した。[▼1]

私は、本書の中で一種の略記法で、こういった人々のことを進化論者と呼んでいるが、厳密に言えばそういう呼び方は出来ない。ダーウィンですら自分のことを進化論者と呼んではいなかった。「進化」（evolution）という言葉は、本来「解き開くこと」を意味しているが、一九世紀後半までは、自然選択を通しての種の変異という意味で一般に用いられることはなかった。それ以前には、種の変容とか改変を伴う遺伝などといった考えを言い表す一般的な言葉はなかった。一九世紀初期のフランスで、ジャン＝バティスト・ラマルクたちは「変容」（transformism）という語を用いた。一八三二年、イギリスの地質学者チャールズ・ライエルは、種の変化という理論に根本的に反対しており、フランス人のことを、イギリス人から見ればああいう連中は全員不信心者だということで頭から軽蔑していたので、その理論を「変成」（transmutation）と呼んだが、これは錬金術に由来する言葉で、ライエルはこの理論を頑迷にして異端であると罵倒したのである。誰もが、錬金術師たちは、魔術や一角獣や銅から金を作り出す過程について馬鹿げた考えを抱いていたことを知っていた。ライエルは、『地質学原理』第二巻の中で四〇ページにわたる詳細な論駁を展開して、種の変異・変成というのは突拍子もない発想であり、空中の楼閣にすぎないと断言した。

一八三七年七月、ビーグル号◇3の船上でそれまでにライエルの『原理』を繰り返し読んでいながら、自らの調査・研究を通して種の変化という考えが正しいということを確信するようになっていたチャールズ・ダーウィンは、彼がのちに「種の変異」についてのノートと呼ぶことになる一連の記録に着手した。一八四七年に、彼は友人のジョーゼフ・フッカーに宛てた手紙の中で、「私たち変異論者」という言葉を用いた。この手紙の中で、彼は自らの旗幟(きし)を鮮明にして、フッカーにも同じことをするよう説得に努めたのである。▼2彼はこういった理論に何ら馬鹿げた点があると思わなかったが、それでも、その理論がすべてのもっともな疑念を抑えて正しいということを証明できる方法を自分が見つけるまでは、そういう考えを抱いているとわかれば馬鹿にされるだろうと知っていた。彼は自分がしていることが危険だということをわかっていたのだ。

◇1 **十字軍の不信心な兵士**　いうまでもなく、十字軍は、侵攻してくるイスラム勢力に対抗して、侵略された地域のキリスト教徒を支援するために派遣されたものだが、実際には、派遣先のキリスト教徒やその資産に対して、蛮行や略奪を繰り返す者が後を絶たず、イスラム教徒と同様に、忌み嫌われ、恐れられることが多かった。

◇2 **福音派**　プロテスタントの中でもとりわけ保守的な信仰を守るグループ。聖書の記述はすべて真実であって、誤りがないと主張し、そのため、進化論を否定しようとする傾向が際立って強い。➡第11章訳注◇4(三二五ページ)も併せて参照されたい。

◇3 **ビーグル号**　イギリス海軍の測量観測用の帆船。この船が一八三一年から三六年にかけて、南米の沿岸部の詳細な地図を作成するために派遣された際に、大学を出て間もなかったダーウィンが、専属(無給)の自然誌家として同行し、先々の寄港地で、現地の地勢や動植物についての観察を重ねて、詳細な記録を残した。この体験と記録が、のちの『種の起源』の執筆の礎となった(チャールズ・ダーウィン、荒俣宏訳『新訳ビーグル号航海記』(上・下、平凡社、二〇一三))。

一八五九年、ダーウィンが最終的に『自然選択による種の起源』を刊行して、非難・叱責の最初の波を迎え撃つ準備を始める中で、彼は自分の先駆者たちについてどんどん惹かれるようになっていった。彼は、こういった人々を忘却の淵から引き上げるために、一つの系図、知的遺伝の系譜をまとめようと決意したが、多くの情報を詳らか（つまび）にすることは出来なかった。友人に宛てた手紙の中で書いているが、彼は歴史の研究者としては非力だった。彼はまた、自分がその歴史を歪めたり、自分の先駆者たちを正当に評価できないのではないかと心配もした。彼は、自分で掘り起こしたわずかな知識で出来るだけのことはして、『種の起源』の第三版に「歴史的概観」という序文を付け加えて、その中で、彼に先だって進化論的な考えを発表していた三〇人の人物の名を挙げている。第四版でそのリストを改訂するまでに、挙げられる人物の数は三八人にふくれあがっていた。概観はまさしくその通りのもので、いくぶんためらいがちな記録で、許された時間の中でダーウィンが出来た最良のものであり、必要とされたものを完全に満たしていた。けれども、自分が尊敬する人々の伝記を読むことに強烈な喜びを感じる人間として、彼はつねに自分の先駆者たちの失われた生涯に関心を抱き続けたに違いない。本書『進化論の知られざる歴史』は、ダーウィンとその先駆者たちの両方に捧げられている。

これらの失われた先人たちを探し始めて、私は、ダーウィンのリストには載っていない科学の探究者たち——中世のバスラや、ルネサンス期のイタリアやフランスに生きて、「原＝進化論者」と呼ばれてきたが、ダーウィンには全く知られていなかったであろう人々——を発見した。また、ダーウィンのリストの中に、本来そこにいるべきでなかった人々も発見した。悲しいことに、『種の起源』以前に、進化論的な考えを発表していた女性は一人も見つけることが出来なかった。

ここで私は、本書に収められてしかるべき人々全員を扱っているわけではない。選んだ人々のうちの何人かは、自分の章を持っている。その生涯の物語がとりわけ他の人と絡み合っている何人かは、他の人と章を分け合っている。さらに別の人は、他の人が主役を務める章にわずかに顔を出す程度で終わっている。しかし、ここに登場する人々はすべて、開拓者であり、古い因習を打破した人々であり、状況の刷新者である。ダーウィンが知っていたなら、たとえ彼らの探究や考えを間違っているとか絵空事だと感じたとしても、自分の近親者だと見なしたであろう人たちである。彼らのほとんどは、残念ながら、ダーウィンの陰に隠れて、今では私たちの視界から消えてしまっている。

第1章　ダーウィンのリスト

一八五九年　ケント

　一八五九年のクリスマスの直前、彼がようやく『自然選択による種の起源』を発表してからわずか一月後、チャールズ・ダーウィンは、自分の知的先駆者たちについての思いに悩まされるようになり、取り憑かれるようにすらなっていた。彼は極度の不安状態に陥り、それには、いつも以上に物忘れがひどくなるという症状も伴っていた。
　寒い冬だった。ダーウィンとしては、子供たちと海岸を散歩して、木々の上に降りた霜が描く精妙な模様を観賞したいところだったかもしれないが、彼は自分にはやるべき仕事が――自分の本についての手紙に返事を書き、批判に向き合うという課題が――待っていることを知っていた。
　彼は非難の嵐の第一波を保養地イルクリーの療養所でしのいだところだった。顔の肌は乾燥して湿疹でひびが入ったありさまで、療養所では、暑い部屋で濡れたシーツにくるまれて、水療法を受けた。自宅であるダウンハウスに戻ると、子供たちがもうクリスマスのためにヒイラギとツタとヤドリギで屋敷を飾りたてていたが、それ以降、彼は、毎朝、書斎の窓の外の砂利を踏む郵便配達の足音に身構えるようになっていた。手紙は蜂の群れのように大挙してやってくると、彼は妻のエマに嘆いた。[1]
　ダウンハウスに届けられる新たな郵袋の一つ一つが、あるいは遠回しに、あるいは明け透けに、非難す

ケント州のダウンハウス(ダーウィン邸)内のダーウィンの書斎(提供 ゲッティ・イメージズ)

る手紙の山をもたらした。称賛を記したものも少しはあった。評者の中には憤懣を露(あらわ)にする者もあったかもしれないが、しかし、それでも、何百人もの一般読者が自分の本を読んでいるのだと、ダーウィンは自らを励ました。一一月の一日には、初版の一二五〇部がすべて売り切れていた。ムーディの優良図書賃貸図書館ですら五百部を押さえていた。本を出版したジョン・マリーは、今では第二版の刊行に取りかかっており、今度は三千部を印刷するつもりで、彼はダーウィンにわずかな小さな誤りを正すことを認めていた。ダーウィンは安堵した。彼は誤りに当惑していたのだ。

　読者と評者が彼の本に対する賛否それぞれの立場を鮮明にするのに応じて、ダーウィンは、一人一人が戦場のどこに位置しているのか、記録を取り始めた。彼は、気の置けない親友であった植物学者のジョーゼフ・フッカーに、「僕らはまもなく相当規模の有能な一団を形成することになるだろう。若くて有望な博物学者たちはみな僕らの側につくはずだと確信している」[▼2]と書き送った。

　ダーウィンを長期にわたる不安発作に陥れた手

紙は、オックスフォードのサヴィル記念幾何学講座の教授ベーデン・パウエル師からのものだった。パウエルは神学者と物理学者を兼ねており、一時期、種の発達説の熱心な支持者だった。[*1] 年老いた教授は、教会内での異端の廉で訴追される瀬戸際に立っていた。[▼3] その日届いた手紙の山全体のうちでは、パウエルからの書簡ならおおかた無害なものだろうと、ダーウィンは高を括っていた。[▼4] 彼はざっと目を通して、「すばらしい書物」とか他のいくつかの称賛の言葉に目を止めて、安堵した。しかし、ベーデン・パウエルは満足していなかった。賛辞を終えると、教授は真っ向からの攻撃に乗り出して、言っていることが間違っているからでもなければ、不信心であるからでもなく、**自分がいかに先駆者たちの仕事に負っているかをきちんと認めて謝意を表していない**という点で、ダーウィンを批判した。彼はさらに、ダーウィンが他の人々によって、とりわけ自分によって、すでに論じられた理論を、自身の手柄にしているとすらほのめかした。

ダーウィンが剽窃の廉で非難を受けたのはこれが初めてではなかったが、今までは、非難は評言の中に収められていて、暗黙裡のものにすぎなかった。この本はどれほど独創的なのか、ダーウィン氏のこの考えはどの程度**新しい**のか、人々は明らかに問うていた。

独創的と言えるか議論の余地のあるような考えを自説として出版する際に、ほとんどの科学者がするように、自分も序文——それまでに提起されたあらゆる考えについての概略——を書いておきさえすれば、剽窃という非難からもっとうまく身を守れただろうにと、ダーウィンはいらいらと思いを巡らせた、それがあれば、発想に歴史と脈絡を与えることが出来る。それは、どこまでが他人の考えで、どこからが自分の考えなのか、その境目を示す方法である。しかし、彼はそれを書くつもりだったのに、実際には書かなかった。そしていま、彼は他人の考えを自分のものと騙(かた)ったと非難されているのだ。

*1 ベーデン・パウエル師はボーイ・スカウト運動を創始したロバート・ベーデン＝パウエルの父親である。

座ってパウエルの手紙を繰り返し読んでいるあいだに、ダーウィンの脳裏にはさまざまな言い訳がつぎつぎに浮かんできた。彼はパウエルに伝えたかった。自分は短い序文を用意すべきだったが、本の刊行をせかされていたのだ。体調も全然よくなかったし。大の親友である植物学者のジョーゼフ・フッカーと地質学者のチャールズ・ライエルは何年にもわたって早く出版するようにとせき立てていた。そして、アルフレッド・ラッセル・ウォーレスがマレー群島から、ウォーレス自身も自然選択という考えに至っていたということを示す、憂慮すべき論文をダーウィンの許に送ってきたとき、フッカーとライエルは、ほとんど無理矢理に彼を出版へと直行させたのだ。彼は何カ月ものあいだ執筆のためにほとんど寝ていなかった。これほど速く、また、これほど長きにわたってものを書きつづけたことはかつてなかった。そして、このたいへんな慌ただしさの中で、彼は自分に先行した人々に謝意を表することをおろそかにしてしまったのだ。[5]その上、歴史の研究者としては非力であることを自覚していたので、彼は、いったい誰が自分に先行**していた**のか自身きちんとわかっているのか、また、彼らの考えを正確かつ公平に描く技量が自分にあるのか、自信がなかった。[6]彼らは地球上のあらゆる言語で書いている。そのうちのある者は無名で、またある者は気が狂っていた。その業績を掘り起こして一覧にするのには何年もかかっていただろう。

　ダーウィンは、ウォーレスの熱心な手紙から、相手が自然選択の理論の構築に近づきつつあることをわかっていたが、ウォーレスの論文を読むまでは、彼はこの聡明な若い収集家が理論を仕上げつつあるそのスピードを甘く見ていた。こんなにぐずぐず先延ばしにしたあげくに、アルフレッド・ラッセル・ウォーレスのような人間が脇から入ってきて、論文を発表して、自分より先に自然選択を発見したという栄誉に浴するというのは、考えるだけでも耐えがたいことだった。この時点でフッカーとライエルが介入して、ダーウィンが最初に自然選択の考えを考案したのはおよそ二〇年も前のことだったと、ウォーレスに説明した。ウォーレスは寛容だった。彼は自分が自然選択の発見者であると主張するつもりは一切ないと伝えてきた。彼はさらにフッカーに手紙を送って、ダーウィンがその功績を認められることを自分は全く気に

1854年に撮られた写真に基づく、40代のダーウィンの肖像（ハーパーズ・マガジン［1884］より）

していないし、むしろそうなるのは正しいことだとすら語った。彼は自分としてはいくばくかの栄誉を授けられたことで幸運だったと感じていると打ち明けた。[7]

　こうして、ウォーレスは自分が自然選択を発見したという主張を取り下げていた。ところがいま、ダーウィンがウォーレスとの紛糾を回避してわずか一年後に、別の候補者——ベーデン・パウエル師——が、かつての仕事仲間に行いを悔い改めるよう迫る、ディケンズの『クリスマス・キャロル』の中のマーリーの亡霊のように、郵袋から現れて新たに権利を主張してきたのだ。ダーウィンはパウエルのことなど忘れていた。

「**私の理論、私の学説**」。ダーウィンは何年にもわたって自分の備忘録にこれらの言葉を書き続けていた。しかし、それははたして自分**だけ**のものだったのだろうか。彼はフッカーとライエルに自分としてはまだ準備が整っていないと語っていた。二人が彼に出版を急ぐようにせき立てたのは、彼らにしてみれば大いに結構なことだった。結局のところ、**二人は**反発や憤怒にさらされることなどないのだ。迷惑をこうむったそれぞれの妻に事情を説明する必要に迫られるようなこともないだろう。主教や牧師、頭の固い連中などをなだめる必要もなければ、剽窃という非難に応える必要もない。そして今や、ジョン・マリーは『種の起源』をさらに三千部、世に送り出そうとしているのだ。

この流れはすべてもう止めようがなかった。彼の理論は、自身が想い描いていたように、ひっそりと公の領域へと漏れ出ていったのではなく、洪水のように――イルクリーの水療法の設備に付いた給水管からほとばしる冷水のようにすさまじい勢いで――世の中に出ていったのだ。彼とライエルとフッカーはただ綱を引いてバルブを開けただけだった。その結果がこれである。

フッカーならどうすればいいかわかるだろう。ダーウィンは彼をダウンハウスに招待する手紙を書いた。奥さんと子供さんも連れてきてくれ。一八五九年の一二月、ジョーゼフ・フッカーの妻はダーウィンに手紙をしたためて、夫は一月の第二週にダーウィン家を訪問させていただきたい、そして、長男のウィリアムも同行させたいと、伝えてきた。ダーウィンは喜んだ。彼はフッカーに手紙を書いて、こういう訪問は自分にとって大いに助けになるだろう、というのも、水療法で身体の具合はよくなっていたのだが、批判の嵐にさらされた今となっては「完全に打ちのめされて、立ち上がる気力もない、ぼろくず同然のありさまなのだ」[▼8]と訴えた。湿疹がまたぶり返して、気分が悪く、吐き気にも苦しんだ。

翌日、クリスマスの三日前に、ダーウィンがまだベーデン・パウエル師への返事を書きあぐねているあいだに、三人目の候補が、今度はフランスから現れた。執事が夕方の便で小包が届いていると告げた。子供たちは抗議したが、ダーウィンは、エマがクリスマス・ツリーの陰で子供たちに本を読み聞かせている暖かい客間を後にして、広間を通って、暗くなった書斎に戻ると、小包を受け取った。

宛名の筆跡がフッカーのものであるのを認めて、彼は嬉しく思い安堵もした。小包には、ダーウィンが読むことを約束していたフッカーの論文と、フランスの科学雑誌『園芸誌』の重い一冊が入っていた。一緒に添えた手紙の中で、フッカーは、ドケーヌ[*2]という科学者が彼に書簡を送ってきて、シャルル・ノーダンという植物学者がすでに一八五二年に自然選択を発見していると伝えてきたと説明した。ドケーヌは、ダーウィンには自然選択を自分の考えだと主張する権利はないと書いてきたのである。フッカーは、ダーウィンがこの主張の是非を自分で判断できるように、種に関するノーダンの論文が掲載された雑誌の一冊を同封してきた。[9] ダーウィンはノーダンの著作を何年も前に読んでいて高く評価していたが、その論文のことはすっかり忘れていた。

ダーウィンは書斎の暖炉にもう一度火を付けるように言いつけた。彼は、強風が窓枠をがたがたいわせる中で、フランス語の科学用語のいくつかに悪戦苦闘して、フランス語の辞書に手を伸ばしつつ、メモを取りながら、夜遅くまでノーダンの論文を繰り返し読んだ。[10] 数時間後、彼はエマに、結論から言えば、ノーダンこそが発見者であるという主張は大した脅威ではないと語った。フランスの生物学者は自然選択を発見していなかった。自分はそのことをはっきりと確信できたのだ。

翌朝、前夜のフランス語の動詞との格闘の痕跡とぎっしりと書き散らしたメモが散乱する机に向かうと、彼はフッカーの不安を鎮めるために手紙を書いて、自身安堵しつつ、「生存競争や自然選択といった言葉は一つも見当たらなかった」と説明した。ノーダンは、フランスの進化論者ジャン゠バティスト・ラマルクと同様、自然選択という考えに近づいてなどいなかったと、彼は強い調子で書いている。ダーウィンは、したが、いくぶん当惑したような調子で、「人の業績に負うところはないとか、自分の方が先だなどと言い張るのは、馬鹿げたことなのだが」[11] と付け加えている。結局のところ、彼はノーダンに対して何ら悪感情を持っているわけではない。ノーダンはノーダンで優れた植物学者なのだ。

ダーウィンは、亡霊のように現れてくるこれらの自薦・他薦の先駆者候補に対して、どのように応じる

＊2　植物学者ジョゼフ・ドケーヌ。

のが一番いいのか決めかねた。ウォーレスとの件でフッカーとライエルがしてくれたように、他人に介入してもらうべきなのか。新たに主張してくる者に、自分で直接手紙を書くべきか、それとも、単純に無視するべきか。どうするのが紳士にふさわしい振る舞いなのか。クリスマスのディナーのあいだも、問題はダーウィンを悩ませた。午後、子供たちが遊んでいるあいだに、彼はその場を外して、フッカーに手紙を書くために書斎に向かうと、自身の良心と格闘するかのように書き殴った。「僕としてはドケーヌに手紙を書くつもりはない。僕はつねに、誰も自分の考えが人より先行していたなどと言わない方がいいと強く感じてきた。自分が、本来そうあるべきほど、そういうことに無頓着であるとは言えないが、しかし、言わないことで、結果的に何か余計なことをするのを避けることが出来るのだ。」[12] だが、ベーデン・パウエル師の場合は違っていた。彼には答える必要がある。この男の主張は一理ある。ダーウィンは、自分より前に進化論的な考えを発表する勇気を持っていたすべての自然誌家――例えば、彼の祖父エラズマス・ダーウィンや、間違った点もあったが聡明なラマルクなど――の功績を称えて謝意を表するべきだったと、自ら進んで認めた。それを怠ったことは礼を失している。刊行を急ぐ慌ただしさの中で、ダーウィンは彼らのことを忘れていたのだ。

　みなが彼らのことを忘れていたのだ。

　新年の休暇のあいだずっと、飲んだり食べたり歌ったりのお祭り騒ぎのあいだずっと、ダーウィンはパウエルへの手紙の文章を練ることに悪戦苦闘した。彼はあけすけな教授がオリエル・カレッジのフェローたちに向かって、あるいは地質学会の会合で、口角泡を飛ばして怒りをぶちまけているさまを想像した。ダーウィンの頭の中では、何度も、パウエルとの会話が――時には怒気を孕み、時には釈明したり詫びを入れたりしながら――繰り広げられた。クリスマスは自分の評判を守ることに充てる時ではないと、彼は自らに言い聞かせて、家族の祝いに参加し、よき父、よき夫であろうと、クリスマスと一二月二七日の自分の誕生日のためにケンブリッジから帰省していた長男ウィリアムの言葉に耳を傾けようと、努めた。

その決意にもかかわらず、ダーウィンは夜になっても眠れず、エマの迷惑にならないようにベッドから抜け出して、書斎の床を行ったり来たりしていた。自分は他にどれほどの先駆者を忘れているのだろう。単に知らないだけの先駆者はどれほどいるのだろう。自分は科学史に明るいことなど決してなかった。遺漏のないリストなどどうすれば書けるのだろう。

フッカーの訪問は予定通りに実現しそうになかった。ダウンハウスは内と外の両方から攻め立てられているようだった。すさまじい嵐が立て続けに国を襲った。沿岸部では船の難破がいくつも報じられた。ウィルトシャーでの竜巻は木々を根こそぎ倒して乾し草の堆（たい）を壊し、農家の屋根から萱（かや）を吹き飛ばした。重い氷の塊が異常な雹の嵐となって降ってきて、小鳥や野ウサギ、穴ウサギを殺してしまった。[13]年が明けると、九歳のレニー・ダーウィンに熱病の症状が出始めた。最初の発疹が現れたとき、エマはダーウィンに、訪問を延期するようフッカーに手紙を書くように促した。ダーウィンは悲しげに友人に手紙をしたためて、エマの警告の言葉を伝えた、「レニーははしかにかかっており、これは村中で異常にはやっているから、家中に野火のように広がるのは間違いない。お宅のウィリー君がはしかにかかったことがないなら、彼をうちに連れてくるのは安全と言えるか心配だ[14]」。

一八六〇年一月の一週目に、はしかはまず一二歳のエリザベスに、それから、一一歳のフランシスに広がった。フッカーと話すことが出来ないので、ダーウィンはパウエルに手紙を書いて、何年も前に予定していたとおり、歴史的な概観の草案を記すことにした。時期もよかった。アメリカ人の植物学者エイサ・グレーが『種の起源』のアメリカ版の定本を準備しており、彼はダーウィンに序文を書いてくれるよう希望していた。ダーウィンは、「アメリカ版にきちんとした歴史的な概観を付すことで、すべてを正すことが出来る」と自らに言い聞かせて、そもそも、種の変容という考えは自分が言い出したものではないと、思い起こしていた。改変を伴う遺伝という考えも自分が思いついたものではないのだ。それはラマルクとマイエに由来するもので、そして、さらに遡って、ビュフォンやダーウィンの祖父の本『ズーノミア』にさえ見られるものである。もちろんパウエルは、ダーウィンが改変を伴う遺伝という考えを自分のものだと主張したと考えたのだが、彼はそんなことを主張してはいない。しかし、自然選択——自然は生き残るのに最も適したものを選択することによって発展してきたという考え——は**彼自身のもの**である。彼以前には、誰も——ウォーレスですら——自然選択を発見しておらず、少なくとも、きわめて多くの種類の事実を説明することが出来るようなかたちで、それらの考えを一つに結びつけることはなかった。彼は、自身に対しても、先駆者たちに対しても、何が彼のものであり何が彼らのものなのか説明する責務があった。

一月八日、パウエルへの手紙を書き始めたときになってやっと、ダーウィンは突然、自分が何年か前に先駆者のリストを書きかけていたことを思い出した。彼はリストを探しに行った。着手しただけで終わった歴史的概観は、彼が入れておいた引き出しにそのまま残っていた。それは、まだ発表に至っていない、種に関する本の大部の完全な草稿版とひとまとめにして仕舞ってあった。一覧は、当然のことながら、完成していなかった。それは、先駆者の名前を書き殴って注を付けた程度の簡単な目録にすぎなかった。だが、ともかくもそれはあったのだ。彼は、種に関する自分の本にはそういったリストが必要だろうとわかっていて、一八五六年の時点でその作成に着手していたのである。そのことで、ダーウィンは、自身の物忘れがいかに広く深いものであるかを思い知らされて、あらためて赤面する思いだった。目録の中にはベーデン・パウエル師も挙げられていて、正当に評価され称賛されていた。

それで、彼はパウエルに書き送った。「親愛なるパウエル先生」と彼は始めた、

あの本を執筆しているあいだ、私の健康状態は全く良くなく、それで、自分の労苦をいささかも増やす気になれませんでした。そのため、この問題の歴史を辿ることも試みませんでした。そうする必要があるとも思いませんでした。実際、私はただ『創造の自然史の痕跡』について言及しただけで、そうしたことについては今まことに遺憾に思っています。教育を受けた人間なら誰しも、いや、最も無

知な人間ですら、おのおのの種がそれぞれ独立して創造されたのではないという学説を自分に由来するものであると、私が詐称するつもりだったなどと想像することは出来ないでしょう。……もし私が、その能力や貢献の度合いはさまざまですが、種はそれぞれ別個に創造されたのではないと主張してきた著者たちに言及していたなら、その全員について――つまり、古代の人々は措くとして――何らかの説明をする必要を感じていたでしょう。

そして、ここで、ダーウィンは、名前と、そして綴りのいくつかを、思い出すために、以前作った一覧に目をやらなければならなかった。

ビュフォン(?)、ラマルク(ついでながら、彼の間違った見方は、私の祖父によって奇妙に先取りされています)、エティエンヌ・ジョフロワ・サンティレール[綴りは少々間違っている]、そしてとりわけ、彼の息子のイジドール、ノーダン、キーザーリング、アメリカ人(今はちょっと名前が出てきませんが)、『創造の痕跡』、おそらく何人かのドイツ人、ハーバート・スペンサーなど、そして、あなたご自身もです。……私は、もっと大部の本では、何かそういった歴史を試みるつもりでいたのです。でも、これだけ名前を挙げただけで、もう恐ろしくなります。それでも、何人かの科学者の友人に相談して、その助言に従ってやってみるつもりです。▼15

ダーウィンは、語調を確認するために、手紙を読み返した。ざっと読んで、「これだけ名前を挙げただけで、もう恐ろしくなります」という一節に引っかかった。これはたぶんあまりに率直すぎるだろうし、いくぶん芝居がかってもいる。でも、率直さはパウエルの怒りを和らげることになるだろう。そしてまた、結局のところ、これは本当のことである。名前を挙げただけで、彼は恐ろしくなった。一枚の紙に書き殴った名前を見ただけで、ダーウィンは恐ろしくなったのだ。

先駆者だと。それはいったいどういう人のことなのだ。彼らのほとんどはもう死んでいる。彼らの名前はダーウィンの記憶から落ちていた。どうして自分はアメリカ人の進化論者の名前を思い出せないのだろう。[*3]歴史的な概観を書くということを考えただけで、疲労困憊してしまって、彼はパウエルへの手紙を折りたたむと、投函するよう執事のパースローに手渡した。

仕事はいつまで経っても終わらないように思えた。書斎に戻って、暖炉の火をかき立てていると、暖まるにつれて乾燥のためにかゆみが刺激されて、顔の肌がぼろぼろ剝がれ落ちるのも感じられ、そんな中で非難の重荷が両肩にずっしりとのしかかってきた。出版に踏み切ったとたんに、読者全員の——司祭と神学者、評者と手紙の執筆者などの——なすがままという立場に置かれたわけである。本が刊行される四日前に、『アシニーアム』誌の評者は『種の起源』を糾弾して、これはあまりに危険でとても読めるものではないと宣告した。次の日、ダーウィンはフッカーに手紙を書いた。評者が自分を「永劫の世界に引き立て、僕に司祭たちをけしかけて、彼らのなすがままにさせるそのやり方は、いかにも卑劣だ……。彼は決して僕を火刑に処そうとしないだろうが、進んで薪(まき)を用意して、どうすれば僕を捕まえられるか悪魔たちに教えるだろう[▼16]」。

そして、暖炉の火が投げかける光の中で、ダーウィンは、イギリスの各地の市場で焼き殺された異端者たちのことを思い起こした。彼らはミサを続けたがゆえに、あるいは、ミサを続けなかったがゆえに、焼き殺されたのだ。拷問や飢えの下でさえ信念を撤回しなかったがゆえに、焼き殺されたのだ。出版に踏み切った今、親友ですら自分に背を向けるかもしれない。彼らと親交のある司祭や主教は彼らにそうすることを期待するだろう。これは最後の審判、いずれの側につくか決めるときなのだ。一一月一一日、彼は博物学者ヒュー・ファルコナーに、『種の起源』を読んだ暁には、「いやはや、君だって、どんなに野蛮になってしまうことか、……どんなにか僕を生きたまま十字架に架けたくなってしまうことか[▼17]」と警告していた。ずっと以前、彼が最終的に勇気を奮い起こして初めて友人たちに自分の種の理論について話した一八四四年、ダーウィンはフッカーに「それは殺人を告白するようなものだ」と認めていた。

その後の三週間、冬が深まり、寒気がイギリスの湖や川を凍らせ、強風が戻ってきてダウンハウスの周りで吹き荒れて、窓の桟をがたがたいわせているあいだに、ダーウィンの一覧は成長していた。彼はエマに語った。パウエルに送った一覧には一〇人の名前と、やはり名前を忘れていた「何人かのドイツ人」のことしかなかった。それが今では、先駆者たちが一人また一人と暗闇から、自分の文章の鮮明な光の下に現れてくるにつれて、恐怖の念は収まり始めた。ダーウィンは彼らの存在を一種の防御壁、知的剽窃の嫌疑から守ってくれる盾と感じるようになっただけでなく、彼らのことを一種の同盟者で、無法者仲間、不信心の同志と考えるようになった。彼はこういった人々の言葉を繰り返し読んで、新たに得られた知識によってますます自信を深めていった。今では、もし要求されれば、自分は自身の考えのどこがすでに先取りされていて、どこが全く新しいのか正確に定義することが出来る。

自分は彼らのことを高く評価し称賛している。もう名前を忘れることもない。

三週間後の二月八日、ダーウィンは、海賊版として出版された初版に訂正を加え改訂したアメリカ版の定本に付すために、「歴史的概観」の最初の版をアメリカに向けて送った。ダーウィンのリストは、一月半ばに彼がパウエルに示すために試案としてかき集めた最初の一〇人からほとんど倍の長さに増えていた。一九六〇年の夏に刊行されたこの新しいリストには一八人の名前が挙げられていた。この先駆者の一覧は、

＊3　これはアメリカ人の分類学者で博識家でもあったサミュエル・ステフマン・ハルデマン（一八一二−一八八〇）のことである。

自分に出来る限り遺漏のないものだとダーウィンは確信していた。彼は「歴史的概観」の同じ版を、一八六〇年の最初のドイツ語版のために『種の起源』を訳していたハイデルベルクのハインリッヒ・ゲオルク・ブロンにも送った。

一八名の先駆者たち。いい数だ。しかし、それでもまだ比較的小さな数ではある。

その間、『種の起源』に敵意を燃やす書評は、より公然と攻撃的になってきていた。戦闘の準備は整ったのだ。「石が飛び始めている」と、ダーウィンはフッカーに書き送って、ウォーレスに対しても、「こういった攻撃はすべて、僕にあくまで戦うという決意を固めさせることにしかならない」[18]と請け合っている。エイサ・グレーには彼は「僕は鎧の鋲を止めて、最善を尽くして戦うつもりです。……でも、長い戦いとなるでしょう。一人では、僕は非力で、激務にも耐えず、健康状態の悪さを痛感しています」[19]と書き送った。

それでもまだ、陰から踏み出して、ダーウィンの栄光のいくぶんかは自分のものだと主張しようとする重要な進化論者が他にもいた。

一八六〇年四月七日、彼のお気に入りの雑誌『園芸家報』に、彼がそれまで名前も聞いたことのなかったスコットランドの地主で果樹農家のパトリック・マシューという人物による論文が掲載された。その中で、マシューは、ダーウィンよりも二八年も早い一八三一年に、自分は自然選択を発見していたと主張した。遠回しの表現など全くない。これは真っ向からの非難である。ダーウィンには自然選択を自分のものだと主張する権利はないと、マシューは書いており、その証拠として、彼は、あまり期待を持てそうにない『海軍の用材と樹木栽培』という題名の自分の元の本からの短い抜粋をいくつも挙げていた。

ダーウィンは、自分の慣れ親しんできた『園芸家報』の誌上でこんな攻撃が展開されたことに衝撃を受けた。しかも、自分こそが自然選択の発見者だというマシューの主張は強硬なものだった。本気で心配して、ダーウィンは本を取り寄せたが、問題の箇所が重箱の隅をつついたような専門的な本の付記に押し込められているのを見て、安心した。それでも、彼は紳士的に振る舞うことにした。

一週間かそこら後に、ダーウィンは『園芸家報』に手紙を送って、「私は、自分が自然選択という名の下に種の起源について提案した説明を、マシュー氏が何年も前に予見しておられたことを率直に認めます。ただ、それらがごく手短に触れられただけで、海軍の用材と樹木栽培に関する本の付記に記載されていたことを考えれば、私もおそらく他のいかなる博物学者もマシュー氏の見解のことを聞いていなかったとしても、誰も驚かないのではないでしょうか。[20]私としては、マシュー氏の著書のことを全く存じ上げなかったことで氏にお詫び申し上げるしかありません」と書いた。

ダーウィンの反応は、マシューのいきり立った思いをすみやかに鎮めることになった。おだてられて気をよくした果樹農家は、五月一二日に、『園芸家報』にこの問題についての彼の最終的な言葉を寄せた。「私には、この自然の法則に関する着想は、集中的な思考の努力などほとんど要することなく、自明の事実として直感的に得られた。その点で、発見におけるダーウィン氏の功績は、私がした貢献より大きいように思われる。私にはそれが発見とは感じられなかったのだ。」

マシューは王座を明け渡したが、ダーウィンのリストで重要な位置を占める権利は確保した。

一八の名前は一九になった。

同じ五月、ライエルは、ヘルマン・シャーフハウゼン博士が一八五三年に発表した自然選択に関する論文をダーウィンに送った。一九の名前は二〇になった。

一八六〇年一〇月、アイルランドの医師ヘンリー・フリークは、自身が一八五一年に発表した冊子をダーウィンに送ってきた。これは、動物や植物が一本の糸状体（しじょうたい）から進化する様子を描いたものだったが、ダーウィンはいくぶん安堵した様子でフッカーに語った。冊子は「書き方が拙くて、意味不明で、とてもまともなものじゃない」[21]。けれども、いったん決めたルールに従うなら、奇矯なヘンリー・フリークも一覧の中に場所を得てしかるべきである。

二〇の名前は二一になった。

ダーウィンが『種の起源』のイギリスでの第三版のために「歴史的概観」を再び改訂する一八六〇年末までに、彼の先駆者のリストは、自分の祖父も入れて、三〇人を含むまでになっていた。新しく先駆者に挙げられた人には、パトリック・マシュー、ヘンリー・フリーク、コンスタンティン・ラフィネスク、ロバート・グラント、シャーフハウゼン博士、リチャード・オーウェンなどがいた。

毒舌で鳴らしたオックスフォードの博物学者リチャード・オーウェンをリストに加えることに、ダーウィンは特別な喜びを感じた。一八六〇年の四月に、オーウェンは『種の起源』について悪意と嫉妬に満ちた書評を書いており、それをダーウィンは「おぞましい」と呼んでいた。オーウェンはその書評に署名する勇気すらないと、ダーウィンはこぼしていた。名乗らずに、匿名で頬かぶりを決め込んだわけだ。もっとも、ダーウィンの友人たちが後になって正体を突き止めていた。オーウェンはまた、ダーウィンが先駆者のリストを付けそこなったことを皮肉ってもいた。それゆえ、オーウェンをリストに加えることは、ダーウィンにとっては、いわば借りを返すこと、オーウェンの哲学的な無定見と矛盾をあざ笑う手段だったのである。「歴史的概観」の新版の中で、彼は一八五〇年にオーウェンがした自分が自然選択を発見したという異常な主張を引用して、愚弄するような態度にまで及んでいる。「オーウェン教授が、自分がその時点で世間に自然選択の理論を提起したと信じているというのは、『種の起源』以降に彼が公にした著作や書評、講義の中のいくつかの箇所を知る者全員を驚かせるだろう。そういった箇所で、彼は激しい調子で理論に反対しているからである。そして、このことは、理論を肯定する側に立つすべての人にとって喜ばしいことだと言えよう。彼の反対は今後止むだろうと推測されるからである。」

ロバート・グラントも、やはり新たに一覧に加えられたが、彼はダーウィンが昔エディンバラで指導を受けた先生だった。彼は今では困窮し、その見解ゆえに嘲笑されながら、ロンドン大学で教えていた。ダーウィンの『種の起源』を読むことで、グラントは進化に関する自分の講義を最終的に出版する決意を固めて、また、自分が一八二〇年代を通してずっとスコットランドの学術誌に進化に関する論文を発表していたとダーウィンに思い出させようともした。ダーウィンはグラントの急進的な政治的見解を嫌っており、そういった見解から距離を置きたいと願っていたが、彼は、自分が紳士的振る舞いの原則に徹するなら、グラントもまたリストに加えなければならないだろうとわかっていた。

逆に降格もあった。一八六〇年、ダーウィンは一人の名前をリストから除去した。奇矯なフランス人ブノワ・ド・マイエで、彼は、一八世紀初期にカイロで動物と人間の近縁関係についての理論を構築していた。『種の起源』に対する悪意に満ちた書評の中で、オーウェンは、ダーウィンのことを、人魚の存在を信じていた夢想家のマイエと同じくらい愚かだと示唆していた。この嘲弄は我慢の限界を超えていた。彼はペンを取って、マイエの名前に線を引いた。

一八六六年に一〇週間で仕上げられた『種の起源』の第四版までに、ダーウィンのリストは三七人にまで膨れあがっていた。第三版の刊行以降、『種の起源』を訳したドイツ人ハインリッヒ・ゲオルク・ブロンが一八五八年に書いていた論文を通して、ダーウィンはさらに八人のヨーロッパの進化論者を見つけていた。この論文を彼は、ダーウィン家で住み込みの家庭教師をしていたドイツ人カミラ・ルートヴィッヒが訳してくれるまで、読むことが出来なかったのである。ダーウィンにはそれぞれの候補の資格を一人ずつ検討する時間も忍耐ももうなかったので、彼は八人全員の名前をまとめて一つの脚注に放り込んだ。

そして、一八六五年、ダーウィンが『種の起源』の第四版の最終的な修正を終えつつあったちょうどそ

の時に、古代ギリシアの哲学者アリストテレスが先駆者候補として陰から進み出てきた。レッドヒルの町の書記官でギリシア語の研究者だったクレア・ジェイムズ・グリースがダーウィンに書簡を送って、アリストテレスの著作の中に自然選択の理論が著されていること、二千年前にアテネで走り書きされた講義録の中にその考えが記されていることを、自分は見つけたと主張してきた。グリースは、証拠として問題の一節を英語に訳して同封していた。ダーウィンは学生時代にアリストテレスを読んだことがあった。彼はこの古代の哲学者のことを、フッカーに語っているように、他のどの博物学者よりも――それこそリンネやキュヴィエよりもさらに――高く評価していた。しかし、彼はアリストテレスの著作についてほとんど知らず、また、この年になって今さらギリシア語を学ぶ気もなかった。それで、それまでに書いた「歴史的概観」のどの版でも、彼は、自らの知識の限界を言い訳にして、「古代の著者……はさておく」として素通りしてきた。

グリースが送ってきた一節は、ダーウィンの知らない本からのもので、グリースの訳が意味が取りにくくて、しかも、脈絡から切り離して文章を読んでいたということもあって、ダーウィンには、本当にそれがグリースが主張するように自然選択を古代ギリシア風に言い表したものなのか、判断がつかなかった。しかし、ダーウィンはアリストテレスを高く評価していたので、書記官の主張に「疑わしきは当事者の利益に」の原則を適用して、これを受け入れることにした。何しろ、アリストテレスは、動物たち――それこそ、ウニや牡蠣、海綿に至るすべての動物――と、その身体の構造と繋がりをつぶさに調べた最初の人である。しかも、彼はその詳細な観察と解剖の一切を、顕微鏡も解剖の道具も保存用のアルコールもなしに行ったのだ。

広くほかに尋ねたり主張を検討したりする時間もなかったので、ダーウィンは、アリストテレスとグリースを一まとめにして、『種の起源』の第四版に記載される予定の脚注に収めた。[▼22]

アリストテレスは今や、ダーウィンのリストに挙げられた歴史上最初の人物で、しかも、リストへの記載が決まった最後の人物となった。ダーウィンは自分の一覧にアリストテレスを加えることをうれしく思ったが、出来ればもっと多くを語り、いかに古代の哲学者が二千年以上も前に、種と時間を理解するに至ったのかについて、もっと説明したかった。しかし、実際には脚注一つで間に合わせるしかなかった。

次にグリースがダーウィンに手紙を書いてきたのは、アリストテレスについてではなく、豚についてだった。

一八六六年一一月一二日のことだった。『種の起源』の刊行以降、ダーウィンの許に持ち込まれる朝の郵袋は、二倍か時には三倍の大きさになっていた。人々は世界中から彼に手紙を書き続けていた。彼らはダーウィンにまるで贈り物でもするかのように事実を提供してきた。それはさながら、彼が、自然の奇妙で特異な方法や様相を書きとどめる唯一の記録者であるか、あるいは、彼が事実を処理する大きな工場の経営者で、それらの事実を彼の脳の巨大な石臼で碾いて「自然の法則」と呼べるようなものに変えることが出来るとでも思われているかのようだった。人々は彼につる性植物の巻き毛やフジツボの栓構造やハチドリの交尾の習慣などに関する事実を送ってきた。彼はそれをすべて集めて分類・整理した。

その朝も何ら変わったところはなかった。ダーウィンは執事が机の上に積み上げた山の一番上から最初の手紙に手を伸ばした。封筒にはサリー州レッドヒルの消印が押されていた。彼は誰かそこに知った人がいたか、誰が手紙を寄こしそうか、思い出そうとした。封筒の中には、グリースからの手紙と一八六六年一一月一〇日付けの『モーニング・スター』紙の切り抜きが入っていた。グリースは、将来役に立つかもしれないからダーウィンが記録に残しておけるように、自然の珍事について送ると説明していた。新聞の見出しは「自然の怪奇」となっていて、記事は、一匹の豚が一夜のうちに鼻から尻尾までからだ全体の黒く剛毛に覆われた皮を丸ごと脱ぎ捨てて、その下に全く新しいピンクのぶちのからだを現した、と述べていた。記者によると、豚は自身の夜の冒険に動ずる様子もなく、自分を見るために集まった何十人もの訪問客のことなどお構いなしに、以前と同様、がつがつと餌を食っていたという。飼い主は、脱ぎ捨てられた皮を豚小屋の戸に打ち付けて、「触るな」という札も一緒に掲げていた。この豚を見るためにやってきた博物学者はまだ一人もいないと、手紙の主はこぼしていた。彼はダーウィンに是非来るように促した。あなたなら、この異常な出来事を解明できるかもしれない。

グリースは書いていた、「私のことを、一、二年前に、アリストテレスからの一節を指摘して、『自然選択』が古代人にも知られていたことをお示しさせていただいた者と思い起こしてくださるかもしれません」。グリースは、自分の受けるべき報酬を要求しているのだと、ダーウィンは感づいた。まるで、アリストテレスといっしょに『種の起源』の第四版の脚注に収められただけでは十分な報いではないかのようじゃないか。一八六六年までに、ダーウィンはさまざまなものを送りつけてくる何百人もの博物誌家に借りがあるという感覚で押しつぶされそうになっていた。レッドヒルの町の参事会書記官で、熱心な鉄道愛好家にして、当地の豚の脱皮の習慣に関する記録者でもあったクレア・ジェイムズ・グリースは書いていた、「もしこの動物をご覧になりたいと思われるなら、豚はロンドン＝ブライトン間鉄道のホーリー駅から北に約一マイル先のホーリー通りでパン屋を営むジェニングス氏の敷地におります。当駅では馬車を借り受けるのは困難かもしれませんので、レッドヒル駅で下車される方が好都合かと思われます。こちらでは乗り物は容易に調達でき、そこから現地までは南方に約四マイルの道のりです[23]」。

ダーウィンの「歴史的概観」を収めた『種の起源』第四版は、その製作に一〇年の歳月を要した。進化論

者の国籍の配分で言うと、イギリス人が一四人、フランス人が九人、ドイツ人が六人、アメリカ人が二人、イタリア人が一人、ロシア人が一人、オーストリア人が一人、エストニア人が一人、ベルギー人が一人で、もしアリストテレスを勘定に加えるなら、古代ギリシア人が一人、ということになる。リストを一瞥して、ダーウィンが生物科学におけるイギリス人の優秀さを強調していると思われるかもしれない。けれども、「歴史的概観」を作ってゆく過程で何らかの意図が働く余地はほとんどなかったことは、ダーウィンだけが知っていた。いくつかの名前はぎりぎりの時になってリストに押し込められ、それらの候補のうちの何人か——とりわけ、最後の方で加えられた何人か——の地位に関しては、自身がいかに疑っていたかは、彼だけが知っていた。

それでも、ダーウィンは、国籍の配分に満足した。イギリス人が一四人なのに対して、フランス人はたったの九人しかいない。今や彼は最終的に異論の余地なく、生命の進化がフランス固有の考えではないこと、それがフランスの革命家たちの落とし子——教会と政府とすべての社会的階層を打倒するための陰謀の一部——ではないことを証明したのだ。それは、同じ程度にまた、イギリスの聖職者たちや医師、果樹農家、そして、イギリスの田舎の屋敷で顕微鏡を脇に置いて研究にいそしんだ博物好きの紳士たちによる発見でもあったのだ。

ダーウィンはまた、一覧に見られる空白にも目を向けた。自分のリストに挙げられた最初の人物と二番目の人物——ギリシアの哲学者アリストテレスと一八世紀フランスの博物誌家ビュフォン——のあいだの巨大な空白が彼を戸惑わせた。二千年以上の裂け目で何が起こったのだろう。もしグリースの言う通りで、アリストテレスが紀元前三四七年に動物の歴史について漠然とでも進化論的な問いをかたちにし始めていたのなら、たとえそれらが、彼が立っていた地点からはまだ明確には見ることの出来ない展望をわずかに垣間見たというにすぎなかったとしても、そういった芽生えたばかりの発想に何が起こったのだろう。それらはいったいどこに消えたのだろう。宗教上の弾圧というのはあまりに安易な答えだ。人々の中にはつねに、いかに弾圧されようとも、いかに監視し検閲する司祭たちの目の下で生きていようとも、自由思想家がいるものだ。ダーウィンは考えを巡らせた。二千年の空白のあいだにも変異論者たちはいたに違いない。おそらく、彼らはあらゆる歴史的な記録の届かないところに消えてしまったのだ。

『種の起源』の第四版が書店に並んだずっと後になっても、アリストテレスに関する脚注について、別のことがダーウィンを悩ませていた。彼には、古代ギリシアの人間が、誰であれ、たとえそれが偉大な哲学者であったとしても、どうやって自然選択を予見しえたのか、理解できなかったのである。顕微鏡などはなく、従って、単細胞の有機体を研究する方法はなかった。依拠するにせよ否定するにせよ、その対象となるべき分類理論も一切なく、それゆえ、動物のさまざまな科や、動物界と植物界の関係を理解する方法もなかった。体系的な解剖や切開の方法もなければ、検討のあいだ身体の部位を保存しておく方法もなかった。ペストの影響についての研究もなければ、個体数の統計学もなかった。図書館もなかった。あるのはただ、迷信と生贄と執念深い神々と、一切を黒くハエのたかる腐肉に変えてゆくギリシアの強烈な太陽だけだった。いったいどうして可能だったのだろう。

第2章　アリストテレスの目

紀元前三四四年　レスボス

夜明け。レスボス島のミティレネの港では、散らばっていた釣り船の一団が青緑色の海を渡って波止場へと戻ってくる。綱が投げられ、結び目がゆわえられ、船がしっかり繋がれると、漁師は編んだかごに入れた朝の獲物を波止場の壁の脇に作り付けられたテーブルに引いていって、きらめく鱗をした銀や金や赤色の魚の山を勢いよくぶちまける。ここでは、毎朝、獲物を太陽の熱から護るために掛けられた布製の天蓋の下で、漁師たちが、タコとボラ、イワシとコイという具合に、捕った魚をいくつもの山に分けていく。名もないような小魚は別の山に選り分ける。ネコは腰掛けの下や古い木箱の裏に身をかがめて隙を窺う。男たちがロバに引かせた車に乗ってやってきて、交換が始まる。

細かく編んだチュニカを着た若者の一団が、漁師や仲買人に交じって波止場の市場を急ぐふうもなく悠然と歩き回っている。後に従う奴隷たちは、巻いたパピルスの束[*1]をいくつもと壺や網や小刀を持っている。これらの男は海を隔てたアッソスの町の学校に通う哲学者たちで、波止場の町に住んでいるが、昼間は島

＊1　古代ギリシア人は本を持っていなかった。彼らはパピルスか粘土板か木板か、あるいは獣皮に書いた。パピルスは中でも最も広く用いられた。紀元前三千年ころからエジプト人は薄く延ばしたパピルスを製造していた。

の森や草地で、話をしたり、石の下や洞穴の中をつついたり、石化した森の木々を調べたりして、時間をすごすが、その間ずっと、議論したり、注視したり、記録したり、農夫や漁師や牧夫たちに質問したりしている。テーブルや岩の上で、彼らは獣や昆虫や魚を切り開いてその内部をのぞき込む。イカ、コオロギ、カメレオンに、蝶……。彼らの注意を惹くのに小さすぎるものなどない。

漁師たちは、哲学者の一人がテオプラストスであると知っている。[2] ここに哲学者たちを連れてきたのは、島の南東部の村エレソス、父親はそこで洗濯夫として働いていた。二十歳(はたち)そこそこの青年で、生まれはテオプラストスだった。彼は、数年間島からアッソスに渡って、そこの学校で学んでいたのだが、ミティレネのことはよく知っていた。一団の中で、きれいにひげを剃り、上等な服を着て、高価な指輪を着けている年かさの男が、偉大な教師アリストテレスである。[3] 人々は彼のことを誰よりも聡明であると言うが、しかし彼はまたマケドニア人であり、レスボスのように遠く離れたところでも、現地の人間はマケドニア人に対しては距離を置いている。マケドニアは注意を要する国である。マケドニアの王ピリッポスは帝国主義的な野心を抱いている。彼はギリシアの都市国家に、そしてさらに、その向こうのペルシャにも目を付けている。そして、アリストテレスに関するうわさは、つねに彼をピリッポスと結びつけようとする。ある者は哲学者はピリッポスの手先だと言い、別の者は彼は偉大な王に助言しているのだと言い、また別の者は彼はスパイなのだと言う。しかし、レスボスでは、漁師たちは、彼は魚のことしか関心がないように見えると言う。

ミティレネの波止場の漁師たちは、アリストテレスのために魚を集める。彼らは、アリストテレスが見つけてくれと頼んでおいた魚を、魚市場のテーブルの下に置かれて海水を張った大きな瓶(かめ)に放り込む。彼は魚を、死んだ状態ではなく、生きたままでほしがり、珍しい魚や、とりわけ状態のいいもの、あるいは、卵を持って太った魚には、はずんでくれる。テオプラストスの説明では、アリストテレスは地上のあらゆる動物の名前を集めているのだという。先生は、あらゆる生き物、あらゆる魚と鳥の特徴を書き留めて、そうすることで、自然のパターンの秘密を発見したいと望んでおられる。先生は、レスボスの魚がどんなふうに泳ぎ、餌を採り、身を守り、何を食べるのか、彼らが眠るのかどうか、匂いを嗅いだり音を聞いたりするのかどうか、知りたがっておられるのだ。

漁師たちは哲学者に自分たちの知っていることをすべて語って聞かせる。アリストテレスは、時に彼らの話しぶりを面白がって、海洋生物に関する彼らの詳細にわたる知識にはいかに多くの神話や魔法や迷信が盛り込まれていることかと記している。彼らは、二〇の目をした魚や海中の洞穴で腕をもつれ合わせて踊るタコを見ただの、自分たちは島ほどの大きさで人の頭をした鯨に怯えて生きているだのと話をする。しかし、彼らは、どうやって魚と魚を見分けるかを知っている。彼らは産卵の仕方や砂州の動きや決まった交配のやり方を知っている。アリストテレスは彼らの話のうちで事実にだけ興味がある。

アリストテレスは何らかの自然哲学の伝統を受け継いだわけではない。彼には指導者も先生もいなかった。狩人や農夫、ハト飼いや養蜂家、薬剤師が、何世紀ものあいだに、農業や畜産、狩りや食べ物、薬や毒、子供の出産や人の死について、一定の知識を積み上げてきていたが、動物の標本を集めたのはアリストテレスが最初だった。さまざまな種について記述し記録したのも、そういうことがするに値すると考えたのも、彼が最初だった。もし鳥や蜂や蝶や魚の身体の内部を十分長くつぶさに観察すれば、自然がその秘密を明かしてくれるだろうと信じたのも、彼が最初だった。自然は秘密を持っていて、それらの秘密は、自然に関する――フィジカルな――問いに加えて、複雑な形而上的な――メタフィジカルな――問いにも答えてくれるだろうと信じたのも、彼が最初だった。

空からは、レスボス島は、二組の腕を海に向かって伸ばしている生き物のように見える。一組の腕は、南東の方角、今日のトルコの海岸に向かって伸びており、もう一組は、南西の方、ギリシアの南岸に向かって伸びている。二組の腕はそれぞれ巨大な潟を抱えるような具合になっていて、潟は、二つの大きな水の目を思わせるが、浅く、風のない日にはガラスのように澄んでおり、豊かな魚介類に恵まれている。島の景観は質朴な印象で火山を抱えて、オリーヴの森や香りのよい茂みが点在している。西側では、テオプラストスの生まれた小さなエレソスの町の近くに、古代のセコイアの石化した森の切り株が白い砂利のあいだから突き出ている。気候は湿潤で高温である。自然の泉が島の東側の石灰岩の割れ目から湧き出ている。島の川は季節によって変化し、夏には干上がって消え、冬には激流となって下る。[4] 島には異なった六〇種の花が自生している。[5]

レスボスは、三つの大陸間の行き来が交錯するところだが、移住や渡りの中継地でもある。何千羽もの鳥が、アフリカを出入りする渡りの途上、ここに止まる。エーゲ海のあらゆる側の港から出た貿易船の倉に入ってたまたま運ばれた魚や爬虫類や昆虫は、ここを自分たちの住処にした。島民たち自身、移民――ペルシャ人、アナトリア人、ギリシア人――の子孫である。[6]

アリストテレスが二年前、その少し以前に学校を開設していたトルコの丘の町アッソスから海を渡ってレスボスへやってきたとき、彼は政治的な亡命者だった。マケドニアの王が自分の帝国を南方に拡大して、その途中でつぎつぎと都市を占領していっているあいだは、マケドニア人であるアリストテレスにとって、アテナイに戻ることは安全とは言えなかった。彼は、教え子であるテオプラストスの招きで、生徒や弟子、それに若い妻を伴って、レスボスへやってきた。その際、妻はまた彼の最初の子を宿していたかもしれない。テオプラストスは、この島出身の若い植物学者で、彼がアリストテレスに島の美しさと豊かさについて話して聞かせたのである。

アリストテレスは、潟と魚を見て、すっかり魅せられた。哲学者とその弟子たちは、二年間レスボスに滞在して、野生生物についての記述でパピルスの巻きもの二百巻を埋め尽くした。それらの記述を、彼は、後年アテナイに戻った際に、生徒のための講義に書き改めることになる。これらの講義ノートは、その後も増補され、最終的に、あらゆる時代を通して、自然界についての最も影響力のある書物の何冊か――アリストテレス著『動物の諸部分について』、『動物誌』、『動物の発生について』――となった。これらの書物は、自然に関するまさしく最初の体系的で経験主義的な研究、自然の暗号を読み解こうとする最初の企てを収めている。哲学に関わるアリストテレスの偉大な著作のすべて――治世、形而上学、倫理学、論理学、修辞学に関する彼のすべての思想――に、彼がレスボスで始めた動物学上の偉大な企画が影響を及ぼしている。

アリストテレスの生涯は、今日まで残る手紙の断片や、神話や逸話、実際に目で見たという証言などから推し量るしかない。彼が歴史の記録から完全に姿を消す時期も何度かある。けれども、こういった失跡にもかかわらず、私たちが知っている程度のその生涯の輪郭からだけでも、彼がきわめて好奇心の旺盛な人物であったこと、広く旅をしたこと、さまざまな主題に関する広範な問いに対する答えを求めて、絶え間なく活動していたということは、十分に確信できる。彼が探究した主題は、今日の私たちなら、倫理学、芸術、詩、宇宙論、物理学、形而上学、政治、修辞、演劇、言語学、生物学、そして、動物学といったふうに区分し、それぞれ別の名称を付与するところだろうが、彼はそれらを互いに分かちがたいものと見なしていたのである。

それはすべて海路の旅から始まった。

一七歳のときから、アリストテレスは、アテナイで夢のように恵まれた人生を送っていた。プラトンのアカデメイアの回廊や図書館、大都の通りや市場、パピルスの屋台にギュムナシオン（体育場）を逍遥する日々だった。[7] 二〇年のあいだ、初めは学生として、後には教師として、彼はプラトンの最も挑戦的でかつ最も将来性のある愛弟子だった。人々は、彼がいずれアカデメイアでプラトンの後を継ぐことさえあるかもしれないと語っていた。

けれども、アテナイに住むマケドニア人として、彼はつねにメトイコス〔外国人居住者〕であり、移民だった。エーゲ海域の政情が揺れているあいだは（そして、紀元前四世紀には、政情はつねに揺れていた）、現地の人々から見て、アリストテレスがアテナイの市民ではないという事実は、彼を野蛮な北方から来た異邦人、よそ者にしていた。後代の著者は、プラトンが利発な弟子のことを野生の馬、はみを咬ませる必要のある暴れ馬、つねに人に応酬し騒ぎを起こしている若者と形容していたと伝えている。もしプラトンがアリストテレスについてこういうことを言ったのだとすれば、あるいは彼は弟子のそういったマケドニアでの幼少期、その北方性のことを考えていたのかもしれない。

私たちは、アリストテレスがアテナイでは自分は異邦人なのだと強く感じていたことを知っている。なぜなら、彼は何年も後にそのことについて友人であるマケドニアの将軍アンティパトロスにこぼしているからである。「アテナイでは、市民にとって正当なことも、外国人にとっては正当ではないのだ」と、彼は書いている、「[外国人にとって]アテナイに住むことは危険だ[8]」。外国人は財産を所有することも投票することも出来なかった。彼は月ごとの人頭税を払い、いつ何時でも徴兵されるかしれなかった。町には大勢のメトイコスがいたが、マケドニア王の帝国主義的な野心のゆえに、アテナイ人はとりわけマケドニア人のことを警戒した。マケドニア出身のメトイコスは、王のために働くスパイか、潜入者か、暗殺者かもしれない、彼らを信用するわけにはいかないと、アテナイの市民はささやきあった。しかも、アリストテレスは普通のマケドニア人ではなかった。彼の父親はかつて、マケドニアの君主で、あの野蛮な王ピリッポスの父に当たる、アミュンタス三世の侍医で友人だったのだ。

紀元前四世紀、アテナイの東側の陸と海は帝国同士の戦場となっていた。エーゲ海の東にはペルシャとアナトリア、今日のトルコがあった。マケドニアは北に、そして、ギリシアの強力な都市国家は西に位置していた。それぞれの軍が肥沃な土地と新しい交易路への戸口となる港の支配権を求めて戦った。マケドニアもペルシャもスパルタも、それぞれみな時代を違えてエーゲ海の覇者となった。

紀元前三四八年、アリストテレスが三〇歳のころに、マケドニアのピリッポスは、沿岸部の重要な拠点オリュントス市を包囲した。アテナイの庇護の下、トロネオス湾を見下ろす平らな台地の上に築かれた市は、ピリッポスにとって戦略上重要だったが、彼はまた、この市に避難して、彼の王座を自分たちのものだと主張する厄介な二人の親族を捕らえたいとも望んでいた。[9] アテナイはオリュントスの市民を護るために部隊と軍船を送ったが、到着は間に合わなかった。ピリッポスの軍勢は市を略奪して建物をすべて破壊し、市の住民を――アテナイの駐屯兵も含めて――すべて奴隷に売り払った。

この攻撃のあと、アテナイでは反マケドニア感情が噴出した。マケドニアを非難するスローガンが家々の壁に書き殴られた。アテナイの市民は、マケドニア人に腐りかけの食べ物を投げつけ、彼らの地所を攻撃した。アリストテレスにとって、夜一人で歩くことは安全でなかった。初めのうち、彼は迫害に耐えて、すべて胸のうちに収めていた。しかし、彼はいつ何時自分に害が及びかねないことを理解していた。尊敬を集める哲学者というだけでは身を護るのに十分ではあるまい。ほんの五〇年前の紀元前三九九年、偉大なソクラテスは、プラトンが『ソクラテスの弁明』の中で語っているように、「害をなす変な人物で、地中や天上にものごとを探って、……これをすべてほかの者に教えている」[10] と告発され、五百人のアテナイ市民からなる陪審によって、異端の廉で有罪と評決された。ソクラテスはわずか六票差で死刑の判決を受けた。市から逃亡して、そうすることで自分に死刑判決を下したアテナイの法を破る機会を拒んで、彼は毒をあおることで刑を執行された。

紀元前三四八年、アテナイの市街で外国人排斥の感情が高まってゆく中で、アリストテレスはついに所持品を荷造りするよう奴隷たちに命じた。彼は、美しい衣装と広範囲にわたる蔵書[*2]と奴隷のうちの何人かを引き連れて、素早く町を離れて、市街から下ったペイライエウスの港から商船に乗った。[11]彼はまず確実に自分が戻ってくることを予期していなかった。彼には難を避けて身を寄せられるような場所がほとんどなかった。自分の郷里であるスタゲイラの町に向かって北上することも出来なかった。ピリッポスがオリントスに向かう途中、この町を破壊していたからである。また、エウボイア島のカルキスにある母の郷里に戻ることも出来なかった。なぜなら、ピリッポスが島民の反アテナイ感情をあおり立てていて、彼らから見ればアリストテレスはアテナイ人だったからである。エーゲ海の政治情勢は彼にとって不利に転じていた。

ここで、若き日のアリストテレスの姿は、しばらくのあいだ、視界から消える。私たちは、彼が紀元前三四八年にアテナイを発って、数週間または数カ月の後、二百マイル東のトローアド地方の沿岸部に位置するアタルネウスの港に着いたことを知っている。その間、彼がどこにいたかは、おそらくエーゲ海域のどこかということ以外、わかっていない。彼がまずエウボイアの沿岸部とテッサリアに沿って、まっすぐ北上して、マケドニアの首都ペラの王の宮廷を目指したということも十分あり得る。ペラは彼が幼少期の少なくとも幾ばくかをすごしたところで、[12]避難場所としては自然なように感じられたかもしれない。もし彼がマケドニアの王宮に参上できたとすれば、彼は、今や三〇代半ばに達したピリッポスが、最後に姿を見て以来、ひどく容貌を損なったのを目にしたことだろう。彼は戦闘で片目を失い、その傷跡は顔の半分に広がっていた。ピリッポスはまた、二人の少年——後にアレクサンドロス大王となる七歳のアレクサンドロスと、その兄で一〇歳のアリダイオス——の父親になっており、また、蛇を崇拝するディオニュソス教団の信徒だったオリュンピアスを四番目の妻に娶っていた。廷臣たちは、彼女が蛇とともに寝ており、

この年ですでに手のつけられない暴れ者だったアレクサンドロスは、ピリッポスの実の子ではなく、彼女がゼウスと契って生んだ子だと噂していた[*3]。

ピリッポスに対するアリストテレスの感情は、この時点では複雑だっただろう。かつてマケドニアの宮廷で少年として知っていた王子を懐かしむ思いがあったとしても、スタゲイラを破壊したことについて王を赦すことは、彼には難しかっただろう。ピリッポスの命令の下に、マケドニアの兵士たちは、彼の故郷の住人たちをすべて殺戮するか奴隷にするかしてしまい、その中には、彼の家族の者たち、亡くなった父親の奴隷たち、そして、彼の先生や友人たちも含まれていたかもしれない。兵士たちは、彼が愛着の念を持って記憶していたすべての建物――市場や寺院、体育場など――に火を放ち、これらを打ち壊してしまった。しかし、彼は今では政治的な亡命者であり、言いたいことも控えるしかなかっただろう。

アテナイからアタルネウスへとエーゲ海を渡る大旅行に当たって、彼がどのルートを取ったにせよ、船長が食料や飲み水を補給したり、帆を補修したり、乗組員を休ませたり出来るように、アリストテレスはギリシアの多くの異なった島々の港で停泊しただろう。彼は船から下りたり乗ったりして、波止場で多くの時間をすごした。日ごとに、週ごとに、そして、島ごとに、彼は自分の周りの鳥や植生が変化してゆくのに気づいただろう。水夫たちが船べりから網や糸で釣りをしているのを眺めながら、アリストテレスは、新しい島ごとに、網にかかる魚や、船を追ってくる鳥や、繁茂している植物から落ちてくる葉が異なっていることに気づいただろう。彼はきっと水夫や漁師を質問攻めにしたことだろう。一揃いの答えが与えられるたびに、それが、彼に、自然界について――適応や生殖、種、変種、多様性などについて――問うべき新たな一揃いの問いを用意してくれた。今や海上にあるアリストテレスには、メルヴィルの『白鯨』のイ

*2　アリストテレスは最初期の書物の収集家の一人だった。彼の蔵書はパピルスの巻物からなっていただろう。
*3　このように幼い年齢で、アレクサンドロスはすでに神話的な逸話を生じさせる存在になっていたのである。

シュメイルにとってと同様、「不思議の世界の大きな水門がどっと開いた」[13]のである。

アリストテレスの船は数週間後アタルネウスの港に入った。彼がアテナイから避難したあとのいずれかの時点で、彼の二人の庇護者マケドニア王ピリッポスか叔父のプロクセヌスのいずれかかまたは両者が、彼のために、この外国の宮廷における政治的な助言者という新しい職を確保してくれていた。アリストテレスの新しい後援者兼庇護者となったヘルミアスは、この紀元前四世紀のエーゲ海を舞台にした権力劇で最も興味深い人物の一人である。彼は奴隷に生まれ、やり手の銀行家の個人的な秘書として働いた。この銀行家は、自分の金をレスボスの向かいの小アジアの沿岸部に領地を広げることに費やした。ヘルミアスは、アテナイにあったプラトンのアカデメイアで勉強するように派遣されることすらあったかもしれない。この主人が亡くなったとき、ヘルミアスは、小さな傭兵の軍に護られた海沿いの裕福な公国を受け継いだ。彼は、アテナイで経験した生活のいくぶんかを再現したような宮廷を築くことを望んだ。プラトンは彼に、すべての真っ当で卓越した君主は、その宮廷に、王に助言しその権力を正してくれる哲学者を置く必要があると言い聞かせて、統治と倫理について助言するように、すでにアカデメイアから二人の哲学者の兄弟エラストスとコリスコスを彼の許に派遣していた。

ヘルミアスの宮廷におけるアリストテレスの立場は良好に推移した。彼は、やってきてまもなく、ヘルミアスの姪ピュティアス[*4]と結婚した。このことは後援者が彼のことをいかに高く評価していたかを物語っている。今やアリストテレスは、ヘルミアスにとって、宮廷付きの哲学者というだけではなく、縁者となったのである。まもなく、彼は娘の父親となり、娘は若い母親から名を受け継ぐことになった。彼はここで新しい種類の権力――政治と統治について自らのうちに湧きあがってくる思想を、自分の後援者に日々迫ってくる現実の問題に適用して、支配者がその臣民との関係を形づくるのを助ける機会――を得たわけである。[14]

有益な政治的助言に報いるかたちで、ヘルミアスはアリストテレスたちに、アッソスの町に学校を与えた。アッソスは、海を隔ててレスボスと向かい合う丘の上に建てられた岸辺の小さな町で、アタルネウスからは百マイルほどの距離にあった。学校が出来たというニュースが広まるにつれて、若者たちが、授業に出るために内陸部の入植地からアッソスにやってきた。アリストテレスはいまだにプラトン主義者だったが、自分の新しいアカデメイアにおいては、彼は自分なりの機軸を打ち出すことにして、自然界についての新しい問いを形づくって、定義していった。

　このアッソスにおいて、アリストテレスは、のちに彼の偉大な書物『動物誌』に結実することになる企画に着手した。それは、出来る限り多くの異なった種の習性を記述して、それらの記述を用いて、彼が海上の大旅行の際に見て、トローアドの沿岸部でも見続けていた表面上の多様なあり方のうちに、要（かなめ）となる形相（けいそう）や仕組みを発見するよう努めるという企てだった。彼は講堂から出て、道を下って、岩の多い岸辺へと学生たちを導いていった。彼は学生たちに、どうやって植物やトカゲや鳥に関する詳細な事実を収集するか、どうやって鳥の巣を見つけるか、どうやって動物をその本来の生息地で観察するか、どうやって蛇や海鳥を解剖して、その外部の構造だけでなくその内部の構造も共に観察するかを示した。

　それまで、こんなふうにものを問うたり、情報を集めたりする者は一人もいなかった。アテナイではまず確実に、鳥のくちばしのかたちや機能、植物のおしべやセミの一生の過程を研究することに興味を抱く者など一人もいなかった。アリストテレスと弟子たちは、岩でごつごつしたアッソスの岸辺に沿って、岩場の水たまりに足を取られつつ歩いたり、海鳥たちが巣作りし交尾し生まれた雛に餌を与えるのを観察したりしながら、生き物を集めているあいだにも、絶え間なく話をし、自然の様相やリズムについての議論や反対の意見の要点を書き留めていった。事実から始めろと、アリストテレスは強調した。それから、事実を積み重ねて、一般原理へと至るのだ。自分の目で見ない限りは、何事も真実として受け入れるな。テ

＊4　ある者は姪と言い、ある者は情婦と言い、さらには養女と言う者すらいる。おそらくその不確かさが事情を物語っている。

オプラストスやコリスコスの息子ネレウスのようなより若い世代の人たちは、こういった原理や方法を容易に受け入れて、甲虫を収集したり、羽のはえるパターンを記述したり、解剖の仕方を学んだりした。アリストテレスにとっては、いまだにプラトンの抽象観念に囚われているアテナイ時代のより年長の仲間に、この事実を収集する作業の大切さを説得する方が、つねに難しかった。

アカデメイアを発って以降の何カ月かのあいだに、アリストテレスの見方や考え方には革命的な変化があった。プラトンの世界は、抽象と理想のかたちからなる世界であり、今ここなるもの、自然の物質性にではなく、全面的に別の世界、**あちら**、**天上**の世界に集中していた。対照的に、アリストテレスの新しい世界は、観察できる事実からなる、**こちら**、**地上**の世界だった。

自然が、彼が子供のころから信じてきた神々の座を奪ったのである。そのことは彼自身を仰天させた。**哲学は驚きと好奇の念から始まる**と、彼は、雛が卵から孵ったり、蜘蛛が巣を編んだりするのを観察するために、生徒たちを呼び集めた際に、語って聞かせた。▼15 船旅の途上で目にした種と身体の部位の恐るべき多様性に驚愕して、アリストテレスは、この表面上の多様性全体の核心にある仕組みと構造の統一性と規則性の証拠を探し求めていた。この動物学の研究には、プラトンの哲学にそのまま繋がる部分と繋がらない部分がともにあった。アリストテレスは、プラトンと同様に、物事のうちにそれ以上還元できないかたちを求めていた。けれども、アリストテレスは、現在の私たちなら経験主義者と呼ぶであろう存在になっていた。そして、この経験主義は、アカデメイアから遠く隔たった流浪の中で、小アジアの海岸と潟で始まったのである。

アッソスの学校で二年間教えたあとで、アリストテレスは、妻や弟子、奴隷たちを引き連れて、幅九マ

イルの海峡を渡って、レスボス島におもむき、そこにさらに二年間留まった。アリストテレスの動物学についての企画がいよいよ本格化しつつあったころに、テオプラストスが、潟の魚や、丘の石化した森、岩の割れ目から湧きあがる泉、みずみずしい苔に覆われた洞窟のことなどを語って聞かせて、彼を島に連れてきたのである。ギリシアの詩人で、かつてここに住んでいたアルカイオスとサッポーは、島のことを湿潤で、果物と花、ブドウとオリーヴであふれていると述べている。[16]アルカイオスは、「柔らかな秋の花々について書き、「花咲く春がやってきて」[17]、「夏のセミの鳴き声や、翼の長いヒドリガモがまだら模様の首を伸ばして頭上を飛んでゆくのを聞いた」とも語っている。サッポーは、果樹園のことを「ひんやりとした水が林檎の枝のあいだをさらさらと流れていき、場所全体が薔薇の木陰になっており、揺らめく葉から魔法の眠りが降りてくる。そこにはまた、芝生が広がって、馬が草を食み、春の花が咲き乱れ、風がゆったりと漂っている」[18]と描写している。

アリストテレスがレスボスに住んだ二年のあいだ、彼は魚を観察するのに二つの潟のうちの大きい方をより好んだが、それはおそらく、この潟がピュラの町と境を接していたからだろう。ピュラはレスボスにある五つの主要な都市の一つで、丘の上高くに築かれて、小さな自然の波止場の上にそびえる砦のような体裁になっていた。この町は、アリストテレスがその通りや市場を歩いてからわずか百年後に、地震によって破壊された。町全体が潟の中に消え去った。今でも、新鮮な海塩が採り集められ、アリストテレスが魚が卵を生んだりイカが変色したりするのを観察していた塩原から半マイルほどの距離に、柱の切れ端が潟から突き出ているのを見ることが出来る。

二年のあいだ、ピュラの美しい潟は、アリストテレスの自然の研究室となった。[19]彼は、漁師の小舟の行き来によって、影の長さによって、塩原で働く男たちの立てる物音によって、鳥の鳴き声によって、水の青の濃さによって、時刻を知るようになっていただろう。動物学に関する彼の問いは、ここで何倍にも増え、焦点がより絞られ、より正確になった。彼は、静止した状態と変化と多様性とのあいだ、形態と機能とのあいだの関係を問い始めていた。彼はそれぞれの学生に個々の具体的な自然哲学上の問いを課した。なぜ潟のヒトデはあれほど増殖して漁師にとって厄介者となったのに、ホタテ貝はほとんど消えてしまったのか。なぜウニはここでは真冬に卵を生むのに、エーゲ海のほかのところではどこでもそうでないのか。なぜ潟にはあれほど多くのイカの変種がいるのに、タコはどの種も全くいないのか。なぜブダイも、どの種のトゲウオも、ウミザリガニも、斑紋のあるメジロザメもとげのあるメジロザメもいないのか。そして、どうして小さなアナゴを除けば、潟の魚はみな子を生むために海に移動するのか。どうしてカメレオンはアジア側の岸辺にはふつうにいて、潟の周りのどこにでも見られるのに、それより西のギリシアの島々やギリシア本土にはまったく見られないのか。[20]

哲学者たちは、自然の方法を探究するために仕事に取りかかった。漁師たちは、ピュラの砦の下の湾の周囲全体に歩道と桟橋を築いていて、そこから竿と糸で魚を釣ったり、簡単な養殖をしたりしていた。[21]陸では、いちばん質が良くて高値で売れる魚を生かしておいて焼けつくような日の光から守るために、波止場や市場の近くに生け簀やため池を作っていた。潟にせり出すように作られた足場に身を横たえて、アリストテレスは、魚がその自然な環境で繁殖したり幼魚に餌を与えたりするのを観察できた。ここでは、暑い昼間はため池の覆いで涼しい日陰の下で、そして、朝早くや日が落ちてくる涼しいころあいには木製の歩道の上に出て、一度に何時間も魚を見つづけて、注意深い覚え書きをしたためたり、奴隷に書き取らせたりして、テオプラストスやほかの学生たちと議論するための問いを考案していった。

『動物の諸部分について』の序文の中で、アリストテレスはおのおの細部に対するこの規則正しい観察を熱っぽく擁護している。そこからは、抽象的な言葉の対決の訓練を受けてきた学生たちに、ミミズや昆虫を詳しく調べることがやるに値することだと納得させるのがいかに難しかったかが伝わってくる。[22]その序文の中で彼は書いている、「もし誰であれ人が、動物界の残りのものを調べることがつまらない仕事だと思うなら」、その人は、人間に関する研究も同様に軽視するだろう。なぜなら、誰も人間を形づくる原基——血や肉や骨や脈管など——を大きな嫌悪の念を抱かずに見ることなど出来ないからだ。さらにまた、さまざまな部分や構造のいずれかが、それが何であれ、論じられる際に、注意が向けられている、あるいは、議論の対象となっているのは、その物質的な組成であると見なされてはならず、こういった部分が全体のかたちに対して持つ関係であるということだ。同様に、建築の真の対象は、レンガやモルタルや建材ではなく、家である。こうして、自然哲学の主たる対象は物質的な要素ではなく、そういった要素が織りなす構成、かたちの全体性であり、それから独立しては、要素は存在し得ないのである。▼23

自分の方法を擁護する中で、アリストテレスは学生たちに、自分が炊事場の火で暖を取っているのを見て、家に入るのをためらった客人に対して、ヘラクレイトスが言ったことを思い起こさせた。彼は客人たちに、恐れることはない、なぜなら神々は炊事場にもおられるからだと、語った。哲学者にとって、何物も卑しすぎるということはない。自然の領域のいかなる面も研究に値するのだ。研究のために切開されたいかなる動物も、何か自然で美しいものを開示するものだ。企図のないものなど何もなく、目的のないものなど何もない。知ることの出来ない天上のものに思いを巡らせたりしていないで、あるかもしれないものではなく、現にあるものを調査・研究するために、自分の目と手と感覚を使うのだと、彼は学生たちに語って聞かせた。

　アリストテレスと学生たちがより多くの事実を集めていくにつれて、それらの事実は旧来の分類法の有効性をますます疑問に付すようになっていった。彼は、動物の一つの集団を羽のはえたものと記述して、別の集団を羽のないものと記述することは出来ないし、一方の集団を野生で、もう一方の集団を飼い慣らされているとすることも、ある動物たちを歩行するものと呼び、別の動物たちを飛行するものと呼ぶことも出来ないということを理解するようになった。例えば、アリやツチボタルを例に考えてみようと、彼は説明したものである。もし古い範疇に固執するなら、二つとも羽のあるものと羽のないものの両方の集団に入れなければならないだろう。今や、アリストテレスは二分法ではなく、段階的な違い――ほとんど同一と見えながら、一つまたは複数の全く異なった身体の部分を持つ種――に強く関心を惹かれるようになっていった。

彼の記述から、私たちはアリストテレスが潟にせり出した小さな足場に身を横たえて、ハゼ（kobios）とイソギンポ（phucis）が浅瀬でいっしょに泳ぎ回っているのをじっと見ていたと知っている。[24] 二つの魚はほとんど見分けることが出来ない。両者とも塩と胡椒をまぶしたような紋様をしており、身体のかたちも上向きの目も同じである。水中から摘まみ上げて、アリストテレスはそれぞれのヒレを調べて、ハゼの腹ビレは吸盤のようになっていて、イソギンポの腹ビレは放射状に広がっていることに気づいた。けれども、それぞれのかたちは異なっているが、二種類の腹ビレは全く同じ働きをすると、彼は論じた。両方とも、強い風が海面を激しく波立たせるときに泥のつもった潟の底で魚が位置を保てるのに最も適した形をしている。そして、肉の細切れを水中に落とすことで、彼は学生たちに、いかに二種類の魚が別のものを喰らうかということも示した。[25] **では、どうして、二種類の魚はこれほど似ていて、それでいて、これほど異なっているのでしょう**と、尋ねる学生もいたかもしれない。アリストテレスの答えは、これらの魚はそれぞれ固有な環境にとって最も有用なヒレや部位を与えられている、[26] 自然がこのようにすでに完璧なかたちを提供したのだ、自然そのものが完璧なのだ、というものだった。[27]

照らし合わせた事実が積み重なってくるにつれて、アリストテレスは自分の考えに自信を深めた。彼は、この世は一人ないしは複数の神によって創造されたのではないと確信するようになった。それは存在するようになったのではなく、消滅することもない。それは永遠なのだ。そして、もし世界に始まりがないとすれば、それが設計されたということもあり得ないし、造り主がいたということもない。それは外部からではなく、それ自体の内部から支配され動かされているのだ。動物たちの身体の部分のいくつかの面は一つの目的に適っており、他の面は単に一つの過程の帰結にすぎない。至るところに、彼は、種の保存を可能にするさまざまなかたちでの適応の証拠を見た。レスボスの鳥のさまざまに異なったくちばしを、さまざまに違う鳥の脚のかたちと長さを、彼は研究した。しかし、彼はまた、種は、小さな変化や適応を被ることはあっても、時そのものと同様に永遠であると確信するようになっていた。ある種の小動物は、泥や腐ってゆく物質の中で自然発生するかもしれないが、そのことは種が変化することの証拠にはならない。彼は雑種の存在に気づいており、その中には子孫を残す能力のあるものもあれば、ないものもあることも知っていたが、このことも、種は永遠であり、ギリシアの哲学者デモクリトスがかつて論じたように、原子の偶然の衝突を通して生じたわけではないという、彼の確信を揺るがすことはなかった。[28]

けれども、研究は、満足のいくものばかりではなかった。アリストテレスは一定の規則性を見つけるのだが、その後で、しばしば規則の例外が見つかる。「卵生の魚は年に一度卵を生むのが決まりである」と、彼は満足の念を込めて記したが、その後で、漁師は潟から釣り上げた新しい魚を解剖のために持ち込んできて、彼はこう付け加えることになる、「しかし、小さなイサゴハゼ（phucis）は例外で、これは年二回生む[29]」。

研究を続ける中で、アリストテレスはどんどん動物学上の変則に心を奪われるようになっていった。レスボスでは、調査研究の規模が大きくなるにつれて、学生たちはそれぞれ専門化していった。テオプラストスは潟とその周辺の丘の植物を研究した。[30] アリストテレス自身は、魚に集中していった。二人は、ちょうど、ダーウィンと友人のジョーゼフ・フッカーが二千年後にダーウィンの書斎でおこなったように、専門の垣根を越えて事実や疑問を交換し合った。動物とはいかに定義できるのかと、アリストテレスは学生たちに尋ねたものである。動物が植物と**決定的に異なって**いるのはどういう点なのか。そして、人間が動物と**決定的に異なって**いるのはどういう点なのか。本質的な違いとは何なのか。そして、学生たちは、以前アリストテレスが彼らに教えた定義をそのまま言って返した。人間は、理性を持っているから、動物と異なっている。動物は、知覚し感じるから、植物と異なっている。植物は、養分の吸収と生殖の能力しか持たない。それは美しいまでに単純な定義だった。

けれども、レスボスの潟やその周辺の海で、アリストテレスは、自分の定義と合致しない動物や植物を見つけた。彼はそういったものを「二股」あるいは「境界例」と呼んだ[31]。ミティレネの漁師たちは彼の許に、植物のかたちをしながら触覚を持つように見える生き物や、動物のかたちをしながら岩に根づいている生き物を持ち込んできた。海綿やホヤ、クラゲ、イソギンチャク、ホウキガイ、マテガイなどなど——、それぞれが動物と植物の両方の特性を持っていた。海綿は植物のように見える。それらは枝と根を持っている。自分で動くこともない。それでも、漁師たちは、海綿は触ると感じると言い張る。それは動物界と植物界の二つの界に跨がっているように見える。それは、自然が非生物から生物へ、植物から動物へと連続して段階的に移行することを示唆しているように思われた[32]。

　自分の立てた一般理論に対するこういった例外に背を向けるのではなく、むしろアリストテレスはそういう例外に繰り返し戻っていった。海綿はアリストテレスが研究したすべての有機体のうちで最も厄介なものだった。自分で動くこともなく、海底の岩に根を張って、その身体は、枝を広げた木か、また時には、細かなレース編みを思わせるキノコの裏側に似ていた。それは植物に見える。けれども、海水を張った素焼きの壺の中でより詳細に調べて、アリストテレスは、海綿の孔を通して排泄が進行していると確信した。そして、植物は排泄しない。自分の立てた分類がこんなふうに破綻したとき、アリストテレスは、自分が面倒でかつ重要なものに対峙しているとわかっていた。彼は覚え書きの中で、自分としては**途方に暮れた**と書いている。海綿は目に見えるし、手の平の上で裏返すことも出来る。解剖することも出来れば、その身体の小さな開口部の細部を描いたり全体図を写し取ったりすることも出来る。水中でプランクトンを摂取しているのを観察することも出来るのだが、それを**解明する**ことは出来ない。それは何にも合致しないのだ。そして、海綿の孔のより内側を探れば、もっと手掛かりが見つかるかもしれないが、彼の視力はそれ以上内部を見るのに十分なほどには強くない。

時には、アリストテレスは、知る――あるいは、知ることが出来る――限界に達したために、途方に暮れた。自分の目で見ることが出来るものは限られていたし、顕微鏡もなかった。またある時には、自分の前にあるもの――解剖され、詳しく調べられ、皮を剝がされたもの――が、彼がすべての生物学的構造の基礎をなしていると信ずるパターンと合致しないために、途方に暮れた。別の時には両方のことが一度に起こった。海の生き物の中には、とにかく分類不可能なものがいた。アリストテレスが途方に暮れたとき、彼が覚え書きの中で用いる言葉は微妙に揺れていた[33]。彼は無理に辻褄を合わせようとするようなまねはしなかった。目の前にある困難について、彼はつねに正直だった。このようにわからないときには、彼はある言葉を繰り返した。Phainetai という言葉で、これは「……と見える」、あるいは、「きっと……だろう」という意味であり、また、dokei という言葉もよく用いたが、こちらは「……のようだ」、あるいは、「……であると考えられている」という意味である。時には、決めるのに大きな困難が伴うこともあった。彼は書いている、「非生物と動物のあいだの境界や中間は、判然としない[34](lanthanein)」、また、「海の中のいくつかのものについて、それが動物なのか植物なのか知ろうとすれば、途方に暮れる(diaporēseien an tis)だろう[35]」し、「いかにそれらを分類すべきかはっきりしない[36]」。

アッソスや、後にはレスボスで、事実を収集するに際して、アリストテレスは、自分の学生だけでなく、狩人や養蜂家、漁師、海綿採り、牧夫などにも大いに頼っていた。ヘルミアスは、おそらくアリストテレスの新しい研究に魅了されて、山々や沿岸の村から、年かさで経験豊かな人々を彼のところに派遣してくれた。彼らは、狩りで仕留めた鹿が傷み始める前に、その死体の許にすばやく彼を連れて行ったり、彼のために何らかの獣を狩ったり、彼の許に蜂の巣を届けたりすることが出来た。アリストテレスは、こういった人々に無数の質問をして、また、彼らの知識に敬意を払うことによって、彼らとのあいだに関係を築いていった。

アリストテレスは、海綿採りといっしょに船で沖に出ることは出来たが、彼らに続いて海底に潜ることは出来なかった。海綿採りの作業は熟練を要し危険を伴っていた。年かさの海綿採りの多くは、鼓膜が破れていて耳が聞こえなかった。中には、あまりに早く浮上したために、身体がねじれて歪んでしまい、麻痺している人もいた。彼らは名前も知らない不思議な魚や怪物について話をした。それで、アリストテレスは、海綿採りの小舟で海に出たときは、人々が作業するのを黙って見ていた。

一人の海綿採りが船の舳先に陣取って、長い綱を腰に巻いて、一方の手には重い石を一つ持ち、もう一方の手には鋭い刃物を持って、海底の闇を照らすのに使う白い脂を口いっぱいに含んで、仲間たちが声援を送る中、何百フィートも下の海綿のなじみの形を求めて波間を探った。アリストテレスがじっと見つめていると、そのやせた身体はまずかがんで、それから空中に弧を描いて、抱いた石の重みに引かれて、水中深く姿を消した。綱も後を追うように深みへと滑り落ちてゆく。見ていると、数分後、潜り手は、海底の岩から刈り取った海綿をいっぱいに詰めた籠を手に握りしめて、ふたたび浮上してくると、空気を求めて大きくあえぐ。甲板では、休息を取っていた潜り手たちが、素足で海綿を踏みつけて、それを海水ですすいでから、綱いっぱいの長さに繋いで、船の後ろでもう一度洗ったあとに天日で完全に干して、市場に出すために袋詰めにする。▼37

アリストテレスがしたように、海綿採りに質問をした人は、誰もいなかった。彼は海綿の感触について、海綿の群生の上に落ちる影の影響について、彼らに尋ねた。答えは絶対に正確であってほしい、自分は君たちが行くところには行けないし、君たちが見るものも見ることが出来ないのだからと、彼は注文をつけた。海綿は君たちが来るのを感じているのか、海綿には君たちの声は聞こえているのか、海綿は、君たちが切り取るか、岩から引き抜くか、どちらをすればより長生きするのか、切り取った根を海水に浸せば、もう一度育ってくるのか。そして、もちろん、あらゆる問いのうちでいちばん緊要なものだが、海綿は植物なのか、動物なのか。アリストテレスは自分の哲学的な疑問を海綿採りや漁師と分かち合ったのだろうか。そしてもし、彼が自分の企てとその哲学的な意義を説明する仕方を見つけたとしても、そういった考えがレスボスの海綿採りたちにどんな意味があったのか、よくわからない。なにしろ、彼らは、その危険な日々の作業において、儀式と生け贄、祈りと神話を拠り所として、庇護と説明の両方で神々を頼りにしていたのである。[38]

現地の人々は何事につけそれを説明する神話を持っていた。彼らは、エレッソスにある石化した森の木々は、ゼウスの雷(いかづち)によって石に変えられたのであり、また、農夫たちが時に鋤き起こす巨大な骨は、人間よりずっと前に生き、嫉妬深い神々によって一掃された巨人族の人や獣の残骸であると語った。[39] アリストテレスは、彼が岩場の水たまりや網や洞穴や地中で見つけた異形のものについて、それを説明する神話や超自然の物語を受け入れようとはしなかった。そういった話は迷信や民話であると、彼は言った。それは哲学者が聞く話ではない。彼は自分の目で確認できないいかなる説明も受け入れようとはしなかった。

しかし、もし創造をする神々がいないのならと、海綿採りの一人がアリストテレスに尋ねたかもしれない、生命はどうしてあるようになったのですか。そして、アリストテレスは語って聞かせたかもしれない、始まりはなく、起源もないのだ。あらゆる多様性を帯びた世界はつねに存在してきたし、これからもずっと存在するだろう。彼は書いている、「あるようになることも、なくなることも、……つねに連綿としてありつづけ、止むことはないだろう」[40]。彼は、生命の世界とは泰然として完璧化され消滅することのない世界における連続した周期であると見なすようになっていた。彼は書いている、「なぜなら、なることはないこと(非在)から始まり、あること(存在)に達するまで発展し、衰えはふたたびあることからないことへと戻っていくのだ[41]」。それは大いなる美である。卵一つといえども、親がない限りあり得ない。何物も前に生きていた何物かから生じてくる。究極の起源も始まりもあり得ないのだ。

時に、自分の考えに対する有益な反論を提供するかたちで、彼は学生たちに自分の先駆者たち、ソクラテス以前の哲学者たちの大胆な提言を語って聞かせたかもしれない。例えば、ミレトスのアナクシマンドロスは、三百年前に生命の起源について思いを巡らせて、すべての生命は水から生じた、生命が始まる以前の初期のころに、太陽の熱が大地の原初の泥と交わって、海の生き物を生じさせた、と説いた。これらの生き物のうちのいくつかが、最終的に繭（まゆ）の段階に進んで、その繭が孵化して、原初の人間を生み出したと、アナクシマンドロスは示唆した。[42] この原初の人間が、もともと魚から生じた繭の殻から這い出して、乾いた大地に至ったというのだ。これは大いに創意に富んだ理論だが、とアリストテレスは付け加えたかもしれない、ほとんど何の価値もない。

それから、詩人のアクラガスのエンペドクレスがいる。彼は百年前に、人間が存在するようになる以前に、何万もの奇妙なかたちをした生き物——ばらばらの頭と手足と目など——が原初の溶液の中に浮いており、それらの部位が、てんで勝手に、混沌としたかたちで、混ぜ合わされて、牛の頭をした人間や人間の頭をした牛といったふうに、何百もの奇異な組み合わせで繋ぎ合わされたと、主張した。部位の組み合わせが存続不可能だったものは、時が経つうちに消滅していって、一方、組み合わせがうまく機能したものは生き残ったと、エンペドクレスは信じていた。アリストテレスは、エンペドクレスの言葉は引用するに値すると考えたが、しかし、「エンペドクレスは間違っている」と、彼は『動物の諸部分について』の中で宣言した。種は偶発的な衝突や偶然の出来事で形成されることはない。[43] デモクリトスも、百年前に、さまざまな形が原子の偶発的な相互作用によって生み出されたと宣言したことで、やはり間違っていると、彼は強調した。

こういった話は突拍子もないもので確認のしようがないと、アリストテレスは学生たちに説いた。それらは神話と変わりがなく、デウカリオンの洪水の話と同様、真偽の確かめようがない。自然は、すでに機能している法則に従って作用するものである。それは、エンペドクレスやデモクリトスが論じたように、混沌としたものでも偶発的なものでもないのだ。自然が作り出す動物は、生き延びて子孫を残すのに必要な部位をすべて具え、環境に完全に適応している。自然は完璧に設計されているのだ。そのことを知ろうと思えば、人間の歯の形を見ればいい。このような構造がどうして偶発的に、偶然の出来事や衝突で、出来るだろうか。種の変遷の物語や、神々や怪物が跋扈して神々が自然界に介入する話、魔法による変容や動物と人間の混合種などは、占い師や司祭が語る話であると、彼は繰り返し言って聞かせた、「そんな類いの話は哲学者が聞くべきものではないのだ」。

アリストテレスは知的な冒険者であり、独立不羈の精神の持ち主だった。彼は自分より前に生きた自然哲学者たちの考えを尊び、それらを集めてもいた。彼は議論の中でこういった理論を敬意を込めて引用した。しかし、彼は自分の目で確かめない限りほとんど何も真理として受け入れなかった。彼は、もし証拠を示されれば、特質の遺伝や遺伝に伴う変異といった考えを容認していたかもしれない。境界例の生き物についてあれこれ考える中で彼が考察していた動物学上の疑問は、二千年後なら進化論的な答えに繫がっていただろう。けれども、アリストテレスから見て、動物界と植物界の区別がこの境界線上で曖昧になっている理由は、すべての種が共通の原始的な水生の生命形態から進化してきたというものではなく、自然は一つの物差しの上に配列されていて、彼がここで見た曖昧さは、その物差しの上の移行点を意味していた。「なぜなら、自然は、非生命体から、生きていながら動物ではないものを経て、動物へと連続的に移行するからだ」と、彼は書いた。彼が観察したものが、動物形態の固定性や、規則性、不変性、そして秩序といった点についての彼の絶対的な確信をぐらつかせることはなかった。

アリストテレスは、珊瑚が卵を生み、サメが交尾するのを見ていた。彼は、卵の状態にある雛が発達段階に応じて姿を変えてゆくのを見ていたし、蜂がダンスをしカメレオンが色を変えるのも見ていたが、私たちなら進化や自然選択と呼ぶであろうものを見ることはなかった。アリストテレスが進化論的な考えを

発表した最初の人間だったと信じた点で、ダーウィンは間違っていた。彼は、熱心な古典研究者でレッドヒルの町の官吏だったクレア・ジェイムズ・グリースによって誤った方向に導かれたのだ。グリースは間違いを犯した。彼は、『自然学』の中で、アリストテレスがグリースから見て原＝進化論のように見えるものを推奨していると思える一節に出くわしていた。実際には、この一節で、アリストテレスは、エンペドクレスの考えに強硬に反駁するために、相手の考えの要点を整理していたのだった。グリースはエンペドクレスの考えをアリストテレスのものと勘違いしたのである。彼はその一節を訳して、ダーウィンの許に送って、本人自身がそう信じていたので、アリストテレスは種の変化の理論にあくまで執着したと言い張った。ダーウィンは、古典の研究者としては非力だったので、クレア・ジェイムズ・グリースの主張を鵜呑みにして、アリストテレスを自分の「歴史的概観」に付け加えた。

　アリストテレスは、自然の法則を理解することで、群を抜いており、時代に先んじていた。彼は変化の原理が自然界の核心にあることを理解していた。彼は自然現象を超自然の力や神話に基づいて説明することを拒んだ。[44]彼は海と陸が悠久の時を通して位置を変えることを理解していた。彼は、境界上の有機体が概念としていかに重要であるかわかっていた。彼は、身体の部位の相似性の原理――人間の手が魚のヒレや鳥の翼に相当すること――すら把握していた。彼は動物と人間の類縁性も理解し、種が連続していて段階的に繋がっていることもわかっていた。けれども、彼は、種がより初期の形態から変異してきたということを信じなかった。アリストテレスの世界では、すべての種は無限に持続する世界の中で固定されている。[45]個体は変化するかもしれない。それらは、誕生から成長、死、腐食へという弧を反復的に展開して、非在から存在へと変容し、また非在へと戻っていくかもしれない。けれども、アリストテレスにとっては、種は美しくそして変わることなくつねに固定されていた。肉体は花開き朽ちてゆくかもしれないが、人間の身体――セミの身体、魚の身体――のかたち、こういったかたちや機能はすべて、ずっと変わることはない。アリストテレスの自然は不変の常態であり、美しく、永遠に続いていた。

アリストテレスは、自然における段階的な違いを理解した最初の人だった。彼は、レスボスの潟で、強烈な日差しを背に受けながら自分が研究した暗い海底の生き物たち——海綿やホヤやクラゲなど——にあっては、自然はほとんど目に見えないほど微細に違ってゆく、動物から植物へ、植物から動物へと違ってゆくのを見ていた。けれども、後代の哲学者なら、アリストテレスの言う「破断のない連続」、彼の「自然の階梯」(scala naturae)を、一八世紀の科学を支配して、そういった連続した違いを進化論的な仕方で見たり理解したりするのを容易にしたであろう「存在の大いなる連鎖」という発想へと変換することが出来たかもしれなかったのに対して、アリストテレスは進化というものを認めなかった。彼は、進化論的な考えとは相容れない信念をあまりに多く抱えていた。[46] 彼は、プラトンのイデアの概念とは袂を分かったが、それでも、知識は、流動するものにではなく、固定され変化しないものにのみ基礎づけることが出来ると信じていた。種の永久不変性を通しての個々のかたちの固定性だけがアリストテレス的な自然とそれゆえ知識とを可能にするのである。[47]

アリストテレスの前に広がる世界、エーゲ海の岸に囲まれた夥しい色が織りなす海景(かいけい)は、固定された海岸によって包まれた流動の世界だった。マケドニアのピリッポスとやがて帝国の覇者となるその息子アレクサンドロスの影の下で、めまぐるしく変わる戦争の形勢に振り回され、幼少の慣れ親しんだ景色が一度の包囲によって灰燼(かいじん)と化した世界にあって、転々と移動しながら生きることを余儀なくされたその流動し予測不可能な生涯を通して、彼は、どこまでも変わることのないかたちを信じるしかなかったのである。

アリストテレスを包む哲学の状況は、私たちが置かれている状況とは根本的に違っていた。ことを進めるための枠組みとなる説明の物語も違っていれば、正統とされるものも違っていた。先行した人々も違うし、疑問視するにせよ肯定するにせよ、その対象となる神話や信仰の体系も違っていた。古代ギリシアには、しっかりと確立された教会によって擁護され管理された、天地創造にまつわる正統な叙述もなかった。教会によって宣明された公的な地球の年齢もなかった。迎え撃つべき異端もなければ、恐れるべき異端審問所もなかった。しかしまた、何の哲学的合意もなかった。古代人が天地創造について論じたとき、彼らの話は、楽園に住む男女や水上を進む神についての物語によって歪められることはなかった。彼らの議論は、違った問い——宇宙を形づくったのは神々なのか、それとも、でたらめに衝突し合う原子なのか、あるいは、宇宙はすべての動植物の奥深くに潜む企図の結果なのか——を軸に展開した。[48]

アリストテレスは、講義ノートを仕上げて、すでに収集していた資料にさらに事実を付け加えることを除いては、レスボスで企てたような集中的な動物学の研究に戻ることは決してなかった。彼が、このように焦点を絞った科学的研究をふたたび経験することは決してなかった。ピリッポスが、のちにアレクサンドロス大王となる息子アレクサンドロスを教えるよう彼を召し出したのである。聡明で粗暴で活発な若者を教えることは、それ自体実験であり、重要で荷の重い仕事だった。アレクサンドロスが、歴史上最も攻撃的な帝国主義的戦役の一つで、東方に進撃して、まさしくインドに境を接するまでに、つぎつぎと領土を略取していっているあいだは、アリストテレスは、心置きなくアテナイのリュケイオンで弟子を教えつづけることが出来た。アレクサンドロスが亡くなると、アリストテレスはふたたび流浪の旅に出ることを余儀なくされ、六二歳で、島の半島部に建てられ、それゆえほとんど完全に海に囲まれた町カルキスで、自然死を遂げた。

アリストテレスの死後、彼の手稿と蔵書は保全のためにスケプシスの地下蔵に収められ、そこで数百年にわたって地中に留まることになる。彼が亡くなると、こういった議論や論争の状況はふたたび変わって、アリストテレスが主張したような規則正しく秩序ある永遠の自然というものから離れていった。エピクロスという若者が紀元前三〇六年にアテナイで新しい学校を開いた。「エピクロスの園」と呼ばれたその学

校で、彼は、原子論者の考えに回帰する倫理の哲学を推進し、デモクリトスが論じたように、つぎつぎと異なった世界が、全体を支配する神のではなく、原子の偶然の衝突のみの所産として、生み出され消えてゆくと主張した。神の支配に代わって、植物や動物のあいだに作用する支配の原理——生存のための競争——があって、その結果として、数多くの適応や修正が生じ、さらには、消滅も起こるというのである。

　エピクロスの著作は、現在、ルクレティウスの『事物の本性について』の中に再話というかたちで収録されているものと、『自然について』と呼ばれる三七巻の写本の断篇とを通して、残っているにすぎない。この写本は、ヘルクラネウムの海沿いの屋敷に収められていた莫大な哲学の蔵書が、紀元七九年のヴェスヴィオ火山の噴火で火山灰と溶岩に呑み込まれ、一八世紀に発掘された際に、その一部として出てきたものである。エピクロス主義は、期間としては長くなかったが、ローマ人の生活と理想に大きな影響を及ぼした。しかし、キリスト教が古代世界を席巻してゆく中で、キリスト教を奉じる皇帝たちによって、ギリシアの学校はつぎつぎと閉鎖され、こういった考え方も違法とされ、異端で物質主義的なものと非難されるようになった。

　ダーウィンはエピクロスもアリストテレスも読んでいなかった。彼は古代のギリシア人のことを少し恐れていた。彼らは全く別の世界から来たように思えた。彼の呼び方でいう「古代人」の著作を彼が読めていれば、彼はアリストテレスの著書の一部や、エピクロスやデモクリトス、エンペドクレスの著作のさまざまな箇所に、自分の考えや問いと驚くほど近いものを垣間見ていたかもしれない。しかし、実際には、彼は、レッドヒルの町の官吏に引きずられて、アリストテレスが進化論者だったという相手の言葉に乗せられて、自分の先駆者のリストのいちばん上にアリストテレスを置いてしまった。けれども、ダーウィンは、アリストテレスと同様に、ハトの羽の精密な仕組みをつぶさに観察し、ミミズを研究して、自分が記録したものについて同様な問いをしていたが、彼は、アリストテレスが戦っていたのとは違った正統、違った神々と戦い、違った哲学的状況と信念の体系を相手にしていた。▼49

おそらく、自分と紀元前四世紀にレスボスの潟の岸辺を歩き回っていた人物とのあいだに広がる時の深淵に、ダーウィンが少し怖じ気づいたのは、むしろ正しい反応だったのかもしれない。おそらくアリストテレスはつねに彼の理解を超えたところにあって、それは単にダーウィンが古代ギリシア語を読めず、それゆえ、アリストテレスが用いた言葉や概念を他人が翻訳して理解するのに頼らなければならなかったからではなく、時や自然の働きを見て理解する両者の仕方が測りようがないほどに異なっていたからである。

第3章 ジャーヒズの信心深い好奇心

八五〇年 バスラとバグダッド

紀元九世紀、港湾都市バスラは、椰子の木に縁取られて大きな網の目のように張り巡らされた運河を跨ぐようにして、不規則に広がっていた。それは水と水路の町であり、一方には砂漠が広がり、もう一方にはチグリスの大河が流れていた。三つのモスクの輝く尖塔は、店や市場や露店、倉庫などが建ち並ぶ通りの上にそびえていた。市の西側では、景色は、泥レンガの家々から豊かな牧草地と椰子の森、そして最後には「砂漠の城門」へと変化していった。この城門の辺りに、ベドウィン族のキャラバンが野営する巨大な空き地、かの有名なミルバドがあり、そこで、市は砂漠と境を接するのだった。

ここではかつてナツメヤシを作る農夫たちが天日の下に並べた大きな架台(かだい)の上で収穫したナツメヤシを乾燥させていたものだったが、九世紀までには、ここは町中で一番にぎやかな地域――手持ちの動物や宝石を売って、必要な水を補給するためにバスラにやってくるベドウィンの商人たちが、ラクダや羊を留め置く場所――になっていた。市の城壁の外にあって屋根もなかったが、ミルバドは息を呑むようなところだったに違いない。数知れないラクダの群れと、ベドウィン族の極彩色のウール地、風にあおられてはためく布、歌を歌う人々、朗唱する詩人たち、いななくラクダやラバ、蛇つかいや魔術師たちが上げる声や物音が混然と溶け合って、調理用の火から漂う煙と、スパイスの利いた肉料理から立ちのぼる香りと動物の糞が発する臭気とが入り交じっていた。

そこは、さまざまな方言や文化が一つに集うところだった。学者は町からここにやってきた。言語学者は、使われている言語を研究して、興味深い文法構造や知られてない単語を見つけ出すために訪れた。蒐集家や人類学者は、ベドウィンの詩人たちが、演台の上に立って熱心なファンの群れに向かって朗唱する詩を記録するためにやってきた。本の露店や製本屋、文具屋の屋台が、市場から迷路のように広がって、暗く光る革で装丁された本を、低いテーブルに積み重ねたり小屋の棚に並べたりして、売っていた。ここミルバドの埃の中で、砂漠と町の境目で、あるいはまた、モスクや図書館、市が運営する展望台で、学者たちは転記し翻訳し記録していた。口承の文化は書記の文化へと移行しつつあった。[▼2]

九世紀初頭、ミルバドでベドウィンの詩人たちの朗唱に聞き入る言語学者や辞書の編纂者たちの中に、とりわけ醜い容貌の若者がいた。目玉が飛び出ていて、友人たちは彼のことをアル＝ジャーヒズつまりぎょろ目と呼んでいた。[*1] ジャーヒズは、一部はアフリカ系の血を引いていたとも考えられるが、[▼3] バスラの通りで成長し、子供のころから家族を支えるために運河の土手で魚を売って働いていた。彼の一家は社会的に恵まれた家系ではなかったが、彼は初等のコーラン学校と、傑出した学者が教えるために集まっていたモスクに通った。のちに彼は市場の露店で買い求めた本を通して、そしてまた、ミルバドでベドウィンの人々の話を聴いたり彼らに話しかけたりして、研鑽を重ねた。[▼4] ジャーヒズは後年、アッバース朝のイスラム帝国で最も多産で多芸な著作者の一人となって、生涯に二百冊以上の本を書いて、扱った分野も、文学から生物学、動物学、歴史、修辞、心理学、神学、論争術など多岐にわたっていた。

非凡な『動物の書』（*Kitab al-Hayawan*）は、おそらく八四七年から八六七年にかけて書かれたと考えられるが、この本の中で、ジャーヒズは、動物に関してイスラム世界では最初の広範な研究をものにし、進化と自然選択の理論にもう少しのところまで迫った。それに比肩するものは、以後千年のあいだ出なかった。[▼5] 今日、イスラムの民族主義者やジャーナリスト、インターネットのブロガーの中には、ジャーヒズのことをダーウィン以前のダーウィン、進化論の本当の発明者だと主張する人もおり、ダーウィンはジャーヒズの著書を剽窃して自分のものだと騙(かた)ったと唱える者すらいる。▼6

けれども、ダーウィンはジャーヒズについて聞いたこともなく、彼の考えを剽窃することなどしようもなかった。彼はアラビア語が読めなかったし、『動物の書』の英訳もなかったので、読みようがなかった。今日に至るまで完全な英訳は出ていない。しかし、もし彼がアラビア語を読めたなら、ダーウィンはジャーヒズの著書に完全に魅了されていただろうし、その文章の中にアリストテレスの影響を見て取ったかもしれない。ジャーヒズはアリストテレスの『動物誌』をアラビア語訳で読んでおり、これを高く評価していたが、その一方で、彼は、アラブの人々、とりわけ、砂漠のベドウィン人は、動物については、偉大なギリシアの哲学者が知っていたよりも、はるかに多くのことを知っていると確信していた。『動物の書』は、古代ギリシアの知識とアラブの知識を一つにまとめて、口承の知識を書かれた知識に変えて、そしてまた、すべてのものは自然の偉大な体系の中にそれぞれの目的と場所を持っており、あらゆるものが神の存在と叡知を証明しているということを示そうとする彼の企てである。『動物の書』では、動物についての洞察と思索と事実が奇妙で魅力的なかたちで渾然一体となっている。それは単なる寄せ集めというのではなく、実質的に一つの百科事典である。全七巻を通して、ジャーヒズは、イスラム以前の詩とコーランから引いた文章と滑稽話と、哲学や形而上学、社会学、人類学に関する文章を、一つに編み上げた。その精巧で曲がりくねって複雑な散文は、アリストテレスの『動物誌』の地味で正確な文章と大きく異なっている。

＊1　彼の正式な名前はアブー・ウスマーン・アムル・イブン・バフル・アルキナーニ・アルフカイミ・アルバスリーである。

思想というのは、特定の場所で特定の瞬間に花開くものである。ジャーヒズはアッバース朝のめざましい翻訳運動のさなかに大人になった。ヨーロッパが中世の暗黒時代を通してうつらうつらとまどろんでいるあいだに、八世紀にアッバース朝の第二代カリフ、マンスールは、現在のイラク中央部の豊かな農業地帯に大きな円形都市バグダッドを建設した。[*2] 彼の孫のマアムーンの時代までに、バグダッドは、新しい灌漑と土木工学と排水技術に支えられた農業革命と、北アフリカからスペインを経てフランス国境にまで、そして、インドとアフガニスタンとペルシャ帝国を越えて中国西部へと、網の目状に広がる交易ルートを通して、世界で最も大きくて豊かな帝国の中心になっていた。

ヴァイキングの大型艇がブリテン島に侵攻しているあいだに、ヨーロッパの封建領主が小さな宮廷を治めて傭兵部隊を指揮しているあいだに、キリスト教の司祭たちが「黙示録」を巡って相争って世界の終末がいつになるか予見しているあいだに、バグダッドでは、アッバース朝のカリフと宮廷のエリートたちが、学者を雇って、医学の知識を広げて、さまざまな製品を作り出すために化学と錬金術の方法を、税の計算と帝国の統治・運営のために数学を、地図の製作のために天文学を、運勢を占うために占星術を、そして、灌漑と農業の知識と航海の方法のために土木工学と物理学を発展させていた。

アッバース朝の宮廷で宣伝工作に携わった者たちは、自分たちの支配者の栄(はえ)ある知的探究と後援活動を称賛して、華やかに潤色された神話を紡いでいく中で、カリフのマアムーンは、神へのだけでなく、偉大なアリストテレスへの直通の連絡手段も持っているのだと、繰り返し語った。かつて、眠っているカリフの許に、青白い肌と赤みがかった顔と血走った目をした男が現れたのだという。名を名乗るように求められると、幻影はベッドの足元で一言「私はアリストテレスだ」とだけ答えた。夜が明ける前までに彼はマアムーンに、ギリシア人の合理性とイスラムの啓示は一つに縒(よ)り合わすことが出来るということを納得させていた。[▼7] けれども、カリフが目を覚まして、宦官たちにアリストテレスの著作をすべて自分の許に持ってくるよう命じると、宦官たちは申し訳なさげに、バグダッドの図書館にはアリストテレスの写本はごくわずかの数しかなく、しかも、それらはアラビア語ではなくギリシア語で書かれており、そして、アリストテレスの著作の残りはビザンティウムかシリアかアレクサンドリアの朽ち果てかけた図書館か地下室にしまい込まれて、手に入らないと、彼に告げた。[8]

何十年ものあいだ、マアムーンと多くのバグダッドの裕福な廷臣や行政官たちは、失われた知識を再発見して翻訳したいという欲望に駆られて、シリアやパレスティナやイラクに古代シリアやギリシアの写本を求める使節を派遣した。探索を言いつかった学者たちは、アリストテレスの写本と同様に、大部分が、地下の倉庫や物置に追い立てられるか、見捨てられて朽ち果てかけた図書館で腐ってゆくままに捨て置かれるかしていたギリシアの写本を一つでも多く見つけ出そうとして、修道院の扉を叩き、アレクサンドリアやアンティオーク、エデッサ、あるいは、ジュンディーシャープールの族長たちの許に依頼の手紙を送った。[9] ある使節は、コンスタンティノポリスから三日の距離の丘の中腹に、荒れ果てて木々に覆われた状態で置き去りにされたギリシアの神殿に付属する図書館を見つけたことを記している。「何ということでしょう」と、彼は畏怖の念とともに報告した、

この建物は大理石と色のついた大きな石で出来ており、その大理石や石にはたくさんの美しい碑文や彫刻が施されていました。その巨大さと美しさに匹敵するものを私は今まで見たことも聞いたこともありません。この神殿の中には、ラクダに乗せて運ばせようと思えば、たいへんな数のラクダが必要になる「おそらく何千頭も必要でしょうと、彼は強調している」古代の書物がありました。……私が出たあとで、扉には再び錠が下ろされました。[10]

＊2　アッバース朝は、ごく最近——紀元七五〇年に——アラブ＝シリア系のウマイヤ朝のカリフたちを打倒した後に、権力を掌握したばかりだった。

探索に当たったこれらの学者たちは、自分たちが見つけたものを、砂漠や山や海の向こうから、注意深く包んで木箱に収めて送るか、ラクダかラバの背に乗せるか、商船の船倉に積むかして、持ち帰った。ラクダのキャラヴァンが、シリアやアレクサンドリアの山中の施錠された修道院から探し出された写本を持ち帰るか、埃にまみれた学者たちをアッバース帝国の全域から連れ帰るかすると、カリフのマアムーンはバグダッドに「知恵の館」として知られることになる施設を創建した。これは、ひときわ規模が大きく優れた図書館を中心に据えた、知識の翻訳と保存と探究のための機関だった。[11] 裕福な後援者たちは、バグダッドに壮麗な宮殿や図書館や庭園を建造し、各地に設備の行き届いた病院を作ったが、彼らが最も人目を惹くかたちでその富を誇示したのは、自分たちが文化的に洗練されていて知識の拡大に真摯に取り組んでいることの証（あかし）として、翻訳の注文を競い合うことでだった。

　バスラかバグダッドに住んで働いていた翻訳者はみな、それぞれ数カ国語を話した。彼らの多くは低い身分の生まれだったが、その仕事に対して高額の報酬を受け取っていた。[*3] その多くは、ギリシア語を話すシリア系のキリスト教徒だった。時には、友人や家族が翻訳を代々の生業（なりわい）とする小さな工房で一緒に仕事に精を出した。一世紀のあいだに、彼らは、アリストテレスの全著作も含めて、現存していた古代ギリシアの世俗の科学と哲学に関するテクストのほとんどすべてを訳し終えた。彼らは〔サーサーン朝期のペルシャ語である〕パフラヴィー語やギリシア語からふつうまずシリア語に訳して、次にそれをアラビア語に訳した。ひとたびアラビア語に移されると、ギリシアの知恵はしだいにアラブ＝イスラム固有の知識の総体の中に吸収されていった。[12] こういった翻訳は、アッバース朝のエリート層を教化・薫陶しその能力を高めるために注文されたのだが、それらはまた、膨大な知識が再発見されヨーロッパへと流入していく手立てとなって、そのことが私たちがルネサンスと呼ぶものをもたらすことになった。

　紙の発明は、新しい知識や蘇った知識の流布をさらに革命的に進展させた。アッバース帝国は、巨大な統治・運営と情報の機関に依拠していたが、一方、そういった機関はまた、通信と情報のやりとりと記録の保存のために膨大な量の皮革と羊皮紙、そして後には、紙に依拠していた。九世紀半ばまでに、バグダッドの製紙工場は、戦争省や歳出省、大蔵省、通信省、書簡開封省、カリフ直営銀行、文書情報省のすべての事務官と行政官が使うのに十分なだけの紙を製造していた。[13]廉価な紙は、本がより容易に作られることを意味していた。市の南西部の文具・書籍市場には、紙や本を売る店が百軒以上建ち並んでいた。[14]一〇世紀半ばまでに、いくつもの船上工場——川面に浮かべてその流れを動力源にする製紙工場——がチグリス川に係留されていた。書籍商は、客に本を貸し出し、裕福で教養のある市民の大きくなってゆく図書室に本を提供した。

『動物の書』の謎多き著者ジャーヒズは、この豊かで、知的、科学的好奇心に満ちた文化から浮かび上がってきた。彼は、ちょうどラブレーがパリの通りから、そして、ジョイスがダブリンの町から出現したように、バスラとバグダッドの通りから出現した。しかし、彼をそういった町の歴史から掘り出すのは容易ではない。私たちが彼について知っていることは、会話についての彼自身の美しく人をじらすような記述、鳥飼いやベドウィン族についての彼の記述、場所や通りや部屋について彼が垣間見せる見解から来ている。『動物の書』のあらゆるページで、彼の声は生き生きとして魅力的で忘れがたく、千年以上の彼方から私たちの許に届いてくる。アリストテレスと同様に、彼もしばしば記録から姿を消す。

ごく若いころからすでに、ジャーヒズは際だった観察者で、何事にも注意を怠らず、飽くことなく問いただして、新しい言語や新しい言い回しにつねに耳をそばだてていた。バスラで育つ若者として、彼は自

＊3　いくつかの記録によると、数多くの翻訳者が現代の貨幣価値に換算して月に二万四千ドルも受け取っていたという。

分の周りの万華鏡のような世界を人類学者の目で眺めて、人々の行動や振る舞いの違いを注視して、それらの違いを記憶し記録にとどめた。敬虔なイスラム教徒だったので、彼は多くの時間をモスクですごしたが、それは単に神への崇拝のためだけではなく、人と議論し講義を聴くためでもあった。彼はここで智者（masjidiyyun）、つまり、大部分は世俗的な類いのものだがあらゆる話題を論じ合って、自分たちの会話や対話の技術を磨いて、神学や哲学に関する問題を論じるために、バスラの「会衆のモスク」に集う学者たち――彼らのことをジャーヒズは一方で風刺もしているが――と交わった。彼はそこで文法や辞書の編纂についての講義を聴き、政治や哲学、倫理学に関する討論に参加した。

　おそらくモスクで繰り広げられた討論やミルバドで彼が聞いた会話が、ジャーヒズの著述のスタイルと方法を形づくったのであろう。『動物の書』の中で、彼は異なった立場や方法のあいだを行き来し、明言を避け、さまざまな声を上げ、それらの声に語らせ、まるで自分が参加者であるというより、審判であるかのように、それらの声のあいだで調整を図っている。彼の散文は一つの主題から別の主題へと――はっきりした繋がりを示すこともなく――縦横に闊歩し、それから、一通り徘徊し終えると、突然元の話題に戻るのである。彼の長文はもつれ、ねじれ、絡み合って、下るかと思うと旋回し、また元に戻るなど、そのさまはまるでバスラの運河のシステムのように錯綜し、ミルバドそのもののように多彩な声にあふれている。

　ジャーヒズは、教養人の娯楽と教化のために知識を一まとめに集めた優雅な綴り帖（adab）の著者（adib）だった。これらの綴り帖は、百科事典と会話の両方の性格を具えており、教訓を垂れようとするとともに対話へと誘い、政治や倫理、宗教思想、礼儀作法、文学や科学に取材した無数の逸話や箴言を組み合わせていた。[15] ジャーヒズの散文を通して、九世紀のバスラのモスクと市場で飛び交った声が、当時人々の関心を惹いていた政治や宗教、道徳にまつわる問題について話しているのが聞こえてくるようである。バスラの町の会話をページ上の言葉に変える中で、ジャーヒズは時に一種の詩を作り出した。

ミルバドで詩人の朗唱を聞いたり、モスクで学者たちと討論したりしていないときは、ジャーヒズは本を読むか、あるいは、ミルバドの紙屋かペン屋、本の綴じ屋か転写屋、インク屋、本屋などがところ狭しとひしめく通りを散策した。こういった店は、バスラでは、若い言語学者や詩の蒐集家、翻訳者などがますます多くの本を作って売りに出すにつれて、日ごとに増えつつあった。[16] ジャーヒズは、どこに行こうと、行き当たった本はすべて読んだ。ほとんどの読者は、本を一冊借りて、数日のうちにそれを返すものだった。そうするのが慣習だったからだ。しかし、ジャーヒズは、誰にも邪魔されずに手近にあるものをすべて読めるように、本屋全体を一晩借り切って、朝まで一人でそこに留まるのが常だった。[17]

八一五年ころ、ジャーヒズがバスラを離れてバグダッドに向かったとき、彼はまず確実に、運河の主要な幹線を昇って、それからチグリスの大河を昇るというかたちで、水路で旅したに違いない。最初、彼は政府の助言者と代弁者を兼ねるという公の立場でバグダッドに留め置かれて、手紙や報告の類いを書いていた。後に、彼はそれぞれ別の何人かの強力な政治家や裁判官の下で仕事をした。彼は以後四〇年にわたってバグダッドに住んで、彼の書物のほとんどすべてをそこで書いたが、バスラにも定期的に戻り、八三六年カリフの政庁がサーマッラーに移ってからは、そちらにも旅した。そういった際に、彼はラバにまたがるか、国中に血管のように張り巡らされた巨大な水路のネットワークを船で航行するかして移動したが、旅の途中には、一緒になった旅人との会話を通して、つねに新しい知識に触れることを怠らなかった。

バグダッドの宮廷は、ジャーヒズに生活の糧と知的自由を与えてくれたが、そこでの状況はつねに安全というわけではなかった。後援者は大勢いたが、中には忠誠を尽くすことが危険を伴う場合もあった。最良の後援者を求める競争はすさまじかったので、後援者を請い求めて、側近に加えられ、その地位を維持することはつねに難しかった。学者や作家は修辞に長けていると同時に、つねに周囲を警戒していなければならなった。作家の生活は実入りも大きかったが、不安定でもあった。

バグダッドの通りと宮殿はジャーヒズに新しい本を書くための格好の刺激を与えてくれた。彼はバスラの市場や波止場で国内に生息する多くの種の動物——鶏やラクダ、ロバ、犬に羊など——を見ていたが、サーマッラーやバグダッドでは、彼は、アッバース朝のカリフの政庁に付属する動物園を散策することが出来た。[18] ここで彼は、ライオンや虎、キリンなど、アフリカやアジアから輸入された動物たちが、元いた土地から付き従ってきた飼育係といっしょに、美しいバラ園と噴水で飾られたチグリス河の土手を歩くのを見た。サーマッラーの大動物園には、帝国の隅々から送られてきた千頭もの動物が飼育され何百もの異なった種の植物が栽培されていた、という話もある。動物園を訪れた者は、水車が、牛によってではなく、ダチョウによって回されているのを見たとも述べている。ジャーヒズは、ほかの多くの見物客と同じように、異国から来たこれらの種の多様性に、羽の模様や色に、首やくちばしや爪のさまざまに異なった構造に、目を奪われ、戸惑いもした。彼は飼育係に声を掛けて、餌や行動や繁殖について質問した。彼は尋ねた、どうしてある動物は新しい住まいに容易に適応し、他の動物は病気にかかって死んでしまうのか。

ジャーヒズが、当時、初めて部分的にアラビア語に訳されていたアリストテレスの動物学の著書一九巻を最初に読んだのは、まず確実にバグダッドの図書館でだった。[19] 八四六年か四七年ころに、彼は、アリストテレスの著書をアラブの視点から書き直して修正を加えるべく、『動物の書』の執筆を構想するようになった。それは、可能な限りのあらゆる資料に当たって動物について知られている事実をすべて集めて、神の創造の全容とその中における人間の位置について理解し、それを書かれた文章で捉えようとする試みだった。彼は事実や逸話や知識を集め始めた。[20] 彼は、自分がいつか決着がつけられる、すべてを一覧に出来る、万物の奥底に至ることが出来る、と信じていたのかもしれないが、彼が論じたいと思う動物のリストは増えつづけ、動物についての彼の思いも拡大しつづけた。当然のことながら、本は、全七巻だったが、彼が二〇年後に亡くなったときにも、いまだに完成には至っていなかった。

九世紀のアッバース帝国には、ジャーヒズの『動物の書』のような本、動物に関する知識の要覧は、アリストテレスの『動物誌』を除けば、ほかに存在していなかった。それは、九世紀以前のイスラム世界には、動物についての知識がなかったということではない。[21] 全く逆である。アッバース朝の文明のように繁栄した文明は、動物の繁殖や畜産全般、狩猟の方法、薬剤、移動のパターン、動物の食餌行動に関する高度で広範な知識に依拠していた。遊牧を生業とし、誇り高く自給自足の生活を送るベドウィン族は、アッバース帝国におけるこういった知識の守護者ともいうべき存在だった。彼らはその知識を歌や物語の中に、そして、芸術形態の中で最高のものと見なされていた彼らの詩の中に保持して、それを親から子へと伝えていった。[22] 彼らが、ラクダや羊を売るために、アッバース帝国の大都市にやってきたとき、ジャーヒズのような学者は彼らの許を相談に訪れた。

『動物の書』を編纂するに当たって、ジャーヒズは、議論したり理論を組み立てたりすることには関心がなかった。彼が関心を向けたのは、直接見ることだった。彼は詳しく観察することの喜びと魅力を熱心に説いて、これ以上に重要なことはないと読者に語った。我々は、ただ詳しく調べることによってのみ、神の創造についてのよりよい理解に近づきうるのだと、彼は強調した。この本の中には、詳しい観察に交じって、さまざまな箇所で自然の法則に関する深い理解——鋭い洞察や認識——が垣間見えるが、『動物の書』の中で前面に打ち出された目的は、神に対する自身の道徳的な義務、コーランによって命じられた責務——詳しく観察し理解しようと努めるという責務——を果たすよう、読者を説得することだった。

ある歴史家たちが、ジャーヒズはダーウィンよりも千年も前に、進化について書いた、あるいは、彼は自然選択を発見したなどと主張してきたとすれば、彼らは誤解してきたのだ。ジャーヒズは、いかに世界が始まったのか、いかに種が存在するようになったのか、解明しようなどとは試みていない。彼は、神が天地創造を行い、しかも、それを賢明に行ったと信じていた。彼は、神による天地創造とそこに表された英邁（えいまい）な意図を当然のことと見なしていた。彼が動物について話をした人々も――ベドウィン族も狩人もバグダッドの動物園の飼育員たちも――みな同様だった。彼にとって、ほかに可能な説明の仕方などなかったのである。

けれども、『動物の書』におけるジャーヒズの自然の描き方で印象的なのは、動物同士、あるいは、動物とその周囲の世界が相互に関連し合っているということについての彼の見解、彼が繰り返し用いる網の目のイメージである。彼は自然界に、現在の我々の呼び方に倣（なら）えば、生態系と言えるものを確実に見ていた。彼はまた、我々なら適者生存と呼ぶであろうものを理解していた。彼は適応についてもわかっていた。アリストテレスと同様、彼も自然発生の存在を信じていた。――彼は、死んだ動物の肉からハエが湧くのを見ていたのだ。こういったことは、彼の時代にあっては、何一つ注目に値することでも議論の余地のあることでもなかった。『動物の書』を書くに当たっての彼の目的は、彼自身が読者に語っているように、自分たちの周りの動物の世界は相互に関連し合っており、互いに依存し合っていること、あらゆるものが世界という大きな網の目の広がりの中におのおの位置を占めていること、そして、その世界の中に害や危険が存在することですら、神の寛容と祝福の徴（しるし）と説明するのが可能だということを、読者に証明することだった。

ジャーヒズの相互依存の網の目という発想は、ダーウィンの「ひしめき絡み合う土手」という見方――彼が自然選択の鍵となる考えをまとめ上げて、『種の起源』の結論とするのに用いた絶妙で詩想に富んだ比喩――を先取りするものである。ダーウィンは書いている、

> 無数の生き物がひしめき絡み合う一つの土手、多くの種類のたくさんの植物に覆われ、茂みの上では鳥が歌い、さまざまな昆虫が飛び交い、湿った地中を蠕虫（ぜんちゅう）が這い回る土手を眺めて、これらのきわめて精巧に作り上げられた姿のものたち――互いに全く異なっていて、きわめて複雑な仕方で互いに

依存し合うものたち――がすべて、私たちの周りで作用する法則によって作られてきたと考えるのは、いかにも興味深い……。こうして、自然の戦いから、飢餓と死から、我々が考え得る最も高度なもの、つまり、高度な動物の誕生が、直接の結果として生じるのである。生命についてのこういった見方――生命の何らかの力が、まずいくつかの形態、あるいは一つの形態に吹き込まれ、そして、この惑星が重力の不変の法則に従って周期的に回り続けているあいだに、ごく単純な始まりから最も美しく最も素晴らしい数限りない形態が進化してきて、そして進化し続けているという見方――には壮麗さがある。[23]

ジャーヒズにも、彼なりのひしめき絡み合う土手の比喩があった。第二部で彼は、砂漠で燃える火の周りに引き寄せられる生き物の様子を描いた。「木立の真ん中か砂漠で火を着けて、その上に集まってくるさまざまな昆虫を観察するがいい」と、彼は書いている、「そうすれば、神が作られたとは想像もしなかったような生き物や奇妙な姿のものを見ることになるだろう。そしてまた、火に寄ってくる生き物は、その火があるのが木立の中か海辺か山中かによって違ってくるのだ[24]」。この原理を証明するために、彼は、哲学者やカリフや後援者や、旅を共にしてきたベドウィンの人々などが見守る中で、バスラの運河の土手で、宮殿の中庭で、そして山や森の中で、火を焚きつけた。

ジャーヒズが、バスラかバグダッドの郊外数マイルの距離にある砂漠の一画で、夜闇の中、木切れと絹と敷物を使って立てられたテントがひしめくそばで、ベドウィンの一団とたき火を囲んで座っているさまを思い浮かべるのは難しいことではない。火が丸く照らし出す範囲の外では、闇がひしひしと迫ってくる。ベドウィンのラクダとラバは、砂漠の狐に驚いて暗がりで上げる鳴き声としてだけ存在している。彼らの頭上には、輝度の異なる星々が夜空の巨大な弧の上に模様を描いている。ベドウィンの人々が砂漠で位置を測るのに用いる模様だ。箱や網を使って、ジャーヒズたちは、夜闇からたき火に引き寄せられて飛んで

雌牛の内臓を喰らうライオン(ジャーヒズ『動物の書』の後代の挿絵付きの写本[ミラノ、アンブロジアーナ図書館蔵]より)

くる虫を捕まえてその数を数えて、砂漠の狐が立てる物音に耳を澄ませ、寄ってくるハツカネズミや蛇、トカゲなどの痕跡を観察する。一つのたき火の周りに時には七〇もの異なった種がいることを、ジャーヒズは仲間たちに示してみせるが、その生き物の組み合わせはいつも異なっている。バスラの運河の脇で、大海の岸辺で、砂漠か森の中で、夜のたき火の傍らに座ってみれば、集まってくる種はいつも異なっていよう。神がそういうふうに作られたのだ。あらゆる動物、あらゆる昆虫が、この生命の巨大な網の中でそれぞれの位置を占めているのだ。

ベドウィン人の一人が、網で捕らえた、人を刺す昆虫やサソリ、蛇などを指さして、なぜ神は、あらゆる有益な動物に交じって、これほど多くの有害な動物を作られたのかと問うて、人々は、あらゆるものは、良いものも悪いものも、繋がり合っていること、自然はバランスを保つために対極にあるものを必要とし、人間も蚊と同様にこの巨大な網の中の一つの動物にすぎないということで、意見が一致する。彼らは、いかにすべてのものが、その食べ物として他のすべてのものに依存しているかを論じ合う。その連鎖のいちばん上の方に狼がいて、次に狐が、その次にはハリネズミ、毒蛇と他の蛇たち、雀、イナゴ、スズメバチ、ミツバチ、ハエ、そして最後に、蚊がいる。『動物の書』の中でジャーヒズは書いている、「あらゆる種は、別の種のための食べ物になっている。どんな動物も食べ物なしにはやっていけず、それゆえ、狩りをするしかない。こうして、あらゆる動物が自分より弱い種を餌食にする。同様に、あらゆる動物が自分より強い種の餌食になっている。神の叡知が、ある種は他の種の食べ物の元となり、ある種が他の種の死の原因となるよう定められたのだ」[25]。これらの巨大な網の中では、狩りと防御は互いに共存しているのだ。ジャーヒズは読者に、有害と見えるものも正しく把握されれば実際には有害ではなく、あらゆるものがその位置と役割を持っているということを理解するように望んだ。

一部のイスラム科学の歴史家たちが「ダーウィンの……自然選択の萌芽を見ることが出来る」[26]と主張するのは、こういった文章の中にである。実際見ることが出来る。しかし、もしこれが自然選択であるというなら、ジャーヒズの自然界は、ダーウィンの説くような野蛮な自然によってではなく、神によって完成され均衡の取れた宇宙によって支配されている。そこには確かに、ジャーヒズを進化についての思索へと導いたかもしれない理解と認識の一端が認められるが、その一方で、彼の著作に見られる自然観は、ダーウィンの自然観とは根本的に異なっている。

ジャーヒズは読者に、大きな形而上的な問い――生と死、善と悪――に対するすべての答えに至る鍵は、自然界に見出されるはずだと説いている。彼らの周りの一切が、徴(しるし)の体系である。彼は読者に、彼らがすべきことはただ、詳細に観察して自分たちの理性を用いることだ、彼らが自然界に見るあらゆるもの――奇跡的で、相互に関連し合っていて、相互に依存し合い、多様な、あらゆるもの――が創造主の存在の証(あかし)なのだと、語っている。自分が本を書いたのは、

理性を具えたすべての人が、神がその被造物を何の目的もなしに創られたということはなく、創られた生き物を見捨ててその運命に委ねられたということもない、そして、神は何一つ見落とされたこと

はなく、何物もご自身の明白な徴をつけずに捨て置かれることも、何一つ無秩序なままに守られもせずに捨て置かれることもない、神はその驚嘆すべき先見性でもって何一つ誤りを犯されることはなく、神の配剤のいかなる細部もその意図に適わないものはなく、同様に、叡知の美しさと力強い証の輝きもやはり神の思いに適っていることを、知るようにである。その行いのすべては、蚤や蝶から七つの天球層、地球の七つの地域に至る一切に及んでいるのだ。[27]

彼以前のアリストテレスや以後のダーウィンと同様に、ジャーヒズは、調教師や養蜂家、ハトの訓練師、動物の飼育家などに頼ったが、彼はとりわけ、ベドウィンの人々に頼った。自分がアリストテレスの動物学の中に読んだものはすべて、すでにベドウィンの商人たちに知られており、父から子へと、哲学者から詩人へ、そして、詩人から文献学者へと、帝国中の砂漠や市場、動物園で、口づてに伝えられてきた偉大なアラブの詩の中に収められていると、彼は主張した。「我々が、哲学者が自然誌について語るのを聞いたり、医師や弁論家による書物の中で出くわしたりする言葉で、アラブやベドウィンの詩の中に、あるいは、我々の言葉を話して我々と信仰をともにする人々の日常の知恵の中に、全く同じ趣旨の表現を見出さないものはほとんどない。[28]」

バグダッドの香水市場の先にあるカリフ直属の動物園「野獣の園」で、ジャーヒズは象とキリンの飼育員に話しかけて、どうして彼らが面倒を見ている動物は、捕らえられた状態では交尾しないのか尋ねた。彼は象とライオンとキリンとヒョウを観察し、訓練師にどうしてインドから輸入されたワニはチグリス川では死んでしまったのか尋ねた。[29] 彼はバスラの郊外にあるガゼルの養殖場に出向いて、繁殖について農夫と話した。彼はまた、バスラとバグダッドの鳥市場で、アンティオキアからやってきたハトの繁殖業者に話しかけて、相手は自分たちがその鳥を繁殖させて訓練するのに費やした時間と金について聞かせてくれた。これらのハトの繁殖業者や訓練師は、アッバース帝国では貴重な存在だった。ハトによる郵便の最初期のシステムの一つにおいて、訓練されたハトは、地理的に離れた都市のあいだで重要な報告や手紙、指示などを運んだ。ジャーヒズは、繁殖業者が実に多くのことを知っており、また、技術的にたいへん熟達しているということに強い印象を受けた。「彼らは、船でハトを輸送したあとで、自分たちの背に負ってこれを運び、小屋に閉じ込めて、それぞれ適切なときに、ハトを互いに離したりまたいっしょにしたりし、雄と雌を遠く離して、雄を他の雌たちといっしょにする。彼らはこうして、密な近親交配の悪影響を避けようと努めているのだ……。彼らは自分たちの妻の子宮より、純血種の雛を生んでくれる雌のハトの子宮のことを気にかけている。」[30]

だが、ジャーヒズは、明らかにアリストテレスの観察を高く評価し、それに依拠してはいたが、彼はつねにアリストテレスの目を信頼していたわけではなく、また、ギリシアの哲学者が魚について語ろうとすることについては、彼が船乗りや漁師の主張に頼りすぎていると見なして、あまり信用していなかった。彼は説明している、

我々は、魚や、海水や真水、運河や川や沼や小川に棲む他の生き物について、独立した章を当ててこなかったが、それは、これらの種については、信頼できると思わせるに足る正確さを具えた重要な文章を見出すことが出来なかったからだ……。利用できる唯一の材料は水夫が提供したもので、水夫というのは、尾鰭をつけない真実を尊重する者という評判とはほど遠い。話が突飛であればあるほど、彼らはそれをより好むのだ。それにまた、彼らは卑猥な表現を好み、話し方もいかにも不快な感じである……。アリストテレスはこの話題に多くの紙数を割いているが、私は本の中で彼自身の断言以外には何の証拠も見出せなかった。私はかつて一人の水夫に、「アリストテレスは、魚が何かを食べるとき、彼らは同時に一定の水を飲み込むが、それは魚が貪欲で、口の開口部が大きいからだと、主張している」と言ったことがある。それに対する彼の答えは、「かつて魚だったことがあるか、魚に話

しかけられたことがある者だけが、確かなことを知っている」というものだった。その水夫が私にこう答えたのは、彼は弁論の大家であり、ものの道理を弁えていて、そのことを誇りにしているということに違いなかった。[31]

けれども、ジャーヒズは、アリストテレスと違って、魚を知ることの難しさについては謙虚だったかもしれないが、アリストテレスと同様に、自然界に見られる変則的な有機体にどんどん惹かれていった。『動物の書』の至るところで、ジャーヒズは、雑種や一代限りの交雑種、何らかの意味で種と種の隙間にいるか、あるいは範疇を超えたような生き物を擁護し称えている。彼は、生き物が──例えば、草食であると同時に肉食でもある鳥のように──ある範疇にすんなりとあるいは容易に当てはまらずに、いくつかの範疇をまたぐように広がっているとき、機会を逃すことなく、このことを指摘した。口承のではなく書記の知識の有用性に関する長い前書きのあとで、『動物の書』第一巻は、雑種、交雑種の鳥、キリンとラバ、異なった人種間の結婚、そして、アッバース朝の宮廷と軍で重要な存在だった宦官について、六〇ページにわたる議論を始めている。宦官については、彼は、他の人間より平均寿命が長く、知性も優っていると述べている。彼はまた、本も雑種の作り物で、コラージュであり、混ぜ合わせ、混成物であるが、それでも、異なった人種や民族を一つの共和制の下にまとめる上で、根本的に重要だと指摘している。

アリストテレスと同様、ジャーヒズも、種とそして自然界における種の位置と役割について一般化しようと試み、研究を重ねれば重ねるほど、そうするのがますます難しいと感じるようになった。雑種や変則的な生物、そして、動物であると同時に植物でもあるように見える有機体は、まさしく、それまで正統とされてきた分類法を破綻へと追いやり、生物の一貫した分類法をいかに作り出すかという新しい問いを提起するがゆえに、彼を夢中にさせた。もし彼が、後にダーウィンが例えばフジツボについて行ったように、変則的な生き物に関する研究を推し進めていたなら、どうやって種が存在するようになったかについて、異なった説明――改変を伴う世代の継承という考えを中心に据えた説明――に至っていたかもしれない。しかし、実際には、彼は、分類法の破綻を、生物界における上位と下位という範疇を問題視することに、そして、ここでもまた、いかに全能の創造主が限りなく複雑で洗練された世界――すべての有機体がそれぞれの位置を占め、他のあらゆるものに依存している世界――を創造したか示すことに、用いたのである。

ジャーヒズに観察と経験主義を重んじるように教え、彼を動物学上の経験主義の偉大な哲学者アリストテレスの著作へと向かわせたのは、自分が生きている世界に対する科学的な好奇心、コーランによって指示された好奇心だった。けれども、ジャーヒズは、自分の後援者や己の身の安全を疑問の余地のない当然のものと見なして、科学に対する好奇心にだけ集中することは決して出来なかった。彼がバグダッドにやってきてから一八年後、彼がまだ『動物の書』を編纂しているあいだに、際だって中央集権化されていたアッバース朝のカリフの権力はゆるやかな衰退の段階に移行しはじめていた。[32] 連日、飛脚が地方での蜂起や騒乱とバグダッドでの暴動の報せをもたらした。[33] カリフは、どんどん力を増しつつあったトルコ人の奴隷兵士がクーデターや反乱を起こすことを恐れて、数年前に宮廷全体をバグダッドの北七五マイルのサーマッラーに移して、官僚や軍の指揮官、学者たちをいっしょに連れて行っていた。バグダッドは、守備隊の基地を置くにはあまりに小さくなってしまっていた。

バグダッドでのジャーヒズの主要な後援者はこれまで、アラブに帰化した裕福なペルシャ人で、油の商いを家業にして三代のカリフの下で権力を維持してきた大臣ザヤットだった。[34] ジャーヒズが『動物の書』を捧げたのはザヤットに対してであり、これはこの偉大な書物の準備と執筆に資金を提供してくれたのがザヤットだったからである。けれども、八四七年にカリフのアル＝ワースィクが亡くなり、その後を弟のアル＝ムタワッキルが継いだが、ザヤットはこれまで彼のことをないがしろにしていた。[35] 宮廷におけるザヤットの主要な政敵だったカーディー（裁判官）のアフマド・イブン・アビ・ドゥアドは、この機会を捉えて、新しいカリフの下でザヤットの失脚を謀（はか）った。かつて自分の権威を脅かした権力者たちに対する報復作戦の一環として、カリフはトルコ人の兵士にザヤットを逮捕して収監するよう命じた。六週間にわたって、大臣は、「鋼鉄の処女」と呼ばれる、内側に無数の釘が出ている木製の円筒に押し込められて、拷問を受けた。サーマッラーとバグダッドにあった彼の邸宅と家具、蔵書、彼の奴隷と歌姫、さらには、穀物、乾し葡萄（ぶどう）、イチジク、ニンニクの倉庫も、すべて没収された。大きな図書館は解体され、本は四散した。ザヤットは、拷問中に受けた傷が元で獄死した。[36]

　ジャーヒズは、身の危険を感じて、バスラに逃亡して潜伏していたが、発見されて、カーディーの命令の下、兵士たちによって宮廷に連れ戻された。二年間にわたって、彼は裁判長イブン・アビ・ドゥアドとその息子ムハンマドの宣伝工作の担当者として働いたが、支配者層のあいだで権力の重心が移動したとき、イブン・アビ・ドゥアドとその息子は高位の職から外された。後日、二人は逮捕され、彼らの地所は没収され、蔵書は売却された。イブン・アビ・ドゥアドはひどい拷問を受け、身体の一部に麻痺が残った。三年後の八五四年、彼は息子の死の数日後に亡くなった。[37]

　新しいカリフ、ムタワッキル[38]は、前の三代のカリフの肝いりで、宮廷が資金を提供して推し進められたコーランのあり方を検討する企てに終止符を打って、先代のカリフたちが主張したように、聖書と福音書、モーゼの五書を取り込んだ一神教を推進したりすれば、聖典は作られるどころか、むしろ、損なわれると宣言した。彼はすべてのキリスト教徒に上着に黄色い袖をつけるように命じて、さらに、新しく建てられた教会とユダヤの集会所はすべて破壊するよう指示した。新しい宮廷における作家と詩人に対する報酬は手厚く、とりわけ、カリフの統治の行動を擁護し正当化して、秘密警察の仕事に進んで参加しようとした詩人は、厚遇された。[39]

年老いつつあったジャーヒズは、すでに七〇代に入っていたが、新しい状況にもよく馴染んで、ムタワッキルの下で、それなりに恵まれた日々を享受した。彼はまず、キリスト教徒に対するイスラム教徒の卓越を論じる本の執筆を提案することから始めた。彼は新しい大臣アル＝ファス・イブン・カカンに手紙を書いて、予定している本について伝えて、宮廷に何か職を確保してもらえないか願い出た。ファスはトルコ人の貴族で、勢力を拡大しつつあって影響力も大きかったトルコ人近衛部隊の出身だった。彼は自分の宮殿に膨大な蔵書を持っていて、華やかな宮廷のサロンも主催しており、カリフとも親交が深かった。[40]ファスはジャーヒズの願いに熱烈な調子で応じて、持ち上げた。「信仰者の指揮官〔カリフ〕は、あなたのことをたいへん好いておられて、あなたのことが話されるのを聞くのを大いに喜ばれています。あなたのことをその学問と博識ゆえに高く評価しておられるということがなければ、つねに謁見の間にお越し願って、あなたの見方を聞かせていただき、あなたの時間と思いを占めている問題についてのあなたのご意見を伺いたいと強く望まれたことでしょう。[41]」彼はジャーヒズに、是非とも本を完成させるよう熱心に勧めた。「月ごとの手当をお支払いします。また、これまで滞っていた分についても、きちんと補償されるよう手配し、今後一年分については前払いでお支払いするようにいたしました。これは思いがけないご幸運となると信じております。[42]」

新しい後援者の好意を確実なものにするために、ジャーヒズは再び『動物の書』を脇に置いて、ファスの民族の誇りと勇敢さ、軍事的な偉業を称える「トルコ人の武功について」という長い論文を完成させ、その話題についてずっと以前に書いていた書簡も添えて発表した。後援者の選択は上出来だった。[43]まるまる七年間、彼は世界で最も優れた図書館の一つと最も洗練されたサロンの一つに自由に出入りできた。しかし、八六一年、ファスとカリフはともに無残なかたちで暗殺された。ジャーヒズは、今では身体に麻痺が出て、介助を受けないと移動することも出来なくなっており、故郷のバスラに戻ることが認められ、そこで、八六九年に、九四歳で亡くなった。これは、当時、アッバース帝国で生きた男女の平均寿命よりも六〇年も長い。[44] 言い伝えによると、彼は、本の壁が身体の上に崩れ落ちてきた際に、押しつぶされて死んだのだという。[45]

ジャーヒズが亡くなったのは、バスラの南の湿地帯で起こったザンジュの大反乱が始まった年だった。ザンジュとは、もともとアフリカから連れてこられた奴隷で、湿地帯の貧民街に居住して、沖積土からなる平地を農業に適した土地にするために表土を取り除く作業に当たるか、岩塩の坑山で働くかしていた。反乱軍の指導者は、わずか一年前にバスラに避難してきた雄弁でカリスマ性のある詩人だった。八七一年九月の金曜日、ザンジュの叛徒たちは、砂漠からやってきたアラブの遊牧民の加勢を得て、ミルバドの市場を通ってバスラの町に侵攻して、市場の屋台やモスクや橋に火を放った。彼らは市民を追い立てて、宮殿の周囲で、剣で何百人も殺害した。ミルバドの動物たちはすべて炎に包まれて死に絶え、ミルバドにあった建物はすべて引き倒された。

カリフの軍は、北方に広がったザンジュの乱を鎮めるのに、一〇年を要した。八九三年、歴史家のアル＝タバリーは、ザンジュが鎮圧されたあとで、当局は、公(おおやけ)の秩序を保つために、バグダッドでは金曜モスクの中で人気の高い説教師や占星術師、運勢占い師が座って商売をすることをすべて禁じる布令を出したと伝えている。さらに、書籍商は神学や弁論、哲学に関する本を商わないという誓いを立てさせられた。一一八四年、旅行者のイブン・ジュバイルがバグダッドを訪れたとき、彼は、町が「その影法師で、色褪せた廃墟か亡霊の彫像[46]」のようだと感じた。

その後、一二五八年、モンゴルの遊牧民によってイスラムの大都市や図書館が略奪された際に、難を逃れたアリストテレスの著作のアラビア語訳はすべて、ヨーロッパ中に四散していった。しかし、十字軍のあいだに、異端審問官の活動を通して、海外の不信心者による著作を根こそぎ破壊して、ヨーロッパの域内にいる異端者を見つけ出すことに長く取り憑かれていたカトリック教会は、異教徒の考えに対してあくまで懐疑的であり続けた。[47] 一二一〇年、ノートルダム寺院の西正面の大壁が建ち上がって、パリの眺望を大きく変えたちょうどそのころ、パリの司教は、シャンポー地区の小さな宗派の信徒を、アリストテレスを読むことで刺激を受けて、汎神論と唯物論を説いた廉(かど)で、全員火刑に処すように命じた。「自然哲学に関するアリストテレスの著作も、それらに対する注釈も、公の場でも私的な場でも、パリでは一切読んではならない。この禁令を破る者は破門に処す[48]」と、司教は告示した。けれども、アリストテレスの考えが広がるのを抑えるには、時はすでに遅すぎた。二〇年も経たないうちに、教皇は、フランスの教授たちの圧力の下で、司教にその布令を撤回するよう強く求めた。古代ギリシア人の修辞的な技法と彼の知識は、異端に対する戦いの不可欠な一部であると、教授たちは主張した。

一四五三年、コンスタンティノポリスがオスマン帝国の手に落ちたとき、亡命を図った学者たちが、救い出された写本を載せた手押し車を押して、イタリア中に流れ込んでいった。これらの写本には、アラブとギリシアの科学と哲学の知識――アリストテレス、アヴェロエス[◇1]、アヴィケンナ[◇2]、エウクレイデス〔ユークリッド〕、プトレマイオス、プラトン――がさまざまに組み合わさって、収められていた。学者たちの多くがフィレンツェに定住して、そこに新しいネットワークを確立して、学生を集め、何世紀にもわたってヨーロッパ中を行き来していた知識の流れを加速した。

一四二三年、フィレンツェの書籍商で本の編集や出版も手がけていたジョバンニ・アウリスパという男が、コンスタンティノポリスからヴェネチアに二三八点に及ぶ、抜けた箇所のない完全なギリシア語の写本を持ち帰った[49]。数十年のうちに、これらの写本はラテン語に翻訳され、イタリアの都市に多く入ってき

◇1　**アヴェロエス**　スペインのコルドバ生まれの哲学者・医学者（一一二六－一一九八）。アラビア語での呼び名は、イブン・ルシュド。北アフリカからイベリア半島にわたるムワッヒド王朝で君主の侍医を務めるなどした。アリストテレスの著書に関する膨大な注釈を書いたことで知られ、中世ヨーロッパのスコラ哲学に大きな影響を与えた。

◇2　**アヴィケンナ**　ペルシャの哲学者・医者・科学者（九八〇－一〇三七）で、ペルシャ語での名前はイブン・スィーナー。イスラム世界で最高の知識人とされ、アリストテレス哲学と新プラトン主義を結合させて、ヨーロッパの医学、哲学に多大な影響を及ぼした。

ていた新しい印刷機のいずれかで刷られて、フィレンツェやミラノの本屋の屋台で売りに出された。そんな屋台で、レオナルド・ダ・ヴィンチという名の若い芸術家が、一気に数を増やしつつある自分の蔵書に加えるために、アリストテレスの著作の翻訳を三冊買い求めた。

第4章 レオナルドと陶工

一四九三年　ミラノ、一五七〇年　パリ

一四九三年のいつごろか、イタリア人の百姓の一家が、ミラノの中心部にある豪壮だが古ぼけた宮殿の中庭に手押し車を押し入れて、巨匠レオナルド・ダ・ヴィンチに話したいことがあると願い出た。ヴェッキオ宮殿の中では、彫刻家が、古い舞踏室のほこりの舞う薄明かりの中で、片方に横たわる高さ二四フィートの巨大な粘土の馬の型を鑿で彫り出していた。それは、レオナルドの後援者ミラノ大公ロドヴィーコ・イル・モーロが、亡くなった父親を記念するために注文した彫像だった。助手や生徒が、音を立てないように部屋から部屋へと横切って、塗料や粘土、蠟などを運んでいた。近くでは、生徒たちがキャンヴァスを伸ばしたり、スケッチをしたり、塗料を混ぜたりしていた。[1]

山からの訪問者は、アトリエの中を動き回る人々が上げるざわめきに魅了されて、伝説になっている馬か空飛ぶ機械を一目見たいと願って、待っていた。かつてはミラノ大公家の所有で、要塞のように守りを固め、塔を戴いて堀を巡らせた宮殿は、レオナルドがより大きな敷地を求めて移ってきたころまでには、すっかり荒廃してしまっていた。中庭に列をなす柱は塗料が剝がれて、柱廊には隙間風が吹き、床は剝き出しで、彫刻を施した書斎の本棚はほこりを被って空っぽで、壁のフレスコ画は色あせていた。けれども、高い天井と、明るい日差し、助手のための部屋、[2]厩（うまや）、空飛ぶ機械や舞台セット、機械の設計図や模型などを置いておくスペース、本を並べる書斎、実験室、下絵を描くための日陰になった中庭などを必要としていたレオナルドにとっては、これ以上適した建物はなかった。[3] ここには、屋根が平らになった部分もあって、より小規模な空飛ぶ機械が完成した暁には、そこから飛ばすことも出来た。

薄茶色の髪をたてがみのように垂らした、背の高い美貌の男が暗い内部から現れると、百姓たちは、自分たちは何日もかけて重い車を押して、山道を越えて、でこぼこ道を通ってやってきたのだと告げた。山では人々は巨匠とその勇壮な馬について噂していると、彼らは言った。連中の話では、あなたは石化物と呼ばれる岩を集めておられるということだった。それで、自分たちは山では有名な赤い岩をお持ちした。不思議な模様やかたちをしており、牡蠣殻や珊瑚がついていて、そのうちのいくつかは人の手ほどの大きさがある。どうして貝殻が山のてっぺんにやってきたのだろう。彫刻家が贈り物を中庭の日差しの中で調べているあいだ、百姓たちはつぎつぎと尋ねた。司祭は、貝殻は聖書に書いてある大洪水で山の上に運ばれたのだと言っているが、占星術師は、星が特別なかたちに並んだ夜に岩の奥深くに潜む魔法によってもたらされたのだと言い張っている。どうでしょうかね。レオナルドは肩をすくめた。さあ、私にはなんともわからないと、彼は答えた。

百姓たちが、その労苦と贈り物に対して十分な報酬を受け取って、山あいの村に帰った後、レオナルドは、貝殻がどうやって山の中に打ち上げられたのか、何カ月も頭を悩ませた。彼はろうそくの光の下で、赤い岩を何度もひねり回して、なんとも不思議なかたちで岩に埋め込まれて密集する貝殻をのぞき込んで、本にもあたって、ラテン語と悪戦苦闘しながら、百姓たちが持ち込んだ問題に対する答えを見つけようと努めた。貴族の男性と百姓の女性のあいだに出来た庶出の子だったこともあって、レオナルドは正式な教育を受けていなかったが、当時の多くの芸術家や技術者と同様、彼も自らの努力でひとかどの知識人になっていた。そして、自身その一人として一目置かれるようになった知識人仲間のうちの他の人物たちと同様に、彼も、この世界や生命の創造にまつわる大いなる神秘についての答えを探し求めていた。周囲のヒューマニストたちと同じように、彼も、答えを求めて、コンスタンティノポリスの攻略以降、イタリアに大量に流入してきていた古代のテクストに目を向けつつあった。彼は自分専用の図書室を作っていた。

万物が作動する仕方を理解したいと強く願い、教会や錬金術や妖術の支配を軽蔑して、レオナルドは独学でラテン語の読み書きを習得していた。彼は、古代ギリシアの写本のラテン語訳を求めて、ミラノの書籍商の店を見て回った。こういった文献は、当時、ラテン語に翻訳されて、わずか五〇年前にグーテンベルクによって発明されたばかりなのに、今やイタリアのあらゆる主要な都市で大きな音を立てて紙にインクを押し当てている印刷機から、つぎつぎと刷り出されていた。レオナルドは、ヴェッキオ宮殿で、開いた窓の脇に置かれた机のそばに、増え続ける本のコレクション――彼の頭の中でざわめく発想、思いや問いの絶え間ない噴出を方向づける助けとなる本やノート類――を一堂に並べていた。一四九三年までに、彼の蔵書は、聖書や詩篇、フィチーノやオウィディウス、リウィウス、アイソーポス、ペトラルカ、プリニウス、そして、新たにラテン語に訳されたアリストテレスの著書三冊などを含めた、高価な印刷本三七巻を数えるまでになっていた。[4]一〇年後には、その三倍の冊数が収められることになる。

レオナルドは、彼が山への旅行で集めた自然物のコレクションに、赤い岩も加えた。ミラノの家々の屋根の向こうで、レ・グリーニェの山並みが彼の思いをそそった。[5]彼はヴェッキオ宮殿の塔の頂か、ミラノ大聖堂の屋根の上に立って、北の方を眺め、太陽が移動して雪を被った山頂を陰がなでていくのにつれて、その山頂が刻々と色を変えてゆくのに目を走らせながら、あの不思議な岩のかたちを思い、どうやってそれが存在するようになったのか、何度となく思索を巡らせた。彼は子供のころのことを思い出した。山あいを歩いていて、洞穴の口をのぞき込んだときのことだった。彼は書いている、「恐怖と欲望で――暗く威嚇するような洞穴への恐怖と、同時に、その中には何か奇跡のようなものがあるのではないか確かめたいという欲望で――慄然（りつぜん）として」石のように固まってしまった。[6]彼は、ヴェッキオ宮殿の窓から遠くに垣間見た条線の走る岩場の光景を、『岩窟の聖母』（一四八三頃）の背景をなす移ろいゆく岩山から、『最後の晩餐』(一四九六頃)の、枠で囲われた、明るい日差しを浴びながら決して届くことのない山並みに至るまで、繰り返し描いた。[7]

何度か、スケッチ・ブックを膝の上に開いて、レオナルドはラバに跨がり、ミラノからレッコへ旅して、何世紀にもわたってヴァルサッシナの鉱山から鉱石を運ぶのに使われたカライア・デル・フェーロ(鉄の道)という山道に沿って、山に分け入った。彼は、自分にも大公の使いにも、運河の建設計画のために水路を調べているのだと言っていたが、しかし、彼は同時に、いつものことだが、水——洪水、水路、川、渓流、あらし——が、想像も出来ないような長い時間をかけて、地上と地下の両方で、土地を削って、うがち、磨き上げてきたその方法について、多くの調査・研究に携わっていた。レオナルドは、岩が流水のように溶けてそのまま固まったように見えるところで、その岩のかたちや成層を描くために、洞穴や抗道に這い込んだ。彼は、地表に露出した岩の鉱床に見られる、渦まいたり吹きつけられたりしているような模様——大昔の流動や隆起の痕跡——をスケッチした。彼はまた、そこで見た湖や川について、そして、銅や銀の鉱山で見た「とても奇妙なものたち」についても、記録を取った。彼は高い山の上にある湖に棲む魚や、ボルミオの温泉、プリニアーナ湖の潮の満ち引きなどについても記述している。[8] そして彼は山の住民に話しかけ、自分たちの土地に関する彼らの知識を記録した。彼は、「キアヴェンナ渓谷では、巨大な岩が剝き出しになっているとても高い山がある。山には、鵜(marangoni)と呼ばれる水鳥が見られる。ここには、樅と唐松と松が植わっている。鹿と野生の山羊とシャモアと恐ろしい熊がいる。四つん這いにならないと登るのは不可能である。百姓たちは、雪の季節になると、熊に坂を転げ落ちるようにさせる大きな仕掛けを持って山に入る」と、ノートに書き記した。[9] その記述のすべてで、彼は「私自身がそれを見た」という言葉を何度も繰り返して、自身の拠り所としていた、自分の目で見るまでは事実を信用するなというアリストテレスの信条を引き合いに出している。

けれども、百姓たちが、山の岩の中に牡蠣殻が入っていることについての問いを携えて、ヴェッキオ宮殿にやってきたとき、レオナルドは彼らに答えることが出来なかった。そのことは、彼を再び本とノートへと立ち戻らせた。彼は、内陸部で見つかる貝殻の問題で悩まされたのは、自分が初めてではないことを知った。ギリシアの哲学者で詩人でもあったクセノパネスと地理学者ヘロドトスは、紀元前六世紀と五世紀に、山で見つかる貝殻は、想像も出来ないほどの遠い過去における海か沖積層の氾濫のあとに残されたものだと、結論づけていた。レオナルドは、さらなる思索のために、手元にあるアリストテレスの『気象論』のページに目を走らせたが、アリストテレスは石化については何も語っていなかった。

しかし、ミラノでは、何事につけ気にかけるのに十分な時間などなかった。思案を巡らせるための静けさなど全くなかった。つねに馬のことがあった。大公の使いがたえず馬のことを聞いてくるのだ。その上、大公の催すパーティがいくつもあって、その余興も考えなければならない。何人もの生徒が出入りし、空飛ぶ機械も作らなければならないし、油絵やフレスコ画の注文もつぎつぎ入ってくる。

二年後、ミラノのサンタ・マリア・デッレ・グラツィエ修道院の大食堂での『最後の晩餐』と、ヴェッキオ宮殿での馬の制作を掛け持ちしながら、レオナルドはいまだに、関連し合う科学や芸術上の数多くの問題に気を逸らされ、いまだにノートを取りつづけ、いまだに水と貝殻と岩に悩み続けていた。フランスとの戦争が彼の仕事と研究を中断させた。大公は、お抱えの聡明な技師兼彫刻家はいずれ何かを完成させるだろうという望みを絶たれて、馬のために割り当てていた青銅を、大砲を建造するために回収した。一四九九年、フランス軍がミラノに侵攻したとき、兵士たちは未完の粘土製の馬を標的を撃つ稽古に使って、粉々に砕いてしまった。レオナルドは町から逃げて、最終的に故郷のフィレンツェに戻った。それに続く年月（としつき）のあいだに、ミラノの修道院に掛けられた『最後の晩餐』[*1]のフレスコ画は朽ちて、ひび割れ、色あせていった。一五一七年、日記作家で旅行記も著していたアントニオ・デ・ベアテスは、壁画が「駄目にな

*1　壁画は、一九世紀初期にナポレオン麾下の兵士たちによって汚損され、一九四三年の夏には連合軍の爆撃をかろうじて免れた。

り始めて」いると嘆き、その四〇年後、画家のジョルジオ・ヴァザーリには「シミのごたまぜ以外には何も」見えなかった。[10]

レオナルドは、至るところに流転を見て取った。彼は岩の表面に見られる渦の模様を描き、あとで、その渦模様が、老婆の頭の巻き毛か、山あいの急流で逆巻く小さな渦を思い起こさせると、ノートに岩と頭と渓流を並べて描いた。老人の横顔を見て、そこに、溶岩で出来た山の一見変化することのない稜線を見て取った。時には、すべてが変容の過程のさなかにあるように思えた。馬が戦っているのを見ると、戦士が口を開けて泡を吹き歯ぎしりしているさまを見て取った。解剖された死体の動脈を見ると、そこに枝を伸ばす木々と根の広がりを見て、木々を描くときには、そこに静脈を見た。彼は、かつてギリシア人がしていたように、小さなものの形象や構造が宇宙全体の形象や構造を映していると信じていた。けれども、レオナルドにとって、世界が反復される形象から出来ているとしても、そういった形象は、一つとして静的な原型、聖なる設計者の青写真といったものではなかった。レオナルドから見て、形象や形態はすべてつねに動いており、絶え間なく成熟を経て衰退へと移行しつつあった。時の干渉を受けずに留まるものなど何一つないということを彼は知っていた。一見どっしりとして堅固な山並みも、絶えることなく氾濫し、噴出し、浸食し、沈泥し、削り取り、平坦化し、行く手を遮る水――終わることのない周期で、土地の姿かたちを破壊し作り直してゆく水――に押されて、絶え間のない腐敗と再生の過程にあるのだ。彼は、岩に対する水の作用を描写するための言葉をつねに集めて、自らの語彙をその極限にまで押し広げていった。

もし岩が時の流れの中で一時的に捕らえられたかたちにすぎないとすれば、同様のことが生き物にも当てはまる。[11] レオナルドから見て、あらゆる形態はしたたり落ちており、流れており、オウィディウスの描

レオナルド・ダ・ヴィンチによるネプチューンと四頭の海馬の素描、1504-5年頃（イギリス王室コレクション［提供 ブリッジマン・アート・ライブラリー］）

く生き物のように変容する。動いている顔や身体をスケッチしているあいだにも、ほかのかたちが絶え間なく割り込んでくるように感じられた。彼は、ものの縁（ふち）が崩れるところ、何かほかのものが表に出てくるところを探ろうとして、変容の過程にあるグロテスクで歪んだ肉体を描いた。記念の粘土の馬に跨がる大公の肉体――。レオナルドは自問した、いったいどこまでが人間で、どこからが馬なのか。生命は連続であり流動である。

一五〇三年一〇月、リザ・デル・ジョコンドの肖像画を完成させるのと、ピサの丘陵へ何度か遠出するのに一夏をすごしたあとで、レオナルドは、『最後の晩餐』以来初めて引き受けた公の仕事に取りかかるために、サンタ・マリア・ノヴェッラ修道院の使われなくなっていた大食堂に移った。新しく請け負った注文は、ヴェッキオ宮殿の一階にある大会議室の壁を、巨大な戦闘の場面で飾るという仕事だった。これは、一四四〇年ミラノがフィレンツェ共和国に率いられたイタリ

レオナルドの壁画『アンギアーリの戦い』のルーベンスによる水彩の模写、1604年頃（パリ、ルーブル美術館蔵［提供 ブリッジマン・アート・ライブラリー］）

ア同盟を撃破して、市の権力と野心の象徴となっていたアンギアーリの戦いを記念するためのものだった。

季節は冬で、屋根と窓からは雨水がしたたった。職人が修理して、レオナルドの指示で、おそらく光が入ってこないようにするためか、あるいは、プライヴァシーを確保するために、内側に紙を貼り巡らせた。フィレンツェの政治家で学者でもあったニッコロ・マキャヴェッリは、助手に書き写させた戦いの長い描写を送って寄こしたが、戦いの場面は、すでにレオナルドの心の中でかたちを取りつつあった。彼は一〇年前に「どうやって戦いを描くか」ということについての指示を書いていて、まるで繰り返し現れる夢を描写するかのように、生き生きとしたイメージを記していた。彼にとって戦場は強烈な流転の場だった。「まず、大砲の煙が、馬や兵士の動きによって巻き上げられるほこりと空中で混じりあうさまを示さなければならない」と彼は書いた。「大気はあらゆる方向に飛び交う矢で埋め尽くされ、砲弾が飛んでゆく後には煙の帯が続かなければならない。倒れた者を描くなら、その身体が血に染まったほこりと泥の中でのたうった場を示さなければならない。ほかの者たちが断末魔の激痛に歯ぎしりし、目をぎょろつかせ、こぶしを己の身体に食い込ませ、脚をねじ曲げて……いるさまを描かなければならない。多くの者が死んだ馬の上に山のように重なりあって倒れているさまも見せられねばならない。馬と人がつねに混じり合うのだ。[12]」彼が準備のために描いたスケッチでは、人とライオンと馬の頭が併置され、目と鼻孔は大きく広がり、歯はきしり、憤怒が彼らを一つにしている。彼は、戦闘のことを"Pazzia Bestialissima"（最も獣じみた狂気）と呼んだ。[13]

一五〇五年の初夏、大食堂の壁の枠にロープで吊された紙の上に現れた戦闘シーンは、オウィディウスの『変身物語』の一場面を描いたものとしてでも通用しただろう。人と動物の身体の部位が激しく混ざり合い、どこまでが一つの身体で、どこからが別の身体か見分けるのは不可能だ。[14]一六〇三年にルーベンスが水彩で描いた、レオナルドのフレスコ画のすばらしい模写では、兵士が軍旗を奪い合って戦うなかで馬と人とが一つに溶け合っている。*2 戦闘場面のためのスケッチの至るところで、レオナルドは人と動物の境界を溶解させ、彼がそれまで試みたよりさらに進んで、種の流転へと——鱗（うろこ）で覆われたものも、毛皮をまとったものも、羽根で包まれたものも、水に泳ぐものも、彼の夢の中でのように、互いに流転し変容していく過程へと——踏み込んだ。絵の左側に、彼は、敵の指揮官が怒り狂ってケンタウロスに変身するさまを描いた。指揮官の肌は、牡鹿の毛をまとっているが、毛皮と鱗へと変わってゆく。胸当ての牡鹿の角は、軍神マルスの象徴だが、もう一つの頭へと変わっている。彼の兜は蛇のとぐろとなり、彼の肩は巨大な巻き貝の殻と化している。[15]レオナルドは至るところに——髪に、牡鹿の角に、兜の蛇のとぐろに、牡鹿の毛

*2　現在では失われたレオナルドの『アンギアーリの戦い』には、いくつかの模写が残されている。木板に油絵で描かれた作者不明の模写は、"Tavola Doria"（『ドーリア家の板絵』）と呼ばれている。一五五八年のロレンツォ・ザッキアの油彩による模写と、ルーベンスの水彩画もあり、後者はルーブル美術館に収められている。

の巻き毛にすら——渦を描いた。彼の絵筆の下では、陸上と水中の動物たちに繰り返し現れる渦は、あらゆる区別をぬぐい去って一切を平らかに薙いでゆく大洪水の渦と化した。

　夏至のころに木枠に嵌めた戦闘場面のつぎはぎの下絵を大食堂で完成させてから、助手といっしょにそれをフレスコ画に仕上げてゆく作業を始めるために大会議室に移動するまでのあいだに、レオナルドはフィレンツェを発って、ピオンビーノの岬に向かった。そこで、彼は水際に立って、風が海面を打って激しく波立たせているのを眺めた。何年も後に、彼は海と風の激しさを思い起こしている。「ピオンビーノの風ときたら——。雨まじりの突風で、枝も木々も空中に吹き上げられてしまう。ボートにたまった雨水も風で吹き飛んでしまうのだ。」[16] 彼はその嵐の様子を戦いの場面に呼び起こした。それを描くことが本当に嵐を呼ぶようにすら思えた。「一五〇五年の六月六日、金曜日」と、彼は劇的でかつ正確な描写で記している、「第一三時［だいたい午前九時三〇分］の時報が鳴って、私はパラッツォ〔ヴェッキオ宮殿〕で描きはじめた。筆を下ろした瞬間に、天気が悪くなって、裁判所の鐘が鳴りはじめた。下絵が外れた。水差しが壊れて、中の水がこぼれた。そして突然、天気がさらに悪化して、夜更けまで、土砂降りの雨になった。その間ずっと夜のように暗かった」[17]。それは一種の不吉な前兆だった。壁に施していた厚い下塗りは、下絵を押し写した際につけた小さな穴であばたになっていたが、彼がその下塗りに絵の具を当てると、絵の具は垂れはじめた。彼は助手といっしょに、燃える木炭を入れた大きな火鉢をいくつもロープから絵の近くに吊して、出来る限り垂れを防いだが、無傷で済んだのは下半分だけだった。上半分は垂れがひどく、血を流したようになり、色は混ざり合い、輪郭は溶けて、壁そのものが水に浸かったようだった。

　レオナルドは壁画の企画に辛抱し切れなくなった。彼は市の幹部との契約を破棄して、すでに崩れつつあった戦闘場面を放棄して、ふたたび鳥と飛行へと——空飛ぶ機械の計画と、『レダと白鳥』の未完のスケッチへと——戻っていった。

三年後、一五〇八年の春に、フィレンツェのヴィア・ラルガ（大通り）に面するマルテッリ宮殿の奥まった静けさの中で、今や六〇代になったレオナルドは、赤い岩に埋め込まれた貝殻に改めて関心を向けていった。この宮殿に、レオナルドは、すぐれた知識人で芸術の後援者でもあったピエロ・ディ・ブラッキオ・マルテッリの客人の一人として滞在していた。腹違いの兄弟たちが相続について彼と争って起こしたいくつもの長々しい裁判で気がそがれて、苛立ちながら、彼は、自分がこれまで集めてきた未完の研究——それらを彼は casi つまり案件と呼んでいた——のたいへんな重量に圧倒されて、自分の原稿を収めた紙箱や木箱を整理しようと決めていた。彼は貝殻をちりばめたヴェローナの赤い岩について作ったノートに行き当たって、ヴェッキオ宮殿に百姓たちがやってきて、その際、やたら質問攻めに遭ったことを思い出した。

その時から何年も経った今、彼は、山の岩の中に貝殻が存在するということは、自分を悩ませて今やますます錯綜しているように感じられる、地球物理学や水力学の一連の問題——潮流や川の流れについての問題と、地表に対して水がもたらす大気の変化や地質学上の変遷、浸食の作用など——に対する一つの答えになり得るのではないかと考えはじめていた。アリストテレスも、研究から研究へと絶え間なく動きながら、同じ一連の問題の追求でだけ、あれほどの成果を出すに至ったのだと、彼は思い起こした。それで、貝殻の埋まった赤い岩を開いた窓の前の机に置いて、おそらくアリストテレスの著書も脇に配して、以前書き留めたノートもいくページか周りに散らかして、のちにレスター手稿と呼ばれることになるノート——すべて地質学と水理学に当てられたノート——を取りはじめた。[18] それは彼が生涯をかけて考えてきた本だった。

彼は、山の中の貝殻の謎に関する研究を、既存の説明のいくつかを批判することから始めたが、その言葉は、何週間にもわたって法的な抗弁や弁護士への手紙を書いてきたことによって、いかにも屈折したものになっていた。錬金術師や占星術師の中にそう主張する者がいるように、貝殻は本当に星や月の作用によって岩の中に出来たのだろうか。それは馬鹿げた迷信である。「そして、もしこういった場所で、その土地の性格によって、あるいは、その地点における天体の影響力によって、こういった殻が作られてきて、今も絶え間なく作られていると言うなら」と、彼は鏡文字(ノートを取るときに彼が用いた後ろから前へと書き進む書き方)で書き綴った、「そのような意見は、まともな判断力に支配された脳には存在しえないものである」。

そうではなくて、貝殻は、司祭たちが主張するように、世界を覆った大洪水によってそこに押し流されたのだろうか。あるいは、より高いところへと自分で登っていくことなどあり得ただろうか。ザルガイや牡蠣が四〇日間に降る雨に押されて山の頂に到達することなど出来るはずがないと、彼は推論した。そして、仮に洪水が世界全体を覆ったとしても、その間に彼らが新しく出来た海底を伝って海からそこまで登りえたというのもやはり無理がある。彼はフィレンツェの魚市場で活きたザルガイを買ってきて、自分の部屋で、貝をそっとつついて、海水と砂を入れた長い容器へと追いやってみたが、ザルガイは一つとして一日につき八フィート以上移動できるものはいなかったと記した。そして、彼は「この程度の移動の早さでは、四〇日のあいだに、アドリア海からロンバルディア地方のモンフェラットまで二五〇マイルの距離を旅したとはとても考えられない」と、宣言した。[19]

牡蠣たちは洪水で溺れて、その後であの高さにまで押し流されたのだろうか。レオナルドは、彫刻の道具を使って岩の破片を注意深くそいでいった。そこでは、かつて地中海の岸辺で見たのと同じように、若い牡蠣の殻も老いた牡蠣の殻も岩にそして互いにくっついて一つに固まっていた。これらの牡蠣はあそこまで押し流されたのではない。「彼らはあそこで生まれたのだ」と、彼は書いた。牡蠣たちはまさしく彼の前にあるその岩の上で育って、その後に、まだ生きているあいだに埋もれて、堆積岩の中で石化していったのだ。

それゆえ、答えは、司祭が洪水について説いたよりもずっと単純だった。この答えには厳粛な詩が感じられる。「アペニン山脈の頂は、かつては、塩水に囲まれた島々のかたちで海の中に立っていた」と、彼は結論づけた、「そして、今日鳥の群れが飛んでいるイタリアの平原の上では、かつて魚たちが大きな浅瀬のなかを泳いでいたのだ[20]」。山の岩はかつては海底だった。いま鳥が飛ぶところでは、かつては魚が泳いでいたのだ。

自然がかつて作用したのと同じように今も作用するということをつねに前提にして——なぜなら、そうでないと信じるまともな理由など何もないのだから——、レオナルドは、いまやずっと大きくなった自身の蔵書と後援者たちの蔵書の中にあるあらゆる書物に当たって、少しずつ牡蠣殻の問題を解き明かしていった。彼は地質学に関してアリストテレスとテオプラストスを再読した。また、手持ちのプリニウスの『博物誌』にもあたった。彼はアヴィケンナとアヴェロエスについては中世のラテン語の文献を通して学んだ[21]。彼は、アリストテレスが、海底を山脈に変えた隆起について理解していたことを知った。ギリシアの哲学者は二千年近く前に、時の悠久さについて息を呑むほど自信に満ちた論調で、その過程を描いていた、

それゆえ、時は悠久であり宇宙も永遠にあるのだから、タイナスもナイルもつねに流れていたわけではなく、それらが流れ始める元のところも、かつては乾いていたということは明らかである。なぜなら、それらの川の営みには終わりがあり、一方、時には終わりがないからである。そして、ほかの川についても同じことが真理として言えよう。しかし、川が生まれてまた絶えていき、大地の同じ場所がつねに濡れているわけではないとすれば、海もまた、それに相応して、必然的に変化するはずである。そして、あるところでは海が退いていき、一方、別のところでは海が侵蝕するとすれば、必然的

に、大地全体の同じ部分がつねに海ということもつねに陸ということもなく、時の過程の中ですべてが変化するのである。[22]

アリストテレスと同じく、レオナルドも自然現象についての超自然的な説明を軽蔑しており、天体の影響が岩の中に貝殻を置いたのだと主張する人々をすべて「無知の詩神の申し子たち」として一蹴していた。彼は、司祭や錬金術師や占星術師の言うことなどよりずっと、自分の目を信頼していた。そして、この点で、彼は危険な賭けをしていた。一六世紀初頭には、司祭の意見を退ける者は、監視下に置かれることにもなり、悪くすれば、異端審問所のリストに載せられ、さらには、投獄されるか拷問を受けることにもなりかねなかった。[*3] 彼は自分の考えを胸にしまっておくことを学び、自分のノートを詮索しようとする連中の目から守るために、鏡字で書くように習練した。五〇年後、ジョルジオ・ヴァザーリは、レオナルドについて「彼はたいへん異端の精神状態をしていた」と書いた。「彼はどんな種類の宗教にも全く満足できず、あらゆることについて自分はキリスト教徒であるよりずっと哲学者であると考えていた。[23]」彼はまた、錬金術の処方に記された化学上の専門知識には依拠する一方で、さまざまな素材を変成できるという錬金術師の主張は全く相手にしなかった。[24] 彼は敵を作った。彼は、自分が愛する男性との親密さを隠すためだけでなく、自分の考えや行いを伏せておくためにも、注意を払わなければならなかった。助手や競争相手がいつ何時彼のことを異端者として当局に報告するか知れなかったからである。

その生涯を通して、レオナルドは、水と、水が大地の中や上を通るその動きと、それがあとに残す痕跡やくぼみの問題に悩まされた。けれども、ほとんどの博識家と同様に、彼は容易に関心を逸らされてしまった。彼は、新しい考えを追ったり、古い考えに戻ったりするために、さまざまな企画を、そして何冊ものノートを、つぎつぎと放棄した。彼の関心の広さと好奇心の多彩さは彼の強みであると同時に弱みでもあった。彼のノートは怜悧な考えや連想、霊感に満ちた問いや計画にあふれているが、何らかの完成した理論に繋がったものはほとんどない。こういった目移りの激しさには、彼自身苛立っていた。彼はあるノートの中で書いている、「私の目下の関心は、主題や発案を見つけて、それらを思いつくままに集めていくことである。あとで、それらを整理して、同じ種類のものは一つにまとめるつもりだ。それゆえ、読者よ、ここでは我々がある主題から別の主題へと跳んでいくとしても、私のことを変に思ったり、笑ったりする必要はない[25]」。

けれども、例えばチャールズ・ライエルのような後代の科学者は、三百年の後に、大量の化石や鉱物の証拠と顕微鏡を使って、山の中の貝殻の問題を、それまで信じられていたより何百万年も古い地球の歴史を示唆する答えへと繋げて、そうすることで、進化する種とさらには進化する地表についての一つの理解への道を切り開いたかもしれないが、一五一〇年にフィレンツェで、レオナルドはかなり違ったことをしていた。確かに、彼は、司祭の権威に異を唱えて、全世界を覆った洪水という理論を論破したいと望んでいた。彼は地球がたいへんな年月を経ているということを当然視していた。しかし、彼が何よりもまず望んでいたのは、地球が人の身体と同じように作用するということを証明する――多くのルネサンスの哲学者や学者が真実であると信じていたこと、つまり、地球は魂 anima mundi〔世界の魂〕を持っており、それが宇宙に充満していて、その中のあらゆる生き物を結びつけているということを証明する――ことだったのである[26]。

「感覚を持ち、息づいて、理性を具えた生命が存在しないところでは、何物も生じない」と彼は書いた。

鳥には羽がはえ毎年はえかわる。動物には毛がはえ、ライオンや猫やその類いのものたちのあごひげ

＊3　教会による監視と異端審問の権限は、一五四五年と一五六三年のトレントの公会議で発布された一連の布令と教義に関する定義によって、それまでよりいっそう強くなった。

のようにいくつかの部分を除けば、毎年はえかわる。野には草がはえ木には葉がはえ、それらは毎年大部分更新される。それゆえ、地球は命の精を帯びていると言えよう。その肉とは土であり、骨とは山を組み立てている岩の配列や繫がりであり、軟骨とは凝灰岩であり、血は湧き出す水である。心臓の周りにある血だまりは海洋であり、その呼吸と拍動における血の増減は地球にあっては潮の干満で表される。そして、世界の精が帯びる熱は、地球に広がる火であり、生ける魂の座は火の内にある。その火は、地球の多くの地点では温泉や硫黄の鉱山と、シチリア島のエトナ山やほかの多くのところにおけるように、火山とに、はけ口を求めるものである。[27]

地下の水脈は、レオナルドにとっては、つねに血管だった。彼が洞窟の中に降り下っていくとき、彼は、生きて呼吸し分泌し循環させる巨大な肉体の中を旅していたのである。彼にとって、地球は生きており、静脈と動脈を持っている。人間の身体と同じように感じ、同じように傷つく。彼はこの地球観を、『アンギアーリの戦い』のための最初の下絵を始めるわずか数カ月前、一五〇三年にフィレンツェで描いた伝説的な『モナ・リザ』の中に見事に表現していた。ジョコンド夫人は、水理学的な周期全体を表す流水の複雑な地質学的景観を見下ろすバルコニーの上で描かれている。土地の血管と水流は、描かれている人物の血管と水流を映し出している。[28]

レオナルドの心は、自然のあらゆる働きのあいだに――大宇宙と小宇宙のあいだに――繫がりを探し求めた。土地の景観と肉体の表面は隠され、その下の深い部分が明らかにされる。先駆者たちよりも多くを知ろうとして、彼は自分が掘り下げる人間にならなければならないと考えた。内部へと下っていかなければならないのだ。彼が、フィレンツェを舞台に地球物理学に関するノートを書き進める一方で、通りをいくつか隔てたサンタ・マリア・ヌオーヴァ病院で一連の秘密の人体解剖を行っていたのは、偶然ではない。自分が視力を失いつつあることを自覚して、血管のシステムの秘密を探り出すべく、彼は何ページにもわたって憑かれたように図形や注を書き留めていった。

レオナルドは、山の中に貝殻が存在することについてのキリスト教の説明に熱心に反駁した。彼は複数の地層という考えを理解していた。彼は、地層と地層のあいだの隙間が何千年という時間を表しており、そして、このことは、教会が言っているより地球が理解も及ばないほどに古いということを意味しているということもわかっていた。しかし、彼は、私たちがいま理解しているようなかたちで種の進化を考えることはなかった。[29] 例えば、彼は、時のいちばん深い層の中にどうして牡蠣といっしょに人間の遺骨が埋もれていないのか問うことはなかった。彼は、自然の法則を説明する別の方法に関心があった。ヴェローナの岩の中の貝殻が彼に語ったことは、山がかつては海底だったということであり、そのことは、大地と海は、身体の肺と同じように、隆起と下降の絶え間ない過程のうちにあるという彼の深い確信に証拠を提供するものだった。彼はレスター手稿の中で書いている。「地球の身体は、動物の身体と同じように、網の目に広がる水脈で編み合わさっており、それらの脈は一つに組み合わさって、地球とその生き物の滋養と活性の源となっている。」小宇宙と大宇宙、二つの宇宙のあいだの繋がり、それぞれ幾何学的に構成された形態のうちに固定されるのではなく、つねに動き続ける共通の様態や構造――。それは、彼の蔵書の中に収められた彼独特の書籍の集積によって――ギリシアの哲学から、フィチーノのようなルネサンスのヒューマニストや、アリストテレス、アヴェロエス、アヴィケンナなどから、引き出された考えによって――形づくられた見方だった。[30] けれども、彼が、形而上学と地質学、物理学、水文学（すいもん）のあいだを巡って、ギリシアの哲学者やルネサンスのヒューマニストの中をいかに広く逍遥しようとも、彼の蔵書の中にも、山の中にも、あるいは、彼自身の頭の中にも、レオナルドは、貝殻に縁取られた赤い岩に埋もれた問いに対して、自身で満足のゆく答えを見つけることは決して出来なかった。

レオナルドだけが、化石が提起する大きな謎に繰り返し立ち戻って、世界の創造と種の起源について深く考えることに生涯を費やしたルネサンスの学者兼職人というわけではなかった。レオナルドがフランスの聖フロランタン教会に埋葬されてからわずか五〇年かそこら後に、そのフランスで、ベルナール・パリシーという名のユグノーの陶工が、化石について同じような一連の問題を、やはり芸術をその探究の手段として用いて、考察していた。彼の後援者は、イタリア生まれの傑出した女性、あの偉大なカトリーヌ・ド・メディシスだった。

セーヌ川の北岸、サン・ジェルマン・ロクセロワ地区では、王太后の別荘のための新しい壮大な宮殿の古典的な円柱と付柱（つけばしら）が、川沿いの見事な庭園のあいだに、周囲を睥睨（へいげい）するように立っていた。宮殿は、かつてその辺りに建っていた古い窯（tuileries）にちなんで、テュイルリーと名付けられ、西ヨーロッパ全体の中でも最も手の込んだ王宮建設の計画だったが、カトリーヌの手がけた企画の多くと同様に、一五七〇年の時点で、まだ完成していなかった。その年カトリーヌお抱えの建築士が亡くなり、一人の占星術師がカトリーヌにあなたはサン・ジェルマン・ロクセロワで亡くなるだろうと告げたこともあって、彼女は急いで一家でそこへ移る気がしなくなった。代わりに、自分のために別の宮殿オテル・ド・ラ・レーヌの設計を始め、こちらはパリの北西部の中世の城壁の内側に建てられた。▼[31] テュイルリーは未完成のままだったが、王太后はそれでも宴会や催しをそこで開いて、庭を散策するために訪問客や大臣らを連れてきた。

テュイルリー庭園の背後に隠れて、職人たちの作業場では、石工や大工が付柱や円柱の台輪などを鑿（のみ）で彫り出していた。工房の一つでは、ベルナール・パリシーが、摂政のお気に入りの庭のために粘土の素焼きと陶器で見事なグロット（人工の洞窟）をゆっくりと組み立てつつあった。ローマの古典期の例に触発されて、庭園にグロットを作ることに、ヨーロッパ中が熱を上げていたが、パリシーは王太后に彼女の庭のグロットがヨーロッパでいちばん素晴らしいものになるだろうと請け合っていた。

陶工は、「王と王太后の田舎風陶法発明者」という称号を得ていることを自慢にして、作業の手も口も休めることがなかった。服には汗がしみつき、両手は荒れて傷だらけだったが、エネルギーの塊で、来訪者があるとつねに、芸術のために自分が払ってきた犠牲の数々を矢継ぎ早に語って聞かせた。窯の火を絶やさないために、自分の部屋の床板を剥いで、最後に残った椅子まで斧でたたき割らざるを得なかった恐ろしい数週間、ほとんど餓死しかけた時期もたびたびで、隣人からは罵詈雑言を浴びせられ、妻からは責め立てられ、家や家族への責任が重くのしかかり、警察や借金取り、異端審問所との衝突も数知れず、異端やプロテスタント煽動の廉で投獄された時期もある[32]──。生き延びられたのは、最初の後援者モンモランシー大元帥閣下のおかげで、元帥殿が自分の身柄を引き受けてくださって出獄できて、その上将来の自由も保障してくださったと、彼は語るのだった、そして今、自分はここパリにあって、王太后お抱えの陶工なのだ。

カトリーヌ・ド・メディシスは、イタリア人に生まれ、遺児としてメディチ家を相続する立場となり、教皇の庇護の下、フィレンツェにあるメディチ家のいくつもの豪壮な宮殿で養育され、一四歳の時にフランス王フランシス一世に嫁いだ。夫の死後、彼女の若い息子がフランシス二世として王座を継いだ。この息子が一年後亡くなると、彼女は、わずか一〇歳で王座に就いた次男のシャルル九世の摂政となった。その富と権力と芸術への関心のために、カトリーヌはヨーロッパで最も重要な後援者となり、一五七〇年の彼女の支出簿には、数百人の芸術家や彫刻家、建築士、石工、景観設計士の名前が挙げられている。彼女はフィレンツェとメディチ家の古典復興の原理をフランスに持ち込み、以後何十年にもわたって、フランスの裕福な貴族や知識人は、競って彼女の例に倣（なら）おうとした[33]。旅で国内を巡る際には、彼女は地方在住の芸術家を探して、自分の宮廷に連れ帰ったり、裕福な貴族の許からこっそり連れ出したりした。彼女はそのお気に入りのユグノーの陶工をサント市の工房で働いているところを見出したのだった。そのころすでに、パリシーは、カトリーヌの亡くなった義父のいちばんの親友だったフランス国大元帥、モンモランシー公爵のためにグロットや陶器を設計していた。パリで自分のために幻想的なグロットを設計してもらわなければならないと、彼女は強く求めた。

彼女の庭園での仕事が始まった一五七〇年以降、カトリーヌ・ド・メディシスは、陶工の奇跡的な技に感嘆して、毎月のように、自分のグロットが出来上がってゆくのを見に来た。グロットは、彼女の庭園に半ば地中に埋まった幅五フィートほどで長さが四〇フィートくらいある部屋の中に作られて[34]、すべて粘土の素焼きで出来ており、その長い方の壁には岩や貝殻から型を取った壁龕（へきがん）や円柱がついていた。二階では、岩や貝殻へと変身しつつある素焼きの人型が窓のあいだに立っていた。入り口の向かいには、祭壇のように、巨大な岩山のようなかたちをした噴水がその口から水を噴き上げており、水は岩を伝って、水を吹く陶製の魚やアザラシ、爬虫類や両生類、甲殻類などに縁取られた、下にある水盤に落ちていた。これらの海洋生物はすべて生きた本物から型取りされていると、王太后は、ここを訪れた外国の大使や使節に誇らしげに語った。それらは一つ残らず、フランスの川や池で捕った本物のカエルや動物から型を取ったものなのです[35]。

パリシーは、以前にも、このように人間が岩や貝殻に変身してゆく像を少し違ったかたちで作っていた。彼の著書のうちで最も早くに印刷された『建築と構成』（*Architecture et ordonnance*）は、一五六三年、陶工がサントで投獄されているあいだに書かれたものだが、その中で、彼は自分がかつて作った六体の胸像の連作について述べている。古典に想を得た上半身の像で、胴から下は倒立した三角形になっており、それぞれが、しだいに植物や石、ザルガイの殻へと変わってゆき、最後には、自分たちを生み出した岩へと切れ目なく戻ってゆく、というものである[36]。パリシーのグロットの中の像たちは、半ばは人間であり、半ばは動物で、半ばは岩である。それらは、古典と自然哲学、異教、プロテスタンティズム、錬金術などさま

パリシーの飾り皿の素描――相互依存と捕食と変異の劇的な描写（提供 ヴィクトリア・ソードン）

ざまな思想をぶち込んだ大鍋と化した精神から生み出されたものである。

一五七〇年までに、王太后のグロットの制作者は一種のパリの名物になっていた。パリシーの作る皿は、巨大なグロットのミニチュア版といった趣を呈して、蒐集家の垂涎の的となっていた。彼の工房にやってくる訪問者は、グロットを見に来たわけではなく――こちらはまだ完成しておらず、王太后以外の目に触れることはまかりならなかった――、ヨーロッパ中の邸宅の飾り棚でつぎつぎと誇らしげに展示されるようになっていた彼のすばらしい皿を一枚でも注文するためだった。[37]

極めつきの金持ち以外には手の届く品ではなく、貴族のあいだでの手の込んだ贈答のやりとりに際して交わされる贈り物として購入されたわけだが、パリシーの皿は、ルネサンス期フランスで作られた最も珍しく奇態なものである。楕円形をして、極彩色で、厚く釉薬を掛けられ、それらの皿は、トカゲや甲殻類、カタツムリや蛇や魚がのたうつ池の底を描いている。それぞれの生き物は、互いに作用し反応し合いながら、生と死の生々しい闘争のさなかにあるところを――相互の捕食と依存の網の中にいるところを――捉えられ提示されている。自然を活写したこれらの芝居のほとんどで、斑紋のある鈍色（にび）の毒蛇が舞台の中央を占め、周囲に危険と脅威を醸し出している。カエルや魚やエビなどは、水中に潜るものもあれば岩場に跳び上がるものもあり、池のあらゆる方向へと散ってゆく。

　ベルナール・パリシーは後援者たちに、自分の仕事場のうち公開されている部屋には来るよう積極的に招いたが、自分が作業をしている奥の部屋には誰も入ることを認めなかった。うまい化学変化の方法を発見するのに何年も――何十年すらも――苦労を重ねた一六世紀のほかのほとんどの職人たちと同様に、パリシーも自分の技法については頑なに秘密を明かそうとしなかった。彼の収入は製法の独占を続けることに依拠していた。真似をする者が出てこないかとつねに恐れて、彼は製法を息子たちにだけ明かして、その息子たちも秘密の厳守を誓っていた。晩年、彼は、義理の息子シャルルマーニュ・モローに、娘マリーの持参金の一部として、秘密を明かすと約束するという失敗を犯した。マリーが亡くなったあとで、おそらく自分の約束を後悔して、なかなか秘密を明かそうとしなかったために、義理の息子は彼のことを裁判に訴えて、一〇年にわたる争議のあとで、最後には、報復のために、セダンにあったパリシーの窯も、工房も、家もたたき壊してしまった。[38]

　私たちはパリシーの製法の秘密のいくばくかを知っているが、それは彼が秘密を明かしたからではなく、弟子たちが明かしたからである。陶工は生きた見本を使っていたのだ。彼は、パリ近郊の野原の池や溝で採集させたヒキガエルやカエル、トカゲや蛇などを、仕事場の壺の中に飼っていた。動物の型を取るために、彼はそれを尿か酢に浸して瀕死の状態にして、それからその皮膚に油を塗って、それを平らにのばした漆喰に埋め込んで、生きているように見せるためにその姿勢を整えるのである。漆喰が固まると、陶工は、その漆喰から粘土の押し紋を作る。出来た型は人工の化石である。それから、動物の役者たちは、荒削りの皿か、範型とする岩から型取りされた平鉢の上に置かれる。針かパレット・ナイフかほかの道具を使って、パリシーは場面を作り上げて、陶器で出来た土と動物、水と植物の間隔を調整して、ドラマが頂点に達して、かつ、時の流れを遮断されて、永遠に固定されるように、仕上げるのである。[39]

これらの奇妙な皿は、熱を帯びた陶工の想像力が行き当たりばったりに生み出したものでもなければ、新奇なものを追うことに取り憑かれた文化の気まぐれの産物というのでもない。これらの陶器の劇場で、パリシーは、彼が自然の最も深い秘密と考えるものを覆うカーテンを引き上げていたのだ。そこに表されているのは、新しい生命が絶え間なく生み出される水と陸の境界のぬかるみで繰り広げられる腐食と再生の奇跡の過程だった。科学的な議論や考察が、大学の講堂や回廊だけでなく、王侯の宮廷やサロンでも盛んに飛び交った時代にあって、パリシーの皿は、哲学的なオブジェであり、贈り物であり、会話の端緒であり、人々を沈思と対話へと促す媒体だった。

パリシーは自分のことを一種の予言者のように考えていた。彼は、ヘラクレスの苦役[◇1]かヨブの試練にも比すべき生涯にわたる受難を通して、自分だけに自然の秘密の法則が啓示として示されており、この知識を伝えてゆくのが自分の義務であると、確信していた。パリシーは、シリーズ物の講義を始め、自分の美術館にあるすべてのオブジェに説明のための付箋を貼ることに気を配った。そして、数十年にわたって、皿に描く池の中のドラマにおけるそれぞれの役の配置を変えることもほとんどなかった、彼のこういった使命感を考えれば、パリでの政治的な潮流が圧倒的にユグノーに不利に変わったあとに、彼があえて危険を冒してパリに戻ったことも説明がつく。彼は取り憑かれた男だった。

パリシーは、池や塩分を含んだ湿地、洞窟や泉は自然の釜か大鍋であると信じていた。こういったところでは、腐敗の進む温かい水や澱(おり)や泥の中で自然がさまざまな塩分や水分や鉱物を凝結させることで死ん

◇1　**ヘラクレスの苦役**　ギリシア神話に登場する怪力無双の英雄ヘラクレスは、彼のことをよく思わない女神ヘラによって吹き込まれた狂気のために、我が子と異父兄弟イピクレスの子を炎に投げ込んで殺してしまい、これを悲しんだ妻メガラは自ら命を絶つ。
正気に戻ったヘラクレスは、自らの罪を償うためにデルポイに赴き、アポロンから、「ミュケナイ王エウリュステウスの下で働いて、苦役を果たせ」という神託を下されて、獅子の怪物や水蛇ヒュドラの退治など一二の過酷な労役を課される。

だものを新しい命へと変えてゆくのだ。「自然のものも人工のものも含めて、実に多くの池（mares）があり」と、彼は講演の聴衆に語った、

> それらをclaunes[*4]と呼ぶ者もいる。場所によっては、それらは、斜面に掘られた浅い溝になっていて、それで、雨水が溝か水たまりへと流れ込み、雄牛や雌牛やほかの家畜がそこで水を飲むために容易に出入りし、そういった水たまりは斜面の下側でだけ掘られる……。水たまりは空気と太陽によって暖められ、そうすることで、多くの種類の動物を発生させ作り出す。そして、大量のカエルも発生し、いつも蛇やコブラや毒蛇がそのカエルを食らうためにこれらのclaunesの周りに集まる。そこにはしばしばヒルもいて、それで、雄牛や雌牛がしばらくのあいだそういった水たまりに留まっていると、彼らは間違いなくヒルに咬まれる。私は、こういった池の底で蛇がとぐろを巻いているのをよく見たものだ[▼40]。

レオナルド・ダ・ヴィンチと同様、パリシーも、地球は人間の身体と同じように生命と満ち引きを繰り返す液体とで脈打っていると信じていた。けれども、レオナルドとは違って、彼はこういった液体は精液と同じように生命を生じさせると確信していた。そういった液体が地球の脈管を巡って、割れ目や穴から地表に浮上し、そこで太陽によって温められて、新しい命となる。こういった過程を説明するのにパリシーが用いた言葉――「腐敗」、「凝結」、「発生」、「発散的」、「蒸発的」、「発生的」、「変成」など――を、彼は錬金術一般から、とりわけ、ドイツ系スイス人の錬金術師パラケルススの著作から借用した[▼41]。「**変成**」は、すべての錬金術師にとって最も重要な言葉で、その考えを中心にして他のすべての考えが巡るのであり、まさしく錬金術という営み全体の到達点であった。錬金術師は、猛烈な熱か冷気を加えるか、あるいは、液体と気体を新しい組み合わせに混ぜ合わせることによって、物質を新しい状態へと「変成」する方

法をつねに探し求めていた。レオナルドと同様に、パリシーも当時の錬金術師の多くの主張について酷評していたが、彼は変成を信じていた。彼は、錬金術師たちは変成を起こす過程と媒介を誤解していただけなのだと確信していた。自然の秘密の発生は、火の中ではなく、塩と水と腐食の中で起こるのだと、彼はあらゆる著作の中で強調した。

パリシーが池に魅せられたというのは、ルネサンスにおいては決して珍しいことではなかった。数多くのルネサンス期の自然哲学者たちが、錬金術の考え方に依拠して、自然のことを秘術を行使する魔女と考えて、水や鉱物の世界――錬金術のすべての要素が大鍋か交叉点でのように混ざり合うところ――に魅了された。ルネサンスの芸術や哲学では、カエルやサンショウウオ、蛇などは、かたちを変える生き物である。彼らは、変身し移行してゆく生き物として、現代の私たちの合理的な想像力では思いもつかないような魔術的な資質を持っているとされた。一六世紀から一七世紀、一八世紀初頭を通して、今の私たちなら科学と呼ぶであろうものの多くの面に――人間の身体が土と水と火と空気の四つの元素の組み合わせで成っているというアリストテレスに由来する考えから、実験に基づいた新しい化学や工業の知識に至るまで――錬金術の考え方が浸透していた。

自然発生にまつわるさまざまな思いが、アリストテレスやテオプラストスからルクレティウスやオウィディウス、さらには、ファン・ヘルモント◇2やハーヴィ◇3に至るまで、何世紀にもわたって、自然哲学者たちの頭を占めていた。▼42 パリシーは、自分は世の中から一人離れて、他人の理論になど一切影響されずに、仕事をしているのだと主張したかもしれない。彼は自分のことを無学な人間、レオナルドと同様に学問になど縁

＊4　泥か泥のような残留物に覆われた浅い水たまり。
◇2　**ファン・ヘルモント**　一七世紀のフランドルの医師で、化学者・錬金術師。「ガス」という概念を考案したことで知られている。
◇3　**ハーヴィ**　ウィリアム・ハーヴィは一七世紀のイギリスの医学者。一六二八年に、血液の循環理論を証明したことで知られる。また、ピューリタン革命の時期にチャールズ一世の侍医を務めた。

レオナルドと同様、自分の蔵書を持ち、また熱心な読書家でもあった。刊行された彼の講義や論文は、ギリシアやローマの自然哲学者の著作や同時代の人々、とりわけ、二人の偉大なルネサンス期のフランス人、ピエール・ブロンとギヨーム・ロンドレの著作について、頻繁に言及している。この二人の著書を、パリシーはフランス語とラテン語の両方で読んでいた。[43]

パリシーは、ルネサンス期イタリアの天文学者で数学者、医師でもあったジェロラモ・カルダーノを通してレオナルドの著作に出会っていたかもしれないが、そのレオナルドと同様に、彼も、化石はノアの大洪水によって山頂にまで押し流されたのだという司祭の説明を端(はな)から相手にしなかったし、その論拠も、レオナルドが七〇年前にしたのと同じだった。彼は書いている、「私は、甲殻類は、岩がまだ水と泥だったあいだに、まさしくそこで生まれたのだと主張する。その水と泥がその後これらの魚たちといっしょに石化したのだ……。私は先に、これらの魚はその場で発生し、そこでその性格を変えて、彼らが生きていたころのかたちはそのまま維持してきたのだと説明した」[44]。彼は、レオナルドと同じく、山はかつては海底だったと信じていた。

自然哲学や医学、錬金術についてのこのような考えや理論は、ちょうど彼が作った噴水から吹き出る水のように、パリシーから吹き出てきた。正式な古典教育も受けたこともなく、きわめて知的で博識でありながら自説に執着する人間として、彼は自分には書物から得た知識など何もないと吹聴していた。「私はギリシア人でもユダヤ人でも詩人でも修辞家でもなく、言葉の知識になどほとんど縁のない単純な職人だ……。」[45] 自分が知っていることはすべて、本や理論にではなく、自身の観察と実験、何年にもわたる懸命の注視と実践に基づいていると、彼は強調した。時には、あまりに多くの人々が彼の講演を聴きに来たので、彼の工房は、仕事場というより、むしろサロンのような観を呈していた。

けれども、そのサロンで、パリシーはきわめて危ない橋を渡っていた、彼は、フランスの宗教戦争の血なまぐさい日々を生きるユグノーだった。そして、王太后の庇護・後援と彼自身の知的な虚勢と広範囲な知識にもかかわらず、彼は自分が何を言ったかということと、誰が聞いているかしれないということに、つねに注意を払わなければならなかった。かつて片田舎の故郷サントの町で、彼はつねに監視下に置かれており、何度も投獄され尋問を受けていた。彼がともに仕事をしたユグノーの男女の多くは姿を消すか、異端の廉で裁かれるか処刑されるかしていた。当座のところ、彼とその家族は王太后の庇護の下で守られていた。グロットが建設中で、彼の有名な皿が蒐集家にとって欠かせない品となってヨーロッパ中の貴族から大金を引き出しているあいだは、彼の宗教上の信念は大目に見られていた。

パリシーは幸運だった。彼女が摂政の座に就いているあいだは、カトリーヌ・ド・メディシスは君主となった自分の息子や大臣に、宗教上の寛容を——とりわけフランスに住む数多くのユグノーに対する寛容を——強く求めていた。自分の企画の下で働いている最も腕のいい職人の多くはユグノーだと、彼女は強調した。しかし、彼女は、カトリックの公爵たちやその配下にあって略奪を生業（なりわい）とするようなならず者たちを抑え込むことが出来ず、そのため、繰り返し、激しい党派間の戦闘や虐殺が、攻撃と反撃、虐殺と応酬の周期をなして、フランス中の森や野や村で展開された。

パリシーにとって不運なことに、ユグノーに対するカトリーヌの堪忍袋は、一五六七年ユグノー軍がモーの奇襲で彼女の息子で一七歳の国王シャルル九世とその一家を捕らえようとしたことで、切れてしまった。カトリーヌは逆上して何もまともに考えられなくなり、パリに戻ると、誰にも自分の思いを明かすことなく、じっと機会を待ち続けた。お気に入りの陶工が彼女の幻想的なグロットを制作しているあいだに、彼女は彼の仲間の者たちに対する復讐を計画していたのである。彼女はクーデターの詳細をグロットそのものの中で練ったとすら言われている。和議を装って、彼女は自分の娘とユグノーのナヴァール公アンリ三世との結婚の話を調えた。一五七二年、婚礼を祝うために、ユグノーの貴族たちが何千人もパリにやってきて、一人の暗殺者が有力なユグノーの指揮官の一人に傷を負わせたとき、カトリーヌは、パリでの蜂起の危険を冒すくらいなら、むしろ、ユグノーを討つようにと、息子に強く説いた。「それなら皆殺しだ。皆殺しにしろ」と、シャルルは答えたと言われている。数日のうちに、少なくとも三万人のユグノーがパリの通りとフランス中で亡くなり、その一部は兵士によって殺されたものだが、ほとんどは群衆によって殺された。ナヴァール公アンリは、殺されるのを避けるために、カトリックに改宗した。パリシーとその家族は――おそらく太后配下の兵士の内報を受けて――生き延びて、パリを脱出し、プロテスタントの町スダンに向かった。

おそらくパリシーは、危険と安全のあいだで揺れ動く日々に慣れてしまったか、あるいは、亡命生活に感覚が鈍ってしまったのか、それとも、孫たちの処遇に関する義理の兄との諍(いさか)いでもっと金を儲ける必要に迫られたのか、いずれにせよ、サン・バルテルミの虐殺のあとでのパリの危険度を考えれば、そして、彼の知名度を考えれば、一五七五年に彼がパリに戻って、しかも、ひっそりとなりを潜めているのではなく、家々の壁にポスターを貼って、学校の開設を告げ、錬金術と医学と自然科学に関する連続講義の広告を出したというのは、驚くほかはない。彼はまた、工房の隣の部屋に小さな博物館を設置して、そこに自分の膨大な石化物のコレクションを収めた。これらのオブジェは、のちに、どんどん奇想天外になってゆく彼の理論とその例証のために使われることになる。

これらのパリでの講義で、パリシーは自分の理論の総論を明らかにした。地球上の物質――鉱物や金属、岩や土――の量は固定され、絶対不変であると、彼は主張した。それは増やすことも減らすことも決して出来ない。けれども、このように定められた量の中で、これらの素材はつねに――海から山へ、山から海へ、雲から岩へ、岩から雲へ――流転の状態にある。この点では、彼は完全にレオナルドと軌を一にしているが、彼はさらに議論を進めた。金属や岩や鉱物は、膨大な時間が経過するあいだに、じっとりと湿気を帯びて閉ざされた地球の子宮で、発生を促す水の作用を通して、「成長し」新たに自らの量を増やすと、彼は説いた。彼は、石化から山頂の貝殻の化石、水の循環、肥料の性質に至るまで、多くの自然現象を説明する怜悧な体系について述べた。パリシーによると、化石は元々湖で生じた魚や貝殻や泥であり、それらが、その後、湖の水がある時点で発生を促す塩と混ざり合ったために、凝結したのである。

友人や隣人の多くが通りで命を落としたサン・バルテルミの虐殺以降、パリシーは取り憑かれた人間になっていた。彼は田舎に引っ込んで無名の存在で通すことも出来たし、思想を撤回することも出来たが、そうする代わりに、彼はパリに戻って、講義を始めた。九年にわたって、ユグノーの陶工はパリの知識人たちの関心を惹きつづけた。彼はいわば年老いた奇態なシェヘラザード◇4とも言うべき存在になっていた。彼が日々その哲学的な考えで聴衆を楽しませ魅了するたびに、彼の寿命も少しだけ引き延ばされるわけである。テュイルリー庭園の彼の講義には何百人も——王の侍医アンブロワーズ・パレも含めて、医師、大聖堂参事会員、法律家、ヒューマニスト、公爵など——が出席した。博物館はつねに開かれており、付箋を貼ったオブジェの一つ一つが、パリシーのやることすべての特徴として感じられる執念を帯びていた。彼は、刊行された講義録『驚嘆すべき議論』（*Discours admirables*）の序文で書いた、「私は大棚を設置して、そこに、私が地球の内部から引き出した多くの驚嘆すべき途方もないものを並べた。それらは、私が話すことの信頼すべき証拠となっており、それゆえ、私の著作を信じない人々すべてを納得させるために私が大棚に用意したものを見たあとでは、私の言うことが真（まこと）であると認めようとしない者は一人もいなくなるだろう」。彼の博物館の中の付箋と同様、その著作でも、彼は人に、見、触れ、聴き、嗅ぐように迫る。

◇4　**シェヘラザード**　シェヘラザードは『千夜一夜物語』において、その中のそれぞれの物語の語り手として登場する人物。王シャフリアールは、最初の妻が不貞を働いたことへの怒りから、処女と結婚しては翌朝処刑するということを繰り返していた。大臣の娘シェヘラザードは、王の愚行を止めるために、自ら王との結婚を願い出る。シェヘラザードは王の閨（ねや）に行って、物語を語って聞かせた。王は横になってシェヘラザードの話に聞き入っていたが、シェヘラザードは夜明けが近づくと話をやめて、王が話を最後までするよう求めても、口をつぐんで、「明日のお話は今夜のより、もっと素敵でしょう」と言うのだった。こうして王は新しい話を望んでシェヘラザードを生かし続け、千と一夜の物語を語り終えるころには二人のあいだには子が生まれていた。王はこのことを喜んで、シェヘラザードを殺さないで、正妻に迎えることにした。

『驚嘆すべき議論』の中で、彼は「……を見よ、……を見よ、粘板岩を見よ、……を見なかったか」と執拗に説いている。そして、「私は、この岩をあなたの目の前に置いた」とも言う。オブジェは自らの言葉で語りかけていると、彼は強調する、「私があなた方の目の前に置いたこの大量の貝殻を考えてごらんなさい。今それらはすべて石と化している。……そして、私があなた方の目の前に置いたこれらあらゆる種類の魚をご覧なさい。……それらはかつては生きていたのだ」。

一五八五年七月、ヌムール条約でプロテスタントは、カトリックに改宗するか、国を出て行くかするのに、六カ月の猶予を認められた。パリシーはふたたびパリの中心部を抜け出して、マレー通りに面したサン＝ジェルマン＝デ＝プレに近いプロテスタントの避難所に身を隠した。この通りは、小ジュネーヴとしても知られ、現在はヴィスコンティ通りと呼ばれている。ここで、彼はほかの数人の男といっしょに逮捕され、そこからまた、判決と猶予の際限のない繰り返しが始まった。一五八七年一月、裁判官は、三人の男に鞭打ちの刑を宣告し、彼らの書物は市場で焼かれ、本人たちはフランスから追放されるという刑を言い渡した。パリシーはまたもや地下に潜って、今度は、自分の工房にきわめて近いフォーブール・サン＝ジェルマンに身を潜めた。数カ月後、彼はここで逮捕され、年かさのプロテスタントの女性の一団といっしょに投獄された。一五八八年、彼らは全員「異端の廉で、絞首刑に処されて、完全に灰になるまで焼かれる」と宣告される。この判決は、パリシーの抗議にもかかわらず、ふたたび撤回された。自分はもう死ぬ用意が出来ていると、彼は看守に語った。八〇歳の時に、彼はバスティーユに移送され、そこの看守は、老人の性根を試してやろうと決意して、彼に、改宗しないなら即刻生きたまま火刑に処されると告げた。パリシーはそれでも改宗を拒んだ。一年後、彼は「悲惨と窮乏とひどい処遇」のために亡くなった。

パリシーの著書は、パリ中の図書館の棚から消えて、一五〇〇年後にようやく、市の別の庭園、壮大なパリ植物園で、化石に関する著作を探していた偉大な博物学者ビュフォン伯爵によって再発見された。それまで、生命の起源に関するパリシーの考えは、何の痕跡も残していなかった。一五八九年に、会計監査官

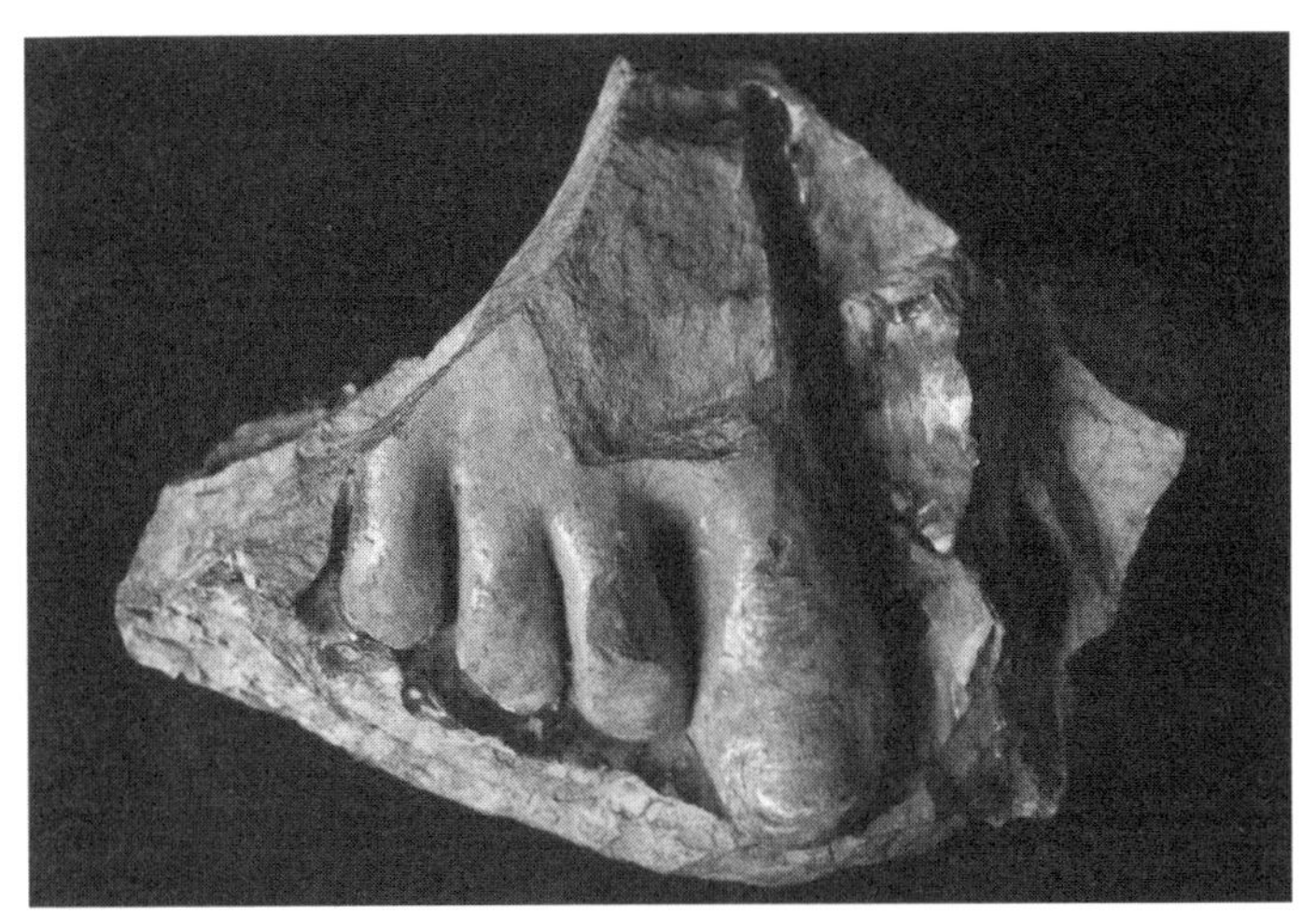
生身から取った人間の足型の破片（パリのパリシーのグロットより［パリ、ルーブル美術館蔵］）

が、逝去した王太后の資産の一部として、有名なテュイルリー庭園を評価するために、パリにやってきたとき、彼らはグロットがひどく傷んでいて、その粘土製の動物たちは壊れてグロットの中や周りの庭園に散らばっており、とても資産目録に記入するに値するものではないと考えた。一九世紀に、ルーヴルの基礎部分で作業していた発掘調査員たちは、粘土製の動物や、ダチョウの羽、ライオンの頭、魚や蟹やオオサンショウウオなどの破片が、貝殻や木の葉に覆われてゆっくりと岩に戻ってゆく陶製の人の顔などといっしょに、宮殿の庭の土深くに埋もれているのを発見した。

第5章　トランブレーのポリプ

一七四〇年　ハーグ

ベンティンク伯爵の夏の邸宅[*1]は、かつて、ハーグの郊外から北海に面したスヘフェニンゲンの港へと広がる砂丘の端に作られた見事な庭園の中に建っていた。精緻に配置されたいくつもの花壇のあいだでは、庭師たちが、木の枝を切り揃え、生け垣を円錐形に整えたり、あいだに抜け道をしつらえたりして、全体を注意深く調整された対称美へと仕上げていた。古典的な彫像のあいだでは、彫刻を施した石造りの鉢の中で異国の花々が咲き乱れていた。パルナッソス山と名づけられた人工の丘が、左右対称の小径を網の目に広げて、遠景を背に盛り上がっていた。複雑な格子状に広がる間道が、外国から取り寄せた魚がひしめくいくつもの華麗な池を配した植え込みのあいだを抜けて、庭園の一箇所からまた別の箇所へと繋がっていた。この庭園ではどこでも、自然は彫琢され、秩序立てられ、抑制され、対称的に配置され、枠に収められていた。[▼1]

＊1　ソルグヴリエットに現存する屋敷は、今はオランダの首相の別荘になっており、かつては広大だったその敷地は、ハーグ市の拡張によって侵蝕されてきている。

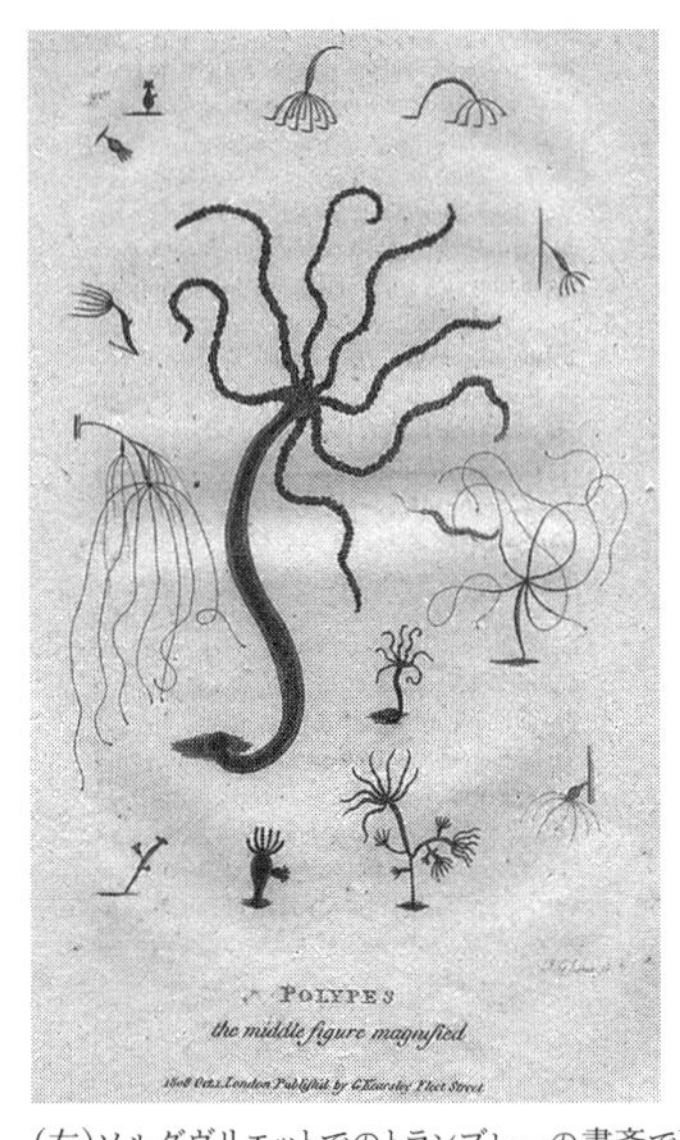

(右)ソルグヴリエットでのトランブレーの書斎で研究に励むアブラム・トランブレーとベンティンク家の子供たち(アブラム・トランブレー『回想録』[1744]より)
(左)多様な動きを見せるポリプ(ヒドラ)を描いた19世紀初期の図(1809年に王立協会で発表された動物学講義の講義録に掲載されたジョン・ル・クーの銅版画)

一七四〇年の夏、オレンジ栽培用の温室を見下ろす大きな書斎で、伯爵の二人の息子——六歳のアントーンと三歳のヤン——と、三〇歳のジュネーヴ出身の彼らの家庭教師アブラム・トランブレーは、窓の桟に沿って並べられたガラス壺をのぞき込んでいた。伯爵夫妻はとげとげしい離婚協議の真っ只中で、子供たちの母親はドイツに帰ってしまい、そこですでに公然と愛人といっしょに暮らしていた。そして、父親の方は、その時間の大部分をハーグで弁護士とともにすごしていたので、この夏は、素敵なムッシュー・トランブレーがベンティンク家の子供たちの世界のすべてになっていた。子供たちと先生は夜も昼もいっしょだった。トランブレーは二人に読み書きを教えて、フランス語とラテン語、英語を流暢に話せるように指導した。青年は、子供たちが学ぶことがすべて遊びと思えるように懸命に努めた。彼は教えることに情熱を注いだ。彼は、昼間はアブラムシや毛虫を、夕方には蛾を捕まえたり、顕微鏡を使ってみたり、温度計を手に取り、フランス語で話したり、ラテン語を格変化させるなどして、二人が屋内と同じくらい戸外でも時間をすごすようにいろいろと工夫した。トランブレーは彼らのために実例に基づく指導・教育を行い、蛾や一本の木に住む昆虫の集団、あるいは、種の発芽や蜂の巣の形状などの研究を、フランス語や論理学、道徳、宗教、歴史、科学や数学を教える機会として用いた。彼は書いている、「可能な限り、考察に先立って、心の中に好奇心があるべきで、しかもその好奇心は、関心を沸き立たせ存続させ、そうすることで、対象が正しく見られ、楽しく観察されるのを助けるような種類の好奇心であるべきだ[▼2]」。この目的を果たすために、彼は自分の書斎を実験室に変えた。

その朝、子供たちは地所の溝や池の中にまで踏み込んで、水中の生き物を収集するのに時間をすごして、手に入れた宝物をしっかり観察するために戻ってきたところだった。拡大鏡の下、日光を浴びて、水は、明るく輝いて動き回る緑色のものたちでいっぱいだった。そのうちのあるものは草の斑点のように見え、別のものはタンポポの種の冠毛(かんもう)の房のように見えた。子供たちは、ガラス壺の両脇に手の平を押し当てて、その斑点は植物だと言ったが、トランブレーは自分の拡大鏡を壺に近づけて、そうとは言い切れないように感じた。[*2] 彼は壺を少し揺らしてみる。揺れ動く水の中で、生き物は砂粒ほどに収縮し、それからまたゆっくりと腕を広げた。のちに彼は回想している、「私は驚き、この驚きはひたすら私の好奇心をかき立て、関心を倍加させたのだった[▼3]」。壺の中の生き物は自分で動き、また動きを感じ取ってもいたのだ。こういったことは、植物のではなく、動物の特徴だと、彼は子供たちに注意を促した。

数日後、二人の子供は、興奮した様子で先生を呼んで、その生き物が壺の中を毛虫のように進んでいる

＊2 淡水に住むポリプは、私たちが現在ヒドラと呼ぶものである。

のを見せた。この奇妙な生き物たちは、まさにそのとき哲学の新しい歴史を作ろうとしていた。それらは、一八世紀の博物学者たちが自然の法則だと信じていたものをひっくり返そうとしていたのだ。そしてまた、トランブレーの名前をヨーロッパ中に知れ渡るようにして、本人の抵抗にもかかわらず、彼を無神論の広がりに巻き込もうとしていたのである。

その夏、トランブレーの自然誌上の関心は蛾とアブラムシにあった。フランス人の自然誌家ルネ・レオミュールの昆虫に関する瞠目すべき新著に刺激されて、トランブレーは絨毯蛾の毛虫を集めて、粉末ガラス製の瓶にそれらを毛織りの布の切れ端といっしょに密閉して、それらがさなぎになって、羽化して、飛ぶようになるのを観察することを始めていた。トランブレーの一番の拠り所となっていたその本の中で、レオミュールはすべての自然学者に昆虫に関する事実を収集するよう呼びかけていた。自然の法則を余すことなく理解しようと思えば、思索ではなく、事実が必要なのだと、彼は強調した。

トランブレーは、毎週、ジュネーヴに住む聡明な甥シャルル・ボネと文通し合っていた。二人の若者はたいへん仲がよかった。二人とも敬虔なユグノーの亡命者の第二世代として、プロテスタントの小国ジュネーヴ共和国で育ち、そこのアカデミーにかよった。彼らの家族は、一五七二年のサン・バルテルミの虐殺のしばらく前か直後に、フランスを逃れてジュネーヴに移り住んでいた。ボネはトランブレーより一〇歳若かったが、知的にはより早熟で哲学的な傾向が強かった。彼の父親は息子に法律を学ばせたいと望んでいたが、自然に対する彼の好奇心はすでに教授たちの注目を惹くようになっていた。

トランブレーとボネはしばらく前から手紙のやりとりをしていて、それぞれの自然誌に関わる発見を共有し合い、観察や描写の技術を磨いていきていた。ボネは、ジュネーヴのアカデミーの図書館に出入りできるようになってすぐのときから、レオミュールの昆虫についての書物を隅々までむさぼるように読んでいて、一五歳のときには、パリの昆虫学の巨匠に直接手紙を書いて、毛虫やウスバカゲロウ、蜘蛛の行動について詳細かつ想像豊かに描写した文章を送っていた。彼とレオミュールはそれ以降ずっと連絡を取り合っていた。トランブレーの三番目の友人ピエール・リヨネは、一七四〇年の時点で三七歳だったが、やはりジュネーヴに移り住んだフランス人の家系の出身で、同じハーグの町の一マイル離れたところに住み、そこで弁護士として働いていた。彼は、訴訟の用意をしていないときは、昆虫を解剖して時間をすごしていた。三人とも昆虫に、そして昆虫の性に、強い関心を抱いていた。三人とも、レオミュールと——そして互いとも——手紙のやりとりをしていた。[4]

ジュネーヴでは、今や一九歳になったボネが、アカデミーでの法学の勉強にうんざりして、アブラムシの生殖の謎を解くことに挑戦しようと決意していた。これは、レオミュール自身も多くの先駆者たちも解明できなかった謎だった。レオミュールはその昆虫学の著書の第三巻で、多くの努力と実験にもかかわらず、いまだに雄のアブラムシを見つけられず、アブラムシが交尾するのも見たことがないとこぼしていた。彼は完全にお手上げの状態で、すべての若い自然誌家たちに、アブラムシの生殖の謎を解くという難題に取り組むよう求めた。リヨネも、時を同じくして、ハーグの自分の部屋でアブラムシの実験に取りかかったが、弁護士としての仕事もあって、ボネがジュネーヴの学生寮の部屋で出来たように、昼夜を問わずアブラムシを観察しつづけることは出来なかった。

最初に突破口を開いたのは、若いボネだった。一七四〇年五月二〇日、彼は、土で満たした容器に沈めたガラス製のフラスコの中に入れたセイヨウマユミという名の常緑樹の枝に、生まれたばかりのアブラムシを一匹置いた。彼の務めは、このアブラムシの純潔を守り証言することだった。[5] 古典の中の劇的な逸話に喩えるのがいつも得意だったので、彼は自分のアブラムシをギリシア神話の処女ダナエになぞらえた。ダナエの父親は、娘の子に殺されると告げられたために、彼女を塔に閉じ込めたのだった。五月二〇日から六月二四日までのあいだ、ボネは、生まれたばかりのアブラムシがガラスの塔の中を動き回るのを、誰も彼の実験に手出ししないよう、そして、彼女の処女が犯されることがないよう、四六時中見張っていた。「僕は、注意を怠らないという点では、神話に出てくる本家よりも、厳格なアルゴスだった」と、彼は、ギリシア神話の中で百の目を持つとされた監視役の巨人を引き合いに出して、書いている。

驚いたことに、ボネに幽閉された雌のアブラムシは、最初の脱皮を無事すませただけでなく、六月一日に実際に子を生んだ。続く二三日のあいだに、彼女はさらに九六体のアブラムシを生んだ。七月に、ボネはレオミュールの許に自分が発見したことの綿密な記録と図表を書簡で送った。[*3] ボネは、いわゆる処女生殖——雄による受精を必要としない一種の無性生殖で、現在では単為生殖として知られているもの——を目撃した最初の人間というわけではなかったが、実験を繰り返すことでその証拠を記録して、さまざまな昆虫学の伝統の下で作業してきた他の人々の七〇年にわたる研究と実験に報いたのは、彼が最初だった。[▼6]

その年の七月、レオミュールはボネの書簡と彼が発見した内容を、フランスにおける科学的探究を奨励し擁護するために一六六六年に設立されたフランス科学アカデミーの会合で、出席した会員に読み聞かせた。聴衆は、青年の緻密な観察と記録の技術に敬意を表しながらも、アブラムシの処女懐胎については、他の人々によって実験が繰り返され、その事実が確認されるまでは、発見を承認することは出来ないということで一致した。レオミュールは、友人でストラスブールの医師ジル・オギュスタン・バザンとハーグのアブラム・トランブレーに手紙を書いて、いくつかの別の種のアブラムシでボネの実験を繰り返すよう二人に依頼した。トランブレーは課題を引き受けて、ベンティンク家の子供たちといっしょに自分たちのアブラムシを閉じ込めたガラスの塔に顕微鏡のアームを傾けながら、二人に、自分たちは今、その名を科

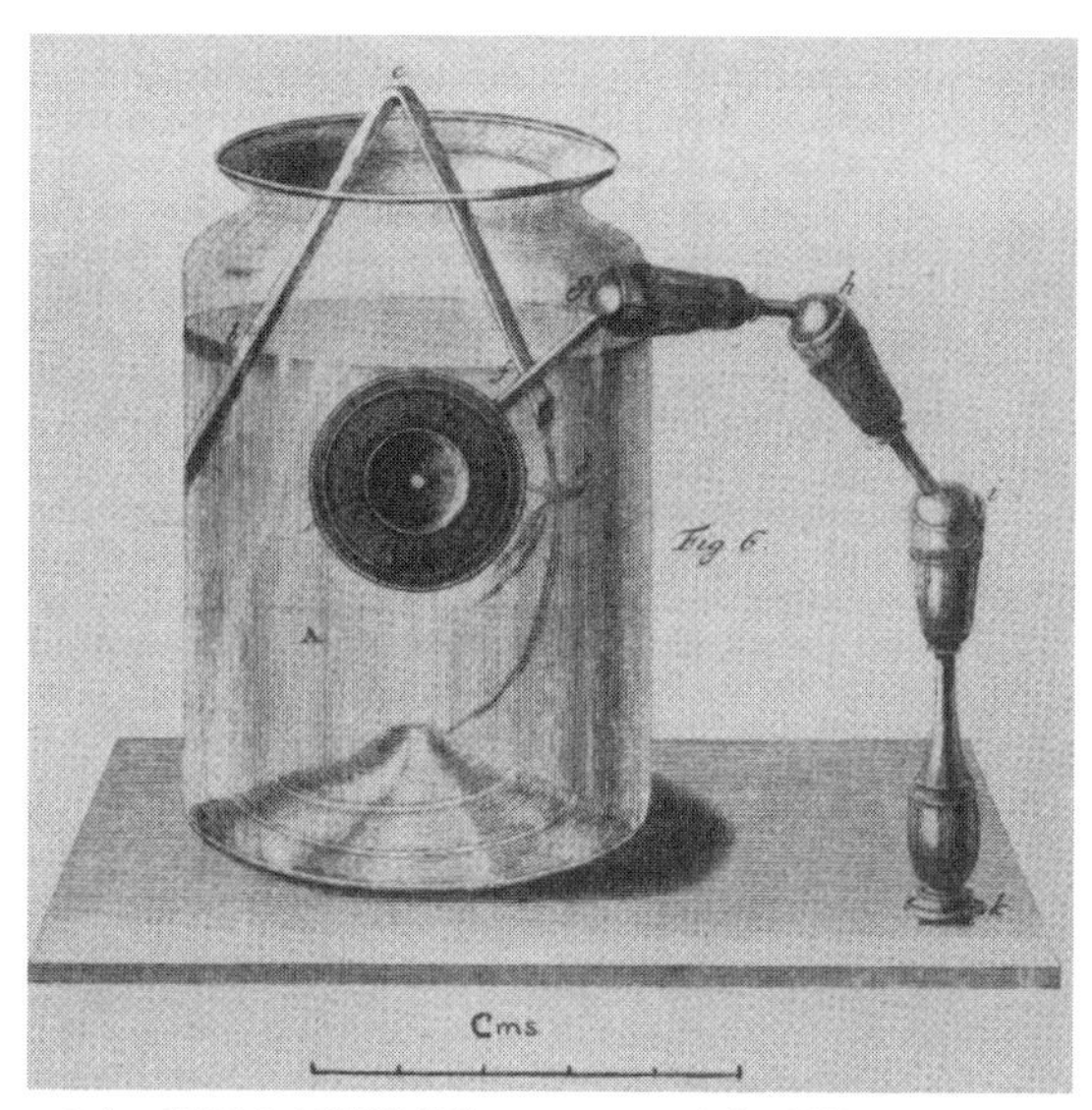

1745年に発明された球関節構造のアームをした水中顕微鏡によって、トランブレーは動いているポリプをあらゆる角度から観察することが出来た（アブラム・トランブレー『回想録』[1744]より）

学年報に載せることになるかもしれない重要な研究に取り組んでいるのだと、誇らしげに説明した。*4

数週間のうちに、彼とベンティンク家の子供たち、バザン、そして、リヨネはみな、ボネの発見を裏づけた。彼らはみな、それぞれ自分の目でアブラムシの処女懐胎を見届けていた。一七四〇年八月、レオミュールはボネに祝福の書簡を送った。ボネは単に処女懐胎を見届けかつそれを記録した最初の人間であるというだけではなかった。彼は一八世紀科学の中核的な前提の一つ――有性生殖の普遍性に対する信念――をひっくり返したのである。レオミュールはボネに書いている、「これらは間違いなく自然誌におけるたいへん重要な観察です。それらは、交尾の法則が普遍

*3　「単為生殖（parthenogenesis）」という言葉は、一八四九年に作られた。

*4　トランブレーがポリプの実験に用いた角度の変えられるアームのついた顕微鏡は、おそらく彼がすでに昆虫の観察に用いていたものだろう。

の法則ではないことを私たちに教えているのですから」[7]。彼はボネをアカデミーの通信会員という名誉ある地位に推挙した。

その夏の残りのあいだ、トランブレーの関心はすべて、絨毯蛾と、アブラムシに関するボネの素晴らしい発見、それを裏付けるための自身のアブラムシの実験と、子供たちの指導で、占められていた。九月の末に、彼と子供たちは、最初の二匹の絨毯蛾が羽化するのを見た。彼は誇らしげにレオミュールに蛾の生活環の詳細にわたる記述をいくつかの見本を同封して送った。けれども、レオミュールにとって、絨毯蛾はもう古いニュースになっていた。彼は、その科についてはは研究を終えていて、その発生についての詳細な記述をすでに発表していると、申し訳なさげに返答してきた。トランブレーと子供たちは、失意のうちに、蛾と毛虫を解放したが、しかし、アブラムシに関するボネの発見は、若い家庭教師のうちに、自然と見なされている他の法則を調べてみたいという意欲をかき立てていた。「アブラムシが示したような事実は、私の中に一般的な法則に対する大いなる不信の念を鼓舞せずにはおかなかった」と彼は書いている、「自然はあまりに広大で、あまりに知られていなさすぎるので、これこれの種の有機体にはしかじかの属性が見られないと決めつけるのは、誰にとっても軽はずみなことになってしまうと、私は強く感じた」[8]。

一方、夏のあいだ中、水生の生き物たちは、おおかた観察されることもなく、窓の下枠の上に置かれた壺の中で繁殖し続けていた——「一七四〇年九月のほとんど月全体が、私が彼らにごくわずかの注意を向けることもなく、すぎようとしていた」[9]と、トランブレーは書いている。だが、ある朝、彼はふと、微小な緑色の生き物たちが壺の日の当たる側に集まっていることに気づいた。彼が生き物がいる壺の側面を日の当たらない方に向けると、水生生物はゆっくりと日の当たる側に移動した。これらの微小な存在に感覚はあるのだろうか。興味を惹かれながらも戸惑って、彼は子供たちに、これから数週間は、この生き物が——それが何であれ——新しい教材になると告げた。一揃いの顕微鏡を使って、自分たちはこの生き物のすべてを調べるのだ。何を食べるのか、どうやって子孫を残すのか、どうやって動くのか。観察したことをすべて詳しく記述して、知りうる限りのすべてを記録し終えたら、レオミュールの許に報告書を送ろう、そうすれば、きっと、彼は、ボネに授けたのと同じ栄誉を自分たちにも授けてくれるだろう。

詳しい調査が始まった。まず第一に、とトランブレーは子供たちに言った、この生き物が植物か動物かいずれかを決めなくてはならない。これらの「触手」は「腕」ではなく枝か根なのだろうか。この問いに答える唯一の方法は生き物を二つに切り分けることである。なぜなら、植物だけが、二つに切られた後も、生き続けることが出来るからだ。「最初のポリプを切り分けたのは、一七四〇年一一月二五日だった」と、トランブレーは回顧している、「私は切り分けた二つの部分を、四、五リーニュ[◇1]の高さにまで水を張っただけの平らなガラス皿に入れた。こうして、これらの部分をかなり強力なレンズで観察することは容易に出来た……。私がポリプを切り分けた途端に、二つの部分は収縮して、それで、最初それらはガラス皿の底の二つの小さな緑色の粒にしか見えなかった」。生き物は死ななかった。トランブレーにとって驚きだったのは、「私がそれを切断したその日に、二つの部分は拡張した……。私はそれが腕を動かすのを見た。そして、翌日、観察しにいってすぐ、私は、それが位置を変えていることに気づいた。そして、しばらくして、わたしはそれが前進するのを見た」[▼10]。

結論を急がないことが大事だと、トランブレーは子供たちに警告した。自分たちは、ボネが行ったように、そして、レオミュールが強調したように、すべてを観察して記録しなければならない。自分たちは命

◇1　四、五リーニュ　リーニュとはメートル法導入以前にフランスなどで用いられていた長さの単位で、一リーニュは約二・三ミリメートルに当たる。したがって、四、五リーニュは一センチ程度ということになる。

のかすかな残骸を見ているだけなのかもしれない、あるいはまた、ひょっとすれば、自分たちは、トカゲの尻尾のように、命に関わらない部分を切り落としただけなのかもしれない。何かを言うにはまだ早すぎる。けれども、それから数日のあいだ、子供たちが自分の見たものの図をスケッチしているあいだも、ポリプの二つの部分は――一方はもともとの角（つの）のような腕をつけて、もう一方は腕なしで――精力的に動きつづけていた。

今はもう、トランブレーは眠れなくなっていた。しかし、さらに不思議な変態が待っていた。九日後、切り分けられた生き物のうち、角がない、腕のない半分に、小さな腕のように見えるものが芽吹き始めたのである。彼は書いている、「その日ずっと、私は絶え間なく、その点を観察していた。このことに私は心底驚いて、待ちきれない思いで、それらが何なのか確信を持って知ることの出来る瞬間を待ち続けた[11]」。それからさらに二、三週間のうちに、彼も子供たちも二つの半分の見分けがつかなくなってしまった。

植物は歩くことはない。動物は再生することはない。けれども、池の生き物は両方ともした。心配になって、トランブレーはレオミュールに直接手紙を書いて、自分と子供たちが見てきたことを要約して、初期のスケッチも何枚か同封した。「私は、これらの部分が歩き、前進し、登り、降り、縮み、伸び、ほかの多くの動きをするのを見ましたが、そういった動きは、それまで、私は動物がするのしか見たことのないものでした。私はどう考えればいいのかわかりませんでした[12]」と彼は、はやる気持ちを抑えかねて、書き綴った。今の彼には学問的な大御所が必要だった。彼はこの謎を解くのを手伝ってくれる他者を必要としていたのだ。

一方、一七四〇年一二月一八日、ボネはジュネーヴからトランブレー宛てに手紙を送って、自分が雄のアブラムシを見つけたと告げた。彼は書いている、「それは性的にたいへん激しく、おそらく自然界に存在するもののうちで最も猛々（たけだけ）しいものの一つだろう。その日が来るや否や交尾すること以外何もしないように見える[13]」。処女懐胎に関して自分たちは間違っていたのだろうか。同じ種で処女懐胎と性行為が同時に存在するというのはどう考えてもないだろう。トランブレーが可能性として提案できる説明は二つしかなかった。アブラムシは**子宮の中で**外からは見えないかたちで交尾しているのだろうかと、彼は問うた。それに代わる説明は、いっそう奇態なものだった。「一回の交尾で数世代間に合うのだろうか」と彼は友人に尋ねた。どんな可能性も排除すべきではない。自然は誰が予想していたよりももっと不可思議であるということが判明しつつあるのだ。[14] それでもまだ、彼はボネにポリプの実験については何も語っていなかった。

一七四一年一月、トランブレーの手紙とスケッチを受け取って、フランス人の教授は、信じられない思いで、トランブレーに、出来るだけ早く封印した壺にポリプを五〇体入れて、パリの自分の許に送ってくれるように催促した。トランブレーは、壺を梱包して、馬に乗った召使いを一人つけて、七日間の旅程でパリに送った。レオミュールがポリプを送るよう依頼してくるくらい十分真剣に自分の主張を受け止めてくれて初めて、トランブレーはボネに自分の「小さな水生の生物」[15]について、手紙を書いて知らせた。

二月二七日、生き物はパリに届いたが、スペイン製の蠟の封であまりにしっかりと密閉されていたために、ガラス壺の中で窒息して死んでいた。落胆したレオミュールは手紙で、もう一度送ってくれるように依頼し、今度は封として蠟ではなくコルクを使ってはどうかと提案するとともに、トランブレーの手紙をフランス科学アカデミーの学者たちに読んで聞かせる許可を求めた。トランブレーは、自分の実験が間違いなく届くようにするために、伯爵の召使いたちに試験的に砂丘を何マイルも馬で行かせて、さまざまな容器に入れて異なった種類の封をした生き物を運ばせた。生き物がパリに届くのを待つあいだ、レオミュールはトランブレーの手紙を、アカデミーの会合で、三月一日、八日、二二日と連続して三回、読み上げた。期待は高まった。三月一六日、トランブレーは、正しい旅の手筈を見つけたということに満足して、新たに二〇封の水生生物をハーグからパリに送り出した。それらは今度は生き延びた。

動物の新たな封をパリに向けて送り出した数日後、トランブレーは、甥から感きわまった祝福の手紙を受け取った。あなたの「小さな水生の生物は、自然誌の研究が提供できる最大の驚異の一つと見なされるべきです」とボネは書いていた、「あなたは、植物界から動物界に至る抜け穴を見つけたと言えるでしょう。あなたが報告されていることはほとんど神秘と言えるもので、私にはそれをどう解き明かせばよいのか皆目わかりません。でも、当地の聡明な人々、私たちが指導を仰ぐ教授のように博識な人々までが、私があなたの手紙を見せると、すっかり仰天してしまうのを見ると、容易に慰められます」[16]。ボネはトランブレーに、形而上的な思索に捕らわれることなく、仮説を避けて事実を集めることを堅持すべしというフランシス・ベイコンの経験重視の原則につねに従うようにと進言したが、そのボネ自身の心が宙を舞い始めていた。そうなったのは彼だけではなかった。

水生生物の新しい壺がパリに着くや否や、レオミュールは、トランブレーの詳細な指示に従って——切って、待って、顕微鏡で観察して——実験を繰り返した。生き物——レオミュールは、それを、「多くの腕を持った」という意味で、ポリプと名付けた——は何度でも再生した。実験が提起した哲学上の問いに刺激されて、すでにパリ中のサロンやカフェでこの問題が熱を帯びて論じられていた。レオミュールは、続く三日間、「アカデミー全体」とパリの「宮廷と市中」の両方に向けて、実験を実演してみせた[17]。顕微鏡を通して見えるポリプは、サーカスで芸をする動物のようになった。

舞台をハーグに戻すと、トランブレーと幼い愛弟子たちは、一七四一年の春を、自分たちの池のポリプの実験をもっと発展させることに費やした。彼らは、七つの頭を持ったポリプを作り出したり、一つのポリプを刺激して他のポリプを呑み込ませたり、二つの異なったポリプの半分ずつを繋ぎ合わせたり、一つのポリプの内側と外側をひっくり返したりする技を身に着けていった。トランブレーは何十もの実験を計画していた。彼は自分の「新しい機械」について知りうる限り、測りうる限りのことを学びたいと思っていた。

一七四一年四月、ボネは、すでにもう無理をしたことから来る目の不調と戦いながら、何世代のアブラムシが交尾せずに生まれうるのかというトランブレーの問いに答えるために、一連の新しいアブラムシの実験を始めた。[18] 今回、彼は、九世代のアブラムシが生まれてくるあいだ、三カ月にわたって、昼夜を問わず観察を続けた。彼がトランブレーにアブラムシの謎を解いてくれるよう依頼したとき、友は果敢な努力を惜しまなかったが、頓挫して、返事の手紙の中で、「誰がわかろう」と問うていた。ボネは書いている、「もしこの優秀な友が彼の『誰がわかろう』という言葉が私の目にもたらした害悪のすべてを予見しえていたなら、私に対する彼の優しい友情は、決して彼にそれを口にするのを許さなかっただろうと、私は確信している。けれども、この単純な『誰がわかろう』という言葉で、私は新しい研究に取りかかったのだが、それは以前の研究よりはるかに骨の折れるものだった。私は若く熱意にあふれていた。この二語が私のそれまでの研究をすべて無に帰すように思われたのだ[19]」。

夏の終わりまでに、パリの社交シーズンの哲学的な話題の主役の座を、ポリプがアブラムシから奪った。八月にレオミュールはトランブレーに手紙を書いて、パリで「ポリプが引き起こしたような騒ぎを昆虫が起こしたことはかつてなかった[20]」と伝えた。科学アカデミーの一七四一年の年次報告は、発見のことを芝居がかったセンセーショナルな言葉で描写している。「灰の中から生まれる不死鳥の話も途方もないものかもしれないが、これ以上に驚異的なものを提供することはない……。同じ動物を二、三、四、一〇、二〇、三〇、四〇の部分に切った――言わば、切り刻んだ――その細切(こま)れのそれぞれから、同じ数の完全な――元のと同様の――動物が再生してくるのだ。しかも、そうして再生された個体は同様の分割に耐えることが出来て……、いったいどの時点でこの驚くべき増殖が停止するのかはいまだにわからない。[21]」人気のあったフランス人昆虫学者ジル・バザンは、この混乱を彼の小説『ポリプと呼ばれる動物についてのユジェーヌからクラリスへの手紙』(*Lettres d'Eugène à Clarice*) の中で描いている。「哀れな昆虫は、世間に姿を現しただけで、私たちが今まで自然の不動の秩序と信じてきたものを変えてしまった。哲学者たちは震え上がって、詩人は死に神ですら青ざめていると語った。[22]」

けれども、レオミュールはまた、トランブレーに手紙を書いて、自分は、ヨーロッパ中、至るところで、自然学者たちの懐疑の念に遭遇していると伝えた。ポリプが再生するのを自分の目で見ていない者はみな、不信心者（incrédule）に留まっているというのだ。

叔父よりも哲学者としての傾向が強かったシャルル・ボネはすぐに、ポリプの実験が潜在的に帯びる形而上学的な意味に懸念を抱いた。このことはいったい何を意味するのだろう。もしこの単純な生き物が無数の部分に切り刻まれて、それらの部分から再生するのであれば、それの魂はどこにあるのか。結局のところ、宇宙とすべての有機体は、自然の法則によって制御された時計のようなものだと論じたデカルトは正しかったのだろうか。[23] 一七、一八世紀の多くのキリスト教徒の自然学者と同様に、ボネはつねに、世界に対するこの明らかに還元主義的で潜在的には不信心な見方を論駁する機会を探し求めていた。彼が複雑な有機体に感嘆したり顕微鏡の下に鳥の翼の羽の仕組みを眺めたりするたびに、彼にとってそれは神の企ての奇跡と慈愛のさらなる証拠だった。[24] しかし、その企てはいよいよ理解不能に見えてきていた。顕微鏡の下で、自然はますます多様で、奇態で、気まぐれに見えてきていた。その暗号は解読不能になりつつあった。

トランブレーのポリプが唯物主義者（「あるのは物質だけだ、世界を制御する超自然の力など存在しない」）や無神論者たち（「神など存在しない」）に取り上げられつつあることをますます意識するようになり、シャルル・ボネは、もう三カ月もアブラムシの寝ずの番を続けてきて、少々神経過敏になっていたこともあって、六月にジュネーヴの自分の師であるガブリエル・クラメール教授に手紙を書いた。「私が切に願いますことは、私の哀れな昆虫があまりに格下げされることがないようにということですが、そのことを心底恐れる理由があるのです。先生、どうかお願いですから、昆虫が単なる機械になってしまうことがないよう、お骨折りください。私としては、悲嘆に暮れるしかありません……。そうなればもう、一切の勤勉とも、一切の技量とも、あらゆる種類の知性とも、別れるしかありません。そして、先生にこの難局から虫たちを救い出してくださることが出来なければ、いったい誰が出来るでしょう。[25]」クラメール教授はボネに、ポリプは確かに「昆虫に存在する魂という体系に重い一撃を与える」ように見えるが、結論を下すにはとにかくまだ早すぎると指摘した。[26]「どうか少し息をつかせてほしい。君たちは立て続けの驚異で僕らを圧倒しているのだ[27]」と、彼は返答した。

一七四一年の夏、視界がいよいよぼやけてきたボネは、他の再生可能な動物を探し始めた。ジュネーヴ周辺の池ではポリプを見つけることが出来なかったので、彼は水生の蠕虫(ぜんちゅう)で実験しはじめた。意外なことに、蠕虫も、二つに切られると、再生することを彼は発見した。レオミュールは、ボネが発見したことに喜んで、さらに観察を続けるよう促した。このパターンは自然界でどこまで広がるのか。クラゲやヒトデではどうなのか、と彼は尋ねた。これらを切れば、やはり再生するのだろうか。数カ月のうちに、ボネは、頭があるべきところに尻尾を持った蠕虫を作り出した。[28]これは、まだたった二一歳の若い自然学者には荷が重すぎた。彼は明快な神学的説明を必要としていた。

ジュネーヴの教授たちも混乱していた。一七四一年一一月、ボネはレオミュール自身に手紙を書いて、なぜ神はこのような奇跡的な再生能力を昆虫に与えて、彼の最大の作品である人間には与えられなかったのでしょうと尋ねた。[29]レオミュールはどう答えたらいいかわからなかった。彼は当たり障りのない説明を提案した。おそらく神は、他の動物のための大量の食物として用意された動物に、食べられていない部分から再生する能力を与えられたのだ。[30]ボネは納得しなかった。

アブラム・トランブレーは形而上学になどかまっていなかった。彼はただポリプの再生が出来る限り多くの人の目に見えるようにすることだけを望んでいた。彼はベンティンク家の子供たちに告げた、もしヨーロッパの哲学者たちが、オランダに住む身分の低いジュネーヴ出身の家庭教師の言葉を信じることも、科学アカデミーの会員の承認を受け入れることも、意に染まないというのなら、もっと多くの人に自分の目で実験を見てもらわなければならない。ポリプに自ら語ってもらうしかない。トランブレーは、ガラス壺に入れた生きたポリプの小包を、どのように実験を執り行うのかという細心の指示を添えて、郵送でヨーロッパ中の宛て先に――大学に、アカデミーに、サロンに――送り始めた。二年後、彼は自分の書斎に一四〇個の壺を取り揃えて、一七四三年七月には「僕はあちこちにポリプを送ることに完全に忙殺されている」[▼31]とこぼしていた。

郵便制度を利用して、トランブレーは、ヨーロッパのあらゆる都市に証人を作り始めていた。それは、すべての自然学者たちがフランシス・ベイコンの著書に影響されて思索よりも経験的観察と実験を重視していた時代にあって、賢明な戦略だった。[▼32]オーストリア継承戦争[*5]によって引き起こされた郵便網の破断にもかかわらず、ポリプの実験は、ローマで、シエナで、そしてドイツで、サーカスの見世物のように、公開で実施され、繰り返された。一七四六年、スウェーデンで、アブラハム・ベークは書いた、「電気を別にすれば、自然学者たちは、今年はポリプのこと以外は何も取り扱わなかった」[▼33]。これらの証言の一つ一つが、多くの異なった言語の境界を超えて網の目に広がった思索と会話と書簡のやりとりの一部であり、その網の目の一つ一つがさらに大きな広がりの一部だった。至るところで、ポリプは不信心者を改宗させていた。大使たちは宮廷から宮廷へとポリプのニュースを伝えた。至るところで、哲学的な会話が広がっていた。

けれども、イギリスの博物学者たちは、あくまで懐疑的な態度を崩そうとしなかった。彼らはすみやかにポリプを冗談に変えてしまった。フランスの高名な博物学者ジョルジュ＝ルイ・ルクレール・ド・ビュフォンは早くも一七四一年にイギリスの王立協会の会長マーティン・フォークスにポリプの実験について書簡を送り、ウィレム・ベンティンク伯爵の弟カレルとヤン・フレデリック・グロノヴィウスは学術誌『王立協会哲学紀要』に興奮気味の報告を発表していたが、フォークスはトランブレーの実績を疑い、トランブレーの雇用主であるウィレム・ベンティンクに確認を求める手紙を送った。結局のところ、トランブレーはただの家庭教師で、幼い二人の子供に立ち会わせて研究しているにすぎない。それでも、興味を抱いたフォークスは、一方で、サロンの主催者として名を馳せていたマダム・ジョフランにも手紙を書いて、パリでポリプがどんなふうに取り沙汰されているのか彼女の評価を質した。彼女は手紙で長い報告を送って、彼女がその夏レオミュールの家で見た実験の様子を伝えた。そして、パリの学者たちのあいだでは意見は割れていますが、ポリプがパリの最も優れた人々の心をしっかり捕らえているのは間違いのない事実です、とも述べた。[34]

最終的に、一七四三年三月、フォークスの依頼を受けて、トランブレーは、ポリプを入れた容器をイギリスに送った。容器は翌日届いた。フォークスは王立協会の会員二〇名を、実験に立ち会うよう自宅に招いた。ポリプは数時間のうちに再生した。三月一七日、彼は王立協会の会合で実験を繰り返した。協会では、一週間のあいだに、一五〇人以上の人たちが実験を見た。フォークスがトランブレーに詫びを入れるのには少し時間を要したが、しかし、実際に詫びた際には、いさぎよく詫びた。「私たちはまた、先生の公平無私な態度と、ご自身の実験の行き届いた要約をお寄せいただいただけでなく、昆虫そのものもお送りいただき、それでもって、私たちも手ずから実験し、先生が先にお知らせくださったこの驚くべき事実の正しさを自分の目で見ることが出来るようにしてくださった、その寛容さにも、深く感謝しております」[35]と、彼は書いた。

一七四三年三月、フォークスの自宅での実験に立ち会った人物の一人が、ダニエル・デフォーの義理の息子で、ジャーナリストで詩人で自然誌家で、『顕微鏡が容易にした』の著者でもあったヘンリー・ベイカーだった。そこで見たものに魅了されて、彼はフォークスを説得して、ポリプを三体分けてもらい、トランブレーの手紙も貸してもらった。四月中ずっと、彼はロンドンの自宅でポリプを切断しては増殖させ

*5　この戦争（一七四〇－四八）は、オーストリアのマリア・テレジアが彼女の父親からハプスブルク家が治めていたオーストリアとハプスブルク帝国の他の地域を継承することに異論を挟んでこれを阻止しようとする動きとして始まったが、実際には、フランスとプロイセンの連合とそれ以外のヨーロッパとのあいだの権力闘争だった。

て、何百体ものポリプを持つに至った。彼はそのポリプを自分の顕微鏡で観察し、さらに、オックスフォードとケンブリッジの思いつく限りの人たちに生きた標本を詰めたコルク詰めの壺を送り届けた。友人たちが彼にハックニーとエセックスの池で採取したイギリス産のポリプを届けてくれた。春が来て空気が暖まると、ポリプたちは、オランダ産もイギリス産も両方とも、彼が召使いにテムズ川の黒い泥から掘り出させた小さな蠕虫を餌にして、さらなるスピードで増殖していった。この発見を公にすることを決意して、そして、まだ何も活字にされていないことを残念に思って、ベイカーは、自分がトランブレーの実験を繰り返した次第を二百ページの本にして、木板の挿し絵を添えて、トランブレーが自身の回想録を刊行するより前の一七四三年一一月、『ポリプの自然誌の試み』という表題で刊行した。彼はその中で、ポリプの再生能力はめざましいが、誰も哲学的な思索になど時間を費やすべきではないと、書いた。そんな仮説にこだわることは、「一種の狂気」であり、「脳に蜘蛛の巣を張る」[36]に等しいと、彼は読者に告げた。

イギリスの自然誌家たちも今やすっかり魅了されてしまった。フランスの雑誌『イギリス書誌』(*Bibliothèque Britannique*)の編集者は、一七四三年の秋に「新しいポリプの驚くべき属性は……王立協会の何人かの会員にとって、たいへんな好奇と研究の対象になっており、そのため、この傑出した協会の秘書クロムウェル・モーティマー氏は、『会報』第四六七号には、この問題に関する記事のみを掲載した」と報じている。[37]けれども、ポリプに関する話は、さまざまな科学協会の報告や書簡やベイカーの著書というかたちで、そして、最終的に、トランブレーの長く待ち望まれた——一七四四年にライデンで刊行され、すぐにパリで海賊版が出版された——回想録というかたちで、活字にされてはいたが、それは主に口伝てで広がっていった。パリからライデン、さらには、オスロやローマ、シエナに至るサロンで、無言のまま奇跡を起こすポリプは、長く活発な会話の対象だった。それはセンセーションになったのである。

すぐに風刺作家たちが割り込んできた。ヘンリー・フィールディングは、一七四三年に「黄金の足のクルシッパス、またの名、ギニア」という、金の自己増殖力を風刺したパンフレットを刊行した。一七五一年には、スコットランドの詩人トビアス・ジョージ・スモーレットが、経済的に何の利点もない哲学的な問題など一切馬鹿にして、『放浪のピックル』の中で、針の先にエンジェル〔天使／エンジェル金貨〕をどれだけ乗せられるか[◇2]勘定している「ウジ虫の哲学者ども」を罵倒した。一七五二年には、ヴィンセント・ミラーが『人間植物、あるいは、イギリス種を増やし改良するための計画』を出版した。一七四三年の王立協会での実験から数カ月のうちに、チャールズ・ハンベリー・ウィリアムズは、『イザベラ、あるいは、朝』という物語詩の中で、貴族階級の哲学者気取りを風刺した。「スタンホープさん、町ではどんなことがニュースになっているのかしら」と、公爵夫人が訪問客に尋ねる。

> 「奥様、私は何も存じませんが、ちょうど家で
> 奇妙なものを見てきたところです。
> マーティン・フォークスの許に珍しいものとして送られて、
> 彼とデサグリエがうちに持ってきたのです。
> ポリパスと呼ばれております。」「何ですの。」「生き物です。
> 自然のあらゆる産物のうちでいちばん驚くべきもので、
> オランダで捕らえられて、そこからここへ来たのです。
> (来たと言えないですね。運ばれたのですから)。

◇2 **針の先にエンジェル（天使／エンジェル金貨）をどれだけ乗せられるか** 「針の上に天使は何人乗れる（または、踊れる）か」という問いは、中世において、スコラ学の神学者たちの議論の主題として用いられたものとされ、「天使は、純粋な知性であって物質ではないので、いかなる空間も占めることはなく、したがって、針の先には無限の数の天使が乗ることが出来る」というのが、正解となる。もっとも、こういった議論が実際にされたのかは疑わしい。ここでは、そのことと、人々が、金儲けで、エンジェル金貨を貯め込もうとするその際限のない物欲を掛け合わせて、揶揄している。

明日クレイン・コートで皆で観察する予定です。
それはもうとても不思議な類いの昆虫で
二つに切られても、死なないのです。
頭は尻尾を生やし、尻尾は頭を生やすのです。
真ん中を取って、その両端を見ていると
こちらからは頭がもたげ、あちらからは尻尾が下がってくるのです。
あるいは、お望みのどの部分を切ったとしても
その部分が伸びて、完全なものになるのです。
でも、何を食べているかはいまだに謎のままです。
あるいは、どうやって発生するかもわかっていません。
でも、明日の会合で登場することになっていますから、
そうすれば、考察されて、明らかになるでしょう。
何しろ、博学な方が全員揃われるのですから。」
「それなら、私も是非とも見なければなりません。さもないと、身の破滅ですわ」、
公爵夫人は叫んだ、「お願いですから、私にも一つ都合してくださいません。
そんなものは今まで聞いたことがありません。
どうしても自分で切って、あと五〇増やしたいものです。
私の好みに合った籠を作らせましょう。
それで、ディッキー、デザインを考えてくださいな」。

しかし、この騒ぎ全体にいったいどんな意味があったのだろう。ポリプが示唆する哲学的な意味合いを

公爵夫人が尋ねれば、ディッキーは夫人にどう説明したのだろう。トランブレー自身、性急な哲学的考察を抑えるようにという恩師レオミュールの警告に影響されて、自分の実験に意味や哲学的な解釈を付与することを控えた。彼の回想録には何の哲学的推測も何の理論も含まれていない。あるのは、ただ詳細な事実と、彼が行った何百もの実験の記述だけである。[38]

一方、ボネは、「脳に蜘蛛の巣を張る」哲学上の考察からなかなか抜け出せずにいた。一七五〇年代を通して、視力が弱まるなかで、彼はポリプが提示した煩わしい問題と格闘していた。最終的に、その五〇年代の末頃に、彼は、夜な夜な眠るのを妨げ、その信仰をかき乱してきた、ポリプとアブラムシから発生してきた形而上学的な悩みをすべて鎮めてくれるように思われる立場に至りついた。ポリプは動物界と植物界を繋ぐ抜け穴のように見えるが、そのことは、両者の境界が実際にはくぐり抜けることが出来るか、そもそも境界など存在しないか、のどちらかであることを示唆している。[39] ポリプは百回切り刻まれても、その最小の部分からでも再生してくるだろう。アブラムシは生殖しなくても子を生むことが出来る。答えは単純である。神はもともと、細かい目盛りの刻まれた長い尺の上に、それぞれ自己発展の能力を具えた数多(あまた)の胚を作って並べられた。悠久の時が流れるあいだに、胚たちはそれぞれ自らを修正し改善した。[40] もし進歩があったとしても、それは種の中で起こったと、彼は論じた。[41] 種の境界は不可侵であり、神によって設定されたものである。それらは固定されているのだ。「自然は個体の保存においても確かにすばらしい。しかし、自然がとりわけすばらしいのは、種の保存においてである……。何の変化もなく、何の変更もなく、完全な同一性である。種は、元素を超えて、時を超えて、死を超えて、力強く自らを維持し続け、その存続期間は誰にもわからない。[42]」ポリプの再生が証明しているのは、神が存在しないということではなく、種は破壊されることはなく、不滅であるということだ。人間は不滅なのだ。[43]

トランブレーは、自分のポリプについての甥の思索的な主張に衝撃を受け驚愕した。彼が研究の対象としてきたのは、自然の緻密な観察であり、哲学的な思索ではなかった。しかし、もう遅すぎた。ヨーロッパ中で何百人もの人々がポリプの再生能力を目にした今となっては、その意味合いは彼の手を離れてしまっていた。一七五〇年一月、彼は雇用主のウィレム・ベンティンクに手紙を書いて、至るところで、自然誌家たちが、あまりに性急に、形而上的な結論に飛びついているとこぼしている。彼が不満を感じた人の中には、『博物誌』（*Histoire naturelle, génereale et particulière*）第一巻を刊行した偉大なビュフォン伯も含まれていた。「ビュフォン氏は発生についてほとんどすべてを説明できると主張しておられますが、正直に申し上げて、私には氏の体系は危険な仮説としか思えません。氏は、その体系の拠り所となっている事実でもって、あまりに多くのことを証明しようとしておられます。想像に流されすぎておられるように見えるのです。もしビュフォン氏の著書が大いに人気を博するようなことになれば、氏は、仮説への嗜好を復活させることで、自然誌に害をもたらされることになるだろうと案じております。[44]」

これほど多くの男女がポリプが再生するのを目にした今となっては、ヨーロッパ中の人々の想像力がそれほど容易に鎮められるということはあり得なかった。パリやロンドン、ベルリンやローマで、顕微鏡と顕微鏡の手引き書の売れ行きが劇的に増えた。世界中で、知識人は自分の書斎に実験道具を備えた。自然誌家たちは、これまで大事にしてきた植物や甲虫のコレクションに背を向けて、代わりに、池や岩場の水たまりを浚（さら）って、触手や身体の一部を芽を吹くように伸ばしてくる理解不能な生き物がもっといないか探したり、珊瑚や浸滴虫（シンテキチュウ）が輪をなしたり、体液を滲み出したり、産卵したりするのを観察するために、ますます強力になりつつあった顕微鏡のレンズをのぞき込んだりした。[45] 池や海底、岩場の水たまりは、自然の法則をこれまで可能であると信じられてきた域をはるかに超える程度にまで押し広げるような、微小で、理解も想像も出来ない生き物たちに満ちあふれた未開の地であると、自然誌家たちは宣言した。[46] シャルル・ボネのように思索を巡らす傾向の強い人々にとって、ポリプは、世界は神の英邁（えいまい）な意図に従って作られたものだという当時の信念を根本から揺るがすものだった。人間が世界の覇者であり、神から他のすべての生き物よりも大切に思われているのなら、なぜ神はポリプに認めたような再生能力を人間に認められ

ソルグヴリエットの屋敷の池でポリプを採取するトランブレーとベンティンク家の子供たち(アブラム・トランブレー『回想録』[1744]より)

なかったのか。もし自然が本当に人間がその頂点に置かれるかたちで一本の尺の上に配列されているのなら、なぜこれほど単純な生き物がこれほどの複雑さを付与されたのか。そして、自然の働きが動物の再生のように奇態な法則を含んでいるのなら、他にどんな法則がこれからまだ発見されることになるのだろうか。

トランブレーの『回想録』のために注文された四枚の挿し絵の中で、彼とベンティンク家の子供たちは、地所のさまざまな場所に立って、ポリプや他の水生生物を採取したり、網や壺を運んだり、あるいは、庭の池で魚を釣ったりしている。それぞれの木が列ごとに正確に等間隔に植えられた見事なまでに手入れされ秩序立てられた景色の中で、彼らの姿はいかにも小さく見える。▼47 たまに現れる犬やクジャクの群れを別にすれば、トランブレーと子供たちは、完全に三人だけで、他には一切人気(ひとけ)のない大きな空間を動き回っているように描かれている。召使いや、庭師、あるいは、この世界的に有名な庭園を散策するために毎年何百人もやってくる旅行者たちは、ど

こにいるのだろう。伯爵はどこにいるのだろう。あるいは、いつも屋敷を出入りしていた伯爵の弟カレルはどこにいるのだろう。あるいはまた、ヨーロッパにおける自分たちの政治権力と影響力を支えるために、ベンティンク兄弟が雇っていた暗号の解読者やスパイはどこにいるのだろう。

この人気のなさはなぜなのだろう。

ベンティンク伯爵は、自分の美しい地所と家庭教師、それに、二人の息子が可能な限り立派に見えるようにと考えて挿し絵を注文した。けれども、そのことだけでは、どうして景色の中に人々がいないのか説明がつかない。トランブレーは、人気のない大きな屋敷で子供たちと跳び回っていたわけではない。そこで彼の周囲に人気がなかったということはまずなかった。ベンティンクはオランダで最も重要な人物の一人であり、イギリスで最も重要な貴族の一人の孫でもあった。彼と弟のカレルは先代のウィレム・ベンティンクの末の二人の息子だったが、この父親はかつてイギリス王ウィリアム三世の顧問を務め、オランダの総督も兼ねていた。二人はイギリスとオランダ間の政策決定にあらゆる段階で関わっていた。彼らの友人や親戚、外国の大使などが始終彼の郊外の屋敷に、自分たちの召使いや友人を連れて泊まりに来た。

挿し絵に描かれた人気(ひとけ)のなさと、自分はただ幸運だっただけだというトランブレーの主張▼48にもかかわらず、ポリプの大発見は、空っぽの家で空っぽの頭から生じたものではなかった。そしてまた、それは単にどこでも起こりうるものでもなかった。それは、顕微鏡と実験光学の誕生の地ハーグで起こったのだ。それは単にハーグで起こったというのではなく、その中でもとりわけ、ウィレム・ベンティンクの所有する郊外の邸宅で起こったのである。トランブレーは、ハーグとパリ、ジュネーヴ、ロンドンといったいくつもの中心を持った一つの知的共同体の一部をなしていた。その共同体の要(かなめ)が彼の雇用主ウィレム・ベンティンクだった。これらの挿し絵の中で、トランブレーの背後には何十人もの目に見えない人々がいる。それは単に召使いや庭師というのではなく、大邸宅に出入りしていた他のすべての人々◇3——顕微鏡や装置の制作者、熱心なアマチュアの実験家、百科事典の編集者や執筆者、フリーメイソンの団員、自由主義者、図書館の学芸員、出版業者、挿絵画家など――である。トランブレーはさまざまな大きい力が交錯するところで仕事をしていた。彼は、政治や貿易、科学など一連のネットワークの中心、ハーグにおける一つの結び目だったのである。

トランブレーの発見があったころ、ベンティンク兄弟、カレルとウィレムは、それぞれ三三歳と三七歳だったが、共和主義者だった。のちに、彼らはルソーの熱心な支持者となり、また、ハーグに本拠地を置く「歓喜の騎士団」というフリーメイソンのグループの指導者だったのかもしれない。このグループには、汎神論者や改革論者、自由思想家やホイッグ党員などが含まれていた。[49] 彼らはハーグで急進的な出版物を手がける人脈とも強い繫がりを持っており、フランスの啓蒙主義者たちの著作も読んでいた。「歓喜の騎士団」の「宿」には独自の文芸サロンがあり、また、自分たちの雑誌『文芸誌』(*Journal Littéraire*)も発行しており、この雑誌は、社会を改革しいくつかの既存の社会制度に挑戦するための手段として、科学を推奨していた。[50]

トランブレーは、市街に出掛けた際に、そこの文芸サロンやコーヒーハウスなどで、屋敷に出入りしていたハーグの自由思想家たちと会話を交わしていたが、彼らの多くは、一五七二年のサン・バルテルミの虐殺のあとか、さらにまた、一六八五年のナントの勅令の廃止のあとで、すし詰めの船でフランスからオランダにやってきた避難民か、その子供の世代の人々だった。この勅令の廃止は、四〇万人のプロテスタントをフランスから追放し、彼らに、ロシアやイギリス、プロイセン、スイス、そして、オランダ共和国などに向かうことを余儀なくした。これらの亡命者たちは、カトリック教会による迫害の身の毛もよだつような話を伝えた。子供たちがフランス当局によって拘束され、家族と引き離されて、改宗を強いられた

◇3　フリーメイソン　一六世紀後半から一七世紀初頭に広がった友愛結社。中世の石工たちの共同組織を起源とするともされるが、その関わりは判然としない。自由や平等などを基本理念とし、特定の宗教の優越性を否定したことから、カトリック教会などから敵視され、体制を転覆するための陰謀組織と見なされた。

こと、異端審問、投獄、追放、そして、組織的な拷問……。その一方で、教会や聖職者を批判する地下出版物のますますの流布、世界を股に掛けた旅行者の動き、世界の宗教や信仰の多様性に関する新たな知識などが、こういったグループのあいだでカトリック教会の権威をいちだんと低下させていった。[51] さらに言えば、トランブレーの著作がハーグの際だって自由思想的な文化の中で生み出されたのは確かだが、彼がその読者として考えていたヨーロッパとりわけフランスの学者たちの世界は、いっそう急進的だった。最終的には、彼らがトランブレーの発見の意味を決定することになる。

トランブレーの発見が直接そして即座に種の起源や変容についての新しい考えの開花に繋がることはなかったが、しかし、それは、少なくとも一世紀にわたってすべての自然哲学の基盤となっていた前提のいくつかを震撼させた。一七世紀の科学は、性急な仮説の設定に異を唱えるフランシス・ベイコンの言葉によって形づくられたこともあって、狭く厳格な実験主義と大規模な理論化の忌避とによって特徴づけられていた。トランブレーの発見は自然学の思索の新時代を生み出した。トランブレーはヨーロッパ中に実験の目撃者を作り出していた。彼らは、ポリプが何度も切られ再生するのを自分の目で見ており、その再生が持つ哲学的な意味合いに驚愕し困惑していた。ますます強力になってきた顕微鏡が再生を目に見えるものにし、とりわけパリの学者たちは、実験についてさまざまに論じ合うことで、関心を持つ仲間を増やしながら、それを哲学上の難題へと変えていった。

トランブレーのポリプ発見の回想録だけが、一七四〇年代末のパリの書店における科学に関するベストセラーというわけではなかった。パリの多くの知識人は、トランブレーの回想録と並んで、もう一冊の本を注文していた。トランブレーの回想録が謙虚であくまで事実にこだわり近視眼的であるのと同じ程度に、もう一方の本は大胆で突飛で空想的だった。この本はフランス語で書かれてハーグで刊行されたが、パリの書店には一七四八年に、『テリアメド、あるいは、インドの哲学者とフランス人宣教師との対話』(*Telliamed, ou entretiens d'un philosophe indien avec un missionaire françois*)という奇妙な表題とともに現れた。それは、地球の年齢は数十億年であり、すべての動物は原始的な水生生物から悠久の時間のあいだに変容してきたもので、地球の外殻は海がしだいに減退したことで形づくられたと、提唱した。これはスキャンダルを引き起こした。百年のあいだ、これは地球の起源と時間の始まりに関するすべての議論の基軸となり、フランス革命の前夜になってもまだ急進的な党派のあいだで議論されていた。トランブレーのポリプをいっそう大きな名声へと一気に持ち上げたのは、この本と、地球の形成と種と地形の過去の――そして現在も進行中の――変容についての異端の思索だった。[52]

それは、カイロを経由して、ハーグからもたらされた。

第6章 カイロの領事

一七〇八年　カイロ

町中で祈りへの呼びかけが始まり、空気が涼しくなって蛾が集まってくるころ、フランス領事ブノワ・ド・マイエは、白いターバンと絹のローブ、刺繍をしたスリッパという出で立ちで、館の屋上に設けたテラスで、机に向かって書きものをしていた。眺めに枠を嵌めるために自分で設計した細かく葦(あし)を編んだアーチ形の張り出しごしに、町の家々の屋根とモスクの丸屋根と椰子の木ときらめく尖塔の向こうに、青みを帯びた銀色の一本の線と化したナイルの流れが、今は暮れてゆく日のためにピンクに染まっているのが見えた。遠く離れた市の波止場では、交易船が、小麦や米、野菜、綿布、麻布、革、香料、コーヒーや粉末ソーダなどを積んで、アフリカやヨーロッパ、アジアに向けて出港してゆく。ナイルの上流から品物を運んできた中小さまざまな帆船が交易船と並んで停泊している。広い川の向こうでは、巨大なピラミッドが砂漠の地平線にアクセントをつけている。

マイエのいる屋上テラスのすぐ下には、カイロのフランス人街の通りが狭く悪臭の漂う路地から枝分かれしていた。そこには四、五〇人のフランス人の貿易商とその家族や召使いが住んでおり、マイエがここにいる理由は彼らの利害を守ることにあった。彼らは、コーヒーや他の珍しい品々をヨーロッパのコーヒー店や貴族の食卓に送ることで財をなしていた。そのフランス人社会で秩序を維持し、滞りなく税金が支払

領事としての職にふさわしく正装したブノワ・ド・マイエ
（ブノワ・ド・マイエ『エジプトについての記述』［1735］より）

われるよう計らい、雇い主である海軍大臣ポンシャルトラン伯爵ジェローム・フェリポーに報告を——商業や貿易、課税に関する状況や、併せて、現地の諍い（いさか）や噂話、陰口などを——送ることがマイエ領事の任務だった。彼は、ここカイロにあって、フランス王の目であり耳であった。この小さなフランス人のコミュニティでブノワ・ド・マイエ以上に重要な者はいなかったが、そのことを同国人に認めさせるのは一苦労だった。

フランス人街には同胞としての連帯感などほとんどないと、マイエはパリの上司にこぼしていた。若いフランス人の貿易商は手に負えず、強欲で、自分たちの領事に対して敵意を剝き出しにしている。彼らは、領事がトルコの太守の言いなりになっていると非難して、彼が位の高いアラブやトルコの知識人と親しくつきあい、何度も砂漠に出掛けていくことをうさん臭く思っている。彼らは、自分たち同士でも、また現地の貿易商とのあいだでも、争いを繰り返し、相手を出し抜く策を練っている。フランスの議定書は彼らが教会に出席することを定めているが、実際に従う者などほとんどいない。彼らは税金を払わなければならないことに腹を立てている。多くがイスラムの女性を愛人に囲っていて、アラブの血の混じった子供を設けている、などなど。

　カイロは、かつては偉大な都だったが、トルコに呑み込まれ、今ではほとんどオスマン帝国の地方の一交易拠点に——裕福な拠点ではあったが——すぎなかった。マイエは日々、税に関わる争議を裁定し、規制を通すように努め、荒くれた民兵たちを手なずけるのに最善を尽くすことに明け暮れた。もともと忍耐強く、堅実で慎重だった上に、一六年間にわたって領事の職にあったことで、彼は、日々の安寧と交易のために互いに依存している異なった集団——フランス人やトルコ人、インド人やユダヤ人の貿易商たち、太守、トルコ人の民兵たち、宣教師、港を行く船長や船員たち——の文化や信仰、儀礼などによく精通し、細かく配慮するようになっていた。彼は、正確にいつ、どうやって、相手をおだてて、脅し、懐柔し、時には自分の立場を通すべきか、わきまえていた。

　領事はゆっくりしておれることなど全くなかった。カイロでは、彼はスパイの元締めだった。彼はあらゆるところにスパイを——彼の目となり耳となる男女を——配置していた。カイロには火種が尽きなかった。彼の権力とパリの商工会議所を監督するフランスの大臣の権力とは絶えず火花を散らしていた。[2]一七〇八年には彼は最終的にその領事としての職を終えることになっていた。一七〇四年に八〇人のフランス人の貿易商とその親族が領事の権威に反旗を翻した際に、国王直属の査察官がパリから派遣されてきた。それに続く査察の中で、マイエはフランス人貿易商たちが提出した苦情に回答するよう求められていたが、その一方で、彼もまた、三一カ条の行動規範を制定し、何人かを追放することにも成功していた。カイロの領事を退く代わりに、彼は、交渉を通して、リグリア海に面した重要な北イタリアの港町リヴォルノの格の高い領事への転任を確保していた。彼ほどにはもめ事を起こしそうにない別の領事が後任としてすでにカイロに到着していたので、マイエは、出発の準備に、書類や資料の引き継ぎを行って、家具や身の回りの品を競売にかけ始めていた。けれども、フランス人の貿易商たちは、いまだに新しい規制に腹を立てていて、騒ぎを起こし始めていた。彼らは夜中に窓の下で歌を歌ったりした。暗殺計画のうわささえあった。

一七年のあいだ、夜になって、空気が涼しく商人たちが静かになると、マイエ領事は書き物をするために屋上テラスに退くのだった。自分の著書は、永遠に自分を、無知なフランス人の貿易商たちのくだらない陰口や策謀の手の届かない高みへと引き上げて、世界中で自分の名をガリレオやコペルニクスの名と肩を並べさせることになるだろうと、彼は自らに語りかけるのだった。彼は自分が地球と種の起源を発見したと信じていた。機が熟して、より多くの証拠――より多くの計測結果、より多くの事実、より多くの記録――を集めた暁には、自分は発表するのだ。

一六九二年にエジプトに来て以降、マイエは、この国についての情報を集めて――岩や地層や化石について、海面や種について、詳細な地質学的観察を収集して――いた。彼が集めた山のような事実は、注意深く紙に写し取られ、彼の大切な書物や原稿とともに、細かく仕切られた数多くの整理棚に収められ、膨大な宝の倉と化していた。しかし、いったいどれほどの証拠が必要なのだろう。何千年にわたって信じられてきたことを覆すようヨーロッパの学者たちを説得するには、どれほどの事実の重みが必要なのだろう。いつになれば、自分は事実や証拠を十分に持つことになるのだろう。

一六九七年に、カイロの自宅の屋上テラスに座って、ブノワ・ド・マイエは、『テリアメド、あるいは、海の減退と陸の形成、人間と動物の起源についての、インドの哲学者とフランス人宣教師との対話』というきわめて長い副題を持った、驚くべき本をフランス語で書き始めていた。それは、種が変異してきたと

いうことを証明しようとする最初の一貫した試みであり、地球の歴史についてそれが変動してきたという立場を公然と取った最初の記述だった。完成までに四〇年近くをかけて、それは書き加えられ、編集され、検閲され、最終的に、著者がマルセイユ近くの小さな共同墓地に埋葬された一〇年後に、刊行された。[3]

マイエは『テリアメド』を東洋と西洋の境界、二つの文化が交錯するところで書いた。一七世紀末から一八世紀初期のカイロの人口構成は、ジャーヒズの生きた九世紀のバスラのように国際色に富んだ穏やかな繋がりを特徴とするものではなかった。町ははるかに不安定だったが、しかし、マイエのように好奇心が強く想像力に富んだ人間にとって、地球と種の起源について思いを巡らせるには、際だって実り豊かな場所だった。先史時代の徴が至るところに――ピラミッドに、奇妙なヒエログリフに、一定しない海岸線とナイルのデルタに――あった。

エジプトは、マイエが一六九二年にアレクサンドリアの港にロープで繋がれた船から降り立った瞬間から、彼の周囲に魔法をかけてきた。丸屋根のモスクの建築美には息を呑む思いだった。「これらのドームの美しさ、その優雅さ、その比率、その大胆さには、感嘆するしかない」と彼は書いている。[4] 彼はしだいにエジプト学者になっていった。エジプトにおける彼の領事としての職務には、考古学上の遺物やエジプトの人々の交易や慣習、言語や振る舞いについての報告を収集して、商工会議所に送ることが含まれていたが、彼の想像力を捉えたのは、エジプトの古代の起源を探ることだった。

船でマルセイユからアレクサンドリアに向かう途中、マイエは、エジプトの歴史についての研究を、紀元前五世紀に書かれたヘロドトスによるエジプトについての有名な記述を再読することから始めた。揺れる船室のランプの下で、彼は国の地図をつぶさに調べて、[5] アレクサンドリアからナイルを遡るギリシアの偉大な地理学者の軌跡をたどって、彼が訪れた場所に徴をつけていった。『歴史』[6]の中で、マイエは、エジプトに見られるさまざまな地層についてのヘロドトスの興奮した所見や、内陸のメンフィス周辺の山の岩場に塩や貝殻層が遍在することについての彼の記述を読み、エジプトが「ナイルの賜物」であって、その土地が大河の堆積物によって形づくられ、ここにはかつて海があったというヘロドトスの確信に説得された。ヘロドトスは、彼がメンフィスで岩に埋め込まれているのを見つけた鉄の輪——数百年前、紀元前七世紀に、船を係留するのに使われていた鉄の輪——について述べている。驚いたことに、ヘロドトスがこの古代の波止場の名残りを見つめて立っていた紀元前五世紀までに、メンフィスの一番高い屋上テラスからですら、海や川は全く見えなくなっていた。

ヘロドトスがメンフィスの廃墟を眺めて、かつては港湾都市だったところから消えてしまったエジプト海に思いを巡らしてから二千年後、ブノワ・ド・マイエは自分でメンフィスを見つけ出して、ヘロドトスが書き記していた貝殻や鉄の輪がいまだにそこにあるか発見することに乗り出した。けれども、メンフィスを見つけることは容易ではなかった。彼と部下たちがやっとのことでたどり着いたとき、かつてはそれ自体の帝国の中心だった古代の大都は、カイロの南約二〇マイル、今では「海からは二五リーグ［約七五マイル］の距離にある」▼7略奪された廃墟、砂漠の中の古い石切場にすぎなかった。砂漠を歩き回ったことでほこりまみれになって、かつての大都市についてほとんど何も残っていないことに失望しながらも、マイエは、廃墟とヘロドトスが触れた鉄の輪と野原の巨礫（きょれき）のあいだに散らばっている貝殻を見つけて、気分が高揚するのを感じた。

消えた海と、海岸線の移動と海面の下降のさらなる証拠を探し求めて、マイエは、それぞれ何千年も前にエジプトを訪れたことがあったセネカとプラトン、プリニウスの著書を読んだ。古代の歴史家たちは皆、ファロス島からアレクサンドリアに着くのに一昼夜かかったと記していたが、マイエの時代には、二つの陸地は一本の橋で繋がれていた。海は明らかに二千年前にはずっと高く広かったのだ。ということは、当然、海面が下がっているということを意味している。海面が下がり、川が周囲により多くの堆積物を運ぶにつれて、新しい地表が——目に見えないほどゆっくりと——現れてくると、マイエは今や確信した。地球がつねに流動の状態にあるという考えは彼を魅了した。彼はそれを、ベルナール・ル・ボヴィエ・ド・

マイエが見たであろうように、首まで砂に埋まったギザの大スフィンクス（ブノワ・ド・マイエ『エジプトについての記述』[1735]より）

フォントネルの、『世界の複数性についての対話』（*Entretiens sur la pluralité des mondes*）からの言い回しを借りて、「この名高い上昇と下降[▼8]」と呼んだ。彼がナイルのデルタで起こっているのを見ることが出来るものは、地表のあらゆるところで起こっており、デカルトが描いたいくつもの太陽系で繰り返されているのだ。――すなわち、満潮と干潮、上昇と下降、成長と衰退。

召使いや護衛を引き連れて、領事館の木製の平底船でナイルを遡ったり下ったりして旅するか、あるいは、ピラミッドや砂嵐にかろうじて耐えて建っている白い石造りの古代のコプト教[◇1]の修道院を見るために、ラクダで砂漠に遠出するかした際などに、マイエは、はるかな時の経過の痕跡が地表に刻まれているのを目の当たりにして、それを記録にとどめた。彼は、何千年、ひょっとすれば、何百万年にわたって、ナイルが氾濫してはその水が引くということを繰り返した痕を見た。そして、

◇1　**コプト教**　キリスト教の東方諸教会の一つで、エジプトを中心として発展した教派。聖母マリアを「神の母」として篤く崇敬することで知られる。

ヒエログリフの刻まれた廃墟の中に貝殻を探して、引いていった海の痕跡を求めた。

領事館に務める翻訳の担当者の助けを借りて、マイエは、アラビア語を自習して、アラブの歴史文書を読んだり、トルコ人やアラブ人の哲学者、歴史家、博物誌家などと話をしたり出来るように努めた。彼はキリスト教徒の学者たちと親しくつきあって、コプト教やギリシア正教の主教やシナイ山の修道院の院長、国中に派遣されている宣教師などとこまめに文通するようにもなり、専門的な資料館などに出入りして、収集された岩石、考古学上の発掘品、町から遠く離れた修道院のミイラなどを見学することを許され、また、入手したものを注意深く包んで木箱に収めて、雇用主であるパリのポンシャルトランの許に送った。彼は、自身がその利害を代表していた貿易商からは嫌われていたが、その洗練された振る舞いと領事としての地位ゆえに、太守や彼らに仕える知識人や学芸員、さらには、トルコの民兵隊の指揮官などからは気に入られて、そういった人物の中にも、稀覯書や写本を数多く収めた資料館を持っている者がいた。アラビア語やラテン語、ギリシア語で書かれた写本を通して、彼はエジプトの起源へと遡っていったが、そういった歴史の際にまでたどり着いたとき、彼は、人が地球上に現れる以前の悠久の時の広がりは、岩石そのものの中にのみ読むことが出来ると理解した。彼は、岩石がまるでアラビア語やコプト語で書かれているかのように読めるよう、自習を重ねた。

一六九七年までに、マイエは、本を書き始めるのに十分なだけの、エジプトの過去と現在についての情報を集めていたが、その本は実際には一七三五年まで完成されることはなかった。その年、本は『エジプトについての記述』（*Description de l'Égypt*）という題の一連の書簡としてパリで出版された。エジプトの起源について述べることで、彼は地球の年齢に関する自分の考えを押し広げるように迫られた。なぜなら、彼が読んだ古代の歴史記述は、何千年も前にこの地で起こった出来事を記録しており、彼がそれまでに出会っていたいかなる西洋の歴史記述に見られるものよりも、はるかに大きな時の広がりを伝えていたからである。

これほど昔にまで到達した今、マイエの好奇心はとどまることを知らなかった。彼はさらに先へと、都市が形成されるより前に、人が生まれてくるより前に、太古の昔へと、進んでいきたかった。

それゆえ、一七世紀の最後の数年間、エジプトに関する著書のための資料を集める一方で、マイエは、地球と海と時間そのものについて、より野心的で思索的な本を書き始めた。これは、どんなにすぐれた人脈と繋がっていたとしても、公僕にとっては危険な仕事だった。自分がその職と給与を失いたくなければ、匿名であるいは偽名を使って出版するしかないと、彼はわかっていた。

マイエが、レオナルドが鏡字を使って文を書いていたのとよく似て、自分の名前を逆に綴るということを思いついたのは、エジプト人が文章を右から左へと書いていくのを見ていたからだろう。領事のペンの下で、「ド・マイエ」(de Maillet)は逆に綴られて「テリアメド」(Telliamed)となり、自分の素性のこの奇妙な逆転から、彼は一つの分身、彼の異端の書物に登場するインドの謎の碩学を作り出したのである。[*1] そのことから彼は話を伝える一つのうまい仕組み、人を誘い込む語りの形式を得た。それが彼の話にどこかぞくぞくするような感覚を付与したのである。[9]

『テリアメド』の冒頭で、語り手のフランス人宣教師は読者に、インドの碩学が最近カイロに現れて、自分の秘密の発見を伝える用意があると告げたと説明する。数日間にわたって——その間、宣教師はインドの哲学者の不思議な啓示に強い感銘を受けて、ほとんど口を利くことすら出来なかったのだが——テリアメドは、遠く離れたインドの沿岸部の半島で彼の祖父によって始められ、家族によって続けられてきた、百年にわたる地質学上の調査と、海底の地図の制作、潜水、現地調査に基づく、地球についての一つの理論を話して聞かせた。そして、テリアメドは宣教師に「真理が西洋に伝えられるべき時が来たのだ」と告

＊1　ヴォルテールは一七一八年に自分のもともとの名前のアナグラム（綴り字の並べ替え）から筆名を作った。当時、『テリアメド』の原稿がパリで回覧されていたことを考えれば、ともにアナグラムで出来た二つの名前には何らかの繋がりがあるのかもしれない。

げると、再びナイルの中へと消えていったという。

マイエ領事は、聡明なインド人の哲学者テリアメドであると同時に、畏怖の念に打たれた無名のフランス人宣教師であり、さらにはテリアメドの祖父に当たる年老いた賢者でもある。すべての証拠を集めて、地球についてのマイエの理論を作り上げたのは、言うまでもなく、マイエ自身だが、『テリアメド』の中では、それを語って聞かせるのはインド人の哲学者である。地球の年齢は何十億歳であり、その姿は偶然によってのみ形づくられてきた、そして、人間も含めてすべての動物は原始的な海生生物から変異してきたと主張したのは、テリアメドであり、領事ではない。もしカイロの領事が何かを問われることがあれば、彼は、異端なのはテリアメドであって、マイエではないと言っただろう。

マイエの著書を形づくった巧妙な意匠――虚構の対話、アナグラム化された名前、ナイルの大河から現れてまたそこへと消えてゆく神秘的なインドの賢者――、そのすべてが、マイエに自身の身許を守る仮面を提供した。けれども、対話の形式を用いることで、彼は、二〇年前にたいへんなベストセラーとなったフランスの科学書、ベルナール・ル・ボヴィエ・ド・フォントネルの、『世界の複数性についての対話』(一六八六)の形式をまねていた。この本は、月が煌々と照り無数の星の降る幾晩かを通して、虚構の天文学者と侯爵のあいだで交わされた天文学についての一連の対話というかたちで書かれていた。

『対話』は、母国語で書かれて人気を博した最初の科学本だった。フォントネルは、新しい学問、とりわけ、ルネ・デカルトの著書に刺激を受けた詩人で劇作家だったが、この本の中で、彼は、デカルトの新しい科学の考えを、一貫した、しかも同時に大胆で楽しく魅惑的な、説得の行為へと換える方法を見つけ出していた。例えば、夜空を眺めやりながら、天文学者と侯爵は月からの旅行者の可能性について考える。「もし彼らが地球の大気の表層を航行できるくらいに利口で、僕らのことを調べたいという好奇心から、僕らを魚のように引き上げようという思いに誘われるとすれば、どうだろう」と、哲学者が尋ねる。「いいじゃないか」と侯爵が笑いながら答える、「僕なら、漁師に会うという楽しみのためだけでも、進んで網の中に身を投じるね[10]」。

フォントネルの優雅で異端の書物が探究した考え――地球以外の世界、想像もつかない種族、悠久の時間、何千年もかけて成長し衰退する星、といった発想――は、一世紀以上のあいだ、パリのサロンで会話の主役となり、人々の考えや想像力の域を広げていった。「もし空が星を貼りつけた青い弧にすぎないとすれば、宇宙は狭く閉鎖されたものと感じられるだろう。息をつく余地もないくらいだ……。［しかし、今や］」と、侯爵は熱っぽく語る、「僕はいま自分がもっと自由な気がする、もっと自由な空気の中で生きているように思うんだ。そして、自然は驚くほど荘厳さを増して見えるのだ[11]」。

『対話』よりずっとキリスト教に距離を置いていて思索的傾向の強い『テリアメド』は、もとよりその異端的な主張について弁明などしようとしていない。マイエは、自分の理論を『聖書』と合致させようとなどせず、神に関与させようともしていない。彼は聖書も神もおおかた素通りした。テリアメドの説く地球のシステムには神は存在しない。創造主などいない。何事かを説明するのに超自然を持ち出したり介入させたりすることもない。そうではなくて、地球上のものは、陸地も、地球上に生きる木も花も動物も、そして、人間も、すべて偶然（le hazard）の作用を通して作られてきたのだと、テリアメドは主張した。地球の年齢は、教会が説くように、数千歳といったものではなく、**数十億**歳である。海はゆっくりと収縮しつつある。そして、低下しつつある海水面が陸地を形づくってきて、いまも形づくりつつある。最も衝撃的なのは、インドの哲学者が、著書の中で、地球上のすべての生命は原始的な海の生き物から進化してきたものであり、人間もまた海に生きていた種族から進化してきたのだ、と説いたことだった。この海に生きた人間の種族の一部はいまも地球上に生き残っており、その尾を隠して、人目を避けて暮らしていると、彼は主張した。

三六歳のマイエが一六九二年にエジプトに着いたとき、彼はフランス、とりわけ、マルセイユですごした時期によって形づくられた一連の問いを抱えていた。それらの問いの多くは、マイエにだけではなく、その世代のヨーロッパの知識人全体に迫るものだったが、彼が六年前にフォントネルの『対話』を読んだことが刺激となっていた。フォントネルの著書の核心にある問い——時はどこで始まるのか、星はいかに生まれたのか、物質はどこで始まりどこで終わるのか、生命が存在する世界はいくつあるのか——は、マイエがマルセイユのサロンやパリの彼の後援者ポンシャルトランの周辺の人々と交わした会話の中で展開された。フォントネルの著書とクロード・ガドロワの論文「星の影響力について」(Discours sur les influences des astres)(一六七五)を通して、マイエは、ルネ・デカルトの宇宙論——星は渦から生まれたのであり、暗黒期と光明期を経て、収縮と冷却化、高熱化と膨張を順に繰り返すことを通して変化してゆくという理論——に初めて親しむようになった。[12] マイエは、フォントネルの『対話』を一冊カイロに持参して、科学に関する彼の他の論文も探し求めた。そういった論文の中で、彼はベルナール・パリシーの『驚嘆すべき議論』について読んで、『テリアメド』の「第二の対話」における化石の形成についての記述の中で、「この単純な陶工」について肯定的に論じて、パリシーがパリの整理棚に収集し講義で取り上げた「注目すべき証拠」を列挙した。[13] パリシーの議論から、マイエは、陶工が論じたように、地球を巡る水には生き物の発生を促す元素が満ちているということだけでなく、海も大気も微細な種子に満ちており、あらゆる状態変化の場で新しい種が絶え間なく作られているということも、確信するようになっていた。[14]

一七〇八年にエジプトを発ってリヴォルノに移り住んでからも、マイエは、学者や貿易商、船長などから地質学上の事実を聞き取って、資料を収集して、自身の大著に繋がる研究を続けた。彼はさまざまな珍しいものを収めた各所の陳列室への訪問を重ね、ヨーロッパの雑誌に掲載された自然誌の記事を読みあさり、ヨーロッパを縦横に旅して、川床を計測したり、山頂や廃墟と化した古代の港で貝殻を探したりして、

海表面が低下した、そして、今も低下しつつあることの証拠や、海の人間についての報告を探し求めた。リヴォルノでは、彼は自分の考えについて、親交のあった大物コロンナ卿元夫人マリー・マンシーニと論じ合った。彼女は、ナポリ王国のパリアーノ公爵ロレンツォ・オノフリオ・コロンナとのあいだに離婚歴のある年配の女性で、フランス王ルイ一四世の初恋の相手でもあったが、度重なる情事やスキャンダルのためにいくつかの国から退去を求められ、今では後援者を頼って、各地を転々とする身で、つねに監視下に置かれていた。マイエは、王に仕える大臣たちが外交や政治の交渉の場で使えるように、性や道徳に関する不品行についてのうわさや醜聞をパリのポンシャルトランの許に送るように求められていたが、そういった話題を彼に提供したのは、マリー・マンシーニ・コロンナだった。[15]

彼の現地調査はしばしば幸運に助けられた。例えば、一七一四年、リヴォルノの新しい施療院から古い施療院に繋がる溝を掘っていた技師たちが、何層かの岩盤層の下で泥の層に行き当たった。ここで、彼らは、中をくりぬかれて、周りに貝殻や松かさ、動物の角や骨、歯などがこびりついた、約二〇フィートの丸木が、泥の中二、三フィートの深さに埋まっているのを見つけた。彼らはマイエを呼んで――彼はその辺りの鉱夫や技師、道路工事の業者などによく知られていた――、マイエは、それがずっと以前に引いてしまった海でかつて航行していた難破船から外れたポンプであると確認した。[16] こういった新しい証拠がつぎつぎ出てくるので、マイエは自分の本を結論に至らせることが出来なかった。つねに見つけられるのを待っているより多くの事実、より多くの資料、より多くの本、より多くの報告や物語があった。彼の書棚には、何百ページもの資料が収められていった。

ジャーヒズの『動物の書』と同様、『テリアメド』も、世界中から――何世紀にもわたる異なった伝統や文化から――収集されたさまざまな考えや「事実」、物語が入り交じるるつぼであり、統合体だったが、それらの考えや物語のすべてが、それぞれ違ったかたちで、大地が海の後退を通して形づくられたということをマイエに確信させた。エジプトの土地自体がナイルによって練り上げられ削られて出来ていったように、『テリアメド』も、新しい素材が持ち込まれるたびに、絶え間なくかたちを変えていった。マイエの問いと起源への探究はマルセイユとパリで生み出されたのかもしれないが、それらは、彼が読んだアラブやペルシャの著者による論考によって研ぎ澄まされ作り直されていった。そういった著者の中には、例えば、一五世紀のカイロの地理学者・歴史家で、『エジプトの歴史ならびに地誌』や『アユビット朝およびマムルーク朝の支配者の歴史』などを書いたムハンマド・アル＝マクリーズィーも含まれている。マイエは、アラブの歴史家や地理学者たちを、ヘロドトスやセネカ、プリニウスなどと並んで、思いを共にする異端者として、自分の著書という舞台に引き上げて、それぞれに自身の考えを語らせた。こういった人々のうちで最も重要なのはウマル・ハイヤームで、マイエは彼のことを「八百年くらい前に、サマルカンドで哲学を教えていた」ウマル・エル＝アーレムと呼んでいた。『テリアメド』の中で、彼は、海の縮小についてのハイヤームの考えに二ページ以上を当てて、ハイヤームが冒した知的なリスクと、彼が当局と衝突してその結果異端者としてサマルカンドを追われることになったという経緯を強調している。領事として、マイエはハイヤームの地理学および地質学上の著書に触れることが出来たが、それらの著書は、現在、西洋では失われている。[▼17] マイエは、『テリアメド』を書くことで、自身もきわめて危険な立場にあることを痛切に自覚していた。

一七一七年、マイエは、最初は領事として後には視察官としてレヴァント地方とバルバリア海岸一帯に居住するフランス人を代表し監督したリヴォルノから、マルセイユに戻った。[*2] このフランスの貿易港は、東方からの品物を——スペインからは絹を、レヴァントからは米と小麦を、バルバリア海岸からはイエメンのモカ・コーヒーを、エジプトからはアラビア・コーヒーを、マルティニークからは新しいアメリカ

産のコーヒー豆を——買い入れていたが、大勢の外国の貿易商や船乗りが行き交う、もう一つの交錯地だった。フランスの船は、小麦粉やワイン、ブランデー、大理石の炉棚、白墨、石鹸、靴、フランス産の織物などを積んで出航していった。[18] マイエは古い港の近くのローマ通りに、階上の窓から商いに目を光らせることが出来る館を構えた。[19]

けれども、視察官になったいま、彼は本に集中することがなかなか出来なかった。彼は続く二年間のほとんどを、アルジェ、アレクサンドリア、シリア、キプロスのあいだを船で行き来し、時には、査察を行ったり約定を仲介したり経理を視察したりするために、徽章をはずした船に乗って身許を伏せて港に入ることもあった。[20] 一七一九年に退職すると、彼はマルセイユの館に戻って、慎ましい年金を頼りに、原稿に手を加えたり、蔵書や資料を整理したり、報告を書き続けたりして、暮らした。新しい海軍大臣、フェリポー家から出た海軍大臣としては三代目になるジャン・フェリポーは、彼に性に関するスキャンダルの報告を提出するように求めることはもうなかったが、その代わりに、交易についての彼の深い知識を用立てようとした。四〇年経っても、マイエはいまだにフランス王の目であり耳であった。

一七二〇年にペストのためにマルセイユを離れることを余儀なくされたとき、マイエは、引き受けてくれる出版社を見つけようと心に決めて、パリに向かった。彼には四冊の本について基本的な下書きがあったが、いずれも制御不能の状態に陥っていた。エジプトについての本、エチオピアに関する短い論考、エチオピアについてのより長い一連の回想録、そして、『テリアメド』の四冊だが、原稿はみな手のつけようがないほど錯綜していた。エジプトに関する本は根本的に構造が欠けていた。『テリアメド』では、議論が圧倒的な証拠で埋め尽くされていた。彼ももう六〇代に入り、時間は尽きかけていた。

＊2　マイエはこの職に一七一五年から一七一九年まで四年間就いていた。最初の二年間、彼はリヴォルノを拠点とし、後の二年間はマルセイユを拠点とした。

一八世紀の最初の一〇年間に、パリでは本の地下出版に関わる事業が急速に伸びていた。[21] 緩やかに繋がり合った知識人や翻訳家のグループが、宗教や思想、政治の正統に挑戦するような、異説や唯物論、あるいは、急進的な考えを唱える本をつぎつぎと見つけ出して、翻訳したり再発行したりしていた。これらの本は、しばしば新しい序文や解説を付しており、パリで出版されることもあったが、地下出版に対する取り締まりが緩かったアムステルダムやハーグで現れることの方がずっと多かった。フランス当局は、この扇動的な文書類が増えていくのを抑えるために、本の商いを監視する最初の検閲機関を設立していた。一七三〇年代の初頭には、四一人の王直属の検閲官が本の内容を調べており、罰には焚書や投獄が含まれていた。

パリで、マイエは、彼のエジプトに関する本を編集して構成し直してくれるとともに、『テリアメド』についても協力してくれるだけの勇気のある知的後援者を見つけたいと望んでいた。彼はまず、親しいヒューマニストで、フランスの偉大な劇作家コルネイユの多くの作品の編集に忙しく携わっていた神父フランソワ・グラネに当たってみた。グラネはエジプトに関する原稿について協力を断った。マイエは次に、地理学者で地図の製作にも携わっていたジャン・バティスト・リエボーに接触し、リエボーは時間が許せば編集に取りかかろうと約束して、読むために原稿を持っていった。一方、パリのある出版者が、前世紀に書かれたポルトガル人のイエズス会士ジェロニモ・ロボによる航海記を翻訳したものを復刻するのに合わせて、何冊かの続編を出すその一つとして、マイエのエチオピアに関する論考を出版することに同意した。事態は好転していた。

しかし、彼の最も危険な本についてはどうすべきか。『テリアメド』の原稿は数年間にわたってパリとマルセイユで回覧されていたが、それは地球の歴史について正統の考え方から大きく外れてはいたものの、それでもまだ、種の変化と人間の起源に関するマイエの最も急進的な理論を含んではいなかった。一七二六年、自分のエチオピア論が出版の運びとなって、エジプトに関する本も評判のよい編集者の手許にあることに安堵して、マイエは『テリアメド』の原稿を一部、今では科学アカデミーの終身秘書となっていた六九歳のフォントネルに送って、それを編集するのを手伝ってもらえないか依頼した。彼は、地球の起源に関する理論を発展させたのは自分が最初ではないとわかっているが、地球が変化してきたその仕方を発見してそれが疑いの余地なく真実であることを証明できるのは自分が最初だと信じていると説明した。[22]彼はフォントネルの助言を求めた。自分としては、種の起源に関する自身の理論を支持する大量の証拠を集めてはいるが、それでもなお、発表するにはあまりに正統から外れていると考えている、というわけである。

フォントネルは彼に本を拡充するよう強く勧めた。彼はマイエに、ドイツの傑出した自然学者ゴットフリート・ライプニッツが、一七〇六年にアカデミーで報告した化石に関する論文の中で、絶滅した種について思索を巡らせていたと指摘した。彼はマイエに、デカルトの考えはもはやパリではそれほど激しい議論の種となることはなく、種の起源の問題こそが今日最も白熱した哲学的問題であると請け合った。皆がそのことを論じ合っている。もしあなたが種の起源に関わる証拠を持っているのなら、ぜひともそれを開示しなければならない。

それで、一七二二年のマルセイユで、ペストの大流行の余波が残る中、マイエは、すべての対話の中で最も物議を醸しそうな、第三の会話「種の起源について」のために集めてきた資料を整理し始めた。一四年後の一七三六年、彼は原稿にまだ手を入れ続けて――書き直したり、語句を言い換えたり、会話を挿入したり、また取り除いたりして――いた。[23]人生の最後の年となる一七三七年、彼はコーモン侯爵に書き送っている、「テリアメドは、自身満足していないこの対話のために、世のあらゆる苦労を背負うことになりました」。[24]物語の中でも、ふだんは動じることのないインドの哲学者ですら、フランス人宣教師にこの最も危険な考えを開陳する前に躊躇する。彼は、すばやく姿を消せるように、波止場で自分の船が帆を広げて待っていることも確認する。

マイエは今や自分の結論を確信していた。彼は、世界中から、それぞれ異なった時代の、異なった資料や権威筋から引いてきた、海に住む人間に関する山ほどの証拠、彼らを目撃したという何十もの証言を集めていた。彼としてはただ、証拠の重みが、読者の一部でも説得するに足ることを希望するだけだった。けれども、本の中で哲学者が語る言葉は、彼を操る作者のペンの下で震えている。

種についてのテリアメドの理論は驚くべきもので、非凡で奇態なものだった。何十億年も前に大きな海が地球を覆っていたと、彼は主張した。生命はすべてその海洋で生まれ、小さくて目に見えない種子から進化してきた。いくつかの種は、海の人間の一形態も含めて、海から陸に移住した。種が新しい環境に適応する中で、くちばしや爪、首や四肢は、ゆっくりとそのかたちを変えていった。海の人間の種のいくつかの中間形態は、今も海で泳ぎながら生きているが、中には陸で歩行するようになったものもいたと、彼は説いた。水かきの付いた脚と鱗と尾を持った、これらの海の人間は、何百人も権威ある立場の人々によって目撃され報告されている。自分も、自身の目で彼らを見たことさえある。

生命の営みの核心には変身がある、とテリアメドは主張した。すべての種は、天にある惑星と同様に、繰り返し上昇と下降の状態にあり、めざましく状態を変化させながら、生から死へと移動している。彼は書いている、「蚕や青虫が蝶へと変態するのも」、

この変身が日々私たちの目の前でなされるということがなければ、魚が鳥に変身することよりも、千倍も信じがたかっただろう。ある時点で、翼を持つようになるアリがいないだろうか。もし経験がこれらのことを私たちにとって馴染みのあるものにするということがなければ、こういった自然の奇跡以上に信じがたいものなど何があろうか。翼を持って水中を飛んでいて、時には空中さえも飛んでいた魚が、私が説明したようなやり方で、つねに空中を飛ぶ鳥に変化するのを想像することなど、何とも容易なことではないか。[25]

海の牛、海の犬、海の熊について述べた後で、テリアメドは、海の人間についての目撃談を長々と挙げていく手始めに、ナイルの土手に現れた海の男の話を持ち出す。「あなた方の歴史によると」と、インドの哲学者は話し出す。

あなた方の紀元での五九二年、三月一八日に、デルタの地域、つまりエジプトの下方の町の一つで、士官が夕方にナイルの土手を何人かの友人と散歩していて、岸のすぐそばで、海の男と、その後に続く海の女を見かけた。男は急所の辺りまで水中から身体を出していたが、女の方はへその辺りまでしか出していなかった。男は猛々しい雰囲気で顔立ちも恐ろしく、髪は赤くていくぶんごわごわしており、肌は褐色だった。彼は目に見える限りの部分ではみな私たちと変わりなかった。対照的に、女の方の顔立ちの雰囲気は雅(みやび)で穏やかで、髪は黒くて長く、肩の上辺りで漂っており、身体は白く、乳房は豊満だった。これら二体の怪物は、例の士官とその友人たち、そして、この珍しい出来事を見るためにやってきた近所の者たちの目に見えるところに二時間近くとどまっていた。このことの証言が文書にされて、士官と他の証人によって署名されて、当時治めていたマウリキウス皇帝の許に送られた。▼26

マイエは、何十年にもわたって、ヨーロッパだけでなくアラブの文献にもつぶさに当たり、人々から話を聞き、情報を求め、得られた資料を編纂して、海の人間を見たという記録を集めてきていた。そういったものの中には、九世紀にカスピ海で捕らえた魚の腹から生きて救い出された海の少女の話もあって、彼女は「深いため息をついて、ほんの数秒しか生きなかった」という。また、一四三〇年にオランダのエダムの町近くのタイ川の河口で、大洪水が引いた後で、半ば泥に埋まって見つかった海の少女は、糸を紡ぐことと十字を切ることは習得したが、話すことは出来なかったという。他にも、一六七一年にマルティニークの海岸の沖で、「上半身は人間のかたちをしながら、下は魚の姿をした海の怪物」を見たというフランス人士官の報告、一六八二年にセストリで捕らえられて、「何日か生き続けて、その間ずっと泣いて、悲しげな叫び声を上げていた」海の男、ブーローニュで干潮のために岸に打ち上げられているところを、衛兵に撃たれた者、インドの海岸の沖で点在していた海の人々の群れから、ポルトガル人の船員によって捕らえられた母と娘の人魚などもいて、この二人は「捕まってマヌエル王の許に送られた際に、極度にうち沈んで、何をもってしても二人を慰めることが出来なかったが、海の潟に連れて行くと、三時間も水中にとどまって、その間一度も息をつくために海面の上に顔を出すことがなかった」という。さらに、グリーンランドの沖で捕まった男は、「我々と同じようなかたちをしていて、かなり長い髪と頬ひげを生やしていたが、身体の半ば当たりから下はうろこで覆われていた」[27]。年代順に並べられたマイエの目撃談は、現代にまで続いており、一七二〇年というからごく最近、ニューファウンドランドの岸辺に停泊していたフランスの船の周りを泳いでいるのが見られた海の男についての報告で終わっている。これらの報告はみな同じ特徴を共有している。つまり、海の人間は口が利けず、水から引き離されるとみなどうしようもなく悲しがり、全員が数日または数カ月のうちに亡くなっているのである。

『テリアメド』の中で、マイエは、波のすぐ下に垣間見えるか、想像されるかした性器や乳房、体毛や鱗について、あるいはまた、椅子に座らされた海の女や、海中でいっしょに戯れる海の男女について、述べている。マイエは、そのいずれについても、水から離れると、限りなく悲しげで虚弱な流浪の民という様子だったと描いている。陸にいるのが見られた海の人間についても、やはり憂鬱げでかつ性的に抗いがたく魅力的な存在として、マイエは描いている。小舟の上で一五歳の娼婦に誘惑されたフランスの士官もその例である。「一七一〇年にピサにいたときに」と、テリアメドは、彼の話のうちでいちばん官能的な出来事を語って聞かせる、

私は、三年前にそこにいて、尻尾のある種族の出だった異邦人と知りあったと自慢している娼婦がい

ると聞かされた。これに興味をそそられて、その女に会って、事実について確かめてみることにした。当時、彼女はたったの一八歳で、とても美しかった。女の話によると、リヴォルノからピサに客船で戻ってくる際に、三人のフランスの将校に会って、そのうちの一人が彼女と恋仲になった。その恋人は大柄で釣り合いの取れた体つきをしていて、年齢は三五くらいだった。肌の色つやはとてもよく、ひげは黒く密だった。眉毛は長く濃かった。彼は夜通し彼女と寝て、ヘラクレスが逸話の中で他の偉業にも劣らず果たしたとよく知られる大仕事にもほとんど負けないほどやり抜いた。彼は熊ですらこれほどではないというほど毛深かった。体中を覆うその毛は長さが六インチ近くあった。娼婦はこの種の男と会ったことがなかったので、好奇心から相手の身体を隅々まで探ってみた。そして、両手を尻に回したとき、彼女は、人の指ほどもある、長さ六インチ程度で身体の他の部分と同じように毛深い尻尾に触れた。彼女はそれを掴んで、これは何と聞いた。男は、荒々しく不機嫌な調子で、母親が自分を妊娠しているときに羊の尻尾を食べたいと望んだ結果、幼い頃から付いている肉の一部だと答えた。その瞬間から、娼婦は相手が自分に対してそれまでと同じ愛を示すことはなくなったのに気づいた。彼の汗は匂いがきつく独特で、女が言うには、野獣のような匂いで、それを落とすのに一月かかったのだという。[28]

マイエは、今や七〇代に入っており、自身「困難な時代」と称する時期に、彼の「種の起源」の対話を書き綴った。[29]一七二八年にエチオピアについての論考が最終的にロボの旅行記の続編シリーズの一冊として出版されたとき、それは彼が書いたものとは似ても似つかぬものとなっていた。編集者は原稿に大幅に手を入れていて、実質的に書き改めてしまっていた。マイエは激怒した。そして、度重なる手紙にもかかわらず、彼の『エジプトについての記述』の原稿をいまだに手許に置いているリエボー氏からは何の連絡もなかった。地理学者は病気で伏せっている、ということだった。マイエはまた、出費のかさむ訴訟を繰り返したために金にも困るようになっていて、今では家具と美術品の一部を売ろうとするほどにまで追い詰められた。彼は、王立図書館の司書をしていたビニョン司祭に、東方に関する八〇巻の蔵書を売りたいと申し入れた。蔵書には、『千夜一夜物語』の最初期のアラビア語版の一冊やコプト語版の「エゼキエル書」、ヌールッディーン[◇2]とサラーフッディーン[◇3]の伝記、そして、彼がとりわけ大切にしていたアル＝マクリーズィー[◇4]の『エジプトの歴史ならびに地誌』の三巻本などが含まれていた。[▼30]司書は申し入れを断った。

マイエの後援者の一人が、一七三三年にエジプトについての彼の本の新しい編集者として、最終的に神父ジャン・バティスト・ル＝マスクリエを推薦したので、マイエは彼に会うためにパリに向かった。フランスの首都の様子に想像力を圧倒されたと、彼はコーモン侯爵に書き送っている。金と紺碧(こんぺき)に輝く馬車は、天の手によって導かれる空飛ぶ馬車のようだった。馬車の中に見える人々は、「宙を飛ぶ矢が刹那(せつな)によぎる飛行の航跡に変身させられた」かのように見えた。彼はもう一人の後援者、マルセイユ知事ピエール・カルダン・ルブレへの贈り物として、パリの輸入商から五フィートの高さのエジプトの女王像を買い求めた。彼の言う「美しきエジプト女」は、縞模様の緑の大理石から彫られて黒い石英の頭と足をつけたもので、ピラミッドから持ち出された像だったが、百ポンド以上の重さがあった。彼はまた、知事に箱詰めにした時計も送ったが、こちらはアヴィニョンへの船旅の途中で壊れてしまった。[▼31]

ジャン・バティスト・ル＝マスクリエ神父は、イエズス会士としての訓練を受けたカトリックの司祭で、パリの哲学者グループの末席に連なる詩人でもあったが、生活の糧の足しに、パリの出版社のために、物議を醸しそうで時には匿名で出たり死後出版となるテクストを編集したり、代作したり、翻訳したり、序文を書いたりするなど、文芸に関わるさまざまな雑務をこなしていた。彼は三三歳で、一方、ぼろぼろの書類の束を抱えてやってきた、焦燥して奇態な身なりをした元領事は、七七歳だった。マスクリエはあらかじめ、しばらくは、エジプトについての本に手間をかける時間がないかもしれないと念を押した。自分はいま、コメディ・フランセーズで上演されているモンフルーリの芝居への韻文の前書きを書いているし、ラテン語で書かれたジャック＝オーギュスト・ド・トゥーのフランス宗教戦争史一六巻を人といっしょに訳している。けれども、マイエの原稿を繰って、ピラミッドや古代都市、エジプトの慣習や風習についての記述を拾い読みしていくうちに、マスクリエは考えが変わった。パリではみなが、エジプトから送られてきたミイラや彫像、神聖文字に夢中になっているが、この国について詳しく書いた者はヘロドトス以来誰もいない。このへんてこな紙の束と記述は、うまく扱いさえすれば、ベストセラーになるかもしれない。

　けれども、マスクリエは、マルセイユから来た老人が自分にどれほど時間を掛けさせようとするのか気づいていなかった。手紙はほとんど毎日、時には日に何通も届いた。そのいずれでも、マイエは、付け加えるべきこと、構成しなおすべき点、修正箇所、さらには、新たに思いついたことまで、挙げてきた。本は到底完成しそうになかった。マスクリエがエジプトについての本をなんとかかたちに収めて、それを一連の書簡というふうに構成して、出版者を見つけて、校正も済ませて、最初の一束を受け取って、そのうちの一冊を田舎にいるマイエの許に送るやいなや、マイエは即座に誤植や脱落箇所のリストを送り返して、マスクリエが表紙に自身の名前を、編者としてではなく、著者として出していることに苦情を言ってきた。

　にもかかわらず、マイエはマスクリエの編集の技量をそれなりに高く評価し、今度はエチオピアとコプト派キリスト教について論じたノート五冊を送って、これを編集して、『エジプトについての記述』の第二版に含めるよう指示してきた。▼32 さらに重要なことは、マイエがマスクリエの許に、あの尋常ならぬ原稿

◇2　**ヌールッディーン**　ヌールッディーン・マフムード（一一一八－一一七四）は、シリア等を支配したセルジューク朝系のザンギー朝の第二代君主。十字軍やエジプト、ダマスクスと戦って領土を広げ、イスラム勢力の統一を図った。

◇3　**サラーフッディーン**　二世紀から一三世紀にかけてエジプト、シリア、イエメンなどを支配したスンニ派のアイユーブ朝の創始者（一一三七－一一九三）。アルメニアのクルド人一族の出身で、エジプトとシリアを支配し、一一八七年にエルサレム王国を破り、さらに第三回十字軍を破ったことから、イスラム世界の英雄とされる。

◇4　**アル＝マクリーズィー**　マムルーク朝時代のエジプトの歴史家（一三六四－一四四二）。著作の中で社会変化を克明に描いた点で、ひときわすぐれているとされ、その著作は、エジプト史を研究する上で重要な史料とされている。

の束、『テリアメド』を送り届けたことである。マイエは自分がもうそれほど長く生きることはないだろうとわかっていた。健康は悪化しつつあった。これは彼が生涯を掛けた仕事が活字になる最後の機会なのだ。マスクリエは、永年扇動的な書物を読んだり編集したり、無神論を唱える出版者と一緒に仕事をしたりしてきた結果、その信仰にいくぶんへこみが生じていたとはいえ、いちおう神父だった。この扇動的な本をどうすべきだろうか。もしマスクリエが異端の書物の毒気を抜く編集者として出版者のあいだで評判を博してきたとすれば、彼はいま仕事に対する自分のそういった信念が急速に揺らぎつつあるのを感じていた。彼は最近、二人のオランダ人によって書かれた『世界の宗教儀式』(*Cérémonies et coutumes religeuses de tous les peoples du monde*)という、大好評の異端の書の新しい海賊版を人と共編するよう依頼を受けたところだったが、この本は、カトリック教会のことを不敬にも多くの宗教の一つにすぎないと見なしたということで、教皇庁の禁書リストに入れられていた。[33] マスクリエとしては、自分が『テリアメド』の扇動的な会話に手を染めることなどしていいものか確信が持てなかった。

マスクリエが自分の本を編集するのに悪戦苦闘してくれていると知りつつ、マルセイユの自宅で臨終の床に就いているあいだにも、マイエは自分の大著の行く末についてますます気がかりを募らせていた。彼は、エジプト産の蚊帳の下で、ベッドで上半身を起こして、イチジクと梨を食べ、カモミール茶を飲みながら、彼が侯爵に語ったところではオリーヴ油の方が明るくて燃え方が一定しているということで、純粋なオリーヴ油を燃したランプの光で、死ぬ一月(ひとつき)前まで、人間の起源に関する最後の数ページを改訂しつづけていた。[34] 三年ものあいだ、彼はマスクリエに、高飛車な態度と気がかりな様子を交互に見せながら、手紙を送って、新しい材料を挿入するようにとか、アムステルダムの誰某(だれそれ)に連絡するように、あるいは、また別の序文を書き改めるようにとか、指示しつづけた。最後の数カ月、彼は死と不滅ということに囚われるようになった。「時は永遠である」と彼は書いた。「自然においては、何物も死ぬことはなく、すべては、改めて作られるために、大地の中に包み戻される。柔らかいものは固いものへ、固いものは柔らかいものへ、地球の――惑星の、全ての天体の――法則とは、不断の作り替えである。」一七三八年一月八日、彼は書いた、「何世紀にもわたる石化の後ですら、ある種の海生の有機体は地球の子宮の中で再び蘇ることが出来た」[35]。マイエがしばらく前からこのことを確信していたのは、彼がコロンナ元公爵夫人に自身の死後彼に接触すると約束させたことからだったと思われる。彼女は約束を守ったと、彼は記している。

それから、一七三八年一月に、マイエからマスクリエへの手紙は途絶えた。マイエは、コーモン侯爵に『テリアメド』の装丁済みの一冊が今すぐにでも届くだろうと確約する手紙を書いている最中に、肺炎で亡くなっていた。けれども、その装丁済みの一冊はいまだに印刷屋に至るまではるかに遠い道のりを残していた。マイエがマスクリエの時間に対して金を払う立場でなくなったいま、働きづめだった編集者は、解放されて、『テリアメド』の原稿を脇に置いて、『世界の宗教儀式』の共編の仕事に戻っていった。パリの『儀式』の出版社は編集の遅れに苛立っており、この作品がいかに異端的であるとしても、『テリアメド』の方がはるかに破壊性を帯びていると、マスクリエは自分に言い聞かせたに違いない。けれども、マイエが用意した『テリアメド』の原稿が何部もパリで回覧されていたことで、本は評判を呼びつつあった。それは危険な本だった。それはまた、マスクリエには売れるだろうとわかっている本だった。

『テリアメド』は、著者の死から一〇年後の一七四八年、ようやくオランダで出版の運びになった。マスクリエは、本をパリの検閲官の目をくぐり抜けさせることは到底出来ないと悟った。アムステルダムが彼の取れる唯一の選択肢だった。自身が破壊分子として警察の監視下に置かれるようになった今、己の身の安全を案じて、彼は、ほとんど無名のフランス人の弁護士ジャン＝アントワーヌ・ゲールの名で原稿を出版した。マイエの最後の著書を無害化するために、彼は必要な処置を講じてはいた。『テリアメド』の元

の原稿は、地球の年齢を数十億歳と主張していたが、マスクリエはこれを「数千」に変えるか、「はるかな年月」というような漠然とした言い方を用いるかした。至るところで、彼はテリアメドの理論を聖書にある天地創造の説と合致させて、この世界で作用しているとテリアメドが言う盲目的な力の背後に、神の目的という感覚を導入しようとした。彼は一貫して、マイエの le hasard（偶然）への言及を取り除いて、マイエが聖書に言う洪水を強く否定している箇所もすべて削除した。フォントネルの『対話』をまねて、彼は『テリアメド』を六日に分割した。最後に、彼は、本が半ば虚構の物語であると読者に思い込ませるために、これを一七世紀の作家シラノ・ド・ベルジュラックに捧げた。[36]

マスクリエによる編集上の離れ業と毒抜きをもってしても、『テリアメド』がスキャンダルを巻き起こすのを止めることは出来なかった。憤激した評者や自然誌家たちは科学雑誌や新聞に怒りや嘲弄を込めた反論を書いた。自然誌家で収集家だったデザリエ・ダルゲンヴィルは、一七五七年に出版された自身の『自然誌』第三版で、「我々を海の深みから連れ出すのに、テリアメドにモーゼの代役を務めさせ、自分がアダムの末裔であるのを恐れるあまり、海の怪物を我々の先祖だと紹介するとは、この著者はどこまで馬鹿なのだ」と、本をこき下ろした。[37] 二〇年後、『テリアメド』がすでに世紀のベストセラーの一つとなり、フランス中の大きな図書館の大方に収蔵されるようになってからでも、ヴォルテールはいまだにその主張に腹を立てていた。「このマイエ領事は、神のまねをしたがる山師の一人で、言葉で世界を作り出そうとするのだ」と、彼は書いている、「世界が見舞われた何らかの隆起の話から、海が山を作り出し、魚が人間に転じたと、まことしやかに語ったのもこの男だ」。[38]

マイエがマスクリエに会ったころまでに、司祭はすでに、パリの巡査長で新任の書籍検閲官だったジョ

ゼフ・デメリーの監視下にあった。彼が見張っている人物は大勢いたにもかかわらず、デメリーは、このイエズス会の司祭がゆっくりと急進化していくことへの評価という点で、とりわけ鋭敏で、直感的ですらあった。彼は、友人や同僚や知り合い、書店や出版社の関係者らとの面談の断片や、カフェで耳にした会話などから、マスクリエの人物像を構成していった。「彼は長期にわたって、イエズス会士だった」と、デメリーは書いている、

彼は『テリアメド』や他にも多くの出版物を書店の依頼で編集した。彼は『世界の宗教儀式』にも寄与し、マイエの『エジプトについての記述』にも関わっており、これはその文体ゆえに彼の評価を大いに高めている。彼は詩の創作にも長けており、そのことは、数年前に上演された芝居に付された序文からも明らかである……。彼がかつて務めていたベネディクト派修道院の修道士たちは、彼が才能に恵まれているということで、一致している。彼がもっと創作に努めなかったのは残念なことである。彼は優れた詩集を出版しており、これはすべての真のキリスト教徒に有益な本であるが、彼のことを最も親しく知る人々は、部数を上げる必要のために彼がしだいに他の思いに向かっていると考えている。[39]

ジョゼフ・デメリーなら、ブノワ・ド・マイエについてどんな書類を作成していたことだろう。周囲の世界から疎外され、せっかちで、頑固で、高飛車だったが、マイエは、エジプトからヨーロッパにまで広がる国境を越えた知識人の世界と繋がっていた。彼はよそ者だったが、その領事という地位と、多くの言語や文化に通じていたことによって、世界中の図書館に出入りし多くの収集物に直(じか)に接して、さまざまな科学的な立場や信念、考え方を統合することが出来た。彼は想像力に富んでいた。彼は一つの地形の上に立って、時を遡って、山脈や川床を切り開くのに作用してきた大きな力を推測することが出来た。彼は、旅行者として、多様な信仰や民族、地形や文化を経験して、それを通して、隆起したり下降したりする世

界を想像し、アリストテレスやエピクロスが彼らから見て悠久で永遠の世界を思い描いたのと同様に、自分なりの悠久で永遠の世界――闇と光、成長と衰退を超えて、脈動しながら突き進んでゆく世界――を思い描くことが出来た。彼は夢に取り憑かれその夢に全財産を費やした。研究拠点を自分の資金で設置・運営し、計測や証拠と逸話の収集、翻訳にも金を払い、生前には公開にまで至らなかった資料館まで建て、そして、ジャーヒズと同様に、いつも最後まで、先進的で裕福な人々の善意に頼っていた。

マイエの死から一二〇年後の、一八六〇年二月に、チャールズ・ダーウィンは一九人の先駆者のリストにドマイエ(Demaillet)の名前を加えて、新たに「歴史的概観」と名づけられたそのリストをニューヨークの植物学者エイサ・グレーの許に送って、それを『自然選択による種の起源』のアメリカ版の定本に含めるよう依頼した。数ページのリストの中で、ダーウィンはマイエを偉大な自然誌家ビュフォン伯と一つに組み合わせて、列挙された先駆者の中でアリストテレスとラマルクのあいだの途方もない時間の空白に立つのは、彼ら二人だけというかたちにしたが、この時間の空白がダーウィンを震撼させた。自分の歴史把握がつねに不十分だったということが彼にはわかっていたからである。

二カ月後の一八六〇年四月、ダーウィンは『エディンバラ・レヴュー』を開いて、『種の起源』に関するリチャード・オーウェンの悪意に満ちた寸評を見つけた。その中で、筆者は、彼のことを、人魚の信奉者ブノワ・ド・マイエと同じくらい血迷ったもう一人の空想家と嘲った。ダーウィンは当惑するとともに激怒した。『テリアメド』を読むこともなく、彼は、『種の起源』のイギリスでの第三版のために用意していた「歴史的概観」の新しい版から、今回はマイエの名前を削除した。一八六七年にスコットランドの園芸家アイザック・アンダーソン＝ヘンリーが自分の持っている『テリアメド』を彼に送りたいと申し出てくれたとき、ダーウィンは、おそらくかつての当惑の記憶から来る一抹の戦慄の念とともに、「かつての友人で今や不倶戴天の敵と化したオーウェンが、私とマイエを無造作に一まとめにして、同等の馬鹿と称している以上、これはどうしても読まなければなりません」[▼40]と書き送った。

『テリアメド』のその一冊は、一七五〇年にロンドンで印刷されたもので、アンダーソン＝ヘンリーが買い求めて、一八六七年にエディンバラからケントに送られたが、ダウンハウスの屋根裏の物置に置かれた箱にしまい込まれて、それきり人目に触れることもなく、一九九三年まで日の目を見ることもなかった。

文書係は、マイエの黄ばんだページの中で、ダーウィンが、彼にとって特に興味深く感じられた箇所に徴をつけるために、余白に線を引いているのに気づいた。線が引かれているのは、魚が鳥に姿を変えるという箇所、海の人間、猿から生じた人間が子を生むという箇所、そして最後に、すべての種は適応と移動を通して生まれてきたのであって、そこには神の介入など一切なかっただろうと自分は確信しているというテリアメドの言葉である。ダーウィンはまた、オーウェンがあのすさまじい書評の中で使った『テリアメド』の中の一節の横に、「尻尾のある人間」という言葉を書き込んだ。この本がダーウィンの書斎の本棚に居場所を得ることが出来なかったのも、無理からぬものだろう。こうして、それは屋根裏の箱に追いやられたのである。

第7章 哲学者たちの館

一七四九年　パリ

一七四九年七月二四日の朝七時三〇分、捜査令状を持った二人の警察官が、パリのラテン区エストラパード街[*1]三番地の室内装飾店の上の階段を上っていた。彼らは、妻と幼い息子といっしょに四階に住む男を尋問するためにやってきたのだ。宗教と国家と王に背（そむ）くと見なされる本の著者として、容疑者ドゥニ・ディドロは六カ月にわたって警察の監視下に置かれていた。彼が最後に出した本『哲学断想』（*Pensées philosophiques*）は、カトリックの信仰を他のすべての宗教と同じ水準に置いて、どれも独占的に真理を主張できるものではないということを示唆していたが、パリ市議会によって禁書とされ、公の市場で焼却処分されていた[▼1]。けれども、ドゥニ・ディドロは有力者と繋がっており、要職にある人々のあいだに影響力を持っていた。書籍検閲官ジョゼフ・デメリーとその部下たちも彼らに気を配らなければならなかった。

警察官にとって腹立たしいことに、彼らが四階に着いたとき、部屋着だけを身につけて戸口に現れた、大きな黒い目と流れるような髪をした男は、彼らが来るのを予想していたように見えた。彼らが最後に来

＊1　この通りの名は、近くの広場で異端者に用いられた拷問の仕方に由来している。「エストラパード」という言葉は「吊り落とし」という意味で、受刑者を腕で吊して上げ下げする動きを指している。

たとき以降、部屋は片付けられていた。一家の食卓の上には、本と手書きの原稿がきちんと並べられていた。自然誌の本は至るところに見ることが出来たが、違法な本や禁書は一冊も見当たらなかった。彼らは顕微鏡と、何百もの原稿を収めた二一個の紙箱が床に積み重ねられているのを見つけた。自分は大切な作品を編集しているのだと、ディドロは、挑発するように目を輝かせながら、二人に説明した、何巻にも分かれた本で、人々の許に知識を届け、迷信と無知を晴らすことになるはずだ。けれども、ジョゼフ・デメリーは『百科全書』(*Encyclopédie*)になど興味がなかった。彼は、ディドロが、警察の警告にもかかわらず、前の本よりさらに危険な本、いまパリのカフェやサロンで回覧されている『盲人についての手紙』(*Lettres sur les aveugles*)という匿名の本を出版したという証拠を探していたのだ。彼らは机の上にその原稿を二部見つけた。ロシュブリュンヌ警視は調書の中に記録している、「例のディドロの立ち会いの下で、我々は他の部屋でも捜索を続けて、衣装箪笥や整理箪笥も開けたが、そこには何の書類も見つからなかった」[2]。最後に、デメリーは、逮捕令状、かの悪名高い封印状(lettres de cachet)を提示して、彼女の夫を馬車に押し込んでいるあいだに、怒り狂うディドロの妻ナネットに、ムッシュー・ディドロは逮捕されたのだと説明した。いいえ、バスティーユに行くわけではありません。バスティーユは満杯なのです。マダム・ディドロは、パリの東六マイルにある中世の砦でかつて王宮だったヴァンサンヌで、ご主人に面会できます。

　ドゥニ・ディドロは、その年のデメリーの書類に記載された何百人というパリの不穏分子の一人にすぎなかった。時は一七四九年。首都の識者たちのあいだには危険な精神がみなぎっていた。パリの市民は飢えており、王と彼に仕える大臣たちは不人気だった。ルイ一五世はオーストリア継承戦争に勝利していたが、腰砕けのような和平条約を結んで、その勝利をふいにしてしまっていた。いま彼は、ほとんど何ももたらすことのなかった戦争のための出費を埋め合わすために、ひどい新税を課していた。大臣たちは、革命を恐れて、何百人という新規の警察官を指名して、彼らに、扇動的な文書や風刺的な詩、バラッドや書籍を書いたり出版したり訳したり売ったりすることで、既存の秩序を脅かす者をすべて検挙して投獄する

50歳前後のドゥニ・ディドロ（絵画に基づく彫刻画、1757年頃［提供 ゲッティ・イメージズ］）

よう指示していた。パリ中で、詩人や知識人、役者や書籍商が、屋根裏やカフェや公園で、互いに違法な原稿や王制反対を唱える文書を回覧し合っていた。この勢いを増す謀反の潮流を抑えるために、デメリーと部下の警察官たちは、毎日新しい調書を作成し、書面で残された証拠をたどり、盗み聞きした会話を記録し、証人や友人、司祭やアパートの管理人などから話を聴き、さらに多くのスパイを雇い、容疑者を聴取し、署に戻ると、押収してきた本や原稿の内容を検討して、法廷での異端や謀反の審理に備えた。
一七四九年のパリでは、誰もがほかの誰もを見張っていた。

数日後、デメリーは、ディドロを尋問するために馬車でヴァンサンヌに出掛ける準備をしながら、哲学者の調書にざっと目を通して、考えた、この男は利口なだけじゃない、潜在的にはパリで最も危険な人物の一人だ。弁が立つし、

一貫して不信心な人間で、扇動者だ。

一七四六年の焚書は「ガキ」――と、デメリーはディドロのことを呼んでいたのだが――を止めることにならなかった。それは、パリの知識人のあいだで彼の評判に箔をつけることになり、闇市での本の売れ行きを増加させた。二年後、教区の司祭が、ディドロについて報告して、彼がまた別の不穏な内容の本を書いていると訴えた。司祭の報告は、警察によって調書の一部としてそのまま保管されたが、容赦のないものだった。「ディドロ氏は、かつて自堕落な日々を過ごしていた青年です」と、それは語り始める。

ディドロが家庭でときおり話していることは、明らかに彼が理神論者[1]かそれ以下であることを証明しています。彼はイエス・キリストや聖母マリアについても、私にはとても書くことの出来ないような罰当たりなことを口にしています……。私がこの青年に話をしたことがなく、面識があるわけでもないのは事実ですが、彼がたいへん機知に富んでいて、彼との会話はじつに楽しいと聞いております。会話の一つの中で、彼は、二年ほど前に議会で有罪とされ焚書に処された二作品のうちの一つの著者であると認めたそうです。私が得た情報では、彼は一年以上にわたって、宗教にとってさらに危険な別の本を書いているということです[3]。

一七四九年一月、啓蒙主義者たちのネットワークを特定するとともに、この「さらに危険な別の本」を押さえるために、デメリーは時間を割いて直接自分でディドロを尋問した。彼は哲学者の仕事場で見つけた原稿を押収した。『懐疑主義者の散歩』[4]（*Promenade du sceptique*）という題の本で、教会をけなすような評言が数多く見られた。比喩的な譬えでぼかされていて、とりとめのない会話として書かれていたために、著者が特定の主張をしていると断定するのはほとんど不可能だった。ディドロは、真冬なのに部屋着という出で立ちで、苛立たしいほど摑みどころがないものの、魅力的な容疑者だった。デメリーは、言葉遣いも検閲中の本と同じく墨を流したように不透明で、頭が痛くなるような哲学者の機知と知的な受け答えにすぐに嵌まって身動きが取れなくなった。それでも、相手は、最後には投獄の脅しに応じて、本を出版しないと約束することで、デメリーを安堵させた。

そして、六カ月後、二人はまた相まみえた。近所の目も異なれば、動いたスパイ網も異なっているが、引っかかったのは同じ危険な哲学者だった。

本署に戻り、『盲人についての手紙』を目の前に広げていざ読み出して、ジョゼフ・デメリーは、この新作も、『懐疑主義者の散歩』と全く同じで、趣旨を特定するのが不可能だと感じた。表向きは、レオミュール教授が盲目の少女に施した目の手術に基づく一連の哲学的な思索なのだが、それはすべて、くねくねと続く論理と修辞の迷路で、盲人の心理について、道徳や神の観念の相対性について、あるいは、人は誰であれ触知できる物理的世界を超えた何かを知ることなど出来るのかという問題についての、思索だった。司祭の言った通りだった。巧妙な仕掛けや目眩ましにもかかわらず、『盲人についての手紙』が前の本以上に危険な本であることに疑いの余地はなかった。『哲学断想』は理神論者の作品だったが、『盲人についての手紙』を書いたのは無神論者だった。[5] その上、この著作には新しい科学的な傾向もあると、デメリーは気づいた。あらゆる哲学的な見栄やけれん、盲目と視力についてのあらゆる会話形式の思索に隠れて、地球や自然に関する一連の特筆すべき提言がされているのを、デメリーは見て取った。語り手は――それが誰と想定されているのであれ――、人間も含めてすべての高等動物は、時が誕生して以降、「数多くのかたちのないもの……あるものは胃袋がなく、またあるものは腸のない、そういったもの」から変身してきた、そして、こういった怪物たちはしだいに死に絶えて、あとに、「独力で存在することが出来て、種

◇1 **理神論者** 理神論（deism）とは、神が宇宙を創造してその自然法則を定めたことは認めるが、それ以降、神は世界に介入することなく、宇宙は自律的に発展してきたと見なす立場。人間の理性の働きを論の前提として、奇跡や啓示・預言などはあり得ないとして排斥する。啓蒙時代に広く流行した。従来の宗教観と無神論のあいだの妥協の産物とも言え、過渡的な性格が強い。

として永続できる」有機体だけを残した、また、世界はすべて絶え間ない破壊の傾向を帯びた転変にさらされている、そしてさらに、想像を絶するような時の経過を通して、「矢継ぎ早に連続する生き物が……つぎつぎと出てきて、互いに相手を押し除けては消えていき」、地球上の生命に「刹那の平衡と瞬時の秩序」という外見だけを与えていると、主張していた。そこには、いかなる神もいなかった。創造主もいなかった。ディドロによれば、種は、時が誕生した際に、人間の利益を最優先に考える慈悲深い神によって作られたのではなく、何百万年という歳月を通してかたちのない怪物から変異してきたというのである。

　デメリーは聡明さに敬意を抱いていた。彼は新しい考えを高く評価していた。博識でもあった。しかし、彼には報告すべき相手がおり、彼の仕事は、書類に記載された男女が異端者であるかどうかを何らかのかたちで告げることだった。彼は危険思想の程度を評価しなければならなかった。そして、ディドロについては、疑問の余地はなかった。しかし、彼はまた、パリで、おそらく世界で、最も聡明な異端者の一人でもあった。彼は——彼の想像力は、彼の見解は——評価されなければならない。しかし、異端者は異端者であり、彼らをしょっ引くのがデメリーの職務だった。

で、ガキについてはどうなのだ。どうやってこの自信に満ちて危険な無神論が、エストラパード街の若い哲学者の心に湧いて出たのか。何と言っても、ディドロには妻と幼い子供がいる。本当にやつは神のいない地球という見解を表明するために、自身の身の安全と彼らの安全を危険にさらす覚悟が出来ているのか。一体どんな目的があるというのだ。

　フランス北東部の息苦しく保守的な町ラングルで育って、ディドロはつねに父親と、聖職に就くために修練を重ねていた敬虔で横柄な兄と、町の司祭たちの監視下にあった。ラングルではすべてが教会を中心に回っていた。真実というのはすべて、教会や聖職者の言う真実だった。彼らの言うことを疑問視することなどあり得なかった。それで、幼いディドロも周囲と調子を合わせていた。彼は、いつの日か町を去ることを夢見て、自分に期待される通りのことをしていた。一三歳のときに彼は下級聖職者に叙せられ、一時期、イエズス会士の教師の影響の下で厳格な信仰生活を経験したが、一六歳になると、パリに出て、学校に通って、自分で考えることを学んだ。

　パリは、自由思想家や図書館、カフェ、哲学や形而上学に関する会話などで、彼に魔法をかけた。金銭的にはほとんど余裕がなかったが、マレ地区の本屋で古本をあさってかなりの蔵書をため込んで、余裕があるときは講義や劇場に出かけて、むさぼるように読書し、数学の個人指導をする教師として働いたりした。ごく短い期間、彼はまず聖職に就くことを、それから弁護士になることも、考えた。金儲けのために、説教を書いたことさえあった。しかし、ほとんどの時間、彼はひたすら本を読み、会話にふけった。彼は若く美しい縫い子と結婚し、学問に専念する生活に落ち着いた。パリではきちんと生計を立てていけてますと、彼は父親に伝えた。

　それから一七四〇年代の初期に、パリの識者たちは、トランブレーのポリプ——自らを再生できる池の生き物——について議論し始めた。[6]一七四〇年代の半ばまで、当時三〇代に入ったばかりのディドロは、サロンや屋根裏、コーヒー店でのこういった集まりで、神が存在すると決定的に証明することは出来ないが、蝶の羽やダニの目における意匠の複雑さを見さえすれば、そこに設計者の働きがあったことは理解できると論じていた。[7]しかし、ポリプが彼に新しい哲学的方向へと舵を切らせた。彼は自然誌の本を買い、友人や王立図書館やパリ植物園（Jardin du Roi）の図書館などから借りもした。彼はルクレティウスやエンペドクレス、エピクロスを再読して、生命についてのこれらの同じ問いに対する彼らの答えを理解しようとした。彼はまた、オランダの神学者で物理学者でもあったバーナード・ニューウェンティットや、フランスの物理学者で説教師だったジャン＝アントワーヌ・ノレ、イギリスの説教師で自然学者だったウィリアム・デラムなどの著作や、ジョン・ニーダムの顕微鏡に関する本などを読んだ。彼はまた、違法な本――自然科学[*2]を通して形而上学の問題を探究したり、教会の教えに反する問いを提起したりした本――も読んだ。

まず、危険な『官能のヴィーナス』（*Vénus physique*）があった。これは、フランスの数学者で哲学者のピエール＝ルイ・モロー・モーペルテュイによって書かれ、一七四五年に出版された、半ばは好色本で、半ばは自然誌の論考である。モーペルテュイから見て、ポリプは、自然には動きと重力に基づいて自らを構成し自らを反復する（が、しかし、盲目的な）力があるということを証明していた。[▼8] それから、医師で哲学者でもあったジュリアン・オフレ・ド・ラ・メトリーがいた。彼は一七四七年に発表した『人間機械』（*L'homme machine*）の中で、皆の中でいちばん急進的な結論に達して、すべての物質はそれ自体のうちに自らの活動と構成を生み出す力を持ち合わせているが、宇宙には霊的あるいは超自然的なものなど一切存在しないと論じた。[▼9] 魂や霊についての話などいまやすべて掃き捨てればいいと、ラ・メトリーは宣言した。

一七四〇年代半ばまでに、自然科学についてのディドロの好奇心は、政治的な先鋭さを帯びるようになっていた。パリのカフェやサロンでは至るところで、若者たちが教会の堕落を口にし、カトリック教会による最近の拷問や脅迫の歴史、ナントの勅令の撤廃、検閲を非難していた。彼らは、聖職者は人々を支配するために意図的に彼らを無知な状態にとどめている、そして、キリスト教は一揃えの神話や儀式にすぎず、その正しさや有効性は世界のほかのいかなる宗教にも何ら優るものではないと、語り合った。これは向こう見ずな議論で、既存の価値を揺るがし、人々の精神を解き放とうとするものだった。ディドロや彼の新しい友人の多くから見て、政治と自然科学、形而上学と神学はすべて密接に繋がっていた。彼らの問いは相乗的に増えていき、まさしくポリプのように至るところから頭をもたげた。それらはもう抑えることが出来ず、解剖学や哲学、顕微鏡学、物理学、鉱物学、数学、そして、光学と、つぎつぎに分岐し発展していった。ディドロは百科全書の計画を温めはじめた。それは、サロンとカフェの自由思想という世界の中で育まれた知識を、聖職者を介することなく、直接人々の許へ届けようとする試みだった。光――新しい知識――は説教壇の中にあるのではないと、彼は耳を傾けようとする者には誰彼かまわず宣言した。そうではなく、答えは、顕微鏡の柄の中に、実験の中に、自分で触れることの出来るものの中に、知識のそれぞれの分野の中に、あるのだ。

自然科学に由来する問いに魅了された哲学者からすれば、読むべき本、論じ合うべき人々には事欠かなかった。一七四九年には、ディドロの知り合いで彼がたいへん敬愛しており、[10]パリの中心にある植物園「王立植物園」(Jardin du Roy)の傑出した園長でもあったビュフォン伯ジョルジュ＝ルイ・ルクレールが、動物の種についての野心的なまでに包括的な博物誌の第一巻をちょうど出したところだった。彼は、動物界全体を俯瞰し定義し描写する企てに、退屈で近視眼的な分類学の仕事としてではなく、一種の文学的な博物誌の百科事典として、そして、あらゆる種のあいだの繋がりを理解する試みとして、着手していた。ビュフォンは、種は固定されており、変身説に拠るマイエの考えやモーペルテュイやラ・メトリーの唯物主義を支持する証拠はないと信じていたが、彼は変身説の理論のまわりを巡りつづけ、何度もそういった理論に立ち戻っては、反駁し、定義し直し、それを蒸し返して、また蓋をしたりを繰り返した。けれども、一七四九年にすら、彼はある一つの種と別の種のあいだに彼が見た「目に見えないほどの微妙な差」を記述しており、すべての種が共通の設計図ないしは鋳型から作られたということを考える心の準備は出来ていた。[11]ディドロはまた、ブノワ・ド・マイエの『テリアメド』と彼が伝えた尻尾のある人間や何百万年も遡る時間についての記述も読んだ。[12]ポリプ、尻尾のある人間、悠久の時間、偶然、不断に成長と衰退、上昇と下降を繰り返す宇宙、これらの考えのすべてが彼の心の中でかたちをなして、さらなる問いへと挑発していた。

＊2　生物学(biology)という用語は一九世紀まで一般に用いられることはなかった。

今や一連の新しい問いが哲学者を悩ませ、夜も眠らせず、少年のころに彼を魅了した神学上の問いに取って代わった。生命はどうやって始まったのか。人間とはいかなる性質の存在なのか。もし動物が自分の身体のいかなる断片からでも自らを再生できるのなら、魂はどこにあるのか。人間と他の動物との関係はどのようなものなのか。種は固定されているのか、変わりうるものなのか。自ら動くことのない物質がいかにして生命となるのか。その過程全体にどれほどの時間が要したのか。四〇年にわたって、ディドロは、あらゆる図書館、あらゆるサロン、あらゆる会話、あらゆる本の中に、自然科学に由来するこの同じ一連の形而上的な問いに対する答えを探し求めていくことになる。彼は、『盲人についての手紙』を書いていたときも、逮捕されてヴァンサンヌの監獄に連行されるときも、これらの問いにどっぷり浸かっていた。

一七四九年七月三日、デメリーとその上司、ニコラ＝ルネ・ベリエ警部補は、いまだにふてぶてしい態度を崩さないエストラパード街の哲学者を尋問した。彼は何一つ認めようとしなかった。彼は、『盲人についての手紙』も、彼の作とされてきた他の異端の書のいずれも、自分が書いたことは誓ってないとすら言ってのけた。翌日、ベリエはディドロの本を出版したローラン・デュランを聴取のために呼び出した。デュランは、おそらく脅迫されて、『哲学断想』と『盲人についての手紙』を書いたのはディドロであり、さらに、捜査中の他の本も彼の著作であると誓言した。すぐに行動を起こすのではなく、ベリエは時期を待つことにした。哲学者は苦しんでいる。自暴自棄になりかけている。やつが吐くのは時間の問題だ。

ヴァンサンヌの彼の監房は広くて風通しもよかったが、[13] ディドロが身の回りに持っていた本は、ビュフォンの『博物誌』の最初の三巻――彼はこれをたいへん集中して読んで、大量の注釈を書き記した――と、ミルトンとプラトンの著書だけだった。[14] ろうそくもなければ、哲学者の友人たちとの接触もなく、話し相手となるルソーもダランベールもいなかった。妻は、母親がその年に亡くなっており、取り乱した手紙を書いてきて、自分は病気がちな幼い息子フランソワを相手に一人で悪戦苦闘していて、出版社は彼が請け負っている編集作業に支払っている固定給を棒引きにしたと訴えてきた。『百科全書』の企画にたいへんな資金をつぎ込んでいたデュランは、自分が嫌がらせを受けていて、警察に監視されており、資金も尽きかけていると、訴えてきた。今はもう予約購読者に説明の文書を発送しなければならない。「この壮大な企画を遂行できると私たちが知る唯一の文学者で、ただ一人この作戦全体の成否の鍵を握るディドロ氏が収監されていることは、私たちに破滅をもたらしかねません[15]」と、彼は警告した。警察官は、ディドロが自分たちの捜査に協力しないなら、ナネットに彼の愛人について話すと脅した。眠れぬ夜と不安と悪夢のもう一週間をすごしたあとで、ディドロはすべてを白状した。

一七四九年一一月にディドロが刑務所から釈放されたとき、彼はパリだけでなくヨーロッパ中で有名人になっていた。[16]『盲人についての手紙』はすべて売り切れていた。彼が、際限なく延期されていて骨の折れる『百科全書』の仕事に戻って、この複雑で野心的な企画を再開したとき、友人のジャン゠ジャック・ルソーが彼を新しい称賛者たちに紹介してくれた。『百科全書』の第一巻のために書かれた長い項目「動物」の中で、ディドロは、ビュフォンの『博物誌』の最初の二章からの抜粋を組み合わせて、その記述に自ら書き加えて時には元の趣旨に反することまで書いて、さらに、動物界と植物界を橋渡しする中間的な生き物についても書き記した。この項目の中で、彼は、マイエとモーペルテュイ、ビュフォンとトランブレーを一つに接合させたわけである。「自然は微細でしばしば目に見えないような度合いで進歩する」と、項目はぬけぬけと宣言していた。[17]『百科全書』のページを隠れ蓑にして、ディドロはビュフォンに一線を越えさせて、保守的な哲学者にはそこまで行く心の準備が出来ていなかった領域へと――逸脱へと、異端へと――彼を引き込んだのである。

ディドロがこの項目を書いていたとき、ビュフォンの『博物誌』は、今やヨーロッパ中でベストセラーとなっていたが、こちらはこちらで、神学上のもめ事に巻き込まれていた。ジャンセニストたち[2]は、この本を、それが王立出版局から出版されたにもかかわらず、異端の書であると宣言した。その記述は明らかに「創世記」に反しており、スキャンダルだというのである。彼らはこの本が検閲されるか焼却されることを要求した。一七五〇年の秋、ソルボンヌ〔パリ大学神学部〕の神学者たちは、民衆の暴動を恐れて、審問のためにビュフォンを召喚した。ビュフォンは、一四の「譴責されるべき言説」を撤回するという書簡に署名し、この本の以後のすべての版で撤回文を発表するということに同意した。彼は実際にはそうしなかったが、しかし、彼は今や、それ以降の版では自分がする主張についてとりわけ用心しようと心に決めた[18]。“Sur la scène du monde, je m'avance masqué”と、彼は書いた、「世界の舞台では、仮面を被って進むのだ[19]」。

彼が書いた先の項目の中で、ディドロは、監獄から釈放されてまだ間もないのに、またもやかなりの危険を冒していた。しかし、今度は、彼は、新しい本が扱っている素材の量の多さからして、そこに盛られた考えを、検閲官や警察の書籍監視の目から護ることが出来るのではないかと期待していた。彼はそこになら何でも隠せるだろうと考えた。

ナネットは再び妊娠した。悲劇的なことに、彼らの四歳の息子フランソワは、一七五〇年六月ひどい熱を出して亡くなった。その数カ月後に新しく生まれた男の子も、その年を越すことなく亡くなった。しかし、それでも、ディドロは、今や哲学的探究に駆られて、立ち止まっていられなかった。彼は昼も夜も働き、自分が担当する項目を執筆し、他人の校正原稿を検討し、改訂を依頼し、推敲を加えた。一七五〇年一一月、デュランは、『百科全書』の内容見本を八千部刷り、一七五一年に第一巻が出された。一七五一年四月には、事業には一〇〇二人の予約購読者が付き、その年の終わりまでには二六一九人まで伸びていた。数字は最終的に四千人前後にまで達した[20]。

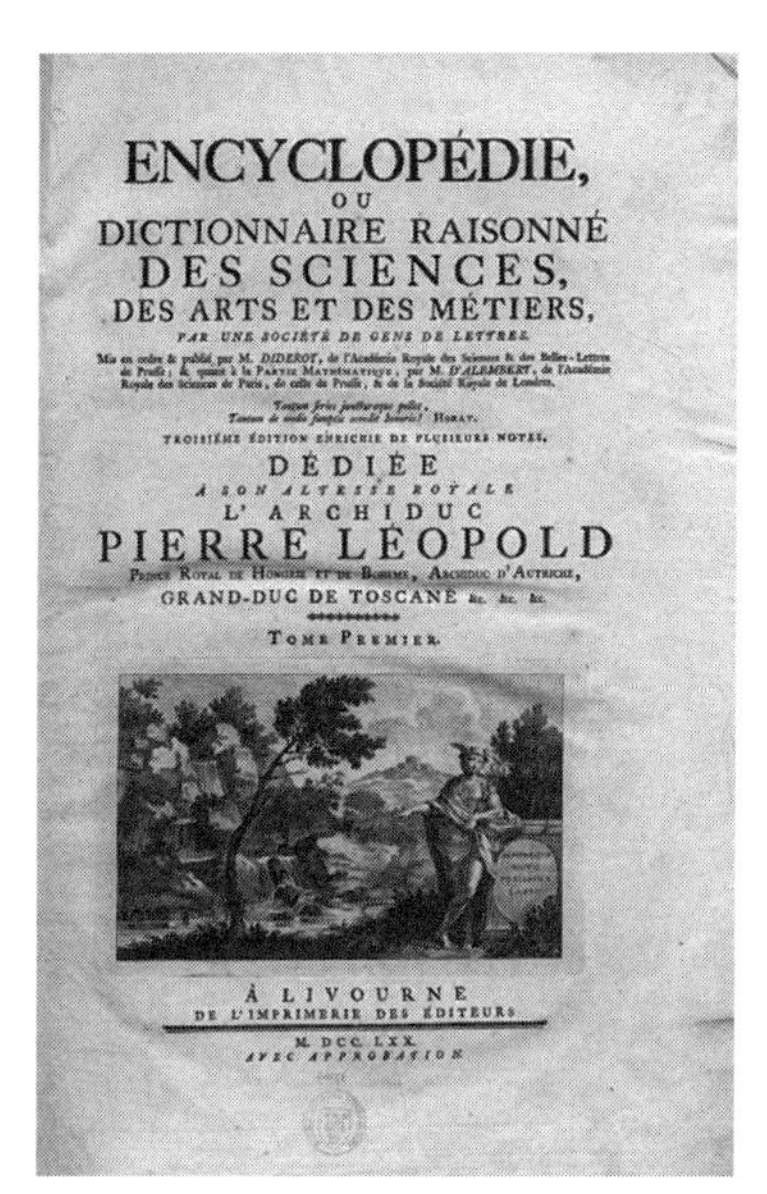
ENCYCLOPÉDIE,
OU
DICTIONNAIRE RAISONNÉ
DES SCIENCES,
DES ARTS ET DES MÉTIERS,
PAR UNE SOCIÉTÉ DE GENS DE LETTRES.
Mis en ordre & publié par M. DIDEROT, de l'Académie Royale des Sciences & des Belles-Lettres de Prusse; & quant à la PARTIE MATHÉMATIQUE, par M. D'ALEMBERT, de l'Académie Royale des Sciences de Paris, de celle de Prusse, & de la Société Royale de Londres.
Tantum series juncturaque pollet,
Tantum de medio sumptis accedit honoris! HORAT.
TROISIÈME ÉDITION ENRICHIE DE PLUSIEURS NOTES.
DÉDIÉE
À SON ALTESSE ROYALE
L'ARCHIDUC
PIERRE LÉOPOLD
PRINCE ROYAL DE HONGRIE ET DE BOHEME, ARCHIDUC D'AUTRICHE,
GRAND-DUC DE TOSCANE &c. &c. &c.
TOME PREMIER.
À LIVOURNE
DE L'IMPRIMERIE DES ÉDITEURS
M. DCC. LXX.
AVEC APPROBATION.

1751年に刊行された、ディドロとダランベールの『百科全書』第1巻の表題のページ

監獄から釈放されてしばらく経ったころ、彼は生涯で最も重要な友人となる男と出会った。後援者となるとともに、同輩の哲学者で、博識家、翻訳者で、会話の相手ともなった、ドルバック男爵ポール＝アンリ・ティリである。二人が最初どこで出会ったのかという記録は残されていないが、デュランは両者の著作を出版しているから、サン＝ジャック通りの彼の出版事務所でだったのかもしれないし、ルソーが手配したディナー・パーティでか、

◇2　**ジャンセニストたち**　ジャンセニスム（Jansénisme）は、ネーデルラント出身の神学者コルネリウス・ヤンセン（一五八五－一六三八）の影響の下で、特にフランスの貴族階級のあいだで一七世紀以降に流行したキリスト教思想。アウグスティヌスの人間理解を基礎にして、人間の意志の力を軽視し、腐敗した人間本性の罪深さ、神の恩寵の必要性を徹底的に強調したが、あまりに悲観的な人間観のために、ヨーロッパ各国で禁止された。

多くのサロンのいずれかでだったのかもしれない。[21]ドルバックはライデン大学を出て、一七四九年にパリに着いたばかりだった。ドイツ人とフランス人の血が半分ずつ混じっていて、結婚したばかりで、聡明で、たいへんな資産家でもあり、有力な縁者にも恵まれて、彼は、いくつもの通りが複雑に絡み合うロワイヤル街の瀟洒で広大な六階建ての館に住んでいて、[22]そこで木曜日と日曜日に贅沢な夕食会を催して、パリで最も興味深い知識人を何人か招待していた。二人が会ったとき、彼は三〇代になったばかりで、ディドロは四〇代の初期だった。

二人はすぐに、互いに相手が科学とりわけ自然誌に関心を持っていることを発見した。男爵はすでにデュランからドイツ語の科学関係の著作を訳すよう依頼を受けていた。ディドロは『百科全書』第二巻の寄稿者の一人にドルバックを採用した。しばらくして、ディドロは実質的にロワイヤル街に住むようになって、男爵の膨大な蔵書から本を借りたり、やたらに増えてゆく珍しい収集物をくまなく見て回ったり、顕微鏡や望遠鏡、その他の光学機器を借用したりした。

ディドロとドルバックが出会ったとき、男爵は使命感に燃えていた。彼は自分の知識と資産を有益な目的のために使いたいと願っていた。科学が工業の過程に応用されることに魅了され、最も重要な新しい本の中にいい翻訳に恵まれていないものがあることを残念に思って、彼は自分の蔵書の中の何冊かのドイツ語の書物をフランス語に訳すことに決めた。彼はまず、ガラス器の製造に関する一七世紀の重要な書物から始めて、これをデュランに売り込んで、一七五二年に出版にまで漕ぎつけていた。次に、彼は、スウェーデン人の化学教授J・G・ヴァレリウスによる鉱物学と水文学に関する二冊のドイツ語版を翻訳し始めた。デュランは彼につぎつぎと仕事を与えた。それから一五年のあいだに、彼はデュランやほかの出版者のために一二冊の科学書を訳した。

ディドロもまた、知識を直接人々の許に届けるという使命に燃えていた。彼は、単に聡明であるというだけでなく、情熱的で、不屈で、規律正しく、愛嬌があって、博識で、華麗な修辞をこなすなど、人を興奮に巻き込んでいくような魅力があった。彼は、一七五一年から六五年までのあいだに、『百科全書』に四百以上の項目と、化石、氷河、海、山脈、岩石、地層、地震、火山、鉱脈、冶金学についての長い論説と、さらに、初期ローマ帝国の政治体制に関する三〇の記事を執筆した。その他、アイスランドについて書き、旅行案内書も何冊も書いた。本も買い続け、膨大な蔵書をさらに増やしていった。

男爵の屋敷は、しばしば「哲学者たちの館」、あるいは、ディドロが好んだように、「根城（シナゴーグ）」と呼ばれていたが、一七五〇年代初期までに、パリの知識階級の神経中枢というだけでなく、同時に、『百科全書』の制作の中心でもあった。加えて、それは実質的に翻訳工房のようになっており、それはアッバース朝帝国のものと同様の知的な勤勉さを特徴としていた。違いがあるとすれば、哲学者たちの館では、重点は、知的エリートの使用に供するために手書きの蔵書を蓄積することよりも、大方の人間には縁遠い知識を出来る限り広く人々の許に行き渡らせることにあったということである。ディドロはその機関室だった。「哲学の人気を高めるために、もっと急ごう」と、彼は書いた、「もし哲学者を前進させたいと望むなら、人々をいま哲学者がいる地点まで引き上げるのだ[23]」。

スパイ――管理人や司祭、召使いなど――が至るところで耳を澄ませているディドロの借家とは違って、ドルバックの屋敷は、警察やその配下の密偵の巨大なネットワークに対して閉ざされていた。男爵は召使いを雇うのにも非常に用心をして、木曜日と日曜日ごとに開かれていたディナーの最中に誰も同席しないように気を配っていた。一七五〇年代のパリでは、誰一人として、ビュフォンですら、告発とこれに対抗する逆告発を免れることはないように感じられた。フランスの啓蒙主義は、首都に少なくとも一つは絶対的な知的安全と自由が保障された場があるということに依拠していた。ドルバックはそれを提供していたのである。

ディドロがドルバックのグループの機関室だったとすれば、ドルバックはその振り付け師だった。彼は何よりもまず、人々を集めて会話を演出し進行することに長（た）けていた。ルソーは彼のことをその熱列さで自由思想家たちをつぎつぎに引き寄せる才能の持ち主と評していた。[24] 彼には提供できるものがたくさんあった。パリで最も腕の立つ料理人の一人を雇っており、広範に取りそろえたワインセラーを持っていたというだけでなく、三千冊の本を収めた書庫を備えて、そのうちの何冊かについては、フランス語、ドイツ語、英語、イタリア語、ラテン語、ギリシア語、それに、ヘブライ語の各版で持っていた。[25] 美しい芸術品や、息を呑むような自然誌の標本を収めた棚もあり、パリ近郊のグランヴァルに豪壮な屋敷も所有していて、友人たちをそこに狩りや釣りや散歩に連れ出した。ひとたびロワイヤル街でこういった会話が始まり、ディドロが夜ごとに華麗な知性の花火を打ち上げるとなれば、パリの知識人にとって足を遠ざけるのは至難の業だった。

ドルバックは、ディドロと出会ったとき、急進主義者で、ほとんど確実に、理神論者だった。サロンの常連の一人は、ドルバックがディドロに神の存在を信じさせようとしているあいだに、逆にディドロがドルバックを無神論者に転向させたと主張した。

［ドルバックは、］『百科全書』の編者が、機械や職工たちに囲まれて、あらゆる図画の下絵を描いている作業場の中でまで、ディドロの信心のなさを追及した……。［ドルバックは、］ディドロが、自分たちが一つの知性によって構想され構築されたということを疑うことが出来るかと尋ねた。問いかけは心を打つものだったが、しかし、それがディドロの心も精神も打つことはなかった。ディドロの友人は、わっと泣き出して、彼の足下に倒れ込んだ……。彼は理神論者として膝をつき、無神論者として立ち上がった。[26]

けれども、ドルバックの無神論が、一七五四年の美しく若かった妻の死によっていっそう強固なものとなったということは、ほとんど疑いの余地がない。彼女は、自分の魂の行く末を恐れるあまり、道徳的な苦悶のうちに亡くなったと言われている。ドルバックは打ちのめされた。[27] 彼は一年後再婚し——新しい花嫁は妻の妹のシャルロットだった——、結婚は幸せなもので、何人かの子供にも恵まれたが、死の床に就いた最初の妻を地獄の業火に対する恐怖から救えなかったという思いが、その後終生にわたってドルバックの心から離れることはなく、彼が自らの無神論を憤りに燃える福音として伝えようとしたことに繋がったと言えよう。[28]

もちろんディドロは、彼がドルバックに出会ったころまでに、自身強固で揺るぎない無神論者だった。彼は、敬虔な信仰を見つけてはそれに挑戦し、知り合いの若い聖職者を問いただして、相手の神学的な主張を叩きのめすのを楽しんでいた。[29] けれども、彼が新たに身につけた無神論が、生命やその起源、人間の本性、種の多様性といった形而上的な問いに対して簡明な答えをもたらすことはなく、そういった問題は、彼を魅了するとともに悩ましつづけていた。ナネットが娘アンジェリック——ディドロの子供のうちで早世しなかったのは彼女だけだった——を生んだ一七五三年、彼はこういった問いに答えるさらなる試み、『自然の解釈に関する思索』(*Pensées sur l'interprétation de la nature*)という本を出版した。それは、ラ・メトリーの『人間機械』やビュフォンなどとの新しい知的なやりとりの一部をなすものだったが、彼は用心しなければならなかった。いまだに監視は続いていた。監獄に連れ戻されるような危険を冒すつもりはない。そんなことになれば確実に身の破滅だ。それで、彼は新しい修辞的、文学的な戦略を開発した。彼はジョナサン・スウィフトやロレンス・スターンといったイギリスの風刺作家やラ・メトリー自身から多くのことを学んでいた。ラ・メトリーは、論議を呼びそうな提言を持ち出すときにはしばしば、はぐらかすような言い方や、"Ne pourait-on pas dire que"(……と言うことはできないだろうか)といった修辞疑問を用いた。ディドロがラ・メトリーの唯物主義をより広い聴衆に届けたいと望むのなら、表向きはそういった考えに反駁しているような振りをしながら、実際にはそういった考えが進もうとするところまでそれらを推し進めていきさえすればよかった。[30]

監獄の記憶もまだ鮮明だったので、ディドロは今度はさらに奇抜な修辞的戦略を工夫して、問いというかたちで急進的な提言を行って、それから話を逸らすか反駁するかして、その提言の色合いや感触や輝きがそのまま中空にかかったまま残しておくというふうにした。彼は書いている、

動物界ないしは植物界の個々の有機体が生まれてきて、成長し、成熟して、朽ちて視界から消えてゆくのとちょうど同じように、種全体も同様の段階を経るということがないだろうか。もしも信仰が、動物たちは現にいまある通りの状態で創造主の手から生まれ出てきたということを私たちに教えていなかったなら、そして、その始まりや終わりについて、最小限の疑念を持つことが仮に許されていたなら、哲学者は、自分なりの推測に委ねられて、動物界では太古の昔からその個々別々の要素が物質界に混然とばらまかれており、そういった要素が組み合わさるのが可能だったというただそれだけの理由で、それらが最終的に一つに組み合わさったのだ、……これらの発展の各段階のあいだに何百万年という歳月が経過してきており、おそらく私たちにはまだ知られていないさらに新しい発展が起こるだろう……、そして、人間は最終的には自然から永遠に消え去るか、あるいはむしろ、時のこの瞬間に人間を特徴づけているのとは全く異なった形態と機能を持って存在しつづけるだろう、と考えることはないだろうか。――けれども、宗教は、私たちに多くの迷いや多大な労苦を免れさせてくれている。もし宗教が世界の起源や存在の普遍的な体系について私たちを啓蒙してくれるということがなければ、自然の秘密について、私たちはどれほど多くの異なった仮説を持つように誘惑されていなかっただろうか。[31]

「……ということがないだろうか」、**「もしも信仰が……別なふうに私たちに教えていなかったなら」**――署内で気の毒なジョゼフ・デメリーが、こんな言い回しや一節に行きあたるたびに、職務の一環として検

閲官のために用意しなければならない報告書を前にして、ペンを宙に浮かしたまま、髪をかきむしっているさまが思い浮かぶようである。[32] それは素手で魚を捕まえようとするようなものである。けれども、ディドロにとって不運なことに、修辞的な戦略は警察官を遠ざけておくことが出来たかもしれないが、ほとんどの評者が、『自然の解釈に関する思索』は不透明で理解しがたく、よく言って曖昧だと、不満を口にした。[33]

ディドロはデメリーや配下の警察官、パリの検閲官などの存在をつねに感じていた。彼は通りの角に彼らの影を感じ取っていた。おそらく、早い時期にデメリーとやり合ったことで、彼はいまでは警察官の質問を予想できた。彼の著書のうちでおそらく最も用心深く言葉遣いに気を配ったものである『自然の解釈に関する思索』の中で、ディドロはあきらめたような調子で書いている、「哲学の研究に打ち込もうと決意する者は」、

課題の性格に内在する障害だけでなく、彼に先行するすべての哲学者にとってそうであったように、つぎつぎに現れてくる数多くの道徳的な障害を予想できよう。それゆえ、彼が挫折を味わわされ、誤解され、中傷され、名誉を傷つけられ、ずたずたに引き裂かれるということがあった際には、彼には自分にこう言い聞かせることを学ばせよう、「これは私の世紀だけのことだろうか、私は、無知と遺恨に満ちた人間、妬みにむしばまれた魂、迷信で混乱した頭が、行く手を阻もうとする唯一の存在だろうか」。そうすれば、彼は、もし幸運にもそれに値することが出来るなら、いつの日か、彼がただ一つ重視する称賛をきっと得られるだろう。[34]

ビュフォンはもっと保守的な道を選んだ。一七五六年に『博物誌』の第六巻が世に出るときまでに、彼が著書の中で自ら検閲して課した沈黙は、ディドロやドルバックのグループの人々にははっきりと聞こえる沈黙だった。ディドロとともに『百科全書』の編集に当たったグリム男爵フリードリッヒ・メルヒオー

ルは、『文芸書簡』(*Correspondance Littéraire*)の中で、これを評して、この本は明らかな検閲の徴を示していると不満を述べた。それは「哲学に対してしかけられた迫害の最中に」制作されたと、彼は言い放った。「それは、真実を語ることが必要とする自由と大胆さをしばしば犠牲にすることなしには達成されなかった」。ビュフォンは真実を語るにはあまりに臆病であるか、あるいは、あまりに利口であると、グリムは示唆したのである。▼35

一七五九年、ディドロはまだポリプの周辺に思いを巡らせていた。発見から二〇年近く経って、池の生き物の再生は、もう彼を悩ませることはなく、むしろ彼に霊感を与えるようになっていた。彼は今では、生きた物質はすべて自ら駆動しているというラ・メトリーの結論に同意していたが、彼は人間も単に機械にすぎないということには賛成できなかった。それはあまりにも還元主義的で、あまりに貧困なものの見方であるように思われた。ポリプから理解されるべきことはもっと何かある。自らを再生し、個別の肉体と死そのものを乗り越えてゆくその能力には、壮大なまでに不滅でしかも共生的なものがあるのではないか。

ディドロは一七五五年、新しい対話の相手、聡明で哲学的な精神を具えた女性ソフィー・ヴォランに出会った。ソフィーの母親は、スキャンダルになるのを心配して、二人が互いに会うのを難しくしたので、ディドロは、代わりに、自分の本やグランヴァルやロワイヤル街で交わしている会話について記した長く楽しい手紙を彼女に書き送った。一七五九年に彼女に送った手紙の中で、ポリプが再び彼の心の一角を占めている。「教えてほしいのだが」と、嵐の迫る風の強い一〇月の夜に、前の晩、サロンの出席者と交わした会話を思い起こしながら、彼はグランヴァルから書いた、

生きるというのはどういう意味なのか、真剣に考えたことはあるかい。生と死のあいだに僕が知る唯一の違いは、いま君は一つの塊として生きているが、二〇年も経てば断片として、分子に分解されて

四散して生きているだろうということだ。二〇年といえば長い時間だ……。生前互いに愛し合って、いっしょに並んで埋葬してもらう者は、たぶん我々が考えるほど気が狂っているわけではないのかもしれない。たぶん彼らの灰はいっしょになって混ざり合って一つに合体するかもしれない。ことによれば、彼らは、以前の状態にあったときの感覚や記憶をすべて失ったわけではないのかもしれない。たぶん彼らは温かみや命の残りをいまだに持っていて、冷たい骨壺に閉じ込められていても、彼らなりの方法でそれを享受できるのかもしれない。元素が命を持っているかどうか判断する際に、我々は、大きな塊の命について知っていることによって引っ張られている。たぶんこれら二つのものは全く違っているのだ。人はポリプというのは一種類しかないと考えているが、しかし、自然のすべてがポリプのようでないとどうして言えよう。それが五〇万の断片に切り分けられたら、元の親ポリプはもう存在しないだろうが、それを構成していた元素はすべて生き続けるのだ……。この空想を僕から取り上げないでくれ給え。それは僕には大切なものなのだ。それがあると、自分が君の中で、君とともに、永遠に生きていられると確信できるのだから。[36]

ディドロが四六歳になった一七五九年までに、ドルバックのグループの内部では、事態はいっそう危険になっていた。男爵は、いままでは筋金入りの無神論者となっていたが、興味の中心を、科学に関する本を訳すことから、多くはイギリス人の著者による、キリスト教に異を唱えるか、あるいは理神論を標榜する著作を刊行することに移しており、今度はさらに、公然と無神論を主張する本をフランスに輸入し、必要なら翻訳することを決意していた。資産や有力な縁者に恵まれていたことが防御壁となり、原稿を刊行のために国境を越えてアムステルダムに密輸することの出来る信頼できる人々の繋がりもあり、表紙に偽の作者名を用いたり、あるいは作者名自体入れなかったりするなどの工夫もして、本を売り歩いてくれる行商人や出版者のためにかなりの経費を負担できる財力もあったが、それでも、男爵が負うリスクは小さくなかった。キリスト教を批判する書籍のうちで最初の一冊『キリスト教の仮面を剝ぐ』(*Le Christianisme dévoilé*)は一七六一年にナンシーで秘密裏に出版され、その後、一七六七年にパリで相当のリスクと出費を伴って再刊された[37]。

その本は、買ったり売ったりする者には、誰であれ、危険だった。一七六八年一〇月、ディドロはソフィーに悲惨な出来事について書き送っている。一人の徒弟が指導する薬剤師に二冊持っていた『キリスト教の仮面を剝ぐ』のうちの一冊を売ったところ、親方はその報いとして徒弟を警察に告発した。彼は書いている、「行商人とその妻、そして徒弟は全員逮捕され、今し方さらし台にかけられ、むち打たれ、焼き印を押され、徒弟はガレー船での強制労働九年を、行商人は禁固五年を、妻は終身刑を言い渡された[38]」。

刑事事件はディドロを動揺させた。こういった本を書いたり出版したりすることは、それに関わった人々の繋がり全体を危険に曝してしまう。ディドロ自身は自分の危険な考えを修辞の煙幕で隠すことが出来るかもしれないが、ドルバックの散文は妥協を知らず、大胆で攻撃的だった。それは砲撃のようだった。ひとたび彼が撃ち始めると、誰も止められなかった。一七六〇年代を通して、ドルバックはつぎつぎと本を出しつづけ、その一冊一冊が前のものよりさらに扇動的だった。

「主の館に爆弾が雨のように降っていて」と、一七六八年、ディドロはソフィーに書き送った、

> 僕は勇敢な砲撃手が跳ね返りで傷つかないかおののき震えている。僕らは、トーランドの英語から『哲学書簡』を訳した(か、訳したことになっている)し、『ユージェニーへの手紙』、『聖なる感化』、『ダヴィデの生涯、あるいは、神の心を持った男』も訳した。一千人の悪魔が謀反を起こしたようなものだ。ああ、ブラシー夫人[ソフィーの実直な妹]、僕は神の子が戸口に立たれないか、エリヤの来訪[◇3]が近いのではないか、反キリストの支配が迫っているのでないか、とても恐れているのだ。朝起きるたびに、僕は、大淫婦バビロン[◇4]が金杯を手に通りを歩いていないか、そして、天には兆候がないか、

窓から確かめるのだ。君はイスル［イスル・シュル・マルヌにある彼女の家族の離れのシャトー］で何をしているんだ。急いでこちらに戻ってくるんだ。すべての死者の蘇りの時に一緒にいられるように。もし君が太陽が消え去るのを待っているのなら、いったいどうやってパリに戻ってくるつもりなんだ。自分の手の甲すら見えない中で、旅をするなんてとても出来ないよ。▼39

ディドロも自分の爆弾を用意していた。徒弟たちの逮捕と裁判とドルバックによる既存の体制と教会に対する全面攻撃のあいだ、一七六九年の長く暑くいつまでも続く夏のあいだ、彼はこれまでで最も異端の書、ひときわ異彩を放つ『ダランベールの夢』の執筆を始めていた。彼は実質的にパリで一人だった。ナネットと、いまでは一五歳になって父親の愛を一身に集めていたアンジェリックは、セーヴルに行っていて、一家の友人の田舎の邸宅に滞在していた。ソフィーとその姉妹もやはり田舎にある自分たちの地所ですごしていた。グリムはドイツを旅しており、ドルバックはグランヴァルで怒り狂っていた。ディドロは机に縛られ、共編者のグリムがいないあいだ、一人で雑誌『文芸通信』の編集作業に当たって、同時に、『百科全書』の挿し絵の二巻を準備していた。「そういうわけで、僕が頭から足先まで版画に埋まっている

◇3　**エリヤの来訪**　エリヤは、旧約聖書『列王記』に登場する紀元前九世紀の預言者。当時イスラエル王国で趨勢だったバアル神の崇拝に対する熱心な反対者、ヤハウェ信仰の守護者として描かれている。
エリヤがイスラエルを離れていた三年間、王国には雨がなく、飢饉が激しかった。エリヤはイスラエルに戻って、バアルの預言者四五〇人などと競争を行えるよう王アハブに求めた。バアルの預言者たちとエリヤはそれぞれの神に祈ったが、バアルからは何の答えもなく、エリヤの神ヤハウェだけが天から火を降らせるという奇跡を起こした。その直後に、エリヤはバアルの預言者を捕らえるよう指示して、バアルの預言者たちは捕らえられて処刑された。

◇4　**大淫婦バビロン**　『新約聖書』の「ヨハネの黙示録」で用いられたアレゴリーで、「悪魔の住むところ」、「汚れた霊の巣窟」を指している。きらびやかな装身具を身につけて、手に金杯を持った女として表されているが、その杯は姦淫に穢されているとされる。大淫婦はキリスト教徒を迫害して、多くの殉教を引き起こすが、神の裁きによって滅ぼされる。

のがわかるだろう」と、彼はソフィーに書き送って、こう付け加えた、「僕は人生でこれほど懸命に働いたことはないと信じている[40]」。

二五年ほどのあいだ、ディドロは、解剖学、顕微鏡学、生理学や自然科学全般の発展に後れを取らないように努めてきて、生命の本質や時間や種の起源について思いを巡らせてきた。前年の夏、彼はドルバックの子供たちの教師ニコラス・ラ・グランジュと、彼のルクレティウスの翻訳を手伝うことに同意していて、いまや、原子についてのルクレティウスの考えが、スピノザやデカルト、ホッブズ、トーランド、ビュフォン、レオミュール、トランブレー、ジャン・バティスト・ロビネ、ボネ、ジョン・ニーダム、ラ・メトリー、モーペルテュイなどから引いた考えと並んで、彼の頭の中でこだましていた。目下の課題は、そうして吸収してきたものを調整・統合して、自分なりの自然観――「あらゆるものがほかのあらゆるものと結び合わされる[41]」自然観――を描き出すことだった。

彼はグランヴァルで、その夏のもっと早い時期に、皆の前で試しに自分の考えを披瀝していた。ディドロは、種のみならず、惑星も消滅しうるのだと説いていた。そうなれば、生命はどうなるのだと問われて、ディドロは断固たる確信を持って、すべてが消滅するだろうが、まるで太陽がふたたび点火したかのように、生命の周期全体がふたたび始まるだろうと、一同に告げた。人間もふたたび現れるだろうかと、誰かが尋ねた。そう、人間もだと、彼は答えた、「でも、いまのようなかたちでではない。最初は、どんなものかわからない。でも、何億年もの歳月と『どんなものかわからない』ものの最後には、人間という名を持った二足歩行の動物が出てくるのだ[42]」。

ディドロの考えは、つねに会話の中で――彼自身との対話、そして、生者と死者との対話の中で――形づくられた。彼が、自然は相互に複雑に繋がり合っているという自分の考えを言葉に表そうとしたとき、それは、このうだるような夏の数日の白熱した暑さの中で書かれた本だったが、複数の人物が語る三幕の芝居というかたちを取っていた。それは彼の内面の世界とドルバックのサロンの世界とが複雑で多数の声から成り立っていることの表れだった。それはまた、ディドロが数年前に読んで高く評価していたロレンス・スターンの混沌とした小説『トリストラム・シャンディ』を特徴づける、曲がりくねって脱線を繰り返す会話にも似ていた。[43]

『ダランベールの夢』は、即興で考えを展開する哲学者にとって、リハーサルの場だった。彼は必要な登場人物をごく親しい仲間内から登用した。何年にもわたって彼に協力してきた数学者で哲学者のジャン・ル・ロンド・ダランベール、彼の年若い愛人で、ベルシャッス街にドルバックのサロンと肩を並べるサロンを主宰していた、聡明で弁舌さわやかなジュリー・ド・レスピナス、博物学に特に関心があって、『百科全書』の協力者だった高名な医師テオフィル・ド・ボルドゥーの三人である。

一七六九年八月、ディドロはソフィーに自分の新作について話すために手紙を書いた。彼は書いている、「それは最高に突拍子もないものだが、同時に、最も深遠な哲学でもあるんだ。自分の考えを夢を見ている別人に語らせるというのは、じつに巧妙なやり方だ。知恵が受け入れられるようにするために、人はしばしばそれに愚劣の衣装を着せなければならないのだ。僕としては、『ほら聞け、ここには偉大な真理があるぞ』と言われるよりは、『でも、これは君が思っているかもしれないほどには狂ってはいないぜ』と言われる方が、ありがたいね」。[44]

眠っているダランベールを通して、ディドロは、ほかからの働きかけを必要としない、不断に更新し再編しつづける宇宙を描いた。そこでは、「すべてがつねに変化している……。すべての生き物がほかの生き物の命に関わっており、結果的に、すべての種……〔と〕自然全体が不断に流動の状態にある。すべての動物が多少は人間であり、すべての鉱物が多少は植物なのだ……。自然界に明確に定義できるものなど何一つ存在しない」。[45] すべての生き物はより初期の異なった形態のものから進化してきている。「もし卵が鶏に先行するのか、鶏が卵に先行するのかという問いに、君が答えに窮するとすれば、それは君が動物は当初から現在と同じかたちをしていたと思い込んでいるからだ。馬鹿らしい。我々は動物がこの先どうなっていくか知らないのと同様に、その動物が以前どんなだったかについても何一つ知らないのだ。泥の中を這い回るほとんど目に見えないようなミミズも、大きな動物になる途中なのかもしれないじゃないか。」

地球上のすべての生き物は違ったふうに構成された胚細胞からなっていると、ダランベールは説明する。個々の器官がそれが属する身体の命に浸されているように、有機体もその集合体の命に浸されている。何物も同じでありつづけることはない。形態は、変化する環境に反応してではなく、内的な作用を通して、変化する。

腕を持たない世代が長く続いたとして、その間ずっと、不断の努力が重ねられたとすれば、この毛抜きのような器官がだんだんと長くなり、背後で互いに交錯して、また前の方まで回ってきて、ひょっとすれば先端部で指を発達させ、そうして、新しい腕と手を作り出すかもしれないじゃないか。生き物の元々の形は、必要と習慣的な働きを通して、退歩したり完全なものになったりするのだ。我々はほとんど歩かないし、ほとんど働かないが、いやというほど考えているから、僕としては、人間はいつか頭だけになってしまうかもしれないという可能性も排除しないね。[▼46]

すべてが網の目に繋がり合っているというディドロの見方は、彼の百科全書の構成に反映された。彼はそこで、知識を、それぞれ別個の範疇にというより、つぎつぎに枝分かれしてゆくかたちで配列した。そのことでまた、彼は、個人と集団とのあいだに存在すると彼が信じる関係を有機体とその部分として説明する手掛かりを得た。「個体について考えるのはやめにして、このことに答えてほしい」と、ダランベールは夢の中でつづける。

自然界にほかの原子とそっくり同じ原子などあるだろうか。いいや……。自然界ではすべてがほかの

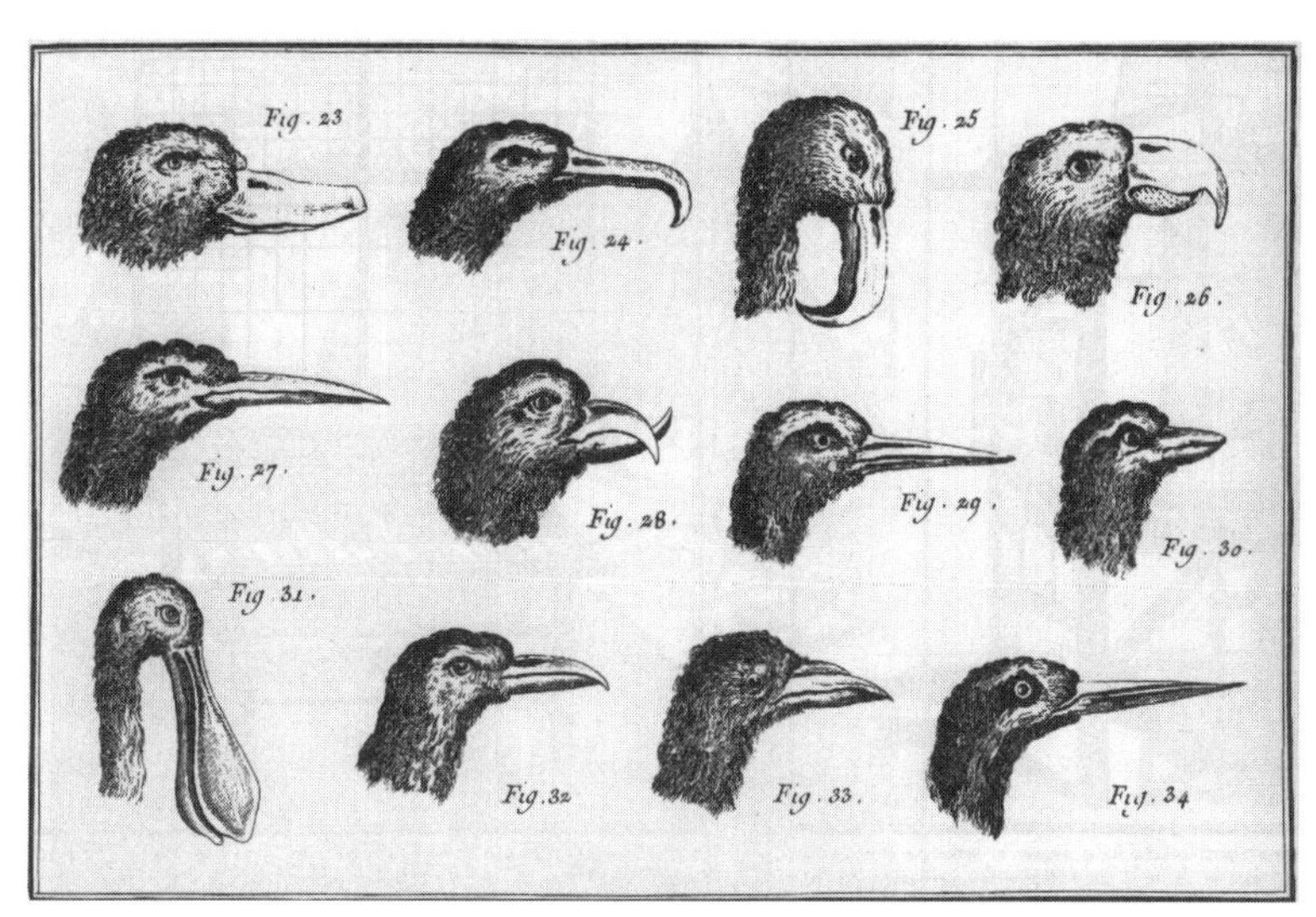

鳥の多様なくちばしを示す図の一部(『百科全書』第6巻より)

すべてと繋がっていて、その連鎖には空隙などありえないということに異論があるかい。だとすれば、いわゆる個体についていったい何を話すというのだい。そんなものは存在しないのだ。絶対に存在しない。一つの偉大な個体が存在するだけで、それは全体ということだ。この全体の中に、あらゆる機械や動物の中にと同様に、これこれしかじかと呼ぶことの出来る部分があるが、全体のこの一部分に個体という言葉を当てるとすれば、それは鳥の翼やその翼の羽根に個体という語を当てるかのように偽りの概念を用いていることになる。哀れな哲学者たちよ、そうやって、君たちはそれぞれの本質について論じるのだ。本質という考えを捨てたまえ。▼47

『ダランベールの夢』にいう網の目は、アッバース朝の帝国の砂漠でジャーヒズが想像したような網の目とは異なっている。それは、砂漠や山や都市にそれぞれ固有な、相互に依存し合う有機体からなる共同の世界などではなく、すべての有機体がほかのすべてに繋がれてその一部である、そういった生きた連関の網である。[48] ダランベールは自分の言わんとする点を例示するために、ジュリーにミツバチの群れをはさみで切り分けようとすることを想像するように求める。彼は、ほかの惑星には、ポリプのような人間が存在していて、トランブレーの微小な池の生き物と同じように、絶え間なく分かれて再生しているかもしれないとすら示唆している。想像したままえと、ダランベールは彼女に告げる、そういう世界では、誰も死ぬのをいとわないだろう。『夢』においては、流動こそがダランベールの見解の核心にある。"Tout est en un flux perpetual" と、彼は言い放つ。「宇宙の光景が至るところで、私に示しているように、すべてが遍く流動のうちにあるとすれば、数百万世紀の経過と変動がもたらさないものなど何があろうか。[49]」ディドロの散文さえが、自然は永久の流動の状態にあるという彼の見解を反映して、その縁からつぎつぎにあふれ出て、会話は考えから考えへと満ち引きを繰り返す。

一七六九年一〇月半ばに、グリムがパリに戻ってくると、ディドロは彼に対話を読んで聞かせた。二人は、内容がたいへん異端な性格を帯びているからというだけでなく、それがダランベールとレスピナス嬢とボルドゥーの口を借りて表されているので、現時点では出版は論外ということで、意見が一致した。にもかかわらず、グリムは、それを写させるために、原稿を持っていった。対話はパリの小さなグループの集いなどで声に出して読まれて、聴衆は息を呑んで称賛した。当然、ドルバックも、それが「演じ」られるのを観るか聴くかしただろう。避けがたいことだが秘密が漏れ伝わったとき、レスピナス嬢は、我が身のこともあり、恋人の身も案じて、ひどい衝撃を受けた。ダランベールは原稿が廃棄されることを強く要求した。ディドロはのちに自分は実際に廃棄したと主張したが、[50] すでに写しが少なくとも一部作られ、いまではグリムの家でしっかりと鍵をかけてしまい込まれていた。

アンジェリックは一六歳になって、恋に落ちていた。父親としては、いまは友人たちのあいだに爆弾を落としたりしている時期ではなかった。スキャンダルなどもっての外である。アンジェリックのために持参金を用意しなければならず、家族と交渉してみたいと考えて、彼は兄のディドロ司祭との和解を工作しようとした。司祭は、何年も前に、罰当たりな弟との関わり合いから一切手を引いていた。その年の晩春に、ディドロはラングルまで旅したが、六週間待っても、兄は彼と会おうとしなかった。司祭は、異端者が今後宗教に反することを一切書かないと約束した場合に限って、異端の弟と会おうと、家族に語った。ディドロは拒否した。交渉はこうして不調に終わったと、アンジェリックはのちに記している。

それから、二人の恋人とその家族のあいだで婚約がまとまってわずか数カ月後、ドルバックは、哲学者ジャック゠アンドレ・ナイジョンのような新しい無神論者の友人たちの影響もあって、ますます政治的な傾向を強めて、自分の発火装置、何年かにわたってロワイヤル街の彼の机の上に鎮座していた時限爆弾を打ち上げた。『自然の体系――自然界と道徳界の法』(*Système de la nature, ou des lois du monde physique et du monde moral*)という題の無神論の論考で、彼は、これをアムステルダムで刊行するべく、ひそかに国境を越えて持ち出していた。男爵は著作の草稿をあらかじめディドロに見せていたが、ディドロは個人的に、論考の中には、何の機知も、何の陰影も、何の味わいも、何の多面性も、何の芸も、何の楽しみも官能的な戯れも見られないと、不満を口にしていた。論考は神を否定し、すべての宗教は恐怖と無知と、人間に似せて神を思い描く発想とから作り出されたものである、精神は脳の働きにすぎない、魂が肉体の死後も生き続けることはない、そして、世界は厳格な法則によって決定されると、論じていた。男爵は自分の主張を新しい科学に言及することで補強していたが、彼の真の関心は、科学や形而上学を探究することにではなく、宗教の力を破壊することにあった。最悪なのは、と、ディドロは友人たちに認めた、男爵が無神論を退屈なものにしてしまったことだ。彼の本は議論を交わすものではなく、戦いを仕掛けるものである。それは大義を推し進めるのではなく、後退させるものだ。けれども、ディドロは自分の考えを口にすることはなかった。彼は、それぞれの気質、それぞれの方法の違いにもかかわらず、あくまで旧友に忠実だった。彼は自身に言い聞かせた、二人は同じ陣営なのだ。

ディドロは、匿名で出された本の著者に自分が擬せられるだろうとわかっていたので、自分に逮捕状が出されることに備えて、一七七〇年八月一〇日、パリを離れた。一八日に、『自然の体系』は、ヴォルテールの『人間と神』、ドルバックの『奇跡論』、『聖なる感化』、『キリスト教の仮面を剝ぐ』とともに、焚書に指定された。デメリーとその部下たちは、その間、本の行商人や仲買人に対して動いており、こういった本の著者の身許を探ることになどほとんど時間をかけてられなかった。彼らの望みはスキャンダルを抑えて、本を黙らせることであって、有名な知識人を殉教者に仕立てることではなかった。[51]ディドロは、一〇月にパリに戻ったが、体調がすぐれず、仕事が立て込んでいること、そして、娘の病気を口実に、誰とも会おうとしなかった。「[僕は]孤独の味を知ってしまって、それで人を避けるようになったのだ」と、彼は一一月にソフィーに宛てて書いている。「僕はここ、自分の書斎で、仕事をしたり、夢を見たり、ものを書いたりしている。幸せとは言えないが、それでも、たぶんほかのところにいるよりはまだしも幸せだろう。ここなら、部屋着を脱がされることはないからね。[52]」

ドルバックの本は、パリの識者のあいだにたいへんな騒ぎを引き起こして、事実上、理神論者を無神論者から引き離してしまった。理神論に傾倒していて、ドルバックの大仰な演説調にずっと以前から我慢ならなかったヴォルテールは、これを「カオスであり、とんでもない道徳上の病気で、闇の作品、自然に対する罪、愚鈍と無知の体系[53]」と呼んだ。彼は、哲学者のジャン＝バティスト＝クロード・ドリール・ド・サールに書き送った、「この途方もない愚行以上に、我々の世紀をおとしめたものはないと思う[54]」。

時はすぎた。スキャンダルは収まっていった。アンジェリックは結婚した。ディドロは再び恋に落ちた。一七七三年、彼は偉大な後援者エカテリーナ二世に謁見するために、ロシアに旅して、それから、ハーグにも出向いて、そこで、かつて偉大なアブラム・トランブレーを雇っていて、いまではすっかり年を取ったベンティンク兄弟に面会した。「二人の謹厳な態度と真剣で重々しい話し方を前にして、僕は本当に自分がファビウスとレグルスとともにいるかのように感じた」と、彼は、高名なローマの政治家の名を挙げて、書いている。そして、彼はしばしば海辺に立ち寄って、北海を眺めて、押しては返す波の音に聞き入っていた。おそらく時と動きについての「この名高い上昇と下降」というマイエの描写を思い、そしてまた、自身の迫り来る死についても思いを巡らせていただろう。彼もいまでは老人だった。「僕はほとんど外出しない」と、彼は書いている、「するときは、いつも海に行くのだ。凪いでいるのも、荒れているのも見たことがない。限りない単調な広がりとつぶやくような潮騒で夢に誘い込まれる。そこではいい夢を見るよ▼55」。

ビュフォンもまた年老いてきて、もっと危険を冒す用意が出来ていた。三〇年のあいだ、彼は、ソルボンヌ、パリ大学神学部の教員たちの庇護を受け、王立植物園の要職にありつづけるかわりに、哲学的に自重してきた。その努力の代償として、彼は名声と権力と王の庇護を得てきたのだ。いま彼は七九歳だった。その契約を破棄したからといって、いまさら何を失うというのか。一七七八年、彼はそれまでで最も物議を醸す著書『自然の各時代』(*Époques de la nature*)を刊行した。この本は、教会の教えとも「創世記」の記述とも根本的に相容れないものだった。ビュフォンは太陽系の起源について論じた。彼は、惑星は彗星が太陽と衝突したことによって作り出されたのであり、地球は教会が主張するよりはるかに古く、七万五千年間存在してきたと提起した(彼は鉄球を冷やす一連の実験を通して惑星の年齢を算出した)。彼はノアの洪水など全く起こらなかったと宣言した。彼はまた、動物の中には、いまはもう使われていない部位の痕跡を残しているものがあり、そのことは、動物が創造されたのではなく、進化してきたということを示唆しているとも、論じた。彼はまた時間の始まりの光景を描写した。溶けた物質の激流が太陽から注がれて、惑星が出来、ほとんど冷やされていない地球は、大気から降り注いでは沸騰して濃い蒸気として気化する水でたぎり、火山が噴火し、すさまじい地震が地下の洞窟の崩落によって引き起こされていた。ビュフォンは、ベストセラーとなって影響も大きかった『博物誌』の各巻を通して、一貫して進化論的な結論を退けていたが、その彼が、種の変異という考えを、地球の年齢をずっと長いものと見なす考え方とともに、広く議論の場へと持ち出したのだ。「私の年齢では、いまは垣間見えるだけの結論をきちんと引き出すのに十分なだけ調査・検討する時間はもう残されていない」と、彼は書いた、「ほかの人たちが私のあとにやってくるだろう……。彼らが測って……、彼らが知るだろう」[56]。

ビュフォンの『自然の各時代』は、即座に宗教界の大物たちの攻撃にさらされ、ソルボンヌも本を非難するしかなかった。ビュフォンは、新たに、一七五〇年に署名したのとほとんど同じ内容の、撤回文を提出した。彼は次の版ではこれも印刷すると約束したが、その時が来ると、そうするのを拒否した。彼は、一七八五年、若い治安判事マリー＝ジャン・エロー・ド・セシェルに昂然と書き送った[57]、「人々には宗教が必要なのだ。ソルボンヌがつまらないけんかを仕掛けてきたときに、彼らが望む限りの満足を与えてやることなどたやすいことだった。くだらない猿芝居にすぎないが、馬鹿な連中はそれで納得するのだ[58]」。

一七八二年、グリムの後を継いだ『文芸通信』の編集者が、ディドロに、『ダランベールの夢』の三つの対話を印刷して、予約購読者に回覧したいがどうかと提案してきた。レスピナス嬢は一七七七年に四四歳で亡くなっており、悲嘆に暮れたダランベールは、隠遁して誰とも交渉を絶っていた。気を悪くするような人間もほとんど残っていなかった。自身も年を取って疲れていたディドロは、これを許可して、対話は、一七八二年の八月から一一月にかけて、四号連続の限定版として刊行された。完全な原稿は一八三一年まで印刷されることはなく、その時もイギリスでのみの出版だった。

一七八四年にディドロが、臨終の床での改宗ということもなく亡くなると、彼の遺体は、哲学者たちの館からわずかに通りを距てて、モーペルテュイも眠っていたサン・ロック教会に埋葬された。彼の柩（ひつぎ）には、娘が雇った五〇人の司祭が付き従った。彼自身、ずっとそのことを望んでおり、四〇年前にデメリーに、死ぬときは、家族のために通常の儀式が執り行われるのはかまわないが、終油などの秘蹟を受けるつもり

はないと説明していた。信念を曲げたのは、彼だけではなかった。一年後、ビュフォンは、郷里モンバールに彼を訪ねてきたエロー・ド・セシェルに語った、「私が病気になって、終わりが近づいていると感じたら、終油を受けるために司祭を呼ぶのをためらうつもりはない。世間並みの儀式として必要なのだ」[59]。文芸誌『メルキュール』は書いている、ディドロの葬儀は「要職にある者や富豪、貴顕にもなかなか見られないような壮麗なものだった。数多くの高名な人々や学者、文人たちが集って、葬列に付き従った……。彼の名の影響力はたいへんなものだったので、二千人もの観衆が、王侯のために取っておくような好奇心で、通りや窓辺、屋上にまで詰めかけて、この悲しい葬列を見送った」。

四年後の一七八九年一月にドルバック男爵が六六歳で亡くなったときには、その葬列にこれほど壮大な行列が続くことはなかった。彼は、家族の立ち会いの下で、サン・ロック教会のディドロと同じ地下の霊廟に彼と並んで、静かに葬られた。その四カ月後、三部会の招集とともに、フランス革命の第一波が始まった。七月には、何千人もの暴徒がバスティーユを襲撃した。八月には、新たな国民議会が「人間と市民の権利の宣言」(フランス人権宣言)を発布し、女性の一団が、近衛軍の護衛の下で王宮をパリに連れ戻すべくヴェルサイユに向けて行進した。ドルバックが埋葬されてわずか一〇カ月後の一一月、国民議会は、教会の資産は「国家の管理下に」あると宣言した。四年後の一七九三年七月、恐怖政治の最中に、聖職者はその職を剥奪され、国外に追放されるか処刑されるかした。ディドロとドルバックが埋葬されていたサン・ロック教会は聖性を否定され、絵画や彫刻、彫像、漆喰の装飾、大理石、奉納品は、はぎ取られるか奪われるかしてしまった。一七九五年一〇月、その回廊は、すさまじい市街戦が続くあいだ、自由の戦士や叛徒の避難所となった。その正面の壁には、弾丸による穴がいまも無数に残っている。百年後、霊廟に繋がる通気孔を掘っていた石工が覗くと、そこには一つの死体も残されていなかった。

パリの啓蒙主義の最も重要な拠点だったロワイヤル街の館は、何の銘板も掲げていない。現在の居住者――歯科医とソフトウェアの会社――は、ドルバック男爵のことも彼のサロンのことも何一つ聞いたことはなかった。「どんな種族が我々の種族のあとを継ぐのか、誰が知ろう」と、ディドロは『ダランベールの夢』の中で問うている。「すべてが変化し、すべてがすぎていき、ただ全体だけがありつづけるのだ。」

第8章 地下のエラズマス

一七六七年　ダービシャー

一七六七年六月の末近く、ダービシャーのキャッスルトンの丸みを帯びた丘陵と砂岩の断崖の地下三百フィートで、ランプを手にした鉱夫たちに導かれた四人の男が、トレー・クリフという銅の鉱山の狭い坑道を、縫うように進んでいた。その顔ぶれは、二人が鉱山の幹部でアンソニーとジョージのティシントン兄弟、ダービーに住む時計と機器の製作者で、鉱山に投資していて、ダービシャーの洞窟や山についての本を書いていたジョン・ホワイトハースト、そして、リッチフィールドに居住する三〇代半ばの医師エラズマス・ダーウィンだった。ダーウィンの友人のホワイトハーストが、ごく最近鉱夫たちが坑道を掘り進めてたどり着いた自然の洞窟を見せるために、彼をここに呼んだのである。背が高く、肥満で、活気にあふれ、あばたでども り気味でもある医師は、飽くことなくしゃべりつづけ、質問しつづけていた。けれども、鉱夫たちがランプを掲げて、最初の洞窟の白い鍾乳洞の逆しまの森が闇を背景にかすかに光ってしずくを滴らせている様子を照らし出すと、ダーウィン医師は話すのをやめた。彼は、洞窟を訪れた人がみなそうなるように、驚きのあまり口がきけなくなったのだ。

ランプのちらつく光の下で、洞窟の湿った壁と白い鍾乳洞の細片は海面のようにさざ波を打っていた。この山でだけ見られる、ブルー・ジョンと呼ばれる希少な蛍石の鉱脈は、黄と紫の帯となって、石灰岩の

1816年かその前後、松明を手にした案内役に連れられて、バイエルンのムゲンドルフ近郊のガイレンロイト洞窟の内部を見てまわる観光客たち（ウィリアム・バクランド『化石化した歯と骨の収集』［1822］より）

あいだに静脈のように枝分かれして広がっていた。[2] 手に持ったランプを傾けて、鉱夫たちが指さしたのは、想像を絶する時間をかけて、これらの岩のあいだを通る地下の水脈が膨張することで脆くなった岩から掘り起こされて、まるでレリーフとして削り出されたかのように、海の生き物や植物を思わせる形状が、あちらこちらで水の滴る岩場に立っているさまだった。鉱夫たちが訪問客に語ったところでは、信心深い人間の中には、大きく開いた立て坑の口が漆黒の池の中へと消えているのを見て、これこそまさしく地獄の入り口だと思い込んで、この地下で気が狂ってしまった人もいたという。けれども、トレー・クリフ洞窟や近くのピーク洞窟の岩の姿がエラズマス・ダーウィンに連想させたものは、人体の毛細血管や静脈や動脈、ギリシアやローマの創造神話、オウィディウスの『変身物語』、オルペウスとエウリュディケーの物語などだった。彼にとっては、トレー洞窟は地獄の入り口ではなく、神秘の聖堂、自然の女神の祭壇だった。その内壁は、象徴で――神聖文字と神秘の文書で――埋め尽くされているように思えた。それは啓示の場であり、魔法の変容と秘密に満ちた場だった。そこには、時そのものの秘密が収められていた。[3]

二日にわたって、四人の友人たちは、キャッスルトン地方のほかの洞窟を訪れた。彼らは、デヴィルズ・アース〔悪魔の尻〕洞窟の入り口に住んで仕事をしているロープ職人たちに会って、地下道を導かれて、そこで渡し船で地下の川を渡って壮麗な大聖堂のような洞窟に案内された。鉱夫たちは医師に、断層とさらに下に延びる立て坑と、石化した川のようにねじれたりくねったりして重なる岩の層、そして、鍾乳洞の足下に出来た水たまりでぴくぴく動いたり身を縮めたりするちっぽけな小エビのような生き物を見せた。ほとんどの層にはそれぞれ一種類の貝殻か海生の有機体しか見られないと、ホワイトハーストは指摘した、まるでおのおのの層が長い時間の間隔を置いて別々に重ねられたかのようだろう。

何十年ものあいだ、ダービシャーの鉱夫たちは、キャッスルトンの鉱石商や土産物屋、あるいは、デヴォンシャー公やサー・アシュトン・レヴァーのような貴族の収集家の代理人に高値で売りつけることを目論んで、石灰岩から貝殻や植物のかたちをした石塊を彫り出していた。[4]彼らはそういったものを石化と呼んでいた。ある者たちはそれらは魔法で出来たと主張し、ほかの者たちは自然のふざけた戯れ、自然の奇想、頭が二つある牛や爪先が七つに分かれた猫のように、自然の設計が途中で放棄されたものだと言った。さらにほかの者は、それは大洪水の痕跡、神の約定の徴、神が人間にされた約束の証(あかし)だと言い立てた。[5]

けれども、ジョン・ホワイトハーストの考えは違っていた。彼はビュフォン伯の『博物誌』の中で、貝殻の化石が見つけられた場所の驚くべき一覧を読んでいて、それが、海から何百マイルも離れた山や石切場、鉱物の採掘場など、知られている限りの世界の至るところにあることを理解していた。いま自分たちの周りに広がる岩石の層は、ここでその最下層に閉じ込められた微小な海洋動物が地球上のごく最初期の有機体であり、最初の陸地が浮かび上がってくるよりずっと以前に形づくられたものであるということを証明している。[6]彼には化石が地球の歴史の秘密を裡(うち)に隠し持っていることがわかっていた。一方、エラズ

40歳前後のエラズマス・ダーウィン（ジョーゼフ・ライトによる油彩の肖像に基づく版画、1770年頃［提供 ゲッティ・イメージズ］）

マス・ダーウィンの頭の中では、時間や地球上の生命の起源についての問いがひしめき合っていた。彼は思った、生命はそんな大昔に、ごく最近になって海から隆起したばかりの土地の地下の水たまりの中などで始まり得たのだろうか。

洞窟が点在するダービシャーのひび割れた土地で暮らして開業していて、エラズマス・ダーウィンは長く化石に魅了されていた。化石や、さまざまな色をしたり流紋があったり輝いたりしている岩石のコレクションが、患者や友人の田舎の邸宅の居間に置かれた飾り棚にたくさん収まっていた。キャッスルトンやダービーの店舗の石壁には貝殻がちりばめられ、貝殻や魚、アンモナイト、そして時には、鰭（ひれ）やあるいはトカゲのような顎（あご）を持ったもっと大きな水中動物の化石が、運河や道路の工事現場、建物の基礎、坑道の水のしたた

る壁、教会の基礎部分などから出土した。一七一二年には、近くのノッティンガムで、作業員がエラズマスの父ロバートの家の向かいにあった牧師館の井戸を作り直していた際に、希少な「ワニ」の化石が出てきていた。ロバート・ダーウィンはその岩石を好古家のウィリアム・ステュークリーに送って、ステュークリーはこれについて論文を書いて『王立協会哲学紀要』に発表し、岩石を王立協会の博物館に収めて、これは海生の爬虫類、おそらくノアの洪水をすら生き延びたもので、「稀なものであり、これに類するものはこの島では今まで見られたことがない」と論じた。[▼7]

エラズマスは、思いを共にする地域の人々、例えば、印刷業者で産業家、工業家でもあり、天文学、地質学、電気、気象学に対する関心を共有していたジョン・ホワイトハーストなどのような人々と、親密な関係を多く築いていた。彼らは、科学に関する事柄を論じ合うために、互いの家で非公式に会うようになっていて、自分たちのことを同好の陰謀家、あるいは、バーミンガムの哲学者たちと呼んでいた。のちに、集まりが形式を整えて、満月の日に最も近い日曜日に開かれる定例の会合へと改められると、彼らは自分たちのことを「ルーナー協会」[◇1]（Lunar Society）と呼ぶようになった。

ダービシャーの洞窟を訪れる数週間前に、エラズマス・ダーウィンは、友人でグループの会員仲間でもあった、製陶会社を経営するジョサイア・ウェッジウッドから、巨大な骨と木の幹の化石と岩の入った箱を受け取った。ウェッジウッドの説明では、彼の雇っている工夫（こうふ）が、トレントとマーシー間の運河を掘り進めている中で、ヘアキャッスルの工事現場から掘り出したのだという。[▼8] 彼としては、ダーウィンは解剖学の知識も一通りあるから、何の骨か特定できるかもしれないと考えたのである。同じころ、ウェッジウッドは別の友人に書き送っている、

◇1　「ルーナー協会」（Lunar Society）　英語で“lunar”とは、「月（luna）に関する」という意味だが、月の満ち欠けが精神の好不調に影響を及ぼすと考えられたことから、やはり“luna”から派生した“lunatic”という単語は「気の狂った」という意味になる。ここで、会員たちは、会の名称に、自分たちが世間の常識から外れたことを研究しているという諧謔を交えた自負の念を込めている。

これらの多様な層は、さまざまな事情のために、流動的な状態にあって、当時地表であったものに沿って、ちょうどヴェスヴィオ火山から流出した溶岩のように、移動したと思われます。それらは、蛇行する川のように、曲がったりくねったりしており……。[でも、] ここはもう私の能力の及ぶところではありません。自然のこれら驚くべき作品は、私の狭小で微視的な理解力にはあまりに大きすぎます。目下のところこれらには別れを告げて、自分の能力に合ったもの、水差しやティーポットの制作に力を注ぐしかありません。[9]

エラズマス・ダーウィンは、ウェッジウッドが送ってきた骨が何のものか特定できなかった。彼は困惑すると同時に、魅了されもした。正確に特定できるためには、骨と化石を、ほこりっぽい箱や飾り棚の中でではなく、それらが出土した際のように、地中の岩深くで見なければならないと、彼は友人に語った。ホワイトハーストにダービシャーの洞窟への旅を企画してもらうしかない。

エラズマスは、二日間の旅からリッチフィールドへ戻った際に、興奮した調子でウェッジウッドに手紙を書いた。「僕は最近、三人のもっと優秀な哲学者といっしょに、地球の内臓を旅してきた」と、彼は書いている、「そして、鉱物の女神が、奥まった寝室で裸で寝そべっているところを見て、その女神様について、君を**楽しませる**――いや、君を**啓発する**、と言うつもりだったのだ――ようなスケッチと計測をしてきた」[10]。数週間後、彼はグループの別の会員だったマシュー・ボウルトンに書き送った、「日を指定してくれるなら、君とスモール博士にぜひとも会いたい……。僕は母なる地球の内臓に入って、その闇の領域で、驚異を目の当たりにして、多くの興味深い知識を学んできた……。そして、水と硫黄、金属と塩を含んだ蒸気で数多くの実験をするつもりだ。さあ、消防車の用意を！」[11]。

「ルーナー協会」のダーウィンの友人たちは、集団で研究や実験に携わっていた。彼らは情報や事実、疑問、証拠、発明や物品を、手紙を通してか集会の場で交換し合った。彼らは自分の知識を互いにぶつけて

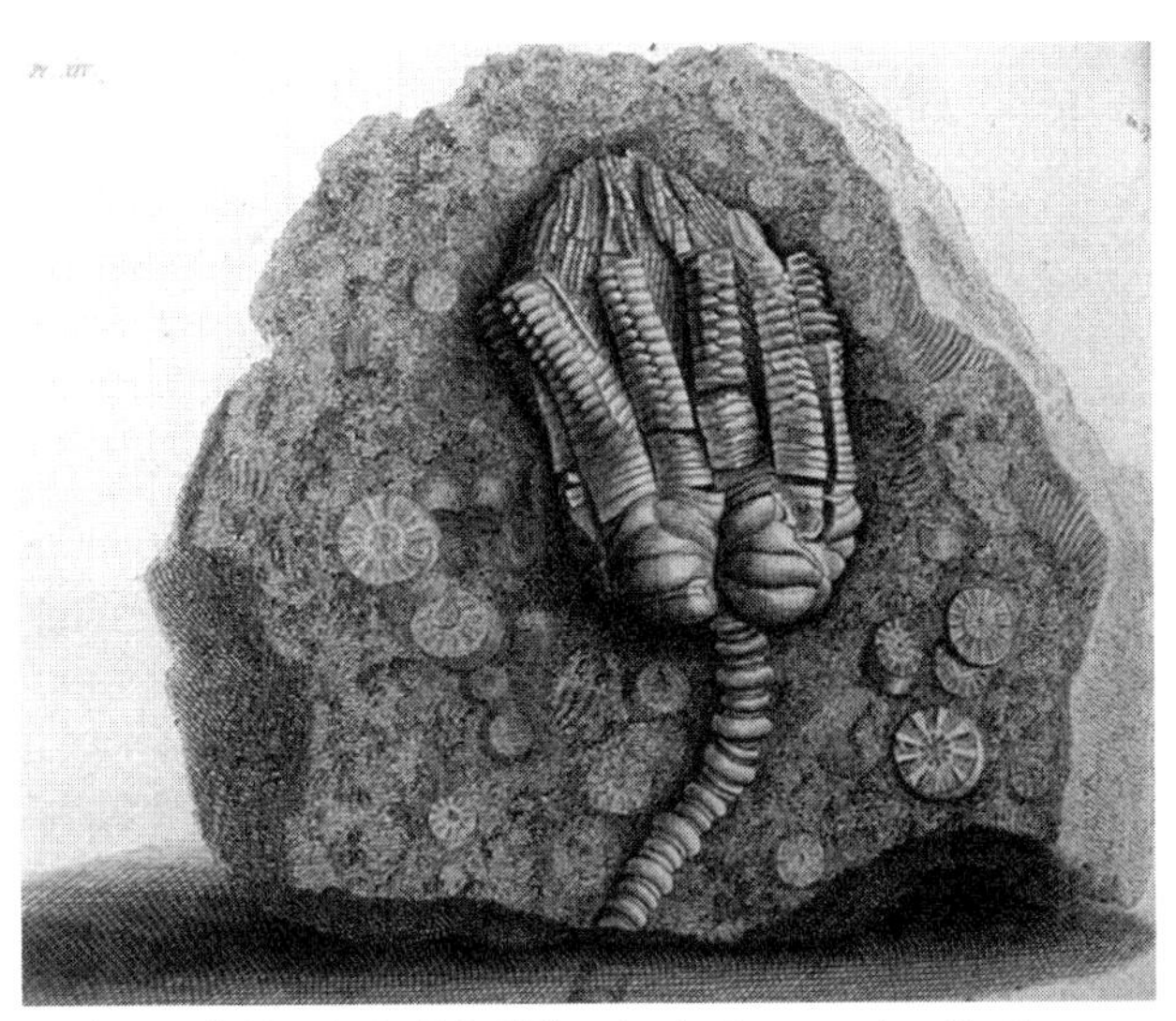

18世紀によく読まれた化石に関する書物、バルテルミー・フォジャ・ド・サン=フォン『マーストリヒトのサン・ピエール山の自然誌』(1799)の挿絵にある、ウミユリの化石の一部が埋まった石灰石

試して、実験し、ノートを取り、混ぜ合わせ、蒸留し、変容させた。彼らの問いの多くは実践的で前向きであり、改善や進歩に関わるものだった。どうすればこれを直すことが出来るのか、どうすればそれを作ることが出来るのか、どうやってこれを改良するのか——。けれども、中には、エラズマスのように、未来よりも過去についての問いに、実践的な問いと同じくらいに、理論的で思索的な問いに、駆られる者もいた。どうやって、いつ生命は始まったのか、どうやって種は存在するようになったのか。

エラズマスは多忙な男だった。毎年、彼は、遠く離れた農場や田舎の地所に住む患者を往診するために、岩が点在する雄大な景色の土地に延びる、でこぼこして時にはほとんど通行不能な道路を、何千マイルも旅していた。生活をもっと快適にするために、彼は大工を雇って、馬車を改装して、本棚と筆記道具一式、ノート

類を備えた小さな書斎のようにしつらえて、また、旅行者を際限のない振動や衝撃、事故から守るためのサスペンション装置を発明しようとして、長い時間を費やした。

一七六八年七月、彼は、馬車の事故のために、数週間にわたって、自由に身動きできなくなった。それに続いて回復のためにさらに何週間も安静を強いられた時期に、彼は、精神と肉体について自分の中で発展しつつあったさまざまな理論を一つにまとめた本――医療と医学について論じながら、同時に、生命そのもの、そしてまた、その発生や起源について彼の中で芽生えつつあった考えも収めることになるはずの本――の準備に取りかかったように思われる。こういった考えは、トレー・クリフの採掘現場で形づくられた問いから生じたものだった。

どんな方向の疑問や主張も禁じられることのない「ルーナー協会」での議論の、自由で囚われることのない討議の仕方にすっかり慣れ親しんでいたために、エラズマスは、いま仮に『ズーノミア――有機生命の法則』と名づけた自分の新しい本が、より広い世界で異端と見なされるかどうか、もうはっきりとわからなくなっていた。このことを測るために、一七六八年八月に、彼は、潜在的に最も物議を醸しそうな冒頭の箇所を一部、友人で神学上の話題の話し相手になっていたダフィールドの教区牧師リチャード・ギフォードに送った。牧師は、雄弁で、哲学に関心があって博識でもあり、精神と魂と肉体の関係について強い関心を寄せていた。ギフォードの返答は、多方面にわたっていて率直なものだったようである。彼はエラズマスに、「生命の生きた原理」を探究しようとするのは「敬虔ではない」と告げた。エラズマスは、それに答えて、きっと「主」は、しもべたちが「自らのなせる業の驚異」を探究することを望まれるはずだと抗議したが、ギフォードにこう請け合いもした、「僕としては、キリスト教を攻撃するつもりなどなく、また、万物の最初の動因たる創造主にまでことを極めるつもりはなく、ほかの人たちがしてきたよりも一段だけ上にまでことをたどろうと努めるだけだ」。ギフォードは、唯物主義者や当代の懐疑論者と結びつけられることの危険について、彼に警告した。「僕としては、この文を発表するつもりはないよ」と、エラズマスは、どこか疲れた様子で、ギフォードに伝えた、「これが人々の道徳に何らかの悪影響を及ぼすかもしれないとわかっていれば、そんなことをするはずないさ」[▼12]。

もし何らかの信念を、教会を怒らせるのを恐れて、公然と表現することが出来ないのなら、代わりに、暗にほのめかせばいいではないかと、エラズマスは考えた。ダーウィン家の家紋には三つのホタテの貝殻が描かれている。スペインの巡礼の大聖地であるサンティアゴ・デ・コンポステーラに向けて長い道のりを旅する巡礼たちが身につける聖ヤコブの徽章もホタテの貝殻で、それは敬虔さを象徴している。古典の神話では、それは豊穣さを象徴していた。ヴィーナスはホタテ貝から生まれたとされていた。カストルとポルックス[◇2]も同様だ。エラズマスは今度は家紋に新しく危険な銘文を付け加えた。E Conchis Omnia ――「すべては貝より」。銘文は短く、意味も判然としていなかったが、ひとたびそれがエラズマスの馬車の扉に描かれて、ダービシャーの至るところで見られるようになると、リッチフィールドの人の中には、正統から外れた彼の見解の昂然たる宣言のように感じる向きもあった。エラズマスはまた印章も作らせて、彼が出す手紙にはすべて、その封筒にこの銘文が付されることになった[*1]。

エラズマスの隣人で、何事にも注意を怠らない聖堂参事会員シーワードが、自分のなすべきことを理解するのに、さほど時間を要することはなかった。直（じか）に対決するのではなく、シーワードは、“Omnis e Conchis”〔貝よりすべて〕という匿名の風刺詩を書いて回覧させた。その中で、彼は、エラズマスの手に

◇2　**カストルとポルックス**　ギリシア神話に登場する双子の兄弟で、母はスパルタの王妃レダだが、兄カストルの父はスパルタ王テュンダレオス、弟のポリュデウケス（ラテン語名ポルクス、一般に、ポルックス）の父は神ゼウスだった。そのため、ポリュデウケスは不死身だった。争い事でカストルが死ぬと、ポリュデウケスはゼウスに兄弟で不死を分かち合いたいと願い出て、ゼウスはその願いを容れて、二人を天に上げて星座（双子座）にしたという。しかし、二人が貝から生まれたという逸話は確認できなかった。エラズマスの記憶違いかもしれない。

＊1　一七七〇年一一月に妻の死を知らせる手紙にエラズマスが用いた、黒い蠟で出来た忌中の印章にすら、この銘文が含まれていた。彼は、一七七〇年の末になってもまだ、用心してそれを使うのをためらうということはなかったわけである。

なる「邪悪のごたまぜ」を非難し、エピクロス◇3のように、

　彼もまた、創造主を否定して、
　感覚（センス）のないものからすべての意味（センス）を作り出し、
　太古のデュカリオン◇4が石から人を作ったように、
　死んだ魚の骨から人間を飛び出させるのだ。
　いやはや、すごい魔術師だ。呪文一つで、
　ザルガイから世界を築くことさえ出来て、
　瞬き一つする間に、エビとカニと
　巻き貝とから、何でもこしらえてみせるのだから。
　ああ、先生、その馬鹿げた銘文を変えなさい、
　でなければ、どこぞの奥方の洞窟（グロット）にでも取っておきなさい。
　さもないと、あなたは創造どころか治療も出来なくなって、
　気の毒な患者はきっと身を震わせることになりますよ▼13

と、書いた。エラズマスは、リッチフィールドの影響力のある聖堂参事会員がしたためたこの風刺に込められた暗黙の脅しを理解した。シーワードは、医師は身を慎まなければならない、さもないと、患者の信頼を失うことになれば、やがては、その生業（なりわい）も暮らしの糧も失うことになるだろうと、ほのめかしたのである。

エラズマスにとって難しい時期だった。妻のメアリーは何年も診断のつかない病に苦しんでいた。度重なる出産と死産に加えて、阿片の常用がさらに彼女の体力を奪っていた。一七七〇年の初夏までに、彼女は妄想を抱きはじめて、誰かが自分の生き残った子供たちを殺すだろうと思い込むようになった。エラズ

マスは彼女が幻影に対して何度も頼み込んでいる様子を伝えている、「みんな殺すのはやめて、一人だけは残して、お願い、一人だけは残してやって」[14]。彼女はその年の六月に亡くなった。

妻の死に続く時期のいつごろか、エラズマスは、彼の生業と一家の評判を気にして、馬車の扉と印章から銘文を取り除いて、それほど物議を醸すことのない発明と運河の開削（かいさく）の計画と、三人の子供たち――当時それぞれまだ一一歳と一〇歳と四歳だった、チャールズとエラズマスとロバート――の世話へと戻っていった。

エラズマス・ダーウィンは馬車の扉と印章から唯物主義的な銘文をはずすくらい近隣の悪評には十分気をつけていたが、ほかの種類のゴシップについてはそのリスクを冒すことを気にしていなかった。妻が亡くなった数カ月後、子供たちの子守として家庭に入った一七歳のメアリー・パーカーは、彼の愛人となって、まもなく、彼の子を宿した。メアリーがダーウィン家の年長の子供たちと町を歩く際に、リッチフィールドの住民は皆その関係を知っていたに違いない。一七七二年に彼女の最初の子供、娘のスザンナが生まれたその一年後、彼女は再び妊娠した。二番目もやはり娘で、一七七四年に生まれて、母親の名を取って、メアリーと名づけられた[15]。メアリー・パーカーは、しばらくの間、そのままエラズマスと暮らし

◇3　**エピクロス**　快楽主義などで知られる古代ギリシアのヘレニズム期の哲学者（紀元前三四一－二七〇）。エピクロスの自然観は、原子論者デモクリトスに負っていて、世界はそれ以上分割できない粒子である原子と空虚から成り立っているとしており、そこに超自然的な神や霊が入る余地はない。そうした世界や存在を把握する際に用いられるのが感覚であり、エピクロスは、これは信頼できるものとみなして、認識に誤りが生じるのはこの感覚経験を評価する思考過程によるものだとした。

◇4　**デュカリオン**　ギリシア神話に登場する人物で、「デュカリオンの洪水」は、世界中の神話や伝説に共通して見られる大規模な大洪水伝説の一つで、紀元前三千年ころのメソポタミアで起こった大洪水の記録であろうと考えられている。

人間の不信心な態度に嫌気がさしたゼウスは、これを絶滅させようと地上に洪水をもたらすが、プロメテウスからあらかじめ知らされていたデュカリオンは、方舟を作って妻とともに難を逃れた。水が引いた後で、ゼウスの教えを受けて、デュカリオンと妻が河原で石を拾って背後に投げると、そこからそれぞれ男と女が生まれてきて、再び地上に人が満ちるようになったという。

て、二人のあいだに出来た娘たちを養育し、エラズマスの息子たちを養育し教育もした。その関係が一七七五年ころに、特段はっきりした悪感情もなく終わったとき、彼女は家を出て、バーミンガムに移って、一七八二年に商人と結婚して、新しい家庭を築いた。エラズマスの二人の娘は父親の許で暮らしつづけ、人目をはばかることもなく息子たちといっしょに養育され教育された。[16]

エラズマス・ダーウィンが知っている自然学者で、地球の起源について重要な考えを持っている人は皆、それを発表するのをためらっているように見えた。スコットランドの地質学者ジェイムズ・ハットンは、一七七四年六月、エラズマスの許に滞在するためにやってきて、ダーウィン家の屋敷を地質学の調査旅行の拠点として使った。[17] エラズマスと同様、ハットンも理神論者だった。彼はおそらくキリスト教の神を信じてはいたが、その神は言わば「後見人」であり、宇宙の作動に介入しない神だった。彼は、友人のホワイトハーストがしようとしたように、自分の科学理論と聖書の字義通りの解釈とを整合させたりする必要を感じていなかった。ハットンはまた、宇宙が誰もが認めようとするよりずっと古くて、陸地は複雑な構成物であり、今も大陸から大陸へと絶え間なく目に見えない程度に移動していると信じていた。けれども、彼は種の変化を信じていなかった。彼には地球について壮大な理論を展開した著書があって、彼はそれを少なくとも一五年にわたって書いてきていたが、それでも、自分の考えを印刷するという危険を冒す前に、もっとずっと多くの証拠を集める必要があると、エラズマスに語った。

エラズマスの手紙には、彼が感じていた苛立ちが垣間見える。一七七五年一一月、ジョーゼフ・クラドックという患者が『村の思い出』という自分の著書を彼に送った。エラズマスは礼状を書き送った、

これに対するお返しとして、私は何を送ればいいでしょう。私は二〇年間詩神をおろそかにして、医学の研究だけにすべての努力を注いできました。医学の論文は何本かすぐにも出版できるまでに完成させていますが、出す勇気がないのです。医学に関わる生きた著者が、敵の没落で自分の評判を上げ

ようと願う輩からどんな仕打ちを受けることになるかよく承知していますから。欠点をあげつらわれるか捏造されるかするのです。あるいは、少なくとも、その本が天使ガブリエルの翼から引き抜いた羽根ペンで書かれていたとしても、嘲笑がそれに汚点をつけることになるのです。

自分の考えを直截な散文で発表する危険を冒せないなら、詩を書く方がましだと、彼はクラドックに語った。「私は最近、ダービシャーのさる夫人に森の木を切るのを思いとどまるよう慫慂することがありましたが、その機会に、ずっとなおざりにしていた詩を書く才を再び試すことになりました。ご笑覧いただくためにここに同封しますが、同時に、生きている限り二度と詩は書かないで、何らかの医学の分野の著書を――死後に出版するつもりで――仕上げることに精進するとお約束します。[18]」

エラズマスは『ズーノミア』をあきらめたわけではなかったが、それを死ぬ前に刊行する方法を見つけられなかった。楽天的で、文明の進歩を情熱的に信じていたので、おそらく彼は、十分待てば、科学の世界はもっと寛容になるだろうと期待していたのだろう。彼は時期を待つことにした。

その間に、一七七五年、彼は美しい既婚の女性と恋に落ちた。近所に住む患者のエリザベス・ポールで、先の詩を贈られたダービシャーの夫人だった。[19]彼女は、退役軍人と結婚して、ダービーから東に四マイル離れた大きな邸宅で子供を育てていた。ポール夫人は、植物学や庭作り、子供の養育や教育といったことで、彼と興味が一致していた。エラズマスは彼女に署名のない恋の詩を送って、古典的な神話と仄めかしを隠れ蓑にして、間接的に、冗談めかして、自らを森の妖精に見立てるまでにして、自分の思いを表現した。[20]

一七七六年、エラズマスは、家から一マイルの距離の谷間に、数エーカーの苔むした土地を、実験的な庭園に変えるために買った。この土地について、聖堂参事会員シーワードの娘で、エラズマスとは仲のよい詩人だったアンナ・シーワードは「木々が複雑に絡み合って人を寄せつけない」と、評している。湧き水で濡れていて、珍しい水生植物に縁取られて、そこはまた古い浴場の跡でもあった。彼は現地の人間を雇って、小川を広げて小さな池にして、「それが灌木の茂みのあいだをくねるように指示した」。彼は多種多様な木と草を植えて、「リンネの科学と景観の魅力を統合した[21]」。たぶん、苔と沼地の草花と昆虫が織りなすこの魅力的に絡み合った土手でなら、よからぬ噂をかき立てることなく、ポール夫人と会えるだろう[*2]。彼が性と自然と生命の起源についての自身の異端の考えを詩にすることについて考え始めたのも、やはりここでである。「リンネの体系は」と、彼は、その年、スウェーデンの植物学者カール・リンネによって導入された植物分類の新しい体系について、アンナ・シーワードに語って聞かせた、「まだ誰も踏み込んでいない詩の領域であり、詩人にとって格好の主題となるものだ。それは詩の世界に素晴らしい眺望を提供している。それはオウィディウス的な変身を示唆している、尤も、方向は逆だけどね。オウィディウスは男や女を花や草木に変身させたが、君は花や草木を男や女に変身させるのだ。注釈は僕が書こう、科学的なものでなければならない。そして、詩の部分は君が書くのだ[22]」。それは、植物学をはやらせて、植物の感覚と性についてのリンネの考えを推し進めるいい方法だ[23]。けれども、アンナ・シーワードは答えて言った。女性の詩人が、植物学や草花の生殖器について書くのはふさわしくないでしょう。その著書はエラズマス自身が書くしかなかった。

　エラズマスの著作にあっては、あらゆる企画がつねにほかの企画へと枝分かれしていった。しかし、その一方で、彼は、自分のさまざまな考えが相互に依存し合っているということを理解しており、それらを別々に区切って考えることを拒んで、それぞれの企画を一つにまとめておく方法を見つけようとした。彼が一七七九年にアンナ・シーワードとリンネの考えに基づく植物の詩について議論したしばらくのちに、彼は実際にそれを書き始めて、詩と同時に、散文による科学的な注釈もいっしょに付けようと努めたが、克服しなければならない障害があった。リンネの著作の英訳が見つからなかったので、翻訳を依頼できるかと期待して、彼はリッチフィールド植物学会を設立した。しかし、実際に手を貸してくれた人たちがさして役に立つものを何一つ作れなかったので、彼はリンネのラテン語の言い回しを自分で英語に訳しはじめた。翻訳は骨が折れてなかなか進まなかったが、彼はそれが驚くようなかたちで詩を際立たせ補足するものだと感じた。
四年という年月を、エラズマスは、机の上に積み上げられた二つの原稿――今では『植物の愛』と名づけられた書きかけの詩と、散文の脚注と翻訳の仕事――に挟まれて、植物の結合と誕生を描いたり、植物の性器を描写する新たな言い回し(棘のようにとがった、端に穴のあいた、ホタテ貝状の、糸状の、槍の穂先のような)を作り出したり、手の込んだ性的な仄めかしを差し挟んで楽しんだり、ポール夫人に求愛したりして、あっという間にすごした。[24]『ズーノミア』――直截で、明確な主張を持ち、平明で、異端的な『ズーノミア』――は、もう少しのあいだ、後ろに控えているしかなかった。いまはまだ物議を醸しそうな本を出す時期ではなかった。フランスは、アメリカと条約を結んで、イギリスへの対決姿勢を露わにしてきた。一七七九年七月には、スペインが、フランスの支持を受けて、イギリスに宣戦を布告した。

哲学と科学に関しては、エラズマス・ダーウィンはフランス贔屓だった。一八世紀の終わり近く、イギリスとフランスの関係が悪化してゆくにつれて、イギリス人は、フランスに関するものすべてに対して、最初は軽蔑するように、その後では不安に思うようになった。彼らから見て、フランスは、カトリック的なもの、貴族的なもの、そして、不安定なものの一切を表象していた。イギリスの自然学者たちは、フランスの自然学者のことを、あの連中は、ビュフォン伯がしたように、壮大な理論を伴う思弁的な科学を論じる、奴らは空中に美しく仕上げられた楼閣を建ててみせると、言うのだった。イギリス人は、対照的に、

*2　彼の長男のウィリアムがエディンバラの解剖台でうつされた感染症で亡くなった後で、夫人が彼を慰めたのも、おそらくここでだろう。

明白な事実を用いることに秀でている、というわけである。壮大な理論が好きで、ビュフォンに心酔していたエラズマスは、この哲学的な保守主義を骨身に染みて感じていたに違いない。

ジョン・ホワイトハーストは、一七七八年、とうとう『地球の原初の状態と形成についての探究——事実と自然法則に基づく推論』という、いわく付きの内容を感じさせる題名の著書を出版したが、それはまさしく矛盾の塊だった。彼が二〇年にわたって研究し収集してきた岩石や貝殻における証拠はすべて、天地創造の物語とノアの洪水を両方とも否認しているように見えたが、彼は科学と聖書を整合させるために、何とかつじつまを合わせようと奮闘した。結局、彼は著書を単純に二つに分けて、自分が発見したことを聖書の記述で解き明かそうとする長い試みから始めて、自分が二〇年のあいだに収集した事実はすべて、本文とは全く違ったことを語っているように見える付論に収めた、彼はキリスト教徒としての日々の務めを欠かすこともなく、ルーナー協会のほかの会員より敬虔な信徒だったが、彼の著書における矛盾は、自身の信仰との格闘の結果というだけでなく、同時にまた、フランス風の理論化から距離を置こうとする彼の試みの結果でもあっただろう。

ジョサイア・ウェッジウッドとエラズマス・ダーウィンは、ホワイトハーストの著書が、自分たちが見ていたもっと早い時期の草稿と比べて、いかに堅苦しいものになっているかということに仰天した。ウェッジウッドは、製陶工場の共同経営者だったトマス・ベントレイに、ホワイトハーストの「原稿は、その最初の形成以降に……、まるで彼の世界が繰り返し地震と氾濫を被ったかのように、多くの変更に曝されてしまった……。平仄（ひょうそく）も条理も一切無視したつぎはぎの記述を持ち込んで正当化するために彼が費やした労苦と努力の積み重ねには計り知れないほど仰天したと言わざるを得ない」と不満を漏らした。別の手紙で、彼は続けている、「僕としては、彼の耳許でその世界を少しひっくり返してやりたいくらいだ。でも、やめておこう、人間としては愛しているのだから」▼25。ホワイトハーストは自身の信仰と闘っていたのだろうか、それとも、単に安全策を採ることにしただけなのだろうか。結局のところ、彼には守るべき仕事があった。彼は、ダービシャーやロンドンの科学者の世界からも実業家の世界からも自身を引き離すわけにはいかず、不信心の徒として追われるわけにもいかなかったのである。

一七八〇年一一月二九日、エリザベス・ポールの夫が亡くなって、裕福な未亡人として残された彼女が、四カ月後に結婚したのは、若い求婚者のいずれでもなく、エラズマス・ダーウィンだった。二人には、以前の夫婦や男女の関係で出来た子供がすでに八人いた。次の八年間に、彼らは自分たちの子供をさらに六人設けることになり、その一番目は一七八二年一月に生まれた。エラズマスの新しい妻は、科学への関心を彼と共有していた。一七八二年の夏、彼はエリザベスと彼女の娘たちをつれて、ダービーの周りの山頂へ、地学の調査旅行に出かけて、まずアクトンの銅鉱山に、そして次に、トールの洞窟に案内した。彼はいまだに、生命は地下の洞窟ややはり地下にある大きな湖の中で育まれた糸状体から発生したという、以前からの考えについて思いを巡らせていた。[26]

『植物の愛』は急速にかたちを整えつつあったが、[27]エラズマスは、自分が作品を発表するような詩人になることには、大きな迷いを感じていた。私的な恋愛詩を作って楽しむことと、植物の性生活についての詩――科学的な内容、しかもそのうちの一部は物議を醸すもの、を盛り込んだ詩――を出版することとは、全く別の話である。一方で、彼はエリザベスに、詩の出版は、たいへん必要となっている臨時の収入をもたらすかもしれないと、語った。友人のアンナ・シーワードは今ではその詩で大金を稼いでいる。その一方で、そんなことをすれば、人を馬鹿にするような評者の言に曝されることになるだろう。とにかく、意見を聞いてみようと、彼は妻に請け合った。一七八四年の春、彼は過激な本を手がけるロンドンの出版者ジョーゼフ・ジョンソンに原稿を送って、こう説明した。「私としては、どうしても作品に著者名を載せてほしくありません。これまで詩を刊行したほかのすべての医師にとってそうであったように、医師としての私の仕事に差し障りがあるように思いますので。[28]」

匿名での出版に向けて『植物の愛』を準備しているあいだに、エラズマスは『植生の経済』という新しい長詩を書きはじめた。彼はそれを『植物の愛』と対にして、『植物園』という二巻本にして出版することにしていたのである。今では彼は、少しでも空いた時間をすべて詩作に当てて――屋内では、子供たちから逃れて東屋にこもって、クッションを支えにした筆記板に向かって、そして、戸外では、馬車の中で――驚くべき速さで書いていた。このころ、患者の一人の幼い娘が有名な医師が泥のはねのかかった馬車から降りてくるのを目にしていた。彼女はのちの回想している、お医者さんは、

大柄で太っていて、その頭はほとんど両肩に埋もれており、当時傷隠しと呼ばれていた短いカツラを着けていて、それを後ろで短いボブ・テールにして結んでいた。どもる癖があったので、何を言っているのか理解するために極力注意を払う必要があった。一方で、その間ずっと、お医者さんの目はたいへん聡明な印象で、私が見たと記憶しているどの人の目にも優っていた。そして、診てもらった人で、彼の様子を見て信頼を寄せなかった人というのはとても考えられない。彼の診察はたいへん明敏だった。彼はほかの医師なら見落としてしまうようなごく小さい徴候も見て取ることで、いつも病気を正確に診断していた。[29]

ジェームズ・ハットンの長く待ち望まれた『地球の理論』が一七八八年に刊行された。エラズマスはむさぼるように読んで、地球が悠久の時間と広大な空間を規則正しく循環して、大陸は限りなくゆっくりと移動して自らを作り直していって、「始まりの痕跡もなければ終わりの徴候も見られない」という、ハットンの大胆な記述に感銘を受けた。地球は、エラズマスにも、ますます、彼が日々診察し治療している人間の身体に映し出されているような、それ自体の内的な秩序とリズムと周期を持っていると思われた。ハットンの書物を通して、エラズマスは、自分のいくつかの未完の原稿はすべて互いに対話し合っており、すべてごく単純であるけれども捉えがたい自然の法則についての同じ探究の一部なのだという自身の見方

を確認することが出来た。ハットンの書物に刺激されて、エラズマスは、自分の地質学上の知見を広げるために大いに努めて、化石をつぎつぎ集め始めて野心的なコレクションにしていった。▼30

『植物の愛』は最終的に、一七八九年、フランスで革命が勃発したのとちょうど同じころ、そして、エリザベスが二人のあいだの六番目の赤ん坊を生んだのと同じ月に、出版された。詩に対する批評家の反応は熱狂的なものだった。▼31 エラズマスは序文の中で、これは、「科学の旗の下に想像力を召集して」、読者に植物学に関心を持たせるための、自分なりの試みだと、説明した。本は一七八九年の雰囲気にふさわしいもので、変化し発展してゆく世界をラブレー的な豊穣さ、猥雑さを込めて描写しながら、あくまで一つの仮説として描いていた。「おそらく自然の所産はすべてより大いなる完成への進歩の途上にあるのではないだろうか」とエラズマスは書いたが、「おそらく」や「のではないだろうか」を付け加えることで、調子を和らげて、その考えを人の目につきにくい脚注の中深くに押し込んでおいた。

エラズマスは科学に関する思索を脚注に埋め込んだ。おそらく彼は、啓蒙された読者、何を期待すべきか知っている者なら、こういった考えを掘り出すだろうと考えたのだろう。友人でルーナー協会の会員仲間だった工業化学者のジェームズ・キアは、これに気づいた。彼は「君は宗教に関してはとんでもない不信心者で、化体（かたい）などちっとも信じられないが」と書き送って、詩の唯物主義についてエラズマスをからかった、「そのくせ、リンゴと梨、乾し草とカラスムギ、パンと葡萄酒、砂糖、油、酢は、水と炭以外の何物でもなく、これらすべてを酸化炭化水素という一語で呼ぶことは言語における大いなる改善であると、信じることが出来るのだ」。▼32 これは鋭い評だった。キアが見たのは、エラズマス・ダーウィンがカトリックの信仰における（秘蹟においては、パンはキリストの肉体に、葡萄酒はその血に変容するという）化体の秘儀を、自分なりの唯物主義的な化学の化体に置き換えているということだった。それは危険な種類の異端だったが、巧妙に変装されていたので、ほとんど気づかれることがなかった。

一七九〇年一月、バスティーユの襲撃の六カ月後、七千人の女性がヴェルサイユに向けて行進してから三カ月後、国民議会がフランス国内の教会の土地と建物はすべて人民の資産であると宣言してから二カ月後、エラズマス・ダーウィンは『ズーノミア』を出版する決意を固めた。彼は、ルーナー協会の会員仲間だったジェームズ・ワットに宛てた手紙の中で、その決断をことさら軽い調子で触れている。「僕は、医学と哲学に関する著作を原稿のかたちで持っていて、いずれ印刷するつもりだが、論争に巻き込まれる恐れがあって(大して気にするほどのことでもないのだが)、あまり儲からないかもしれない▼33(こちらの方が心配だ)。」

確かに危険な時期だったが、しかし、一八世紀末に理神論や無神論の立場で急進的な考えを持っていた多くの知識人にとって、それはまた希望に満ちた時期でもあった。フランス革命は、改革は可能であり、専制政治は打倒でき、人間社会は民主的ないしは共和的な体制に進展しうるということを証明していた。よく知られているように、詩人ウィリアム・ワーズワースは革命が始まったころのパリの雰囲気を何年かのちに回想して、「その夜明けに生きていることは至福だったが/その時に若いということは天国だった」(『序曲』第一〇巻六九三－九四行)と書いている。イギリスの改革論者にとっても、今や、語ること、リスクを冒すことが可能なように思われた。さらに重要なことは、おそらくそうすることが当然の責務のように思われたということである。ほかの自由主義者や非国教徒◇5、急進主義者たちと足並みをそろえて、改革を推し進める側(がわ)に立つべき時なのだ。ウェッジウッドは、フランスにおける出来事を「一つの輝かしい革命」と呼んで、「君が私とともに喜ぶだろうとわかっている」と書いている、エラズマスは、自分の立場を明らかにしようと決意して、『植物園』の中にフランス革命に対する長い称賛の辞を挿入した。彼は、フランスの民衆が巨人ガリヴァーのように「告解師や王」の抑圧から立ち上がり、自由が火山の溶岩のように吹き出して新たに肥沃な土地を作り出していくさまを描き出した。

けれども、翌年、フランス革命がより暴力的な段階に移行してゆくにつれて、イギリスの世論は、非国教徒など正統に異を唱える人々に厳しいものになっていった。エラズマスの友人で、化学者で非国教会派の聖職者でもあったジョーゼフ・プリーストリーは、ルーナー協会の会員の一人だったが、自由主義的な改革の最も公然たる支持者にとどまり続け、『ジェントルマンズ・マガジン』誌で、「自由の伏魔殿の大司祭」と綽名された。一七九〇年、彼の家は何者かに攻撃された。プリーストリーは自由主義的な講演をしつづけて、「世間は特定の人間を抑えつけることは出来ても、正当な大義を抑えることは出来ない」のだから、改革者は臆することなく、迫害に耐えねばならないと、強調した。[34] バスティーユの陥落一周年を祝うために催されたバーミンガムでの食事会が暴動を引き起こした。暴徒たちはプリーストリーの新旧二つの礼拝所を襲って図書室にあった書物をすべて引き破いて、建物に放火し、その後で、プリーストリーの自宅に向かって、家具と書斎にあった本と原稿をすべて燃やして、実験室に置かれていた器具をすべて破壊し、家を引き倒した。プリーストリーと妻はかろうじてロンドンに逃れた。次の一週間に、暴徒と略奪者は、「教会と王は永遠なれ」という自分たちのスローガンを家々の壁や鎧戸に書き殴って、国教会や地主、さらには、治安判事からすら激励されて、四つの非国教会派の礼拝所と二七の住宅を攻撃し、その後になってようやく、暴徒たちを逮捕するために、ノッティンガムから竜騎兵が派遣された。エラズマスはバーミンガムの暴動を「人類にとっての汚辱」と言い放った。

これは哲学者と科学に対する暴動だった。暴徒たちは、ヴォルテールやルソーのような啓蒙主義の哲学者たちにはフランスで革命を引き起こした責任があり、同様の革命を阻止するためには、イギリスではこういった連中は黙らさなければならないと、信じ込んでいた。一人の目撃者は、「家からまるまる半マイルにわたって、道には本がまき散らされ、書斎に入ると、棚にはわずか数冊の本もなく、床は数インチの深さに引き裂かれた原稿で覆われていた」[35]と述懐している。

◇5　**非国教徒**　イギリスで国教会の規律や慣行に従うことを拒否した人々の総称。一般にプロテスタントの急進派を指すことが多く、国教会への信従を強制されて迫害を受け、政治的にも差別された。一六八九年の寛容法によって、おおむね信仰の自由が認められたが、それ以降も、急進主義運動の中核となり、産業革命に貢献した人も多かったが、政治や社会、教育に関する不平等は一九世紀後半まで続いた。

エラズマスの詩『植物園』を構成する二巻のうちの一巻である『植生の経済』は、二四四〇行の韻文と八万語の科学的な注からなっているが、フランス革命への賛辞であると同時に、地質学と自然の秩序と大気についての一連の思索的な論考である。これが出版されたのは一七九二年七月、バーミンガムの暴動のわずか一年後で、パリで九月虐殺が始まるわずか三カ月前である。この虐殺では、何千人もの貴族や聖職者が狩り出され、投獄され、ギロチンで処刑された。フランス人はのちにこれを恐怖政治と呼ぶことになる。これまでのところ、ダービシャーのエラズマスの家の窓を壊す者はいなかった。彼の新しい詩は、その独創性と発想の豊かさ、主題の幅広さゆえに、文芸の愛好家たちのあいだで高く評価され、その時期に最も広く読まれた本の一冊となって、家々の書棚には、メアリー・ウルストンクラフトの『女性の権利の擁護』やトマス・ペインの『人間の権利』などと並んで買い置かれた。

　月が変わるたびに、愛国主義的な大言壮語と反自由主義的な修辞を盛り込んだ出版物がつぎつぎと出されて、フランスでは革命が最も暴力的な段階に入って自由の理想が潰えてゆく中で、エラズマスは、『ズーノミア』と、いよいよ唯物主義的な傾向を強めつつあった執筆中の新しい詩『社会の起源』を、ともに自分が生きているあいだに出版しようという決意を固めた。「僕も今ではあまりに年を取って、面の皮も厚くなりすぎたので、多少の中傷など恐れてられない[36]」と、彼はその思いを吐露している。二つの本を出版することは、自分にとってそれまでで最も大きなリスクとなるだろう。両方の原稿とも、散文と詩からなっているが、公然たる進化論的な思索を含んでいた。一七九三年から九四年にかけて、エラズマスは、日々、二つの詩にさらなる断片や発案、証拠や具体例を加えて、ほかの詩の編集も進めていった。一七九四年五月に、一二人の改革主義者が逮捕され、ロンドン塔に投獄され、一人ずつ裁判にかけられた。政府は、人身保護の八カ月間の執行停止を発令した。一七九四年一〇月、無政府主義の先駆者ウィリアム・ゴドウィンは、「これは、世界がかつて目にした、イギリスの自由の歴史における最も重大な危機だ[37]」と書いている。

　これまでのところ、エラズマスは、改革を中心に据えた急進的な考えに古典の衣装をまとわせたり、おどけた戯作を装わせたり、アレグザンダー・ポープの作品に倣った疑似英雄詩の仮面を被せたりすることによって、非難を免れてきていた。しかし、彼は偽装することに疲れていた。彼が創作を通して賭けていたのは、自分の作品を十分な数の人の許に届けることが出来るのか、家族のために幾ばくかの金を儲けることが出来るのか、彼の考えを広めることが出来るのか、誰かが自分を裁判にかける前に自身は死ぬことが出来るのか、ということだった。そして、これらのことが叶うのなら、自分がこれまで書いてきた内容に対してどんな非難があろうとも、そんなものは振り払えばすむことではないか。**私は草木について書いていたのです。植物学を人々の許に届けようとしていたのです。**

けれども、魔女狩りのような空気が国中を席巻してゆく中で、一七九四年までに、エラズマスは、そういった空気を適当にうっちゃっておくことは出来なくなっていた。一七九四年末、匿名の作者が、『黄金時代』という『植物園』のパロディを書いた。これは、エラズマス自身が改革派の医師トマス・ベドーズに宛てた手紙という体裁を取っており、『植物園』に暗に込められていた革命肯定の感情を完全に露わにするものだった。エラズマスは非難にたいへん当惑して、『ダービー報知新聞』(*Derby Mercury*)にそれは自分が書いたものではないという告示を載せた[38]。

『ズーノミア――有機生命の法則』の初版は、五八六ページの長さで、重さも四ポンドあったが、革命派がフランス王の首を刎ねて、フランスとヨーロッパの多くの国とのあいだに戦争が勃発してから一年後の一七九四年の初夏に、イギリスの書店に並んだ。熱心な読者としては、出版社から新しい詩の一巻が出されるという広告を心待ちにしていただろうが、彼らが目にしたのは、驚いたことに、エラズマスが、専門的な医学論文、生涯にわたって人間の身体を研究し治療してきたことの結実、「多くの事実を病気の理論にまとめ上げ」ようとする企て、病を分類してその一つ一つを論じたものを出版したということだった。散文の文章は素っ気なく断固としたものだった。さまざまな一覧や見取り図、症例や区分が収められていたが、官能的な意味合いを伝える複合語や心地よいリズム、空想の詩的な飛翔や喜劇的要素といったものは全く見られなかった。

けれども、手榴弾が隠されていた。恐ろしく詳細な症例報告や専門的な治療についての注釈をとおして、ダーウィンは、人間の肉体を単に繊維と神経の複雑な束でしかないものとして、そして、家族を経験の類型を一つの世代から次の世代に伝えてゆくものとして描いたが、そういった報告や注釈に深く埋もれて、「発生」という題の五五ページにわたる章が置かれていた。この五五ページは、要約すれば、一つの驚くべき主張、エラズマスが二〇年にわたって口にするのを避けてきた主張、つまり、種――人間という種、そして実際、すべての現存する種――は、先史時代の海で泳いでいた微細な水生の糸状体を祖先として生まれてきたという主張に尽きていた。彼は書いている、

地球が存在し始めて以来、長大な時間のあいだに、人類の歴史が始まるより以前の何百万もの時代のあいだに、……〈大いなる最初の原因〉によって生命力と新しい部位を獲得する能力とを付与された一つの生きた糸状体が、新しい傾向を伴って、刺激と感覚と意志と結合に導かれて、こうしてそれ自体の内在的な行動によって向上し続けて、これらの向上を生殖によってのちの世代に伝えてゆく機能を持つようになった――、そういった糸状体から、すべての温血の動物が生まれてきて、終わりのない世界が出来あがったと、このように想像することは大胆にすぎるだろうか。

この文章における表向きの巧みさと、自分の最も大胆な主張を修辞疑問というかたちで伏せているという事実にもかかわらず、エラズマス・ダーウィンの「発生」の章は、何の躊躇もなくきっぱりと論じていた。進化に関する思索は、とうとう彼の散文の地下の脚注から抜け出して、著書の本文という表舞台に立ったのである。五五ページは自らの存在をことさらに弁明するようなことはしていなかった。エラズマスは、種は変異するものであり、自分たちの環境に適応してきたのだということを証明する証拠を引いて

いた。「いくつかの種の鳥は、例えばオウムのように、木の実を砕くためにより硬いくちばしを獲得してきた。別の鳥は、例えばスズメのように、より硬い種を割るのに適したくちばしを、そして、また別の鳥は、フィンチのように、花の種や木の芽に適したくちばしを獲得してきた……。そのすべてが食べ物の不足を補おうという生き物たちの絶え間ない努力によって何世代ものあいだに徐々に作り出されてきたように思われる。[*3]」彼は発見された化石が遺伝的な系統をたどる方法となりうることを認識していた。また、性的選択についても説明している。彼は、人間はほかの動物の中に置かれた一つの動物であり、それゆえ、特別に魂を付与された存在ではないと示唆した。そして、自分の理論を聖書の記述とつじつまを合わせようとするような試みは一切しなかった。

それから数カ月のあいだ、エラズマス・ダーウィンは、警告や非難の最初の徴候を見落とさないように、書評を待ち構えていた。[*4]一七九四年九月、『月刊誌』(*Monthly Magazine*)が『ズーノミア』は「この時代の最も重要な所産の一つ」であると言い切ったが、しかし、これは驚くには当たらなかった。この雑誌は元から急進的で、しかも、エラズマスの著書を出版していたジョーゼフ・ジョンソンによって発行されていたからである。[▼39]評者は物議を醸しそうな「発生」の章をあっさり無視して、本の残りの部分を称賛していた。それに続いて出た書評もすべてこのやり方を踏襲した。

エラズマスにはこの沈黙は不満だっただろうか。それは知るよしもない。彼はやきもきしながら暮らしていたように思われる。彼は監視下に置かれていた。三年前に、ロンドンの判事ジョン・リーヴは「共和派や水平派から自由と資産を守るための協会」を設立し、すべての町にスパイを雇って、当地の不穏分子を監視するよう指示していた。一七九五年三月に、エラズマスは、政治家で発明家で、ルーナー協会の会

＊3　これは、チャールズ・ダーウィンが説いたような、自然選択を通して作り出される適応という概念とは異なっている。それはむしろ、使われなくなった四肢がしだいに退化してゆくというラマルク的な適応の考えに近い。

＊4　本は、最終的にアメリカで五版、アイルランドで三版まで出て、ドイツ語とイタリア語、フランス語とポルトガル語に翻訳された。

員仲間だったリチャード・ラヴェル・エッジワースに、自分の町の通りにもスパイがいると、こぼしている。「うちの右手にも本職のスパイがいて、こちらの肩に触れるような勢いで、通りの反対側にももう一人いて、どちらも事務弁護士をしている。」自分もエッジワースもリーヴのリストに載っているのは確実だと、彼は書いている、「牧師と違ったふうに考えると見なされた者はみな、リーヴ氏の閻魔帳にアルファベット順に名が載せられていて、もしフランス軍が上陸しようものなら、これらの記録された紳士はみなもっと重罪を犯さないように、投獄されることになっていると聞いている。気の毒なウェッジウッドが言うには、彼の名前は特に大書されていると聞いたそうだ」[40]。ジョーゼフ・ジョンソンもリストに載っていた。エラズマスの知り合いはみな移民を考えているように見えた。「アメリカが唯一安全の地だ」と、彼はエッジワースに、表向きふざけた調子を保って、書き送った、「それに、五〇をすぎた人間が（君のことを言ってるんじゃないよ）、ほかに何を望むだろう。ジャガイモとミルク――ほかには何もいらない。これくらいならアメリカでだって手に入るだろうし、王や聖職者から税金をかけられることもない」[41]。この微妙な平衡は書評一つで崩れかねない。しかし、なおも非難は出てこなかった。沈黙の共謀が続いていた。

それには一年を要した。一七九五年、急進的な考えの広がりを抑えるために一七九三年に創刊された右翼の雑誌『イギリス批評』（*British Critic*）の評者が『ズーノミア』のことを既存の体制を脅かす危険なものと呼んで、読者に読まないよう強く勧めた。状況はさらに悪化した。一七九六年一〇月、エラズマスは、エジンバラの一八歳の法科の学生トマス・ブラウンから丁重な手紙を受け取った。この中で、ブラウンは、『ズーノミア』の主張に「まだ誰一人応えていない」ことに驚きを表明し、自分こそがそれを出版物のかたちでしようと決意したと宣言していた。数カ月後、彼はエラズマスに、かなりの面倒を予感させるような詳細にわたる原稿を送りつけてきた。エラズマスは激怒して、その冬二回にわたって、ブラウンに対してあなたの本は「頑迷」で「無礼」だと書き送った。

エラズマスがブラウンを片付けたと思ったその尻から、一七九八年四月、外務省の事務次官ジョージ・

カニングが、自身の刊行する『反ジャコバン――週刊エグザミナー』という雑誌に、エラズマスの唯物主義的な考え（と彼の詩の文体）を風刺した『三角関係の愛』という長い文章を発表して、事実上、ダーウィンのことを革命の共感者と呼んだ。シリーズものの刊行物という形式に乗じて、カニングは、四月と五月を通して攻撃を引き延ばした。そして、五月には、ブラウンが『エラズマス・ダーウィンのズーノミアについての所見』という、ダーウィンの唯物主義と進化論的な考え、そして、彼の病気の分類を非難した五六〇ページにわたる作品を刊行した。その年の終わりまでに、エラズマスは、政治的な時事漫画に危険分子として登場するようになっていた。監獄も手招きしていた。一七九九年の二月には、彼の作品を刊行していたジョーゼフ・ジョンソンが、何十年にもわたって扇動的な本を出版してきたということで、裁判に掛けられ、「悪意があり、扇動的で、たちの悪い人物であり、わが国王陛下に対してもじつに不敬である」という廉で、六カ月にわたって投獄された。[42]

かつて、一七九一年に革命の理想主義が燃え上がる中で、自身の名声よりも進歩を優先しようという熱い思いの中で、エラズマスは、自身が亡くなる前に、自分の最も危険な二冊の著作を刊行しようと決意していた。彼は、この二冊のうち一冊だけを刊行した。自分の出版者が投獄されたことで、彼は自分の名前が危険分子のリストに載せられたに違いないと確信して、また、自身の顔と名前が時事漫画に登場するようになって、彼は自分が生きているうちに『社会の起源』を出版しようとそれほど急がなくなったように見える。あるいは、彼は精力も決意も失ってしまったのかもしれない。あるいはまた、彼は自分がもうじき亡くなると知っていたのかもしれない。一八〇二年一月、彼は詩に最後の手を入れて、短い序文を書いた。四カ月後、彼は亡くなった。

ジョーゼフ・ジョンソンが詩を出版したとき、亡き善良な医師との友情を尊重しつつも、投獄を経た身としては自身の安全にも気を配って、彼はその表題をそれほど挑発的でない『自然の神殿、あるいは、社会の起源――詩と哲学的注釈』に変えた。[43]この詩は、種の起源についてエラズマス・ダーウィンが発した最後の大胆な言葉だった。その詩には、より単純でより静かな美しさがある。そこには、『植物園』にあったような過剰に凝った、際だって官能を帯びた言語は見られない。詩全体が、冒頭の二行で尋ねられた問いを巡って展開する。「いかに生命は始まったのか。いかにそれは『点火』されたのか。」――それは、今は亡きダービシャーの一人の哲学者が詩の女神に尋ねる問いである。自然の女司祭にして天文学の女神でもあるユレーニアは、地中深く、自然の神殿の奥深くにあって、答えて言う。

有機の生命は波の下で始まった……。
そこから、親もなしに、自発的な誕生で、
いのちを帯びた土塊(つちくれ)の最初のかけらが立ち上がる……。
初めのかたちは、じつに微細で、球面のレンズでも見えないほどだが、
泥の上を動くか、水の塊を突き刺すかする。
これらが、つぎつぎに続く世代が花開くにつれて、
新たな力を得て、より大きな手足を身につける。
そこから、数え切れない種類のいのちの集団と、
ひれや脚や翼といった息づく部位が湧きあがる。

（第一歌、二九五、二四七―四八、二九七―三〇二行）

詩の叙情的なソプラノの下でダーウィンの長々しい散文の脚注のバスの声が説明し、注解し、敷衍し、結びつけてゆく。つぎつぎに謎を引き出して、統合し、自身の以前の作品を参照するよう指示して、エジプトやローマ、ギリシアの創造神話を根拠として引き合いに出し、まるで、「**これらのことはずっと知られていたのだが、隠されるか抑えられるかしてきた。それを私があなたたちのために掘り起こしたのだ**」と

言わんばかりである。彼が語る物語は、中核となる部分に関しては、ルクレティウスの『事物の本性について』に基づいた、「めでたし、めでたし」で終わる単純な話である。宇宙は、「化学的な溶解」によって形成され、何百万年もかけて変化するにつれて、有機的な生命が海の下で発達し、想像もつかないような時の広がりを通して、生き残るために不断に適応し（「戦う世界は一つの巨大な屠殺場だ」）、芽吹いて受精し、不断に向上し、移住し、変異してきた。

無数の昆虫が、数限りない群れとなって、
ウミウチワの庭から、珊瑚の森から、動き出し、
深海の冷たい洞窟を後にして、段なす岸を
這い上がり、岩の絶壁をよじ登る。
乾いた大気の中を、海で生まれたよそ者がさまよううちに、
それぞれの筋肉が敏捷になり、それぞれの感覚が向上し、
水生の冷たいエラは、呼吸する肺を作り出し、
ぬるぬるとした舌からは、大気を震わす音が流れる。

（第一歌、三二七－三四行）

地球の周りで叫ぶのだ、いかに生殖が奮起して
死を征服するかを、そして幸福が生き延びるかを。
いかに生命が至るところで民を増やして、
若く朗々たる自然が時を征服するかを。

（第四歌、四五一－五四行）

『自然の神殿』の中の詩と脚注の一行一行が、二五年にわたって展開され修正されてきた、進化についてのエラズマスの仮説を、最も充実したかたちで打ち出している。

エラズマス・ダーウィンは、いかにして種が単細胞の水生の祖先から進化してきたかについて、そして、岩も種もともに何百万年にわたる適応の結果であるということについて、洗練された理解をしていた。彼はまた自然選択についてもいくぶんかは捉えかけていた。けれども、彼は広範囲に本を読み、多くの異なった分野にわたる考えを統合したが、自然誌の詳細な研究を通して進化の過程を理解するようになるということはなかった。そうではなくて、彼が説いた進化論は彼の医学の知識に由来していた[44]。それは、優れた知識であり、重要な知識だったが、十分な数の人々を説得するのに必要な証拠をそろえて自然選択を構想し資料で裏打ちできるほど広いものではなかった。エラズマスは読者に、進歩は自然が選んだ道であり、それゆえ、改革は恐れるべきではなく、積極的に受け入れられるべきであると、納得させたかった。彼にとっての自然は、孫の自然とは違って、前進していく自然だった。それは改革の時代に登場した自然だった。

好意的な書評は一つもなかった。「恐ろしい」、「おぞましい」、「無神論」、「劣化」と、評者たちはつぎつぎに言い立てた。自由主義的な『月刊時報』の評者は「ダーウィン医師の詩の、人間という種をおとしめ、劣った性質の動物を称揚する傾向」を嘲笑した。彼はさらに付け加えて、詩は「いかなる点でも、読者の判断力なり道徳なりを向上させるようになど適応していない」と語った。『反ジャコバン時報』の評者は読者に、詩は異端の思想に「満ちて」いると警告し、自分は詩が「神のいかなる介入も完全に否定している」ことに衝撃を受けたとも述べた。『批評誌』は、詩が「聖書の信仰を自然の信仰にすり替えようとした」と非難した。『ジェントルマンズ・マガジン』は、詩が「ぎらぎらするほど無神論的」であると言い切った。アメリカでは、ジョーゼフ・プリーストリーが「仮に無神論などというものがあるとすれば、これこそまさしくそれだ」と書いた。『イギリス批評』の評者は、「あまりにおぞましくて、これ以上書くべきことはない」と切り捨てた。[45]

詩人のサミュエル・テイラー・コールリッジは、エラズマス・ダーウィンのこれまでの作品に魅了されていたが、『自然の神殿』には吐き気を催したと、語った。彼はウィリアム・ワーズワースに書き送った、「人間がオランウータンの状態から進歩してきたという考えは、歴史のすべてに、宗教のすべてに、可能性のすべてに反している」。自分としては「人間はその機能をすべて完全に具えて十全に発達させた状態で登場した……という聖書に見られる歴史」の方を採りたいと、彼は書いた。彼はまた、別のところで書いている、「オスとメスのヒョウが、世代を重ねるあいだに、猫を生んだというのか、いやむしろ、猫とライオンを生んだというのか。ダーウィン的に考えるというのは、突き詰めれば、そういうことだ」。[46]

それでも、詩には、少なくとも一人は称賛する者がいた。ロンドンで、若く急進的な詩人パーシー・ビッシュ・シェリーは、一八一一年に「無神論の必然性」という論文を発表したことで、オックスフォードから退学させられて、父親からも突き放されて、それ以来、転々とした生活を送っていたが、彼は手に入れることの出来るエラズマス・ダーウィンの本はすべて注文して、繰り返し読んだ。

エラズマス・ダーウィンが、種の起源について自身が主唱した理論を確信していたということに疑問の余地はない。面倒なのは、一つには彼の人柄や嗜好もあって、一つには、地球について率直に論じた理論は、どんなものであれ、信じられることも尊重されることもないと彼が考えるようになってしまったために、そして、また一つには、彼の住むような濃密な田舎の共同体では、ほかの点では大方のことが許容されたとしても、このように率直に論じることの結果が、自分の生業と立場の喪失となるかもしれないということを、彼自身が知っていたこともあって、これを公然と語ることが彼には決して出来なかったということである。それゆえ、時代に先んじた自由思想の博識家ダーウィン医師は、自身の不信心な考えを、詩に変装させるか、脚注か医学論文の奥深くに埋めるかしていた。けれども、エラズマスの見解を表した詩が、人によっては、暗く異端的で、吐き気を催すように感じられたとしても、それはまた、ほかの人々を刺激し、彼らは、エラズマス自身が見ていたのと同じように、人間の変異という彼の理論の中に、用心深く自らの足で立ち上がろうとする巨人の姿を見ていたのである。

一八一六年六月、ジュネーヴのディオダーティ荘での真夜中のことである。三人のイギリス人の旅行者メアリー・ゴドウィンとパーシー・シェリー、ジョン・ポリドリが、バイロン卿を訪ねてきていた。天候がたいへん寒くて湿気(しけ)ていたので、彼らは数日のあいだ湖の傍らの館にこもって、哲学を論じ合っていた。ポリドリがそれぞれ幽霊話を書こうと提案したが、みなが幽霊や怪物について考えているうちに、会話は大きくずれていった。二二歳のパーシー・シェリーは、オックスフォードを退学してから間もなかったが、顕微鏡の使用法や太陽系、磁力、電気などについていろいろ読んでいた。彼はみなにダーウィン医師の発見について語って聞かせた。水と小麦粉を練った状態の中で、空気がなくても、微小な有機体の数や大きさを増やすことが可能で、乾燥しきった後でも、それらはもう一度生き返ることが出来る、というのである。彼はみなに言った、生命はこうやって始まったのだ。エデンの園でではなく、池の中の小さな有機体からね。彼は思いを巡らせた、微細な水生の生き物を死からまた生へと駆り立てる生命の原理を捕まえる方法を見つけることは可能なのではないだろうか。

シェリーの聡明で知的好奇心の塊のような恋人メアリー・ゴドウィンは、ウィリアム・ゴドウィンとメアリー・ウルストンクラフトの娘だったが、別の理由で生命の理論に興味を惹かれた。まだ一八歳で結婚もしていなかったが、一六歳の時にシェリーと恋仲になって以来、彼女はずっと妊娠していた。一八一四年に駆け落ちして、ほとんど一文無しの状態でヨーロッパ中を旅行していて、一八一五年二月に、彼女は最初の子供——娘——を生後わずか二カ月で失った。娘の死は彼女を打ちのめした。「赤ん坊が亡くなった」、と彼女は書いている、「惨めな日だ」。八週間のうちに、彼女はまた妊娠して、一八一六年の一月に二番目の子――男の子ウィリアム――を生んだ。ディオダーティ荘に滞在中のこの時期、彼女はすでにまた妊娠していた。[47]

メアリーは――その年に、シェリーと結婚して、メアリー・シェリーとなるが――一八三一年に『フランケンシュタイン』の改訂版の一巻本に付した序文の中で、ディオダーティ荘での深夜の会話について述べている。「みなでダーウィン医師の実験の話をした……。彼が細いスパゲッティを一本ガラス容器に保存しておくと、何か不思議な手立てで、それが自発的に動き出したのだという。結局のところ、こんなふうにして生命は与えられたのではないだろうか。ひょっとすれば、死体を生き返らせることも可能かもしれない。直流電気はこんなことの兆候を与えていた。ひょっとして、生き物を構成する部位が作られて、一つに合わされて、生命の温もりを付与されるということもあるかもしれない」。

細いスパゲッティ（vermicelli）というのはシェリーかメアリーの側の記憶違いで、ダーウィンは、『自然の神殿』の中の自発的発生についての注の中で、実際にはツリガネムシ（vorticellae）と書いていた。彼は、鉛製の樋（とい）で見つけた微細な水生の糸状体について、それが、乾燥すると、生命の徴候を全く示さないが、「水の中に入れられると、半時間ほどのうちに、物憂げな動きが始まり、球体が転がって、しだいに伸びていって、生きたウジ虫のかたちを帯びて……、食べ物を求めて、水中を勢いよく泳ぐようになる」と述べている。

頭の中に生命についてのこういった思いがつぎつぎに湧いてきて、よく眠れないままに、メアリー・シェリーは、「罪深い学問を積んだ青ざめた学生が、自分が一つに組み合わせたものの傍らに跪いている夢を見た、「私は、人間のおぞましい幻影が身体を伸ばして、それから、何か強力な動力源の作用で生命の徴候を見せて、ぎこちなく、活気に乏しい様子で身動きするのを見た」。

一八一一年一月に発売されると、『フランケンシュタイン』は瞬く間にベストセラーになった。今では

現代の空想科学小説の元祖とも見なされているが、これは世界で最も有名なホラー小説である。メアリー・シェリーは書いている、

私が自分の労苦の結実を目にしたのは、一一月のわびしい夜だった。ほとんど苦悶の域に達するほどの不安を抱きながら、私は生命の道具を身の回りに集めて、自分の足下に横たわる、いのちを欠いたものに存在の火花を吹き込もうとした。すでに午前一時になっていて、雨が陰鬱な調子で窓の桟を叩いており、ろうそくはほとんど燃え尽きていたが、そのとき、私は、半ば消えかけたかすかな光に照らされて、生き物の鈍く黄色い目が開くのを見た。それは重い呼吸をして、痙攣したような動きで手足を震わせた。

第9章　パリ植物園

一八〇〇年　パリ

セーヌ川の左岸には、錬鉄製の門の向こうに、パリ植物園（Jardin des Plantes）が、水際から、内部の道はすべてまっすぐに、周囲との境界は左右対照をなして、一番奥の自然史博物館の古典的な正面壁にまで延びていた。もともと「王の庭」と名づけられ、王のために作られた薬草園だったが、一八世紀には、園は、ビュフォン伯の指導の下で研究に勤しむ傑出した植物学者の一団を擁していた。ビュフォン伯は、園を改修して拡大し、温室や迷路を加えて、新たに珍しい植物の収集にも取り組んだ。一七九三年に王制が打倒されると、フランス革命政府は、「王の庭」を「植物の庭」〔Jardin des Plantes 通称 パリ植物園〕と改名し、その敷地に自然史博物館を設立して、あらゆるかたちの自然を研究し、知識の領域を拡大することで、フランス人民の栄光に資するべく、地位も給与も平等の一二人の教授を指名した。

恐怖政治として知られることになる暴力の噴出に至る数カ月のあいだ、群衆が通りで暴動を繰り返し、貴族たちがフランスから逃亡するかパリの監獄に放り込まれてギロチンに引き立てられるかして、首斬りと処刑と蛮行が繰り返されているあいだに、地方の宮殿や瀟洒な町の邸宅から没収された自然誌の収集物を箱詰めにして運ぶ荷車ががたがたと音を立てて、これらの門を通って入っていった。一二人の教授と助手たちは、骨や化石、剝製にした動物たち、鉱物、保存処理された無脊椎動物を収めた瓶、希少な貝殻や珊瑚などをつぎつぎと荷ほどきしていった。没収された教会や宮殿から資金が潤沢に入ってくるなかで、石工や大工たちは、新しい温室や展示室、実験室や講義室の設計図を作成した。馬と牛がモンマルトルの石切場から荷車に積んだ石を引いてきた。石工は穴を掘って排水し、溝を掘って土地をならし、石を積み上げて、窓枠にガラスを嵌め、屋根に瓦を葺いた。大工は、図書室や講義室、展示室に置かれる新しい本棚と展示用の棚、磨き上げられた何列もの座席のために、継ぎ目のほぞを咬ませた。

植物園の収集物は、追放されるか処刑されるかしたフランスの貴族から没収された資産でだけでなく、戦利品ででも、膨れあがっていった。一八世紀最後の数年間に、フランス軍がヨーロッパ中の国々をつぎつぎと陥れながら進軍していくなかで、彼らは新たに征服した国の最良の動物園や自然誌の収集物を収めた飾り棚を接収して、珍しい動物や収集物をパリ植物園の教授たちの許に送った。オランダからの二頭の象も含めた生きた動物たちと、剝製にした動物たち、付箋を貼った骨や化石を収めた箱が、荷車にうずたかく積み上げられて、没収した歴代のコンデ公[◇1]やオランダ総督の膨大な収集品と並んで、フランスの街道と水路を通って、パリへと入っていった。ナポレオン・ボナパルトが共和国軍の中で——最初は将校として、それから将軍として、そして、自らをまず一七九八年には執政に、つぎに一八〇四年には皇帝に指名して——権力の座に上っていく中で、彼は専門家を雇って、ヨーロッパで最も有名な絵画や書籍、自然誌の標本のコレクションを特定させて、そのうちで最も優れた品を選別させて、荷造りしてパリに送るのを監督させた。フランス人の科学者の探検家が研究すべき新しい土地を探して海外に出て行ったとき、彼らもまた、岩から剝がして、穴から掘り出して、ジャングルで罠に掛けて、手に入れた、何千もの種を保存処理して、自分たちの首都に送った。

一八〇〇年には、植物園には五六人の従業員とその扶養家族が住んでいた。勤務先の博物館のそばに建てられるか改修されるかした立派な家に住む教授たちに加えて、自然誌家の助手や、展示室の管理人、庭師、動物の飼育員、守衛、税理士、大工、ガラス職人、石工などがいた。彼らは博物館に付属するアパートに、家族がいればその家族と一緒に、そして時には、妻や子供たちだけではなく、きょうだいや姪や甥、親たちと一緒に住んでいた。家政婦を雇っている者もいれば、小さな庭を手入れしたり家畜を飼ったりする者もいた。植物園はそれ自体で一つの完結した世界をなしていた。[1]

けれども、共和国と次には皇帝がパリ植物園の中に作り上げたユートピアについて語るフランスの新聞記事にもかかわらず、高い壁と鉄の門の奥にある生活は完全に調和の取れたものというわけではなかった。一二人の教授のうち三人は、ここで、一九世紀の初頭に繰り広げられた思想闘争に従事していた。彼らは生命そのものの性格と定義について、そして、現存する種はもっと初期の種から変容してきたのかもしれないという、そのころまでにヨーロッパでは広く論じられていた考えについて、戦っていた。最終的にフランス人は種の変異を表すのに transformisme（変容）という言葉を用いることになるが、一九世紀の初めごろにはフランス語にはこの意味を表す単一の言葉はなかった。のちに、イギリス人は、英仏海峡の先に、攻撃的で敵意に満ち不信心な国と見えたものを眺めやって、そういった考えを、錬金術から取った言葉を用いて transmutation（変成／変異）と呼び、それを本質的に異端であり、同時に、危険なまでにフランス的であると見なした。それはキリスト教の核心を攻撃するものであると、聖職者は宣言した。さらに、天地創造についての聖書の記述に反しており、人間が享受できるように宇宙を設計された慈悲深い神という考えを汚し、宇宙における人間の地位を矮小化し、人間は神によって支配者となるよう認められたという信仰に挑戦し、地球の年齢は六千年前後であるという聖書に基づく推量に反している。それは到底支持できるものではない、というのである。

◇1　**コンデ公**　フランスの貴族の家系で、ブルボン家の支流。

教授が三人なら、自然の見方も三通りあってそれぞれ違っていた。一九世紀の初め、ナポレオンがヨーロッパと戦争を始めたころ、ジョルジュ・キュヴィエ、ジャン＝バティスト・ラマルク、エティエンヌ・ジョフロワ・サン＝ティレールの各教授は、植物園の中で戦闘態勢に入った。三人は、自然の法則を発見したいという共通の動機では一致していたが、互いに根本的に違っていた。

ジャン＝バティスト・ラマルクは、世紀が変わるころに五〇代だったが、最も年長だった。小さな田舎貴族の一一番目の息子だった彼は、七年戦争の際に軍務に就き、その後は、パリで植物学者として糊口をしのいでいた。ビュフォンは、彼の仕事に感銘を受け、何かと目を掛けていた。植物園の改革に伴って、ラマルクは、昆虫と地虫と微小動物を担当する教授に指名され、無脊椎動物の膨大なコレクションについても特別に彼の管轄とされていた。二度にわたって妻に先立たれ、彼はいま、自然史博物館に隣接した、かつてビュフォンが住んでいた大きな屋敷の一つのフロアを占めるアパートに、三番目の妻と八人の幼い子供たちといっしょに住んでいた。[2]

エティエンヌ・ジョフロワ・サン＝ティレール（姓を短く略したジョフロワで知られていたが）とジョルジュ・キュヴィエは、一八〇〇年にはともに若かった。その年、キュヴィエは三一歳になった。ジョフロワは二八歳で、植物園で最も若い教授だった。キュヴィエが最初ドイツからパリにやってきたとき、彼とジョフロワは同居して、論文も共同で書いていた。ドイツの田舎町の出で、パリに有力な後援者などほとんどいなかったキュヴィエは、植物園でなんとか職にありつくまでに四年を要した。[3] 野心的な性格で、仕事に就くために労苦を惜しまなかった。職を得てまもなく、彼は、植物園のために最近購入された、自身の住まいに隣接する巨大な建物の屋根裏を勝手に専有した。そこに自分の比較解剖学の博物館を作ることを目論(もくろ)んで、彼は、古い展示室に「薪の山のように積み上げられて」いるのを見つけた、使われていなかった動物の骨格を借用した。[4] 彼は、自然誌は、それぞれの種の身体構造のあいだの関係を比較することを通して、厳密な科学に変えることが出来ると確信していた。彼は友人たちに語って聞かせた、フランス

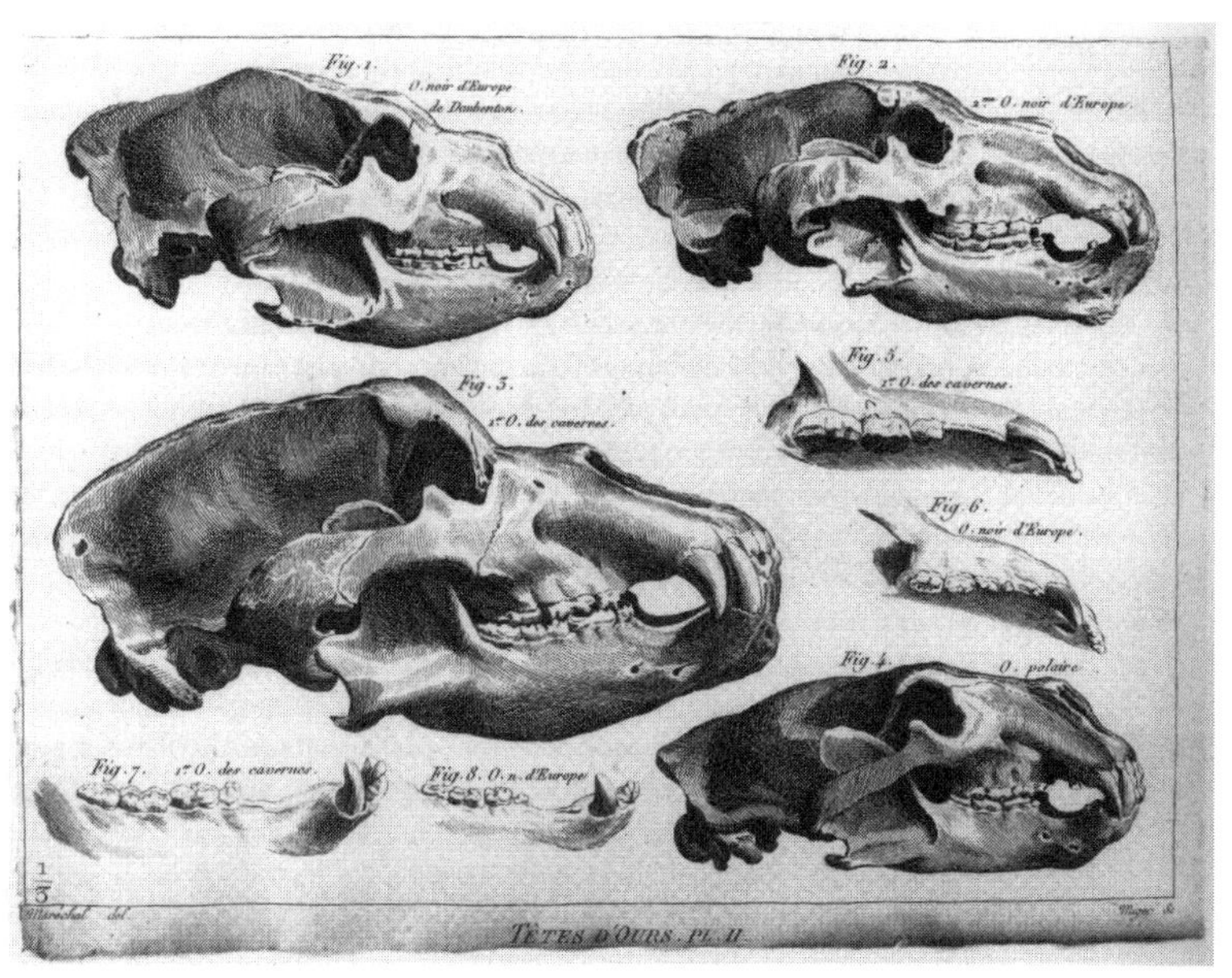

キュヴィエによる、現存する熊と化石の熊の頭蓋骨と歯の比較（ジョルジュ・キュヴィエ『骨の化石』［1812］より）

が先頭を切って、古い誤りを、古い正統を、覆すのだ、自然界の地図を描き直すのだ。以前の自然誌家たちがしてきたように、動物たちの外面的な特質を調べるのではなく、その内的構造を調査し分析するべきときだ。

　やがて、古い荷馬車置き場とかつての穀物倉庫の屋根裏の一部を区切って作られたキュヴィエの比較解剖学の博物館は、解剖のためのスペースと研究室と書庫、そして、動物の各部分の互いの関係についての自分の根本的に新しい理解を例示するために、キュヴィエが組み立ててピン留めした動物の骨格と化石でいっぱいのいくつもの部屋を備えるようになっていた。▼5

　来てから間もないこのころ、キュヴィエは用心しなければならなかった。彼はまだ教授そのものではなく、年老いた動物解剖学の教授の代理にすぎなかった。自然史博物館の図書室や回廊で、学生や教授たちは互いについて噂やささやきを交わして、評判を高めたり貶めたりしていた。ますます計測と事実、正確さと証拠に傾倒していたキュヴィエには、研究の中でさまざまな分野に首を突っ込んで、気象学、植物学、化学、物理学の境界を越えてうろつき回るラマルクは、古いタイプの何でも屋、前世紀に属する科学人と映ったに違いない。キュヴィエは、ラマルクのことを、何事につけ異論を唱え、取り憑かれたようで、いつもほかの分野の専門家と対立していると見なしていた。あの爺さんは新しい考えにほとんど耳を傾けようとしない、彼は自分の理論と体系以外には何にも興味がないように見える。[6]

対照的に、ジョルジュ・キュヴィエは、明白な事実を尊ぶ男だった。非の打ち所のない礼儀作法を身につけて、スマートに着こなした知的な職業人だった。彼は、規則と上下関係、法と政治的秩序の擁護者だった。壮大な理論と思弁はすべて前世紀の一部なのだと、彼は弟のフレデリック・キュヴィエと秘書のシャルル・ロードリアールによくこぼしていた、そんなのはビュフォンの世紀のものだ。前の世紀の「体系」の細分化と増殖がものごとを錯綜させ、全体の構図を乱してしまった。新しい自然哲学では、真実か否かは、緻密な観察と精確な記録に基づいてのみ判断されなければならない。ビュフォンが年を重ねるなかで陥っていった乱暴な考え、種の流動と変異に関する概念は、単に証明不能というだけでなく、危険なのだと、彼はつねづね言っていた。そういう考えは自然の秩序に戦いを挑むもので、自然誌の評判を危険に曝すことになる。[7]

ラマルクとキュヴィエは異なった伝統に属していた。二人の関係は、一八〇〇年初めには良好なものだったが、しだいに緊張を孕んだものになろうとしていた。[8]

一八〇〇年五月までに、パリ植物園の博物館は、戦利品をたらふく詰め込んで、自然に関する知識の世界最大の収蔵庫となっていた。何百人もの若い法律家や医学生、病院の管理官に旅行者たちが、公開講座

を聴いて、教授たちといっしょに研究するために、受講登録した。[9] 検閲する聖職者もいなかったので、学生と教授たちは、生命と天地創造の本質について哲学的に大胆な議論を自由に交わすことが出来て、そして、彼らの会話はパリの通りへとこぼれ出ていった。

パリ植物園の講義の季節は始まったばかりだった。六四人の若者――ほとんどは三〇歳未満で、中には一八歳の者までいた――が講義用の階段教室に並べられた座席に着いて、昆虫と地虫と微小動物を担当するジャン＝バティスト・ラマルク教授の登壇を待っていた。彼らは大方はフランス人だったが、中には、イタリアやイギリス、アイルランド、ブラジル、そして、スイスからやってきた学生もいた。彼らは世界で最高の自然誌研究の拠点で、偉大なビュフォンがかつて暮らして研究を重ねていた一平方マイルの中で、学ぶために来ていた。[10] その学生の誰一人として、この講義が歴史に残るものになるだろうということを、これまで種は固定されていると主張していたラマルクが、種の起源について考えを改めたということを、まだ知らなかった。貝殻と無脊椎動物の膨大な収集品の中の現に生きている形態と化石で出てくる形態との関係を研究してすごした年月から、彼は、すべての種はより初期の形態から進化してきており、変異し続けていると信じるようになっていた。そして、彼はいままさにその主張を公にしようとしていた。[11]

ラマルクは、その日、自然誌の研究は単なる事実の収集をはるかに超えるものを必要とすると宣言することから始めた。自然誌家は、偉大なビュフォンのように、リスクを負う心の準備が出来た哲学者でなければならない、つねにより大きな構図を求めていなければならないのだと、彼は強調した。[12] それから、彼は――かつてなかったことだが――自然を、つねに流動の状態にあり、尽きることのないかたちで新しい種や有機体を絶え間なく生み出し続けるものとして、説き始めた。住処（すみか）や気温、行動、生活様式の多様性がすべて、生き物の発達に影響を及ぼすと、彼は言い切った。こういったさまざまな影響の結果として、動物の四肢や体形は、使うことで発達し強くなり、それから、長く保たれた習慣の効果の下で多様化すると、彼は続けた。そして、目に見えないかたちで、何千年のうちに、器官や部位の性格やかたち、状態が世代を超えて保存され受け継がれてゆくのだ。[13]

ラマルクの新しい変容論的な考えは、「おそらく」や「かもしれない」で囲われていたが、彼の理論は単純明快で、学生たちにとっては間違いなく驚くべきものだった、――**自然は動いている**。彼は以前にも、**la marche de la nature**（自然の行進）という表現を自然の規模の大きさという意味で用いていたが、彼がいまその言葉を用いるとき、それは違ったことを意味していた。彼は自然が実際に動いているという意味でそれを使った。自然は**行進して**いる、最も単純なかたちから最も複雑なかたちにまで進歩しているのだ。彼は書いている、「少しずつ進むことで、自然は、現在私たちが見ている状態に到達したのだ」。[14]

ラマルクは、その日聴講席に座っていた学生たちに、彼の説く、果てしなくいまも続いている過程の鮮明ではあるが奇態な全貌を示すために、鳥の例を用いた。つまり、鳥の脚が伸びたり、鳥の爪が鉤型に曲がったり、鳥の趾（あしゆび）に水かきが出来たりすることである。彼は学生たちに、水鳥の一種が水の中を進むのに繰り返しつま先を広げて、世代を重ねるうちに水かきの付いた足を作り出すさまを想像するよう求めた。彼は木に止まっている鳥を思い浮かべるよう求めた。時が経つうちに、その鳥は、必然的に、もっとうまく止まっていられるように、より長く、摑みやすい、鉤形に曲がった趾の上に「身を置くようになる」かもしれないではないか。岸辺に住む鳥が絶えず泥の中を歩いているさまを想像してみたまえと、彼は語った。世代を重ねるうちに、悠遠な時間の経過の中で、その鳥は最後にはより長く、毛のない脚を発達させないだろうか。彼が用いた言葉は漠然としていて捉えがたい。木に止まる鳥は「必然的に……趾を獲得したと、彼は主張した。泥の中を歩く鳥は長く毛のない脚で「立つことになる」[15]。それは容易にパロディにされそうな光景であるが、しかし、それはまた、神も聖なる計画も含まない光景である。

植物園の学生たちがラマルクの新しい考えを議論しているのをキュヴィエが耳にするのに、それほど時間はかからなかっただろう。キュヴィエは信仰心の篤い男ではなかった。ラマルクの考えが聖書に記された天地創造の物語と食い違っているという事実自体は、彼には問題と感じられなかっただろう。キュヴィエから見て問題だったのは、ラマルクの考えが単に科学として間違っているということだった。彼は一七九六年以来、すべての四肢動物が単一の種に由来していると考えるのは馬鹿げていると、宣言していた。そんな理論は「自然誌全体を……いかようにも変わってゆくかたちと捉えどころのない種類の寄せ集めに還元してしまうことになるだろう」[16]。何年にもわたって苦労を重ねて、動物の生理学的、解剖学的な内的構造を比較してきた結果、彼はすべての有機体は機能的に統合された全体であると確信していた。その平衡に何らかの変化を加えることは、そのまま、その有機体を生きられなく、生き残るに適さなく、してしまうだろう。けれども、彼はラマルクの考えが馬鹿らしいとは思ったが、自分がラマルクの考えに反応するのを一切拒否すれば、ほかの者たちもそれに倣(なら)うだろうと考えて、自身の思いは胸にしまっておくことにした。それに、公の場での論争を避けるというのが、フランス科学の礼節というものである。自分としては、ラマルクの考えがそのまま維持されるのであれ、倒れるのであれ、それ自体に任せておけばいい。

一八〇〇年から一八〇二年にかけての二年間、五七歳のラマルクは、自身の健康状態が芳しくないということで、自分が計画していたすべての企画を完遂することが出来なくなるのではないかと案じていた[17]。彼は憑かれたように書き続け、何冊かの本の原稿を同時に書き進め、つぎつぎに刊行していった。そして、新しい本を出すたびに、自分の体系の趣旨をどんどん推し進めて、思弁的な異端の領域の奥深くへと入っていった。無脊椎動物についての体系的な概観に一八〇〇年の自分の講義のテクストと化石に関する短い回想を添えた『無脊椎動物の体系』(*Système des animaux sans vertèbres*)(一八〇一)の中で、彼は、化石は地表で「生き物たちが自ら継続的に経験してきた変化」の痕跡であると主張した。

ともに一八〇二年に対になって刊行された『水文(すいもん)地質学』(*Hydrogéologie*)と『生き物の身体の組織化の

研究』（*Recherches sur l'organisation des corps vivants*）の中で、ラマルクは、動物が変容を被ってきたという自分の理論を、解剖学や動物学、植物学、鉱物学、地質学、化学、自然誌に関する当時の膨大な論争という脈絡の中で、敷衍し擁護した。[18] 彼は『水文地質学』の中で、地表は、その表面の上と下で動きつづけて地殻に絶え間ない変化をもたらす規則正しく継続的な水の活動によって、形成され改変されてきたと、論じた。同じ原理が動物の身体の形態の変化にもあてはまる。「動物の習慣や個別の機能をもたらしてきたのは、器官――つまり、動物の身体の性質やかたち――ではない」と、彼は書いた。「逆に、動物の習慣やその暮らし方、そして、その動物の個々の先祖が置かれていた境遇こそが、長い時のあいだに、その身体のかたちや、その器官の数や状態、そして最後に、それに具わる機能を、決定してきたのである。[19]」

これらの本と、それに続いてラマルクが著した作品の多くには、陰鬱な詩情が漂っている。彼が説いた変容説は、侵蝕と侵略の物語――有機体と土地が、対立し合う過程のあいだの平衡に永遠に囚われて、自然の破壊的な力に戦いを挑み続ける物語――である。「この目に見えないほど緩慢な過程では、海はそれが移動する中で遭遇する大陸の岸辺を絶え間なく砕き、破壊し、侵略する」と、彼は書いた、「一方、反対側の岸では、海は絶え間なく降下し、それが隆起させた陸から退いてゆき、その背後に新しい大陸を形づくってゆくが、そうして退いた海も、いつの日か、破壊するためにまた戻ってくるだろう[20]」。これらの過程は強力かつ緩慢であり、実際あまりに緩慢なために、地球の年齢は「人間の計算能力を完全に超えている」と、彼は書いた。[21] ラマルクは楽観的な物語――動物があらゆる逆境を超えて生き残って向上するために力を尽くす様子――も語っており、その中に後になってあの有名はキリンの例も含めたが、彼の敵はのちに、これを彼の考えを愚弄するために使うことになる。彼は、『生き物の身体の組織化の研究』に、後で思いついたこととして付け加えた、「ここに、キリン（**camelopardalis**）の体形の例を加えることが出来よう。これは一種の草食動物だが、土地が乾燥して草の生えないところに生息しているので、木の葉を食べ歩いて、つねにそれらに届くよう身体を伸ばすことを余儀なくされているのだ[22]」。

一八〇一年と一八〇二年を通して、ラマルクの本が出版されていたころ、彼の講義に出席する学生の数はほとんど二倍に増えて、一八〇一年の七〇人から一八〇二年には一三一人になっていた。▼23 これらの学生はほとんどが薬剤師か医師、医学生、法律家、病院の管理官などで、例えば、四五歳のパリ聾啞病院の管理官で理想主義に燃えていたジョゼフ・アロアもいて、彼は、捨て子の処遇と教育の改革に関して本一冊分の長い詩を書いていた。あるいはまた、アイルランド人の医師ジョン・バトラーや、一四歳の海軍の新兵で海軍技師の息子だったクリストフ・ポーラン・ド・ラ・ポワ・ド・フレマンヴィルもいた。彼は一二歳の時からラマルクの春期講義に出席していて、考古学者、冒険家になって、科学に身を捧げようとすでに決意していた。これらの若者のほとんどは、単に無脊椎動物学を学ぶためにラマルクの講義に出席していただろうが、そのうちの何人かにとっては、自然の過程についての彼の説明は先進的で魅力にあふれるものだったに違いない。自然界では何物も固定されていないように思えた。すべてが自らを作り直し、自分たちと同じように、そして、ナポレオンと同じように、一つの未来に向けて――人間の意志が勝利する未来、金や古い家名をではなく、才能と適応力を具えた者が栄える未来に向けて――奮闘し努力しているように思えたのだ。

一八〇二年には、たとえラマルクの同僚の教授たちが彼の思索を無視するか退けるかしたとしても、これらの学生のあいだでは、彼は期待の星だった。▼24 学生たちは、ビュフォンの『自然誌』か『自然の各時代』を読んだことで、自然について学ぼうと植物園に引き寄せられたのだとしても、彼らは、ラマルクの著書の中や無脊椎動物についての彼の講義のさまざまな箇所に、同様に魅力的な考えと、想像もつかないような時間と空間の広がりを超えて作用する自然の過程についてのわくわくするような描写を見出した。ラマルクの一八〇〇年の講義のあいだ聴講席に座っていた六四人の学生や、一八〇二年以降は『生き物の身体の組織化の研究』を、そして、一八〇九年以降は『動物学の哲学』（*Philosophie zoologique*）を読んだ人たちの多くは、その後、田舎の病院やフランス国内やヨーロッパ中の博物館での仕事へと戻ってゆくことになる。またほかの人々は、フレマンヴィルのように、探検のためかあるいはフランス海軍の船員として海に出ていって、彼らは、ラマルクの変身してゆく鳥や驚くべき規模の時間の話を携えていって、それらを田舎の食卓でのさらなる会話へと広めていった。ラマルクに倣って、彼らも、地球上の最初の生命形態は浸滴虫か地虫のような有機体であり、それらから、悠久の時間を通して、自然が継続的にほかのあらゆる生命形態を、今日地上を闊歩する最も複雑な動物に至るまでずっと、発展させてきたのだと、主張した。環境――変化する気温、上昇する海面、食料や水の乏しさ、あるいは、捕食動物の侵出など――が、動物に、生き残るために新しい習慣を身に着けるように仕向けた。こういった新しい習慣が限りなくゆっくりと、獲得された特質の遺伝を通して新しい構造――走るためのより長い四肢、食べ物を捕らえるためのより長い舌、咀嚼するための先が平らな歯――の登場へと繋がった。ほかの構造は、もう必要なくなるか使われなくなるかすると、しだいに退化してゆくことになる。それは、世界についての独特で単純で根本的に新しい見方だった。それはまた、言うまでもなく、誰であれ、宗教的な気質の人間には、限りなく異端の見方だった。[25]

種が変化するという考えは――それが改変を伴う遺伝と呼ばれようと、変容、変異、あるいは、発達理論と呼ばれようと――一九世紀の初頭には、ヨーロッパ中のカフェや図書館、大学、労働者のクラブで、議論されているのが聞かれた。ラマルクは今やその最も輝かしく雄弁な語り手だった。[26]

一七九八年にエジプトに発つまでに、ジョフロワ・サン＝ティレールは、五年間のあいだ、パリ植物園の脊椎動物の教授だった。聖職に就くために励んでいた多くのまじめな若者と同様に、彼も、革命の後で、研究の対象を神学から医学に移していた。自分は医学よりも鉱物学の方が好きなのだと発見して、彼はパ

リ大学のコレージュ・ド・ナヴァルで鉱物学を担当していた教授ルネ・ジュスト・アユイから教えを受けた。アユイはまた、カトリックの司祭としても働いていた。恐怖政治の際の通りでの人間狩りで、アユイがほかの数人の聖職者とともに逮捕され投獄されたとき、ジョフロワは、革命に共感していたにもかかわらず、変装して、はしごを借りて、真夜中に自分の先生を救出しようと企て、最終的に植物園の教授たちに急を伝える手段に出て、教授たちの働きでアユイは釈放された。我が身の安全を大いに案じて、ジョフロワはパリを逃れて、田舎の両親の家に帰り、そこで「神経性の熱病」で倒れて、そのまま数カ月間床に就いていた。これほど向こう見ずな忠誠心には報いがあった。彼がパリに戻ると、アユイは自分の「若い解放者」を空席になっていた植物園の展示室の管理人と、高齢の鉱物学の教授ルイ＝ジャン＝マリー・ドーバントンの助手に推薦した。一八カ月後、植物園が自然史博物館に改められると、ジョフロワは、ほとんど何の専門知識もない動物学の教授に昇進することとなった。[27]

毎日ヨーロッパ中のコレクションから新しい博物館に届けられる何百もの骨格標本を整理し組み立てて特定し付箋を貼ることに何カ月も費やした後で、ジョフロワは、自分が組み立てた動物——鳥やトカゲ、猿にイルカ——の骨格のじつに多くが同じ建築学的原理に沿って構造化されているように見えるという事実に強い印象を受けた。彼が最初に自分の重要な考えを明らかにしたとき、彼は二四歳だった。「自然はある限界の内に閉ざされており」と、彼は書いた、「たった一つの設計プランで、本質的に同一の原理で、生き物を形づくってきたが、しかし、付随する部分では何千通りにも変奏を作り出してきたように見える」。[28]

一七九八年、ナポレオンが、東方に拠点を築いて、イギリスとインドの貿易を遮断するために、エジプトを征服しようとして出航したとき、ジョフロワは、ナポレオンがエジプトの歴史や文化、生息する動物たち、地勢を研究させるために同行させた、フランス科学界で最も有望で卓越した人物から選ばれた一六七人のグループに、進んで加わった。学者たちはのっけから不運に襲われた。彼らの備品——解剖用のメス、顕微鏡、ピンセット、ビーカー、ピンなど——を積んでいた船が沈没して、新たに器材が送られてくるのを待つしかなかった。ひとたびナポレオンがアレクサンドリアを占拠すると、科学者の一行は、兵士に付き従ってナイルの流れを下って、そこで初めてピラミッドを直(じか)に見ることとなった。そこからさらにカイロに向かって、そこで、裕福なマムルーク◇2が最近建てたばかりなのに従者ともども退去した広壮な邸宅のハーレムの一画を、自分たちの居住地として徴用した。フランスの技術者や動物学者、考古学者や天文学者がそこに研究拠点を築いて、ナポレオンと二万五千人の軍隊が国を支配するために戦っているあいだ、風通しのよい、大理石を敷いて、円柱に支えられた部屋で、会合を開いたり、論文を読んだりしていた。けれども、一七九九年に、ナポレオンが軍を置き去りにして、エジプトの管理をクレベール将軍に任せて、クーデターを指揮するためにパリに戻ると、カイロの状況はどんどん不安定になっていった。

ジョフロワは、エジプトで見出したものに圧倒された。鳥や蛇、昆虫、そして、ヨーロッパでは名前もないような魚やほかの水生動物。そしてまた、砂漠の中で朽ち果てつつある神殿や墳墓に深く彫り込まれたトキや犬、カブトムシや猿、猫にサソリの図像。ライオンやワニ、鳥の頭をした神々も描かれていた。至るところにヒエログリフが刻まれていた。ジョフロワにとって、以前のマイエにとってと同様に、はるか古代の文明の痕跡が無数にちりばめられた土地にあって、時間はその輪郭を変え始めた。これらの古代の墓に彫られた動物たちは、同じ構造プランを共有しているという点で一致しているように見えるが、現代の種とどういう関係にあるのだろうと、彼は思案した。

一年も経たないうちに、探検に加わった自然学者たちは、彼らが生活し働いていたマムルークの宮殿の庭に、印刷所、動物の飼育場、作業場、実験室などを設営していた。これほどの美と多様性に囲まれていれば、研究や議論の対象をつぎつぎと変えてゆくのを抑えるのは不可能だった、事実、これほどの規模の新しい考えや知識とまともに向き合うためには、そうすることが必要だった。彼らは知的な共同関係を新たに築いていっしょに研究して、技術や方法論を共有して、互いに科学論文を見せ合い読み合った。

種を収集するのは困難で技術を要する仕事だった。ジョフロワは、砂漠や漁村の屋台から新種の動物を持ってきてくれるように現地の人々――漁師や狩人、蛇使いなど――を雇った。朝夕の涼しい時間に、彼と助手たちは、宮殿の後宮の部屋に持ち込まれた何千もの生き物を解剖し、保存処理し、剝製にし、分類した。彼と二一歳の植物学者マリー・ジュール・セザール・サヴィニーはナイルのデルタと上エジプトと紅海に、三度の探検に出かけ、そこで、ウサギやコウモリ、狐、鼠やモグラのほかに、新種のマングースも見つけた。彼らはナイルを船でデルタの町ドゥミヤートまで下って、海と沼地が、巣を作り、子を育て、雛をかえし、渡りをする鳥たちであふれている様子を目にした。「これほどの水鳥を見たことはない」と、サヴィニーは書いている、「フラミンゴに鵜、アヒル……。夜になると、これらの鳥たちが一斉に上げる呼び声以外、何も聞こえない。涼やかな気温、かすかな風。水面には翼でさざ波が立っている」▼29。

ブノワ・ド・マイエが前世紀に発見したメンフィスの廃墟への旅で、現地のガイドがサヴィニーとジョフロワをロープで「鳥の井戸」に吊り下ろしてくれた。そこで、彼らは、地下室の壁に沿って、トキのミイラを収めた何百もの壺が積み上げられているのを見せられた。紅海では、彼らは現地の潜水夫を雇ってヒトデや珊瑚、ウニや甲殻類を収集させた。一年のうちに、マムルークの宮殿には、付箋を貼った見本や骨、保存処理された海生生物を入れた壺、牛や猫、ワニや鳥のミイラを収めた箱がうずたかく積み上げられた。

ジョフロワは神経性の病に冒された。身体は細って、食事を摂れなくなった。彼は熱病と肌の湿疹と数度にわたる眼炎の発作を患った。この眼炎の発作では、いったん症状が出ると、何週間も目が見えなく

◇2 **マムルーク**　一〇世紀から一九世紀初頭にかけてトルコとアラビア半島を中心とするイスラム世界に存在した奴隷身分出身の軍人を指すが、実際に奴隷だったわけではない。その社会的位置づけは時代とともに大きく変化しており、全体としては軍人の徒弟に近い存在だった。幼少期から戦闘訓練を積んだマムルークは、エリート軍人と見なされて高い地位に就くこともあった。栄達した者はマムルークの親方となって、新たな少年奴隷ないしは徒弟を召し抱えた。

なった。それでも、彼は収集をやめなかった。眠ることも出来なかった。彼はパリで思い立った理論にいわば取り憑かれたようになっていた。毛や皮、色、感触やかたちのこの圧倒的な多様性の下に、一つの基本的な身体のプランを見ることが出来ると確信して、彼は、紅海と地中海の魚を比較し、ナイルのすべての魚を描写することに乗り出した。

マムルークの宮殿の庭の作業場で、ジョフロワと助手たちは、漁師や川の土手で働く仲買人によって毎日届けられる魚――サメ、エイ、フグ、肺魚など、あらゆる色やかたちの魚――を仕分けて、エチル・アルコールに漬けて保存した。ナポレオンが、あとをクレベール将軍の手に委ねて、カイロを発ったその翌日、ジョフロワは、自分が見つけた新種の淡水魚、複数の背びれを持った、それまで知られていなかった肺魚の変種（hétérebranche）と、もう一つ、ナマズの一種で彼が“Silurus anguillaris”〔ウナギナマズ〕と呼んだ、解剖すると人間の肺の構造とそっくりの――実際、ほとんど同一の――細気管支とイカの心臓によく似た三つに分かれた心臓を持った魚について説明するために、キュヴィエに手紙を書き送った。これらの発見は、若い動物学者にとって一つの啓示だった。それは、彼がパリにいたころに探究しはじめた、すべての動物は共通のプランに沿って作られているという理論を証明するものだった。彼はキュヴィエに冗談で、今や「僕は、当然の権利として、解剖学の王座を要求する」[30]つもりだと、書いた。しかし、彼の浮き沈みの激しい気分と熱狂は、障害ともなった。「僕は仕事に忙殺されて、自分が何をしたり言ったりしているのかわからない」[31]と、彼はキュヴィエに書いている。

一七九九年までに、ジョフロワの同輩たちは、彼の高ぶった精神状態を気にかけていたが、しかし、エジプトでは、当時――とりわけナポレオンが彼らを置いてフランスに帰ってしまった一七九九年八月以降は――誰もが多少は気が高ぶっていた。フランス軍の兵士たちは腹を空かせて、給与も支払われず、危険な状態だった。彼らは、自分たちが略奪してきた宝物を学者たちが貯めこんでいると非難していた。トルコ軍がフランスの軍勢に激しい衝突で立ち向かってきていた。イギリス軍は沖に停泊していた。彼らのいのちは危険にさらされていた。

　けれども、この一触即発のような政治状況の中でも、動物学上の発見に関するジョフロワの病的なこだわりは、ひたすら高まるようにしか見えなかった。彼は六百個の有精卵を孵卵器で孵す実験を提案し、また、夢と夢遊病のありようについて思索を巡らし始めた。しかし、彼はまた、パリに戻ることを切望してもいた。一八〇〇年一一月、彼はキュヴィエに手紙を書いて、自分が植物園に復職できるよう、出来ることなら何でもしてくれるように頼んだ。[32] その冬、ラマルクが植物園で種の変容についての最初の考えを発表したのと同じ年、仲間の学者たちがエジプトから疎開させられるのを待っているあいだに、ジョフロワは、彼らに途方もない数の論文——すべての動物の中に雌雄両性の生殖細胞が共存していることについて、卵の形成について、呼吸器官について、メンフィスの墳墓について、ナイルのワニについて、古代エジプト人に知られていた動物について、の論文——を手渡した。彼はまた、さらに二種類の新種の魚を解剖してもいた。「爆弾も、砲火も、奇襲も、犠牲者の命乞いの叫びも、私の自然哲学の問題」の前では、すべて色褪せて見えたと、彼は書いている。[33]

　パリでは、キュヴィエが、エジプトに行ってからのジョフロワと彼の研究が向かいつつある方向について気を揉んでいた。植物園での研究が事実と実証可能性を新たに重視し、ビュフォンのような空中楼閣を退けようとしているにもかかわらず、ジョフロワもまた、ラマルクと同様に、抽象的で証明しようのない体系の誘惑にうかうかと身を任せているように見えた。これは暑さのせいに違いないと、キュヴィエに自分に語って、パリにとどまって、ほかの研究者や有力者との人的繋がりを強化することにした自身の決定を自讃して、自分をときめかせ支えもしてくれる堅固な事実と細部に戻っていった。ジョフロワがエジプ

トに行っている三年のあいだに、キュヴィエはさらにコレージュ・ド・フランスでの教授にも指名され、『比較解剖学教程』（*Leçons d'anatomie comparée*）二巻を出版し、公教育に関わる行政においても高い地位に就いていた。彼は、フランスだけでなくヨーロッパ全体で名を轟かせ、比較解剖学――動物の構造と内的特性の緻密で体系的な研究として、彼の名前と同義になりつつある科学の一分野――こそが、自然の法則を解明する鍵であると、人々を納得させていた。別にまた一つ新しい理論と体系を打ち立てたというジョフロワの熱に浮かされたような宣言は、彼を恐怖に陥れたに違いない。

それでも、ジョフロワはフランスに多大な貢献をしたと、キュヴィエは助手たちに語った。勝利を収めたイギリスの将軍たちが、学者たちに、彼らの自然誌の収集物と注釈をすべて引き渡すよう求めた際に、ジョフロワは、敵にみすみす渡すくらいなら全部燃やしてやると言った。イギリスの将軍たちは、この凶暴な目つきのフランス人なら何でもしかねないと確信して、譲歩して、とりわけすばらしいロゼッタ・ストーンだけを没収した。[*1] フランスの科学は、永久にジョフロワのこの蛮勇に恩義を被ることになると、キュヴィエにはわかっていた。

一八〇一年九月にエジプトを発つ際に、ジョフロワは、キュヴィエに手紙を書き送って、科学に革命を起こすであろう「きわめて壮大な理論」を記した論文を彼に送ると告げた。「僕は君や偉大な同僚たちにふさわしい人間としてフランスに戻るつもりだ」[▼34]と、彼は付け加えた。けれども、疲れ切った学者たちがエジプトから船でマルセーユに到着した際に、その地で彼らは単調な検疫のために何週間も留め置かれたが、数学者でエジプト学士院の常任書記だったジョゼフ・フーリエは、ジョフロワの神経性の病気と常軌を逸した物言いについて言い立てて、ジョフロワのことを愚か者と断じて、その理論を狂人の戯言（たわごと）と触れ回った。ジョフロワは今度はすっかり心配を募らせて、キュヴィエに狼狽した手紙を書いて、自分の評判を守って、彼が聞いたうわさを鎮（しず）めてくれるように依頼した。彼は最終的に一八〇二年の一月にパリに帰り着いた。

戻ってきてからも、彼は、自分の大理論の正しさについて同僚を誰ひとり納得させることが出来なかった。彼らにそれほど長く話を聞いてもらうことすら出来なかった。彼が留守にしているあいだに、あらゆる大規模な理論化に背を向けて、ひたすら事実にこだわるようになった環境にあって、今後の仕事や評判に障ることを恐れて、ジョフロワは、自身の原稿と大理論を封印した。彼は、少なくとも当面のところは、論争を避けようと決心した。[35] 彼は持ち帰った箱を開けて、標本を荷ほどきして、収集物を整理して、自分の考えは胸にしまい込んだ。

キュヴィエは行く先々で、哲学者あるいは理論家としてのジョフロワではなく、収集家としてのジョフロワを称賛した。今や自然と自然の法則についてのあらゆる知識が、ジョフロワと彼の同僚たちがパリに持ち帰ったすばらしい収集物――その中には、何百もの現存の新種だけでなく、ミイラにされた古代の種も含まれているのだが――によって、進歩するだろうと、キュヴィエは言い切った。ジョフロワのミイラにされた動物たちが、種の変容という夢物語の真相を解き明かしてくれるだろう。もしラマルクが、鳥たちが、葉に届くよう身体を伸ばし、泥の中を歩き、木々をつかむことで、進化してきたと――キュヴィエから見て、途方もないことを――提案しつづけるとしても、三千年前に布に巻かれて防腐処理されたトキのミイラが、その問題に、金輪際議論の余地なく、決着をつけることになるのだ。人はそのミイラを布から解きさえすればいい。

学生と教授たちは、キュヴィエが鳥やほかのミイラにされた動物たちを巻きつけた布から解き放つのを見るために、植物園の実験用テーブルの上に積み上げられたかび臭く繭（まゆ）のような灰色の包みの周りに集まった。キュヴィエは興奮していた。「二、三千年前にテーベやメンフィスで自らの司祭や神殿を持って

＊1　この石版は、防御壁を強化する作業をしていたフランス軍の兵士によって発見されたが、古代ギリシア語と古代エジプト語のヒエログリフ（神聖文字）と民衆文字の三通りで同一の内容の文章が刻まれていた。そのことがのちにヒエログリフの解読に繫がった。

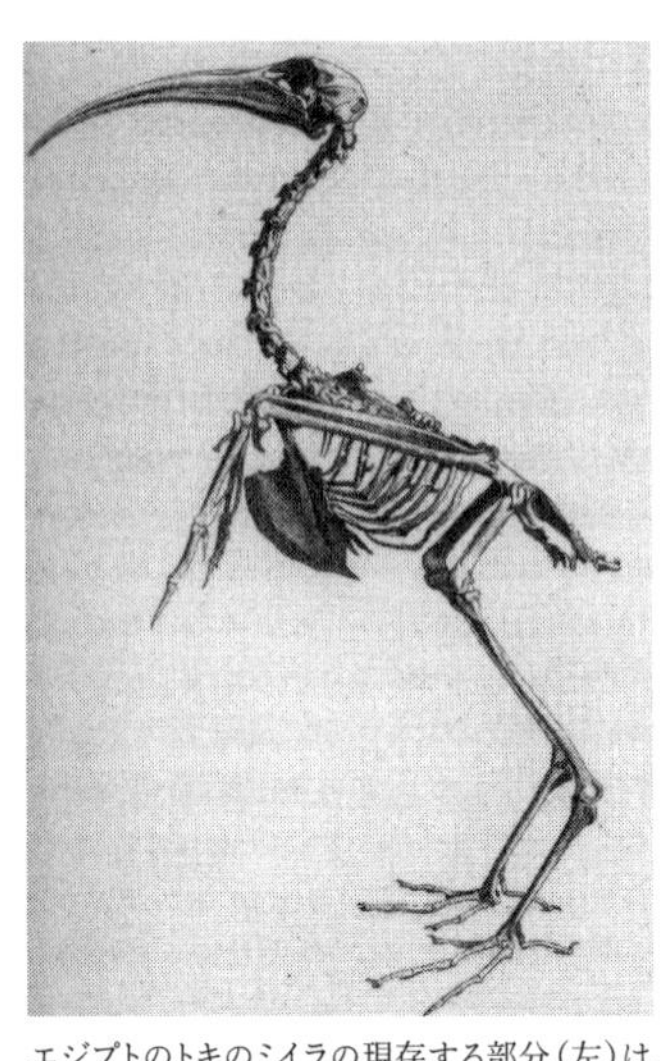

エジプトのトキのミイラの現存する部分（左）は、現代のトキ（右）のものと同じであるという自分の主張を例示するために、キュヴィエが用いた二つの図（ジョルジュ・キュヴィエ「古代エジプトのトキ」［1804］より）

いた動物を、最小の骨、わずかな毛に至るまで保存されて、完全に元の姿がわかるかたちで、もう一度見ると考えると、想像力が舞い上がるのを抑えることが出来ない。[36]」

キュヴィエが予言していた通り、繭の中で、三千年前の動物は現代の種と全く違わないように見えた。解剖台の上で見るミイラにされた猫は、現代のパリの野良猫とそっくり同じ様子だった。ミイラにされたトキは、ナイルの川べりを歩く生きたトキよりも大きくも小さくもなかった。変わったところは何もなく、余分についたり欠けたりした脚もなければ、首が今より短かったり、毛皮や羽が余計についていたりすることもなかった。通常から外れたものは何一つなかった。

キュヴィエにとっては快適な秋だった。彼は、論争や討論にかかずらうこともなく、種の変容についてのラマルクの考えに公然と挑戦していた。彼は自分が書いたミイラに関する公式の報告が同僚のラセペードだけでなく、ラマルク自身によっても確実に署名されるようにした。そして、報告が刊行された一月後、彼はとうとう植物園の空席になっていた教授職に指名された。彼は自身の職名を動物解剖学教授から比較解剖学教授に変更するよう同僚たちを説得することにすら成功した。それは小さいが重要な変更だった。

ラマルクは、当初沈黙を守って、私的な場で、娘や学生たちにキュヴィエの勝利は空虚な勝利だと語っていた。もちろん、鳥や猫たちはすがたを変えてなどいないと、彼は一八〇三年の入門講義で断言した。エジプトの気候は過去三千年のあいだ安定しており、それゆえ、彼らには変化の必要などなかったのだ。生物学的な変化をもたらすためには、ずっと長い規模の時間が必要なのだ。三千年など、地球の年齢においてはないに等しいと、ラマルクは言い放った。[37]

一八〇三年、三人はそれぞれ、本と収集物、研究と講義へと戻った。ジョフロワは、哺乳類と鳥のコレクションを担当する学芸員となっていたが、自分の前途を拓いてゆくために面倒を起こすまいと決意して、収集物の目録を準備しはじめた。それは自身にとって最初の著書となり、有意義で、それでいて、論議を呼ぶこともないだろう。けれども、分類の企画全体が、彼にとっては、まだ矛盾を孕んだままだった。自分は哲学者であって、分類学者などではないと、彼は愚痴を言った、「真の科学は、より広く、より高い地平に求められるべきだ」。[38]彼はもがき苦しみ、また病に倒れた。そして、企画全体を放棄した。自分が見つけた新種についての論文を発表することは、彼にとって喜びだったが、彼は、数ある学会を一つにまとめるために一七九五年に設立された権威ある学識者の団体だったフランス学士院の会員の座を得ることに繰り返し失敗した。一八〇三年に空席が出た。当時婚約していたジョフロワは、自分のために骨を折ってくれるように、キュヴィエに依頼したが、その座は、自身はあまりぱっとしないものの、より地位が高く影響力のある後ろ盾を持っていた医師のものとなった。[39]

ジョフロワは、一八〇四年、パリの傑出した政治家の娘と結婚した。妻は一年後、息子イジドールを生み、この息子は自身きわめて優秀で重要な動物学者になってゆく。[40] 同じ年、もっと若いほかの女性たちから何度か断られたあとで、キュヴィエは、最初の夫が一七九四年にギロチンで首をはねられた未亡人と結婚した。彼女とその四人の子供は、パリ植物園の中のキュヴィエの家に移ってきて、そこで彼の最初の子、ジョルジュと名づけられた息子が一八〇四年に生まれた。赤ん坊は数週間しか生きなかった。[41] あとに残されたキュヴィエは、自身の輝かしい大著『比較解剖学教程』——全五巻に及ぶ、脊椎動物の四つの綱についての詳細な研究と解剖学研究に関する自身の先進的な方法についての説明——にふたたび没頭していった。彼はまた、地質学の一連の新しい講義を構想しはじめた。

一八〇五年の春、パリの国立図書館で行われた公開講座で、巨大な化石の動物についての話と、偉大なパリの俳優フランソワ゠ジョゼフ・タルマの演技を見本にしていると噂された、[42] 彼の芝居がかって華麗な講義スタイルに引き寄せられた上流階級の聴衆を前にして、キュヴィエは地質学における新しい発見について話した。彼は、地球時間を、変革ないしは変動によって区切られた一連の世として説明して、人間の歴史は比較的最近になって、こういった変革の最後のもののあとに、ようやく始まったのだと主張した。それぞれの世は創世記に記された天地創造の七日間の描写に著しく似通っていると、彼は付け加えた。

二六歳のイタリアの貴族ジュゼッペ・マルツァーリ゠ペンカーティは、その日聴講席でノートを取っていたが、宗教上の懐疑主義でよく知られたキュヴィエが、彼には敬虔さのふりと感じられるものをしてみせたことに失望した。彼は、ジュネーヴの友人に宛てた手紙の中で思いを巡らせている、「教授はきっと枢機卿の帽子を狙っているのだろう」。彼は指摘した、教皇は、ナポレオンが自称の皇帝として戴冠するのに立ち会うためにパリに来ているが、これは、カトリック教がふたたびフランスの主要な宗教であると認知されたことを世間に示そうと意図して行った行為だ。マルツァーリ゠ペンカーティは、自分が目撃しているのは、キュヴィエが自身と科学の大義を貶めているさまだと、確信していた。

けれども、現実はもっと込み入っていた。フランスにおけるカトリックの保守主義の復活は、植物園で働くすべての人間に、とりわけ、地質学者に、厄介な問題を突きつけた。フランソワ＝ルネ・シャトーブリアンの『キリスト教精髄』（*Génie du Christianisme*）のような本は、科学とりわけ地質学は不信心だと決めつけていた。自然の法則は永久に人間から隠されていると、シャトーブリアンは主張した、創造主の美と善良さだけが発見のあるべき対象なのだ。[43] キュヴィエは、それまで自分の科学的な証拠を聖書の記録と整合させようと試みたことなどなかったが、こういった公開講座で、いわば修辞的な綱渡りのような芸当をしてみせていた。彼はブルジョアの聴衆に、地質学は必ずしも宗教に反するものではないと説得したかったし、そして同時にまた、ミイラにされたトキと化石の記録を使って、変容説という彼には科学における異端と思われたものに反駁もしたかった。[44] その結果は、かなりの修辞的な離れ業を必要とした。

ラマルクは今では六〇代になり、扶養すべき大家族を抱え、借金の重荷を負っていた。キュヴィエのように実入りのよい職にも就かず、収支を合わせるために悪戦苦闘しながら、妥協も譲歩もすることを拒んでいた。一八〇五年の講義に登録した受講者は七人だけだった。ナポリから来たイタリア人の二人の兄弟と、彼らの若い動物学と比較解剖学の教授、ドイツ人の医師一人、フランス人の医師二人と、学生が一人だった。これほど少なかったことはかつてなかった。しかし、翌年には聴衆は立派な数に増えた。

ジョフロワは、一八〇六年に科学芸術委員会が、エジプトへの遠征と探検を記念して企画された大部の『エジプト誌』（*Description de l'Éypte*）の中で、彼が担当することになっていた部分を早く仕上げるように急かしたこともあって、ふたたびエジプトの魚の骨格に戻っていった。この本は、エジプト学の専門家たちが分担して、エジプトの古代から現代に至る歴史と自然誌について包括的に記述するよう依嘱されたシリーズ物の企画だった。自然史博物館の自分の部屋のテーブルの上に、保存処理されたエジプトの魚の標本を広げて、ジョフロワは、カイロの宮殿のテーブルの上で、彼が初めて奇妙に人間のものと同じようなかたちをした魚の細気管支を見て、すべての動物には共通の身体プランがあるという自分の理論を確信した瞬間の興奮を思い起こしていたに違いない。キュヴィエの著書をそばに置いて、彼は脊椎動物と無脊椎動物の境界を越えて相同し合うほかの部位を探し始めた。自身驚いたことに、彼は、脊椎動物と無脊椎動物に共通する構造を至るところに見つけていった[◇3]。例えば、鳥に固有なものと考えられていたfurcula（叉骨）は魚にも存在していることを彼は発見した。実際、すべての身体は、共通の全体的な構成プランを持っているように見えた。

自分の洞察の正しさを改めて確信して、ジョフロワは、有機体に共通の構造プランという自分の考えを中心に据えた比較解剖学研究の新たな方法論を打ち立てた。彼の論文は科学アカデミーからも、キュヴィエからも、さらにはナポレオンからすら、賛同を持って迎えられた。キュヴィエは、ジョフロワの研究における事実の重視——説得力のあるデータの収集——を称賛し、ときに危険なまでに変容説に流れようとする哲学的な推論を無視しつづけた。これに昇進が続いた。一八〇九年に新たに創られた帝国大学科学部の動物学の教授に、ラマルクが体調不良を理由に辞退したあとで、ジョフロワが指名された[*2]。ジョフロワの収入は増えた。彼の周囲には若くて優秀な学生たちが集まってきた。彼の影響力は広がっていった。学生たちは、昆虫と蜘蛛と甲殻類の身体に共通な構造と組成を見つけることに取りかかった。彼らは、毛虫の口器がいかに花蜜を吸うための蝶の渦状の細管と対応しているかを発見した。キュヴィエの弟子たちですら、哲学的な解剖を実践するようになった。そして、一八〇九年、ジョフロワの双子の娘、ステファニーとアナイスが生まれた年に、彼の探究は行き詰まった。彼は、脊椎動物と無脊椎動物の境界を越えて、ほとんどすべての骨に相同しあうものを見つけていたが、魚の鰓蓋（えらぶた）の骨に相同するものを人体のどこにも見つけることが出来なかった。彼はさらに八年間探し続けることになるが、成功しなかった。

一八〇二年以降、ナポレオンが権力の座を上っていって、それから、一八一五年にものの見事に失墜して、連合国によって王座に据えられた新しいフランス王の戴冠を経て、司祭と警官が戻ってきて、政府が王政復古の下でしだいに保守化してゆく中で、キュヴィエは勲章を着けた国務大臣となり、一八一九年にはとうとう男爵にまでなった。その間、ラマルクは、時流と健康不良に逆らって研究を継続して、博物館の展示棚の引き出しや保管室から出来る限りの証拠をかき集めて、根気強く自分の理論を改訂し、明確化し、調整しつづけた。一八〇九年、彼はそれまでで最も進んだ変容論の著書『動物哲学』を出版した。一八一五年、キュヴィエが、ナポレオンが盗んでいった自然誌のコレクションを取り戻すためにパリにやってくる各国の使節を寄せ付けないように最善を尽くしているあいだ、ラマルクは、七巻からなる『無脊椎動物誌』の第一巻を刊行した。一八二二年に最後の巻が世に出るまでに、彼は完全に失明していた。

ラマルクの視力はもともと弱くて、一八〇九年以降急速に悪化していたが、一八一八年、三番目の妻が亡くなるわずか数カ月前に、完全に見えなくなり、以後一〇年間、まだ結婚もせず、ますます困窮してゆく三人の娘――当時四〇歳のロザリー、二六歳のコルネリー、二〇歳のユージェニー――と、耳の遠い三二歳の芸術家の息子アントワーヌに、完全に頼らざるをえなくなってしまった。四人の子供たちはまだみな植物園の中のビュフォン邸で暮らしていた。彼の長男アンドレは海軍の士官だったが、一八一七年にアンティル諸島で亡くなっていた。三男のシャルル・ルネは、成人に達する前に亡くなっていた。一番下の息子アリスティードは、精神を病んでいて、シャラントンの施設に入っていた。次男のオーギュストだけが自立した生活を作りつつあるように見えた。

ラマルクの生涯の最後の一〇年間、比較解剖学の博物館におけるキュヴィエ男爵の見事な展示物を見るために客たちが列をなしてやってきて、男爵の業績と天才ぶりを称えているあいだに、ラマルクの娘ロザ

◇3　**脊椎動物と無脊椎動物に共通する構造を至るところに見つけていった**　ただし、ここでは、具体例として、鳥と魚に共通して存在する叉骨が挙げられているが、いうまでもなく、鳥も魚も脊椎動物なので、脊椎動物と無脊椎動物に共通する部位の例としては適切でない。むしろ、次の一節に見られる、魚の鰓蓋の骨に相当するものが人体には見られないという例も含めて、同じ脊椎動物の中の、魚類とそれ以外の四肢動物とのあいだに共通する部位の有無についての議論と取るべきだろう。

＊2　帝国大学というのは、現実の土地建物を備えた場ではなく、フランスのすべての公教育を組織する行政機関だった。

リーは、家計をやりくりして、テーブルに食べ物を並べて、印刷屋と挿し絵職人の勘定を支払うのに十分なだけの金を見つけるのに悪戦苦闘していた。コルネリーは、二階の風通しの悪い部屋で盲目の父親といっしょに座って、『無脊椎動物誌』の最後の巻が口述されるのを聞き取って完成させるのに奮闘するか、今では売りに出している父親秘蔵の植物のコレクションを見るためにやってくる客に応対するか、父親に代わって彼の講義を受け持っている学生たちに指示を伝えるかしていた。そして、一八二二年、ラマルク姉妹が父親が大事にしてきた植物標本をとうとう売り払った年に、一番下のユージェニーが病気にかかって亡くなった。彼女はわずか二四歳だった。オーギュストは今では橋梁の技師として成功していたが、彼は結婚しており自分の子供もいて、技師の給与では二つの家族を支えることは出来なかった。彼はしばしば、父親が家族に対してきちんと責任を果たしていないことに不満を漏らしていた。ラマルクは生涯を通して、金銭を管理して、植物園の上下関係の中で自身の権力と影響力を確保するのに必要な政治的駆け引きを行うことがまったく出来なかった。結果として、彼の子供たちも、彼の科学研究も、被害を受けた。

一八二九年にラマルクが亡くなったとき、子供たちは父親の葬儀の費用を払うために、科学アカデミーに金を貸してくれるように頼まなければならなかった。ラマルクはモンパルナスの共同墓地の仮の墓に葬られた。彼の骨はのちに掘り出されて、市の中心部の混みすぎた墓地から発掘されたほかの何千という骸骨とともに、パリの地下墓地に放り込まれた。[45] 博物館の金庫にはほかに金を回す余裕などほとんどなかった。動物園の運営費も、自然誌の探検隊派遣の費用も、建物の維持管理費も、さらには、キュヴィエの比較解剖学の博物館の拡張費も、すべて馬鹿にならなかったからである。[46]

ラマルクの評価は、キュヴィエ男爵が故人の追悼文の中でいま何を語るかに拠ることになった。彼がラマルクの若い日々についての詳細を聞くために悲嘆に暮れる家族の許を訪れたとき、キュヴィエは、屋敷がいかにみすぼらしくなっているか、すべてがわびしく困窮して見えるかというのを目の当たりにして、衝撃を受けたに違いない。彼がコルネリーを散歩に誘ったとき、彼女は冬の庭園の新鮮な風に圧倒されたので、彼は相手が気を失ってしまうのではないかと思った。[47]しかし、彼女は喜んで父親の話——彼の苦闘の数々、軍隊での英雄的な日々、ポメラニア戦争のあいだフィッシングハウゼンで一七歳の兵士として背水の陣で戦ったことなど——を語って聞かせた。キュヴィエは、子供たちがいかに父親を慕っているかを見て、心を打たれた。

けれども、彼がラマルクの追悼文をしたためていてもいいはずの一八三〇年の春、キュヴィエには政治以外のことに充てている時間はほとんどなかった。どんどん不人気になっていたシャルル一〇世は、一八二九年の夏に、より厳格で貴族偏重の法を通すために反動的で超カトリックのポリニャック政権を導入していた。憤激した共和派のグループは野党を結成した。一八三〇年三月に、新しい政府に抗議文を提出するために、代議院が開催されたが、国王は代議院を解散し、新しい選挙と出版の自由の差し止めを宣言した。パリの労働者の居住区で暴動が勃発した。重装備した暴徒たちは三日のうちに市の中心部を制圧して、わずかに残っていた近衛軍を撃破し、木々を切り倒し、舗石を剝がして、中心部の通りに四千のバリケードを築いて、革命の三色旗を街を代表する建物に——ルーブルに、大司教の宮殿に、パリ司法宮に、そして最後に、パリ市庁舎に——つぎつぎと掲げていった。最終的に、革命派は、オルレアン公ルイ＝フィリップを新しい王と宣言した。

植物園では、キュヴィエが自身の激変に直面していた。彼は動物界を区分するための新しい分類法を導入していた。彼はすべての動物は四つの門——脊椎動物、腕足動物、軟体動物、放射相称動物——のいずれかに属し、それぞれのあいだには絶対に何の繋がりもないと主張した。[48]しかし、今、彼の義理の娘で助手を務めるソフィー・デュヴォセル[49]が毎日彼の机の上に置かれるようにしていたパリの新聞の束の中に、心配な科学記事が現れたのである。リヨンの二人の若い自然誌家ピエール＝スタニスラス・メローとロランセ[*3]による記事で、二人は、キュヴィエによる自然界の区分のうちの二つ、軟体動物と脊椎動物のあいだに相同性を発見したと主張した。脊椎動物を後ろの方に曲げていって、うなじが尻につけられるようにすれば、その内部の器官が軟体動物の器官とそっくり同じように配列されているのは明らかだと、彼らは書いていた。

次のアカデミーの会合で、ジョフロワがこの記事について熱のこもった報告をして、この発見は自分の理論を証明するものだと断言して、キュヴィエのことをからかい、単なる事実の時代の終わりと新しい哲学的動物学の始まりを宣言したとき、キュヴィエは立ち上がって、撤回を要求した。[50] どちらの言い分が通るかということに、多くのことが掛かっていた。ラマルクの死が、植物園の権力関係に変化をもたらしていた。一〇年のあいだ、キュヴィエは、ジョフロワとその弟子たちが変容について公の場で論争するよう自分を挑発するのを拒んできたが、しかし、今、あまりに多くの人々が――あまりに多くの弟子たちが、あまりに多くのジャーナリストたちがペンを手にして――見ている中で、にらみの利いた沈黙を維持しつづけることは出来なかった。植物園の中で自分の権力基盤を維持しようと思うのなら、彼は自分がこの戦いに勝たなければならないとわかっていた。

それに続く二カ月のあいだ、二人の教授はフランス学士院の討論室で戦いを繰り広げた。表面的には、これは変容についての討論ではなく、壮大な理論対素（す）の事実についての討論だった。ジャーナリストたちと大衆の存在が、二人の相違を公然たる大火へとあおり立てた。キュヴィエはジョフロワのことを夢想家と呼んだ。ジョフロワは、自分の考えはすべて事実に基づいていると言い張った。押し寄せる客の数は対戦ごとに増えていった。ヨーロッパ中からやってきたジャーナリストが聴講席でノートを取った。キュヴィエはジョフロワの理論のあらゆる点を攻撃した。ジョフロワは防御して証拠を拡げていった。二人とも、部分的には正しかった。彼らの議論は時間の規模を巡って交わされた。とうとう、キュヴィエは議論の対象を骨から異端へと移して、ジョフロワが宗教の真理に反しており、実質的に変容論者で、ドイツの哲学的自然誌（Naturphilosophie）の学派[51]の支持者だと非難した。聴衆は、どんどん芝居がかってゆく討論のあの手この手のやりとりに拍手喝采してけしかけた。決着はつけようがなかった。ジョフロワは、動物学を巡る論争に神学が持ち込まれたのに辟易して、戦いの場から退いて、討論に用いた元の報告と論文を刊行した。

ジャーナリストたちは至るところで、動物学と科学そのものの未来がパリの討論で天秤に掛けられていると書きたてた。学生も著作者も知識人も、オノレ・ド・バルザックやギュスターヴ・フロベールやジョルジュ・サンドのような小説家も含めて、みなが討論の様子を伝える新聞を読んで、ジョフロワが単身で保守主義の闇の力と戦っていると言い切った。ドイツでは、声望の高いヴォルフガング・フォン・ゲーテが、シャルル一〇世の失墜のニュース以上に、討論のニュースに驚いていた。「火山がいよいよ噴火したのだ」と、彼は来客に語った、「すべてが燃えている。論争はとうとう閉ざされた扉の向こうから表に出てきたのだ[52]」。

一八三〇年の数カ月のあいだ、王の廃位と政府の倒壊、新しい王の戴冠が続く間に、通りでの暴動とバリケードの構築が続く間に、ジョフロワとキュヴィエは、それぞれの講義で、刊行された論文で、学士院での果たし合いで、相手を攻撃しつづけた。ジョフロワは、世間の目が自分に向けられていて、ゲーテの支持もあり、さらに、ジョルジュ・サンドやオノレ・ド・バルザックも含めた傑出した知識人たちと書簡を交わしていることを意識して、ますます明確にそして公然と変容説を標榜するようになっていって、例えば、一〇月には、カンで発見された有名な化石のワニは、現代のワニの古代の祖先だと主張した。キュヴィエは立ち上がって抗議したが、直接の対決にまた引き込まれることがないよう用心していた。しかし、彼は巧妙な逆襲を用意していた。大幅に遅れたラマルクへの追悼文と、自身にとって最後の一連の講義で、彼はこれらの哲学的な思索家たちを永遠に葬り去ろうと決意していた。

一八三二年の春、キュヴィエは、一五年ぶりに、古代エジプトから今日に至る科学の歴史について一連

*3 ロランセのファースト・ネームは、歴史上の記録から失われている。

の講義を行うために、講義台に立った。事実だけが歴史の試練に耐えることが出来ると、彼は宣言した。同時に、彼はラマルクへの追悼文を繰り返し書き直した。高名な科学者の中には、不幸なことに、証拠を集めるのをおろそかにした人も――もちろん、ラマルクを指しているが――いたと、彼は書いた、「彼らは、［真の発見と］多くの空想的な概念とを混ぜ合わせてしまった。そして、自分たちが経験と計測を凌駕できると信じて、想像の土台の上に壮大な殿堂を一所懸命に築いたのだ。それは、古い物語に出てくる魔法の宮殿に似ていて、そんな宮殿は、誕生の元となった護符が破れた途端に、大気の中に消えてしまうのだ」。鳥たちが自分の身体が濡れるのに耐えられないというただそれだけの理由で、時間が経てば、その脚が伸びてくるという残酷な滑稽話を用いて、彼は、ラマルクの変容論的な考えを夢想家の空想として嘲笑した。「そんな考え方は詩人の想像力を楽しませるかもしれないし、形而上学者はそれから全く新しい体系を引き出すこともあろう」と、彼は書いた、「しかし、そんなものは、誰であれ、自分で手や内臓や羽一本でも解剖したことのある者の検証に、一瞬たりとも耐えられない」。ラマルクが夢想家で空想家であったとすれば、キュヴィエは暗に示唆した、彼はまた、取り憑かれていて、偏狭で、自らの矛盾にまともに対応できず、世間に背を向けて、浪費家で、賭け事にのめり込んで、家族を扶養することも出来ず、困窮のうちに死んだ。このすべてが、言うまでもなく、キュヴィエの最もうやうやしく華麗な散文で表現されていた。

しかし、キュヴィエは、この追悼文を自分で読み上げるのに十分なだけ長く生きることはなかった。一八三二年五月、彼は床に就いて、数日後に亡くなった。ラマルクに対する彼のすさまじい追悼文は、六カ月後、彼が不在の中で、学士院で読まれた。[53]

一九世紀の初頭を通して、先鋭的な青年たちは変容論的な考えをヨーロッパ中に広めていった。ある者たちはラマルクの講義に出席し、ほかの者たちは博物館の図書室で彼の著書を読むか、科学雑誌の中でそれらが要約されているのを見るかしていた。そんな青年の一人に、聡明な若い兵士で、植物学者で、藻類(そうるい)の専門家だったジャン・バティスト・ボリ・ド・サン゠ヴァンサンがいて、彼は、一八〇三年にパリ植物園の中のビュフォン邸に、植物学を議論するために初めてラマルクを訪ね、その後も彼の著書を丹念に追っていた。▼54 彼はナポレオンに仕え、それから、ワーテルローの戦いに続いて皇帝が失脚した後で、亡命を余儀なくされ、王の秘密警察から逃れるために、数年のあいだヨーロッパ中を転々としていた。そのうちの二年間、彼はオランダのマーストリヒトにある聖ペテロの洞窟ですごして、そこで、自然誌の本『地下の旅』(*Voyage souterrain, ou description du plateau de Saint-Pierre de Maestricht et de ses vastes cryptes*)を著し、これは、洞窟とそこに見られる化石や地層、動物たちをラマルク的な視点から説明したものである。亡命のあいだを通してずっと、彼は本や論文を刊行しつづけ、その中で繰り返しキュヴィエによるラマルクの処遇を嘆いて、一八二二年には、ラマルクとジョフロワの二人に啓発された自然哲学の唯物主義的な体系を推進するために、百科事典の編纂に乗り出して、これは最終的に一七巻本で出版されることになる。▼55

一八二七年、ボリが、異端のためにではなく、借金のために収監されていたパリの監獄で、百科事典の項目を書きつづけていたころ、キリンが、エジプトの太守からフランスへの贈り物として送られて、フランスを縦断する旅の途中に、五五歳のジョフロワ・サン゠ティレールに付き添われて、植物園の中の付属動物園に到着した。ボリは、ほとんどのパリっ子と同様、何としてもこの奇妙な動物を自分の目で見たいと願って、植物園にいる友人に計らってもらって、看守に監獄の屋根に登るのを認めてくれるよう説得した。あらかじめ取り決めてあった時間に、世話係のエジプト人がキリンを動物小屋からラビリンスと呼ばれる丸く盛り土した丘の頂に連れ出した。半時間のあいだ、パリの家々の屋根越しに、ボリは望遠鏡で、キリンが首を伸ばして頭上に垂れる木の葉を食べるさまを見ていた。考えてもみたまえと、彼は、監獄の屋根の上で隣に座っていた看守に向かって叫んでいたかもしれない、あの首が存在するようになるために、何千年、何万年にわたって、伸び上がって奮闘する必要があったことか。

ロンドンでは、一八二〇年代と三〇年代を通して、若い医学生たちがラマルクとジョフロワの理論を取り上げて、彼らの変容論的な考えを急進的な改革の政治に置き換えて、論じあった。スミスフィールドの辺りの居酒屋や学生の下宿の部屋で、そして、急進的な医学雑誌のページの中で、人々は、教会の資産の没収を、労働者階級の参政権を、普通教育を、貴族院の廃止を、特権の全廃を、要求した。フランスでは変容と呼ばれ、イギリスでは変異あるいは遺伝の理論と呼ばれるようになり始めていたものは、つねに政治的な色彩を帯びていた。一八三〇年代のロンドンでは、その色彩はとりわけ強くなっていた。[56]

一八三六年、アメリカのケンタッキー州で、少年たちが、彼らがフランスの狂人と呼ぶ、退職していよいよ変人ぶりが嵩じてきていた年老いた教授の家の窓に、石を投げつけていた。家の中では、困窮によるむさ苦しさの中で、何千冊もの本と化石と骨の収納箱に取り囲まれて、コンスタンティン・ラフィネスクが彼の畢生の大作、『世界、あるいは、無常』という詩を完成させるために、奮闘していた。この詩の中で、彼は、世界は何百万年も掛けて進化してきたのであり、種も初期の単純な形態からつぎつぎとかたちを変えて進化してきたと主唱していた。彼に尋ねれば、何しろ話し好きだったので、自分がコンスタンティノポリスでドイツ人の母親とフランス人の父親のあいだに生まれたこと、両親はフランス革命によってフランスを出国せざるを得なかったこと、自分は、トスカナで、祖母と彼女が彼を教えるようにと雇ったイタリア人の博物学者の教師に育てられ教育を受けたこと、そして、一八〇三年、二〇代の初期に、財をなすためにアメリカに渡ったこと、新しい植物や動物を探し求めて、つぎつぎと州境を越えて、何千マイルも歩いて、山や沼や入江へと分け入って、その間、ジャン゠バティスト・ラマルクや植物学者のアントワーヌ・ド・ジュシューやビュフォン伯の貴重な著書や論文を読みつづけ、自分の考えや原稿はヨーロッパの文化に無縁な大方のアメリカ人には理解不能で、ほとんどつねに異端であると、いつも意識していたことを、きっと話してくれただろう。彼はまた、一八一五年にシチリアからアメリカに戻る際に危うく命拾いした海難事故についても語って聞かせて、その際に五〇の箱に収めた持ち物を——蔵書も、五〇万の貝殻も含めた植物学と自然誌のコレクションを——一つ残らず失ったことを、そして、彼が、のちの人生の大方をフィラデルフィアで、大学の教授として、不定期の教師として、骨董商として、ジャーナリストとして働いてきたことを、話してくれただろう。▼57

彼は、自分がつねに誤解されてきたこと、彼が故郷と呼ぶ国アメリカにおいても、彼の植物研究は称賛されたが、彼の理論は笑いものにされたことを付け加えただろう。事実が偏重される時代なのだと、彼はこぼしたものだった。ビュフォンやラマルクのように世界のありようを思い描くような自然誌の哲学者の時代は終わったのだ。自分も著書『北アメリカの植物相』の中で自身の変容論的な考えを論じようとしてきた。また、学術論文や科学の学会で行った発表でもそういった考えを論じようとしてきたが、誰も自分に取り合おうとも、その考えをまじめに聞こうともしなかった。詩こそ人々の許に届ける道だと、自分は決心したのだ。詩の中で、自分は科学の正統に挑戦するのだ、闇に光をもたらして、スヴェーデンボリと◇4ジョフロワ・サン゠ティレール、エラズマス・ダーウィンとラマルクの思想を一つに練り上げて、独自の統合——世界がそのくすんだ原初から悠久の時間と変身しつづける種を通して進歩しつづける情景——を描いてみせるのだ。

ケンタッキーにあって、パリから持ち込まれた変容説は、コンスタンティン・ラフィネスクに、アメリカ独立宣言を理解する一つの新しい方法を、人間の奮闘努力、多様化、そして、自己向上の一つの模範を、

◇4　スヴェーデンボリ　エマヌエル・スヴェーデンボリ（一六八八－一七七二）は、スウェーデン出身の科学者・神学者・思想家。生きながら霊界を見てきたという霊的体験に基づく大量の著述で知られる一方で、学者としても優れており、数学・物理学・天文学・宇宙科学・鉱物学・化学・冶金学・解剖学・生理学・地質学・自然史学・結晶学など、多岐の分野に精通していた。

さらには、自身の一連の変容を理解する方法を、提供してくれたのである。

才能と職業が多岐にわたるのはアメリカでは稀なことではない。けれども、これらの数ページで私がご覧に入れたものは信じられないと映るかもしれない。それでも、私が、知識においては、植物学者で、自然誌家で、地質学者で、地理学者で、歴史家で、詩人で、哲学者で、文献学者で、経済学者で、博愛主義者であり……、職業においては、旅行者で、商人で、製造者で、収集家で、改良家で、教授で、教師で、鑑定士で、設計士で、建築家で、技師で、肺の専門医で、著作者で、編集者で、書店の経営者で、司書で、秘書であったというのは紛れもない事実であり……、そして、今後自分がとてもなれないものなどあろうとは思えない。

一八三〇年代のロンドンの急進化した医学者の多くにとって、あるいは、つねに新しい身許と変装を帯びてヨーロッパ中を逃げ回っていたボリにとってそうだったのと同様に、変容は、単に動物と人間の近縁性や遺伝に関する科学的な理論になったというだけでなく、これらの人々が変化を——自分たちがいかにして今の自分になったかを、そしてまた、今後自分たちが何になってゆくかもしれないかを——説明するための方法ともなったのである。

第10章 海綿の哲学者

一八二六年 エディンバラ

一八二六年一〇月、スコットランドのエディンバラの近郊、リースの港の浜である。夏場の客たちのほとんどは町に帰っていって、移動式の着替え小屋は浜辺の向こうの端に並べられて、冬の風雨から守るための防水シートで覆われていた。それでも、仕事は続いていた。裸足(はだし)の海女や子供たちは、釣りの餌にするために、黒い岩からムラサキガイをこそぎ取っていた。漁師小屋では、男も女も、魚を箱詰めにするか塩を掛けるか木箱を荷車の背に積むかしていた。リースガラス製造会社の円錐形をしたレンガ造りの六つの窯では、ガラス職人たちが溶けたガラスをビンの鋳型に注ぎ込んでいた。石鹸やろうそくを作るために煮沸(しゃふつ)小屋で煮立てられた鯨の脂肪層が空気を汚して曇らせていた。ナポレオン戦争の間(かん)にフランス軍の侵攻から町を守るために建てられたマーテロー砲塔の向こうに、岸に繋がれた鯨漁の船や釣り船のマストが、遠くからは、冬の光の中で鈍色(にび)に輝いて水平線の方に延びるフォース川の河口の大きな広がりを背景に、森のように見えた。▼1

一七歳のチャールズ・ダーウィンは、靴を塩で汚して、風から身を守るためにコートをしっかりと引き寄せて、砂浜の黒い岩のあいだに立っていた。彼が書き込んでいた赤い革張りの日記帳には、コガネウロコムシやイカ、イソギンチャクやヒトデ、鳥の渡りのパターンなどについての記録がぎっしりと書き込ま

59歳のロバート・エドモンド・グラント（トマス・ハーバート・マグワイア画［1852］）

れていた。一年前、大学に医学生として入学して以来、彼は、二、三日ごとに、講義をサボって、最初のうちは兄といっしょに、今では一人で、リースの長い大通りを下って、浜に来て、海岸沿いの岩場の水たまりをつついて、海の生き物をビーカーに入れて、長い道のりをエディンバラの自分の下宿部屋に持ち帰って、顕微鏡の下に置いて、のぞき込んでいた。

　この日、リースの浜には、ほかに二人の男が、ビーカーと解剖用の器具を携えて来ていた。そのうちの一人は、三〇代半ばの地元の医師ロバート・グラントで、もう一人は、グラントの愛弟子で、一九歳の医学生ジョン・コールドストリームだった。二人はバケツに海綿を集めていた。何か――互いに相手の存在に気づいて興味を惹かれたこと、好奇心、礼儀正しさ――が三人を近づけた。互いに自己紹介して、握手を交わし、厳しい風に抗って、声を上げた。グラントが、この身なりのいい青年が『ズーノミア』の著者、偉大なエラズマス・ダーウィンの孫だと発見するのに、ほんの数分しか要さなかった。彼は魅了され、強い印象を受けて、ダーウィンに自分はいま実験の最中で、海綿が植物なのか動物なのか最終的に決着をつけようとしているのだと、説明した。自分の研究はエラズマス・ダーウィンとアリストテレスの二人に負っていると、彼は言った。古代の哲学者がギリシアの島々の潟で初めて海綿を調査して以来、わずかなりとも彼以上に理解を深めた者は誰一人としていないと、彼は付け加えた。彼は若いダーウィンに自分の解剖器具と顕微鏡を見せて、戸外で、まさしく水際で、まだ海綿が生きているあいだに、これを切開して観察できることが、いかに大切か説明して聞かせた。問うべき重要な問題はたいへん多くあり、見出すべき答えもたいへん多くあると、彼は言った。三人はまた会う約束を交わした。

チャールズ・ダーウィンの、エディンバラで最も注目すべき人物の一人との交友は、こうして始まった。それは、自然界についてのダーウィンの考え方を大きく変容させることになる関係だった。当時、エディンバラには、彼のような人物——種や起源や時間について、彼のように多くを読み、多くを探究し、多くを、あるいは、自由に考える人物——は一人もいなかった。皮肉っぽく、犀利で、人付き合いも乏しかったが、ロバート・グラントは徹底したラマルク主義者だった。彼は、種が原初の水生の有機体から進化してきたと断固として確信していた。二人の出会いの時期も、これ以上ふさわしい時はあり得ないというものだった。グラントは、集中的な探究——生命の起源を発見するという試み、彼をエディンバラからパリへ、さらにヨーロッパ中へと向かわせ、そこからまた、エディンバラへと連れ戻した旅——の終わりにさしかかりつつあった。そのエディンバラの海岸に沿って一マイルほど行ったプレストンパンズの村の板塀に囲まれた家で、彼は秘密の実験室を作っていた。彼がダーウィンに出会ったころまでに、彼は自分がそれまで取ってきたノートを論文に変えて発表しつつあった。ダーウィンはその『自伝』の中で、グラントの論文の結論がラマルク的な見解を取っていることに驚いたと述べている。しかし、驚いたとしても、彼はまたその結論に激しく好奇心をかき立てられもした。

数週間のうちに、グラントはダーウィンを、学生自身が運営するプリニウス自然誌協会という、新しい生物学に関する問題を議論するために集う学生グループに引き入れ、さらに、自身の研究のための助手として採用した。二年後、二人は仲違いし、互いに接触を断ち、グラントは、姿を消して、ロンドンに移り住み、そこで結果的に名を揚げることもないままに終わってしまうことになる。

それから数週間、数カ月にわたって、フォース川の河口の岸辺に沿って、二人で散策し、グラントが彼に切開のコツを教えている間に、ダーウィンは、この新しい友人の研究や旅について、飽くことなく質問を重ねた。自分のヨーロッパ大旅行は、エラズマス・ダーウィンの『ズーノミア』を読み終えたときに始まったと、グラントはダーウィンに語った。地元の大きな家庭の出で、彼はエディンバラの大学に医学生として入学した。彼は、自然誌の欽定講座の教授だったロバート・ジェームソンの講義を受講した。教授は、地球の歴史に魅了されていて、自分の授業のいくつかを大学の王立博物館の中の部屋で行ったが、それらの部屋の棚には、彼が前任者たちから引き継ぎ、その後は自身で拡大してきた膨大な自然誌のコレクションが収まっていた。ジェームソンは学生たちをエディンバラの周囲の丘陵に連れ出して、その形成について思いを巡らすように指示し、彼らに比較解剖学や地球の歴史に関するヨーロッパの新しい考えを紹介した。彼は学生たちに、考え、議論し、実験するように促した。世界中の科学者が大いなる新しい発見の縁に立っているのだと、彼は学生たちに請け合った。▼2

それから、一八一三年にグラントが人間の胎児の血液の循環に関する卒業論文を準備していた際に、彼は大学の図書館で、『ズーノミア――有機生命の法則』に遭遇した。彼はダーウィンに、その本の中に「発生」という題の章を見出した時の興奮を語って聞かせた。その章で、エラズマス・ダーウィンは、グラントがさまざまな動物の身体で共有されているのを見ていた構造のパターンは、動物が共通の祖先を持っていることの結果であり、すべての生命は地球全体を覆う大きな海に漂う水生の糸状体から始まったのだと論じていた。それは、グラントが自然界を理解するその仕方を革命的に変えた。けれども、彼が『ズーノミア』のすばらしさについて仲間の学生や教師に熱っぽく語ったとき、グラントは彼らのほとんどがそれを読んでいないことを発見し、また、読んでいた者はそれを単なる思弁として片付けてしまった。作者は詩人で発明家であって、専門の訓練を受けた科学者ではないからと、彼らは言った。[3] それでも、グラントは『ズーノミア』について詳細なノートを取り、何年ものちになっても繰り返しそのノートに戻りつづけた。

一八一四年、グラントが医師として大学を卒業して小さな遺産を受け継ぐと、ジェームソンは前途有望な教え子に、海外に出ることを勧めた。骨格のパターンに関する問題に強く惹かれているのなら、ドイツやフランスに行くのが一番いい。パリは比較解剖学の中心地であり、グラントが卒業した翌年の一八一五年には、連合軍がワーテルローでナポレオンを打ち破って捕らえたことで、ナポレオン戦争は終わりを告げ、フランスの大都はふたたび誰に対しても開かれたものとなっていた。旅の準備として、グラントは、フランス語とドイツ語、ギリシア語の上達に努めた。彼はアリストテレスの『動物誌』を原語で読めるようになりたいと望んでいた。

一八一五年から一六年にかけての冬の初めにパリにやってきたとき、グラントは二二歳だった。戦争は終わって、連合軍が町を占領しており、ナポレオンはセント・ヘレナ島に追放されていた。広い大通りと緑豊かな公園を備えたパリの町は、軍服を着た男たちであふれていた。威勢がよくて活気に満ちたプロシア兵は、バーやダンス・ホールに詰めかけていた。イギリスの兵士は、もっと落ち着いていて規律正しく、シャンゼリゼ通りを下ったところに陣を敷いていた。巻きスカートを穿いたスコットランド兵すら通りの角に立って、立ち売りからレモネードを買っているのが見られた。イギリス出身の医学生はグラントも含めて町に数人しかいなかった。彼らは共同で宿を借り、カフェに集まって、ノートを見せあったり、自分たちが働く病棟を運営するフランス人の華々しい教授や外科医について噂したり、自分たちのフランス語を上達させたり、新しい考えを吸収してその内容について尋ねあったりした。[4]

フランス革命に続く医療や医学研究、病院運営における改革は、パリを、人体の体系的で詳細な観察を特徴とする新しい医学の中心にしていた。たいへんな数のパリの病院が、教会の手を離れて、傑出した解剖医、内科医、外科医の管理・運営の下に置かれ、研究と教育の中心に変えられ、新しい世代の若い医師が、病気の構造やパターンを決定するために、人体の内部をより緻密に調べるように訓練されていた。一年に三〇万人の人々がパリの病院で治療を受け、亡くなった人の五分の四が解剖された。一八一五年になっても、ワーテルローの帰還兵が市の病院につぎつぎ送り込まれてきていて、その多くは手足が壊疽で黒くなっていた。その冬、医学生はみな、どうやって麻酔なしに手足を切断するか学ばなければならなかった。それは厳しい仕事だった。新しい世代の医学生たちは、切断し、描写し、記録し、そして、古い医学書の権威よりも自らの目で見た証拠を信用するように、訓練された。[5]

グラントは、最初の冬を、パリ植物園の自然史博物館で比較解剖学を学んで――講義に出席し、巨大な図書館で、ギリシア語でのアリストテレスも含めて、読める限りのものを読んで、骨や乾燥させたり瓶詰めにしたりした標本の膨大なコレクションを調べて――すごした。ジェームソン教授の推薦状のおかげで、彼は、礼服をまとって威風堂々としたキュヴィエ教授のサロンにも出入りすることが出来た。対照的に、昆虫と地虫、微小動物の教授ラマルクは、一八一五年には七〇代になっていて、七巻本の『無脊椎動物誌』を執筆中だったが、虚弱で影の薄い存在に感じられた。物議を醸していた変容に関する老人の考えは、キュヴィエに嘲笑されていたが、エラズマス・ダーウィンの考えと驚くほど似ていると、グラントは気づいた。しかし、彼の講義に出席する学生の数は急速に減っていた。グラントは出席しなかった。[6]代わりに、彼は三人が書いたものを、フランス語と翻訳で、可能な限りすべて読んだ。

ラマルクの著作は、その年に刊行された『無脊椎動物誌』第一巻も含めて、グラントに改めて海生の無脊椎動物について考えさせた。彼は自然史博物館のガラス戸の向こうに並べられたすばらしい海綿の標本と化石に戻って、小さな穴で覆われた、その奇妙な、扇形だったり、枝分かれしていたり、ときには不思議にお椀形だったりする、そのかたちに見とれた。彼は、アリストテレスが海綿を論じた箇所を読み、それから、一八、一九世紀の自然誌家、例えば、フィリップ・クリストフ・ツェラー、ジャン・ヴァンサン・フェリックス・ラムルー、ヨハン・フリードリヒ・グメリン、ジャン＝アンドレ・ペソネル、ジョン・エリス、ジョージ・モンタギュー、ペーター・ジーモン・パラス、ジャン＝エティエンヌ・ゲタール、アントワーヌ・ド・ジュシュー、ヨハン・フリードリヒ・ブルーメンバッハ、マルティン・ハインリヒ・リヒテンシュタイン、アウグスト・フリードリヒ・シュヴァイガー、ルイージ・フェルディナンド・マルシーリなどの著作にも当たり、翻訳して、大量のノートを取った。結論として、「海綿について知られている事実は」と、彼はいくぶんかの驚きの念とともに書いている、「アリストテレスが残したところでとどまっている、いやむしろ、この分野の研究では、人類は彼の時代以降後退してきた」[7]。彼がまた述べているように、「我々の祖先が、これほど遠く離れた時代に、我々と同じように、海岸の岩のあいだで、このささやかで見たところちっぽけな存在について実験して夢中になっているのを目にすることは、いかにも楽しい」[8]。

ラマルクとエラズマス・ダーウィンがグラントに、無脊椎動物が生命の起源を理解するための鍵であると説得したとすれば、キュヴィエとジョフロワは、一見したところ異なった有機体や生命形態のあいだに共通するパターンを理解するために、切開すること――外的な身体構造だけでなく内的な身体構造を写し取って分析すること――の重要性を確信させた。厳密な科学的実験と観察の訓練を受け、アリストテレスの著書と生命の本質と起源についてパリで交わされた思索との両方に啓発されて、そして、手に入る限り最高の顕微鏡の一つを手にして、グラントは、海綿の問題を解決して、それを使って種の起源の理論を構築しようと決意した。

グラントのようにラマルクとジョフロワの弟子にとって、海綿がとりわけ魅力的だったのは、残っている化石の形態が現に生きている種とたいへん近かったからである。海綿は最初に多細胞の有機体として進化して以降、ほとんど変わっていなかった。もしそれらが先祖に近い姿かたちなのなら、ラマルクの著書が示唆しているように、海綿は最も初期の段階における種の変異の手掛かりを提供してくれるかもしれない。けれども、グラントが気づいていたように、海綿はほとんど理解されていなかった。それは一つには、アリストテレスが感じていたように、海綿が水の中から取り出されると、それらはすみやかにその生き生きした色を失って、死んでしまうために、観察することが難しく、解剖することはほとんど不可能だったからである。グラントの時代には、誰一人、海綿が動物なのか植物なのかについて、一致した意見を言えるようには見えなかった。もし動物というものが、感じ取る能力、動く能力、そして、消化の存在によって定義されるとすれば、海綿は動物であるということの明確な徴をほとんど持っているように見えなかった。それは、エジプトのヒエログリフのように、解読不能の謎だった。

グラントは、アリストテレスが海綿について論じている箇所を読み返して、哲学者が使った元のギリシア語の単語をそっくりそのまま写し取って、アリストテレスが実行し考えていたことをより完全に理解するために、より正確で疑問の余地のない訳を仕上げようと努めた。彼は、海生の無脊椎動物の偉大な収集家で観察者だったアリストテレスと、種の起源の偉大な思索者だったラマルクとエラズマス・ダーウィンを一つに合わせようと決意した。自分は、海綿について知りうる限りすべてのことを知るまで広範な実験を自ら行うことによって、これを成し遂げるのだ。ひとたびこのことを成し遂げれば、自分は、種の変異・変遷の歴史の扉を開くための鍵として海綿を用いることが出来るだろう。

一連の明確な哲学的な課題を念頭に置いて、グラントは、自分の遺産が底をつく前に、新しい種を収集して、出来る限り多くの海生の無脊椎動物の専門家や図書館、自然誌のコレクションを訪問するために、南欧に旅立った。こういった課題を抱いて、彼はローマやフィレンツェ、ピサ、パデュア、パヴィアへと向かったわけだが、それは、絵画や廃墟を求めてではなく、フランス語やドイツ語、イタリア語で書かれた科学書や論文、そして、海岸や岩場の水たまりを求めての旅だった。その後、彼はドイツで一八カ月をすごし、それから、プラハとミュンヘン、スイスを経由して、そこから下って、ふたたび南仏に入ってモンペリエの大学を訪れた。一八二〇年、彼はパリの自然誌と骨格のコレクションと図書館に、それから、ロンドンに戻って、その間（かん）、書き写したり翻訳したりした原稿を最終的に検討して再読も行った。その年の暮れに、彼は、何箱ものノートや、論文の写し、乾燥させるか瓶詰めにするかした標本などを携えて、エディンバラに帰り着いた。しかし、彼は、自分がどんなかたちのものであれ唯物主義的な科学と関わっていると見なされるのを何としても避けたいと考えて、自身の研究のことを誰にも明かさなかった。以前のエラズマス・ダーウィンと同様に、自分が、評判がすべてを決する小さな町で、医師として生業（なりわい）を築いて維持していかなければならないということを、彼はわかっていた。▼9

　グラントがエディンバラに戻ったときまでに、彼は、自分の時間と遺産が尽きかけていることを知っていた。医師と非常勤の比較解剖学の講師として生計を立てていくための準備をしながら、彼は、一八二一年、バークレー博士の私立の解剖学校に入学して、日中は解剖の訓練をして、夜は、解剖学校の切開室で海綿の切開と実験を行った。最終的に、知り合いがエディンバラの東数マイルにあるフォース川河口の村プレストンパンズの家を冬のあいだ使っていいと言ってくれた。そこに、グラントは秘密の実験室を開設した。

　プレストンパンズの人々は、当時もまだ、主に製塩業に携（たずさ）わっており、河口から浚（さら）い取った水を巨大な平鍋で煮詰めていた。けれども、一九世紀初頭までに、村はまた、風光明媚な観光地になっており、浜辺の大きな家を借りる夏場の観光客に、新たに流行になっていた移動式の着替え小屋を提供していた。グラントは、プレストンパンズの入江にはとりわけ海綿が豊富にいることがわかっていた。彼の冬期の住まいとなったウォルフォード邸は高い塀に囲まれていて、その門は直接海岸に通じていた。彼は、朝早くや、夜の嵐のあとに、海岸で海綿を拾い集めて、数分のうちに、書斎に置いて海水を張った浅いたらいにそれらを移すことが出来た。

　彼はまず、海綿の身体を覆う無数の穴の目的を発見しようと努めることから始めた。これらの穴は、消化組織の基本形態なのだろうかと、彼は思いを巡らせた。専門家の中には、穴は海綿の柔らかい身体に入り込む寄生的存在によって作られたと主張する者もあり、またほかの研究者は、海綿は野菜であって、穴は、葉の表面にあって、それを通して野菜が水分を摂取する微孔のようなものだと説いた。グラントは、この問題を最終的に決着させる唯一の方法は、監視をつづける――ちょうどシャルル・ボネがアブラムシについて行ったように、昼も夜も海綿の穴を顕微鏡で観察する――ことだとわかっていた。

　日光よりも一本のろうそくの強い光の方が、検体をより効果的に見ることが出来ると発見して、グラントはまもなく、プレストンパンズではすべて夜間に研究を行う習慣を身につけていった。真夜中に、一人で、顕微鏡に目を押しつけて、波の音と群れからはぐれて飛ぶ鴨がときおり上げる鳴き声だけが静けさを破る中で、観察を始めて数週間後に、彼は最初の大きな成果を上げた。「海綿の側面の開口部の一つをより正面から見えるようにするために、レンズを動かして、私は初めて」と、彼は書いている、

　この生きた噴水が、丸い孔部から、激しい勢いで液体をはき出しており、続けざまに濁った塊を吹き出して、周囲の至るところにそれをまき散らしているのを見た。動物界におけるこういった新奇で美しい光景は、長く私の関心を捉えて放さなかったが、それでも、二五分ほどの不断の観察のあとで――その間一瞬たりとも、その激しい流れが方向を変えたりわずかなりとも勢いを弱めたりするのを見ることはなかったが――疲労困憊のために、目を離さざるを得なかった。私はその孔部を、短い間（ま）を置いて[10]、五時間にわたって観察しつづけたが……、それでも、その流れは絶え間なく均等に出つづけた。

グラントは、穴は「便のための孔部」と呼びうるという結論に至った。もしこれが原始的な肛門なら、何らかの種類の消化組織があるはずだ。次は、口を見つけなければならない。いく晩かにわたって、彼は家にあるさまざまなものを使って、「肛門の孔部」を塞いで、「便の流れ」の強さを決定する実験を行った。彼は、チョークのかけらやコルク、乾いた紙、柔らかいパン、燃やしていない石炭など、手近にあるものならほとんど何でも試した。彼はすべての実験をノートに詳細に記録した。水銀のしずくだけが流れを止めるのに十分な重さがあるということを、彼は発見した。それで、グラントは、海綿の身体の表面にある穴の一部は排便のための孔部だが、ほかの穴は、口のように、食物を摂取するために使われる開口であるという結論に達した。海綿の迷路のような経路に繋がる穴は、液体の絶え間ない出入り口であり、食物はそこを通って入っていき、濁った便の液体はそこを通って出ていく。そして、アリストテレスもそのことを知っていたと、彼は、自分が書き写した文書を参照して、気づいた。これらの穴についてアリストテレスが用いたギリシア語の単語は、「開口」と「孔部」の両方を意味するものだった。[11]

海綿は、動物であるための三つの基準のうちの一つ目を満たしていた。それは消化の一形態を具えているように見えた。次に、グラントは、それが自立した動きを具えているか決定しなければならなかった——動物は自律して動くが植物は動かない。晩秋の夜の不寝番で、グラントは、海綿がその穴を通して、卵ないしは卵子を排出するのを観察し、そして、驚いたことに、卵は小さな繊毛に覆われており、それを使って、自身を推進して親の海綿から離れていった。親の海綿は自ら動くことはないが、子供である卵は自律した動きをする。グラントは、これにはちゃんとした理由があると確信した。種の繁殖は、子供世代の自律した動き、それらが新しい繁殖地に到達できる能力に依拠している。こうして見ると、謎めいていて独特な海綿は深海での生存に完全に適応していた——あまりに完全に適応していたので、その水中の環境が、ラマルクのミイラにされたトキの場合と同様に、相対的に安定していたなら、それ以上進化する必要がなかった。「この動物は」と、グラントは書いている、「その構造の著しい単純さと、その存続に必要とされるわずかな要素ゆえに……広範な繁茂に際だって適合している」[12]。

次に、グラントは海綿に感覚があることを証明しなければならなかった。これは、アリストテレスの時代以来、動物学者のあいだで論議となっていた重要な領域だった。三期にわたる冬の夜間の観察を通しても、彼は海綿が感じているという証拠を何一つ見つけられなかった。「私は着床して枝状に広がる海綿の身体を、何らかの種類の目に見える収縮の動きへと刺激するために、そのかけらを酸やアルコール、アンモニアに漬けたが、こういった強力な化学物質によっても、その生きた検体に対して、ずっと前に死んだ検体に対してと同様に、何の効果も生じさせることが出来なかった」[13]と、彼は、落胆して書いている。海綿は、動物であることの最後の基準を満たすことが出来なかったのだが、しかし、グラントにとって、これはよい結果だった。感覚の欠如は、彼がそうかもしれないと予想していたように、海綿が移行の途上にある有機体であることを証明していると、彼は確信した。海綿は、植物と動物の特性を併せ持っているのだ[14]。

これらの実験のあいだに、グラントは海綿を集めるのを手伝うよう、何人かの地元の少年を採用した。そのうちの一人が、若い自然誌家で医学生のジョン・コールドストリームだった。グラントと同様、コールドストリームもリースで生まれ育った。けれども、グラントと違って、コールドストリームは敬虔なキリスト教徒で、リース少年聖書協会の会員だった。彼は子供のときからずっとこの海岸で貝殻を拾い集めていた。研究に取り憑かれて、明晰で、種の変異を完全に確信していたグラントは、コールドストリームをすっかり混乱させた。彼がグラントの影響下に入った一八二三年以降の彼の日記は、信仰に関わる突然の葛藤を記録している。このカリスマ的なリースの医師に出会ったとき、彼は一七歳だったが、一八二三年以降の彼の日記には、自責と苦悶、性的な自己嫌悪の悲痛な物語が記されている。一八二四年三月一九日の彼の一八歳の誕生日に、彼は書いている、

私の賛美は汚らわしいものである。主の栄光を称える私の言葉は、主の前では不浄である。この塵あ

くたの状態から私はあなたに叫ぶ、ああ、神よ、私の声をお聞きください、どうか聞いてください。どうか私の心を清めてください……。私はいま、この小さな世界の楽しみが道を外れて私を誘惑へと引き込んでいく時期にあります。天にまします父よ、私の行いのすべてがあなたの栄光となりますように、これらの楽しみをどの程度享受するのが一番よいのかお示しください。ああ、私に準備が出来てさえいれば、いかに肉体の誘惑から逃げたいことか。[15]

けれども、コールドストリームはプリニウス協会を退会することも、グラントの研究を手伝うのをやめることもなかった。彼は、その間、自分の宗教的な懐疑の念とも、自分の肉体に対するいくぶん奇妙な嫌悪の念とも、戦い続けた。[16] 彼は、一八二四年から二五年にかけて、協会の座長の一人に、そして、グラント医師の最も親しい伴侶の一人になって、彼と大学の自然史博物館のために海綿を拾い集めて、さらに、協会に入会するか、グラントを手伝うよう、誘うために、ほかの若い自然誌家をいつも探していた。これに対して、グラントの方も、若い助手に切開の技術を教えて、彼を励まして、自然誌に関する論文――ベン・ナヴィス山の泉について、海水の塩分と透明度について、霜について、彼が一八二五年、自分の一九歳の誕生日にフォース川の河口で見た北極光について、河口の海綿と植虫類について、の論文――を『エディンバラ哲学ジャーナル』誌に発表させた。コールドストリームは自分の信仰を守るよう懸命に努力しつづけたが、彼は自分でも問いたいと望まない問いを自らに向けるようになってきていた。

一八二五年の春、グラントは、五年にわたる研究の結果を明らかにする用意を調えて、エディンバラに戻った。彼はまず、自分の哲学の前提のいくつかをジェームソン教授が運営するウェルネリアン自然誌協会の会員に試してみることにした。一八二五年の四月二日、彼は、まさしく最初の論文を協会で発表するために、最近フォース川の河口をさらえて集めたバケツに何杯もの死んだイカを携えて、登壇した。かつて、キュヴィエは、無脊椎動物で膵臓（すいぞう）を持つものはないと論じていた。グラントは、河口のイカの一匹の腹を切り広げて、聴衆に、これまでイカの卵巣と思われていたものが実際には膵臓であることを明らかにしてみせた。彼は、みなが彼の結論に賛同するまで、切開を何度か繰り返した。膵臓がこれまで信じられていたよりもずっと下位の動物にまで見られることに疑いの余地はないと、彼は主張した。人間とまったく変わりなく、イカにも膵臓があるのだ。

数週間後、彼は、今度は巻き貝とウミウシをバケツに何杯も入れて、ふたたび登壇した。これらにも膵臓があると、彼は聴衆に示した。グラントは、イカとウミウシを使って、強い影響力を発揮しつづけていた、自然は四つの絶対的な門に分かれて固定されているというキュヴィエによる分類法を、疑問に付したのである。グラントは、論文を発表するたびに、登壇するたびに、キュヴィエは間違っていると証明しつづけた。

一八二六年までに、続き物として注意深く構成され、演出された発表の最後のもので、グラントは、自分が提出した証拠が、海綿は、動物界と植物界の境界にきわめて近いところにあって、ほとんど境界線上にあることを証明していると主張していた。海綿やほかの現存している単純な有機体の卵子と藻類の卵子を比較することによって、彼は、植物と動物には共通の単細胞生物の元があると説いた。それぞれの先祖の時代のどこかに、両者が合わさる点があって、海綿はその点を表しているのだ▼17。

そして、グラントが自分の考えのうちで最も物議を醸しそうなものを発表しつつあったまさしくこの瞬間に、エラズマス・ダーウィンの孫がリースの浜辺に現れたのである。

・一八二六年から二七年にかけての冬のあいだ、グラントとダーウィンとコールドストリームは、フォース川河口の岸辺を顕微鏡と収集瓶を携えて、岩の下をつついてまわったり、岩場の水たまりに注意深く網

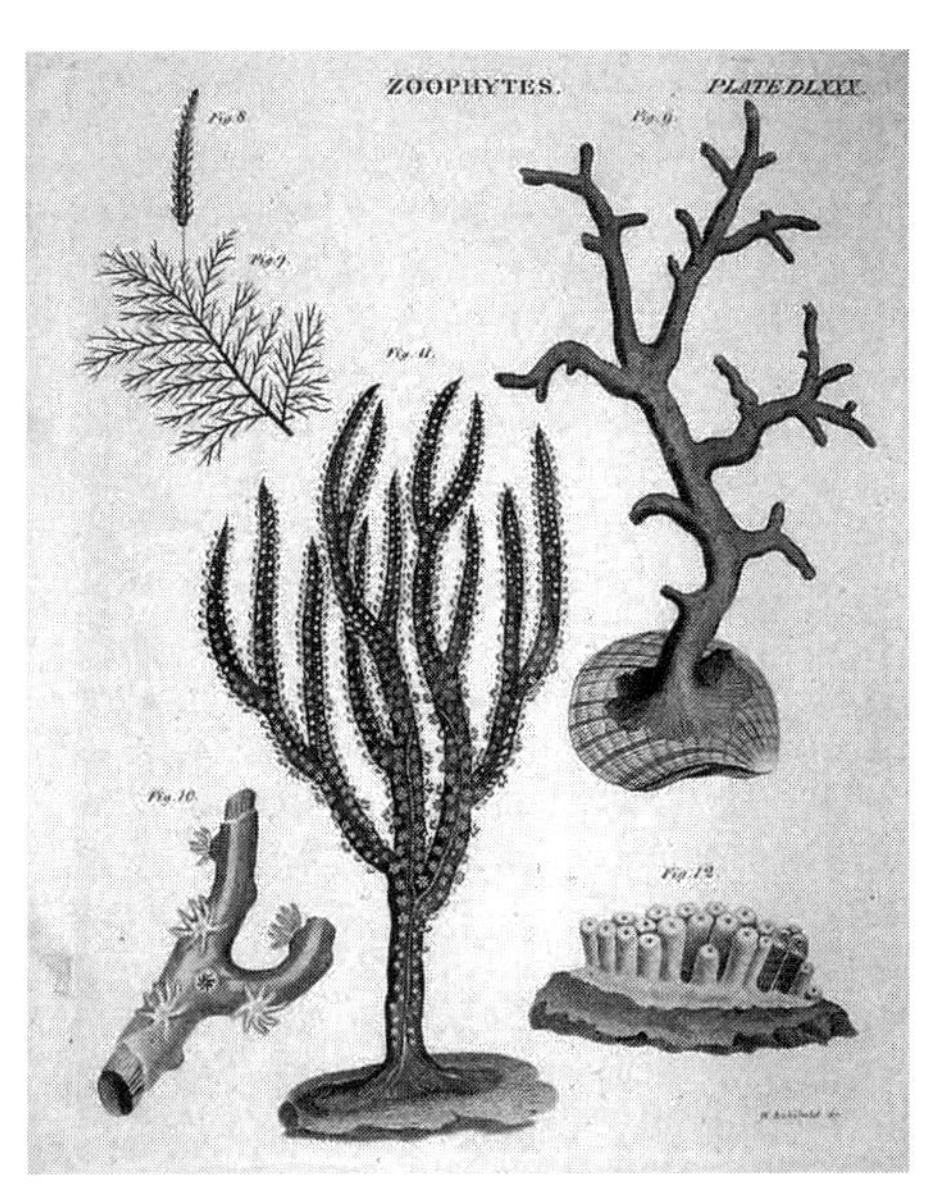

版画に描かれた植虫類(『ブリタニカ百科事典』[1813頃]より)

を下ろしたり、海綿やイソギンチャク、ホヤなどを収集したり、グラントの最近の発見が持つ哲学的な意味を議論したりして、散策した。漁村では、彼らは、立ち止まって、赤煉瓦造りの二階屋の石段に座って魚を売ったり網を補修したりしている漁師や女たちと話をした。漁師たちはグラントのことをよく知っていて、網に掛かった獲物のうち用のないものを、彼が調べられるように取っておいてくれていた。二、三週間ごとに、三人の自然誌家は、夜明けに、底引き漁の船に同乗して、河口の牡蠣売買の中心でリースの西わずか一マイルにあるニュー・ヘーヴンの波止場から出て、新しい海生の有機体を探し求めて、ファイフシアの岸辺やメイやインチキースなどの島々にまで足を延ばした。

　火曜日の夕べには、グラントは、大学の地下室で催されていたプリニウス自然誌協会の例会にダーウィンとコールドストリームを連れて行った。[▼18] 会員の多くは若い医学生で、何人かは、ダーウィンのように、たいへん若かった。[*1] グラントは、グループの中で唯一の年かさの人間だった。会員と招待客は、毎週、短い論文を読み上げたり、口頭発表を行ったりしたが、その内容は、自然誌の調査旅行の報告だったり、石鹸造りの業者の廃棄物から臭素を得る方法や、シェットランド諸島の沿岸部における捕鯨、あるいは、海水と大気の流れについての報告だったりと、多岐にわたっていた。ときおり、学生たちは哲学的に物議を醸しそうな考えを発表した。一七歳のウィリアム・グレッグが「下等動物は人間の心のあらゆる機能と傾向を持っている」[19]ことを証明しようとする論文を読んだときには、彼の論文の一部はのちに記録から削除された。ヨーロッパの自由な討論と思索に慣れ親しんでいたグラントは、若い会員たちに、広く多岐にわたってものを読み、正統とされるものに挑戦するよう激励した。啓蒙はそのことに依拠しているのだと、彼はダーウィンとコールドストリームに説いた。

一八二六年、グラントは、海綿の卵が自由に泳ぎ回る――その身体を覆う微細な毛ないしは繊毛(せんもう)の振動によって自らを推進する――という自分の発見を公表した。これは決定的な発見であり、海綿の謎を解明して自然界におけるそれの位置を決定する過程における重要な部分だった。海綿はいかなる種類の動きも持たないかもしれないが、その卵は動くことが出来ると、彼は書いた。彼は、自分の論文を「この法則が植虫類一般にどの程度当てはまるのかは、今後の観察によって決定されなければならない」[20]という言葉で締めくくった。

海綿での調査を終えた今、グラントはほかの植虫類に、植物のように見えるほかの海生の動物に、関心を向けて、それらもやはり自由に泳ぎ回る卵を持っていると言えるか見ようとした。グラントとコールドストリームとダーウィンは、いっしょに作業するようになり、グラントの部屋や浜ですら切開をして、出来るだけ多くの一見したところ動くことのない海生生物の中に遊泳する卵の存在を探し求めた。ダーウィンは苔虫(コケムシ)の研究を始めた。これは、海岸線の近くの岩場に、互いに依存して繋がりあった何百ものポリプからなる、群生で育つ薄茶色の海草のような有機体である。

一八二七年三月一九日、ダーウィンは小さいが重要な発見をした。彼は、底引き船が波止場に係留されるや否や、その報せを携えて、プレストンパンズのグラントの家へと急いだ。彼はのちにその瞬間のことを記している。

> ニューカッスルで底引き漁の小舟からいくつかの苔虫（Flustra Carbocca）の検体を手に入れて、私はまもなく、顕微鏡の助けを借りることなく、さまざまな方向に鋲を打ったようになっている小さな黄色い個体に気づいた。それらは卵のかたちをしていて、卵の黄身のような色をしており、それぞれ一つずつ小胞に入っていた。小胞に入っているあいだは何の動きも認められなかったが、浅いガラス皿に入れて放っておくか、振るかすると、それらは素早くあちこちに滑って動いたので、少し離れていても裸眼ではっきり見えた……。こういった卵子が運動器官を持っているということは、ラマルクやキュヴィエやラムルーによっても、あるいは、ほかのいかなる著者によっても、指摘されているようには見えなかった。——この事実は、一見したところはたいして重要ではないように思えるかもしれないが、すでに数多い例にさらにもう一つ例証を加えることによって、植虫類の卵子は自律した動きをすることが出来るという法則を一般化するのに近づくことになるだろう。[21]

どのように見て、何を探し、どうやって待ち観察すべきか、わかったので、ダーウィンはすぐに二つ目の発見をし、こちらもノートに記している。

> 牡蠣やほかの古い貝殻にくっついて、漁師たちが「大粒の胡椒」と呼ぶ、小さな黒い身体のものが、し

＊1　ダーウィンは一七歳だった。リヴァプール出身のウィリアム・ケイとニューキャッスル出身のジョージ・ファイフは一九歳だった。リース出身のジョン・コールドストリームとランカシャー出身のウィリアム・エインズワースは二〇歳だった。スターリング出身のウィリアム・ブラウンは二二歳だった。

ばしば見られる。これは、見た目がたいへんよく似ているので……、今までつねに若いFucus Lorius〔海藻の一種〕と間違えられてきた……。けれども、ほかのものもいくつか調べて、この変化しやすく、しだいに虫のかたちになっていくものは、生長すると若いPontobdella Muricata〔ヒルの一種〕であって、それはあらゆる点で完全でありよく動いている、ということがわかった。[22]

ダーウィンは彼が切開したほとんどすべての植虫類で遊泳する卵を見つけたが、しかし、彼がより多くの証拠を集めるにつれて、グラントは自分の研究の独創性が損われていると感じるようになっていった。グラントは、一八二七年三月二七日、権威あるウェルネリアン協会で、苔虫の自由に泳ぎ回る卵を発見したことを発表した。彼はまた、ほかの植虫類の卵でも繊毛を発見し、そしてまた、海中のヒルPontobdella Muricataの生殖の仕方も発見したと、発表した。ダーウィンは、その三日後、プリニウス協会で、苔虫の卵について報告した。これが彼の発表した最初の科学論文である。この時、彼は一八歳だった。[23]

ダーウィンとグラントの関係は冷えていった。これはダーウィンが初めて経験した科学における縄張り意識であり、そのことは彼を動揺させた。ダーウィンの娘の一人によって書かれ、一九四七年に書類の束の中から見つかったとされる（そして、その後再び失われた）備忘録が、このことを裏書きしている。ヘンリエッタは書いている。

それから、私は、父が以前にも私に語っていたこと、つまり、科学者の嫉妬に彼が初めて触れた際の体験を、もう一度父に言わせた。父がエディンバラにいたころ、彼は苔虫（海藻の上に育つもの）の精子だったか（?）卵子だったか（?）が動くことを見つけた。彼は即座にその課題を研究していたグラント教授の許に、相手もその奇妙な事実に喜ぶだろうと考えて、駆け込んだ。しかし、教授の課題を研究するのはきわめて不当なことであり、実際、私の父がそれを公表すれば、自分としてはそのことを悪く取るだろうと言われて、衝撃を受けたのだという。このことは父にたいへん深い印象を与えて、このような——真理の探究者にふさわしからぬ——狭量な感情に対して、彼はつねづねきわめて強い軽蔑の念を表してきた。[▼24]

これはまた、おそらく幸いなことに、ダーウィンがエディンバラで過ごした最後の数週間だった。グラントもまた、その夏エディンバラを発つ運命にあった。彼は新しく出来たロンドン大学の教授の座に推薦された。ロンドン大学は、伝統的な大学によって拒まれた人々(非国教徒もカトリック教徒もユダヤ人も、すべてオックスフォードとケンブリッジから閉め出されていた)の一部に大学教育の機会を与え、国の専門職と研究機関に改革をもたらすために、設立されたものだった。一方、ダーウィンの方は、ケンブリッジに向かうことになった。彼の父は、息子が医師の資格を取るつもりがないのなら、聖職者になるよう努めるべきだと決断したのだった。叔父のジョサイア・ウェッジウッド(ウェッジウッド家とダーウィン家のあいだの多くの婚姻の一つで、エラズマス・ダーウィンの息子ロバート・ウォーリング・ダーウィンはジョサイア・ウェッジウッド一世の娘スザンナと結婚しており、こちらのジョサイアはスザンナの弟だった)は、気落ち気味の甥に、聖職者が同時に自然誌家でもありうると思い起こさせた。

ジョン・コールドストリームは、医学の勉強を続け、グラントの例に倣う(なら)ために、パリに行くことに決めた。事実、プリニウス協会の会員で卒業を迎えた数人が、一八二七年の夏にパリに向けて発っており、グラントも、その夏の後半に、パリの博物館や図書館への年ごとの訪問の際に、彼らと合流した。ダーウィンも、その夏の六月から七月にかけてパリに旅した。彼の叔父は、娘のファニーとエマ・ウェッジウッドを連れ戻すために、[*2] ジュネーヴに旅することになっており、彼がチャールズにパリまで連れて行っ

*2　ウェッジウッド家とダーウィン家のもう一つの婚姻で、エマ・ウェッジウッドはのちにチャールズ・ダーウィンの妻になる。

てやろうと言ってくれた。叔父がジュネーヴまで旅を続けるあいだ、チャールズはパリで一人ですごすように残された。グラントが彼との関わりを断った今、彼はひとり自由に、パリ植物園の自然史博物館の展示を見て回って、興味を惹かれる一連の問題を考え抜いた。

ダーウィンがコールドストリームに再会すると、相手は、パリでの研究を始めたばかりなのに、もう元気がなかった。パリの科学は、グラントの考えよりさらに、自分の精神をかき乱したと、コールドストリームは認めた。パリのパッシーにあった福音派の伝道師養成所のウィリアム・マッケンジーは、コールドストリームの相談に乗っていたが、「彼はある唯物主義的な見方から生じる疑念に悩まされていたが、そういった見方は、残念ながら、医学生のあいだではあまりに広く行き渡っている」と、記録している、「彼は私に自分の疑念を語って、宗教の問題についての悩みを打ち明けた」[25]。まもなく、コールドストリームはスイスの療養所に入って、精神の衰弱からの回復に努めた。快方に向かう中で、彼は決心した。もうこれ以上大陸での研究はするまい。これ以上唯物主義の誘惑にさらされるようなことはあってはならない。自分は翌二八年にはリースに戻って、町の医師として働き、病人の治療に専念するのだ。グラントやほかのプリニウス協会の会員のような異端の自然誌家との交際は避けるのだ。「今日、自然誌家の大方は不信心の徒であると、私は危惧している」と、一八二九年に彼は書いた[26]。

コールドストリームは、失意のうちにリースの両親の許に戻ったが、その後も、腐敗した肉体と道徳的な堕落という思いに悩まされた。「美しい外面が完全な邪悪さという掃きだめを覆い隠している」と、一八三〇年一月、彼は自分について書き、規範の欠如と肉体の誘惑ということで自らの精神的な弱さを責めた。「私の目下の精神状態は、私が肉欲に身を任すことがなければ保てたであろうものから、力強さにおいてもしなやかさにおいても、はるかに劣っている。私は、女々しく怠惰で気ままな生活によって、身を滅ぼし衰弱してしまった[27]。」

ケンブリッジから、ダーウィンは、コールドストリームに手紙を書き送って、友人の病気を見舞うとともに、相手が海生の生物学を放棄したことを残念がって、「医師にとって、自然誌以上にふさわしい研究はない」と論じた。[28]コールドストリームは賛意を示したが、明るい調子で、自分としては「有益な知識」に身を捧げることにしたのだと付け加えた。自分はまた、生きた生き物を切開するのはやめることにしたと、彼は書いた、それは自然に反するように思えるのだ――。にもかかわらず、彼はダーウィンに、グラント博士によろしく伝えてほしいと願い、こう締めくくった、「近いうちにまた手紙を書いて、自然誌の現状について何か知らせてください。こちらを発って以降、海生の生物学を研究するような機会はありましたか[29]」。

ダーウィンは、エディンバラを発って以降、海生の生物学を全く研究していなかった。海から八〇マイル離れたケンブリッジで、彼の関心は甲虫に移っていた。彼の生物学の新しい師で散策の友となったジョン・ヘンズロー牧師は、すでに「質問をぶつけてくることにかけては、あのダーウィンというのは、何という男だ[30]」と評していた。一八三一年に卒業試験に通って、ダーウィンは今やどこかの教区に牧師の口を得て、ヘンズローのように身を落ち着ける用意が出来たわけである。ところが、彼の想像力は、アレクサンダー・フォン・フンボルトの南アメリカの旅行の話で一杯になっており、彼の思いは熱帯での冒険に向かっていた。彼は一八三一年に又従兄弟のウィリアム・ダーウィン・フォックスに手紙を書いた、「この地球の構造についての僕たちの知識は、全部足しても、百エーカーの畑の隅で餌をついばんでいる年老いた雌鳥が、その畑について知っていることとほとんど変わりがないのではないだろうか[31]」。

その答えは、畑の隅を離れて、どこかほかでついばむことだった。しかし、このことに対して、父はどう言うだろうか。一八三一年九月に、格好の機会が訪れた。それは、南アメリカの海岸に沿って地図を作成するために航海するイギリス海軍の帆船ビーグル号に同乗する専属の自然誌家としての座に就かないかと招かれるというものだった。父親は、息子の見たところ軽はずみな振る舞いに腹を据えかねて、航海に同意しようとしなかったが、叔父が仲を取り持って、「自然誌の研究は……聖職者にたいへんふさわしい」と説いてくれたので、最終的にダーウィンの父親も同意した。[32] ダーウィンはコールドストリームに最後の機会になる手紙を書いて、深海の底引き漁と気候の観察の技術についての助言と情報を求めた。とりわけ、彼は旧友に、牡蠣用の底引き網をビーグル号の航海のために一つ作らせることが出来るように、網の図面を描いてほしいと依頼した。コールドストリームは注意の行き届いた指示と図面を書いて、さらに、いっそうの助言を求めてグラントと接触するように勧めた。[33]

ダーウィンとグラントは、一八三一年暮れ、ビーグル号が出航する数週間前に、ロンドンで会った。かつての愛弟子といっしょにお茶を飲みながら、グラントは何を感じただろうか。グラントはかつてたいへんな旅行家で、ヨーロッパの山々を越えて、アリストテレスの足跡をたどって地中海の海岸線を踏破した。今では、ダーウィンのように個人的な収入の余裕もなく、海からも遠く離れた暮らしで、収支を合わせるために苦労を重ね、日々は講義を用意し、レポートを採点し、個人指導をすることに、完全に明け暮れていた。ダーウィンは、彼の許に、裕福で、二二歳という年齢で、遠い熱帯の海で海洋生物を収集するための正確な指示を求めて、やってきたのである。

グラントのロンドン大学での地位は、彼が期待していたものとは大きく異なっていた。大学は彼に好きなことを好きなやり方で教えるという自由を与えてはいたが、その自由は代償を伴っていた。大学は体制がよく整備されておらず、財政的な基盤も貧弱だった。赴任して早々に、彼は、学生のための博物館のコレクションを一人で集めなければならず、三つの講義科目を用意して、年に三百回講義をして、自身が使う切開の器具すら自費で買わなければならなかった。比較解剖学と生物学はカリキュラムの中で必修科目ではなく、そのため、彼は、安定した給与を得るのに十分なだけ、授業料を払う学生を持つことがいつも出来なかった。その上、ロンドンの医師会は、スコットランド人であるからには、彼が医療行為を行うためには一連の新たな試験を受けなければならないと定めており、グラントはこれを断固として拒否したので、教師としてのわずかな収入を補うために、医者として働くことも出来なかった。彼は、怒りっぽく、疲れ切って、失望した人間になっていた。

けれども、埋め合わせとなるものもあった。グラントは、ロンドンにやってきたとき、そこで医療改革を推進しようとする人々、イングランドの地主階級にはびこる縁故主義と医療職の独占を打破しようとする急進主義者たちの中に、自分の同志を見出していた。彼らはとりわけ率直な物言いで有名な集団で、トマス・ウェイクリーが一八二三年に創刊した雑誌『ランセット』で、改革に対する自分たちの要求を発表していた。ウェイクリーは、グラントが大陸での考え方を支持していて、教会に対して何の敬意も払っていない点を、とりわけ高く評価していた。彼は、この友人のことをヨーロッパで最も偉大な教授と公然と持ち上げた。▼34

フランスの唯物論的な科学を推進して、ラマルクやジョフロワの考えを撚り合わせたグラントのロンドンでの講義の方向は、イギリス系の科学を推し進めてきたロンドンの科学界の中心勢力にとっては、悩みの種になった。「行列をなして足早に通りすぎてゆく影のように、何万もの個体が現れては消えてゆくが」と、彼は講義台から弁じ立てた、

それでも、種は……地上で持続しつづける。けれども、種にもまた、それを構成する個体と同様に、存続できる限界がある。動物の一生は、一連の連続する変化を表しており、それぞれの段階はごく短い期間のみを占めるので、我々は一般にその連続の順序全体をたどって、動物が変容していく連鎖の全容を見ることが出来る。けれども、種の変容は、我々からすれば、きわめて緩慢に進行するので、我々は、その起源も、成熟も、衰退も見ることが出来ず、我々はそれが言わば地上に永続しているよ

うに考えてしまう。地殻に沈殿した有機体の残存物を少し調べさえすれば、種の形態も、我々の惑星の生物全体も、絶え間なく変化しており、動物界も植物界も、彼らが生息している地表と同様に、より単純な状態から現在の状況へと段階的に進化してきたことがわかる。[35]

一八三一年、ロンドンは政治的に不安定だった。イギリス全体が経済的に不況の中にあって、物価も高く、失業率も高かった。一八三〇年のパリの暴動は、イギリスの保守層を震え上がらせ、急進派や非国教会派の人々を勢いづかせた。一八二〇年にイギリスの革命主義者の一団が、閣僚全員を暗殺することによって、国中での蜂起を引き起こそうと計画していた。一八一九年には、マンチェスターのセント・ピーターズ・フィールドで開催された改革集会のために集まっていた六万から八万人の大群衆が——のちにピータールーの虐殺として知られることになるもので——騎馬隊に襲われ。六八〇人が殺されるか傷を負うかした。

一八三〇年代のイギリス——とりわけ、ケンブリッジとオックスフォード——での自然科学の研究は、フランスやドイツにおける研究とは根本的に違っていた。イギリスの二つの主要な大学における科学科目の授業のほとんどは国教会から叙階を受けた聖職者によって行われていた。それらは、保守的な自然神学の勢力によって占められるようになっていた。イギリスの自然誌家たちは、それぞれが大地を飾り人間による大地の耕作を富ませるべく神によって設計されたさまざまな生き物の素晴らしい適応ぶりについて書く傾向があった。この自然神学——崇拝の行為であると同時に、神の存在と恵み深さを証明する手段としての自然研究——の伝統は、一八三〇年代に頂点に達した。上品な文体で書かれ広く読まれたウィリアム・ペイリーの『自然神学——自然の外観から集められた神の存在と属性の数々の証拠』は講義室や教会で引用されるのがよく聞かれ、若いころのチャールズ・ダーウィンの書棚も含めて、ほとんどの学生の書棚に見ることが出来た。

ダーウィンは、グラントが、こういった雰囲気の中で、危険を承知の上で行動していることを知っていた。彼以前の不信心な科学者は、国教会派の支配勢力によってつぶされていた。ウェイクリーと親交のあった急進派の若い外科医ウィリアム・ローレンスは、軽はずみで皮肉っぽい性格で、自身は家柄にも恵まれながら、シェリー夫妻も含めた急進主義者たちの仲間だったが、一八一六年にイングランド王立外科医師会で一連の講義を行い、その中で、生命は、魂にではなく、生理学的な構造に依拠していると論じた。彼が一八一七年にそれらの講義を『生理学、動物学、人間の自然誌についての講義』という題で出版すると、大法官はこの本は神を冒瀆していると宣言した。彼の職と日々の生業(なりわい)と病院での地位が脅かされると、彼は王立外科医師会を退会して、彼の本を書店から撤去させた。けれども、一八二二年に、急進派の出版社がその海賊版を出すのを彼が阻止できなかったことで、彼は外科医として停職の処分を受け、撤回文を書くことを余儀なくされた。その後一〇年にわたる以後の職に対する脅迫と新たな地位への誘惑が、急進主義者としての彼の牙を抜いてしまった。ドイツの生理学者カール・グスタフ・カルスは一八四〇年代にイギリスを訪問して、「彼は恐怖の念に屈してしまったようで、今では単なる町の外科医になってしまって、日曜日には古いイギリスの流儀で教会に通い、目下のところ、生理学も心理学も打ち捨ててしまっている」と嘆いた。[36]

ダーウィンは、グラントがどうやって国教会派が支配するロンドンの医療や科学の体制に対して反対派としての自身の小さな地歩を守れるのか疑問に思ったかもしれないが、一八三六年グラントが直接攻撃に晒されたとき、彼はすでにビーグル号の船上だった。逆襲の砲弾は、おそらく避けがたく、ごく身近なところから、若く聡明な比較解剖学者リチャード・オーウェンの手から、放たれた。オーウェンはグラントより一一歳年下で、敬虔な国教徒だった。二人が出会ったとき、オーウェンは、グラントの熱心なラマルク説への傾倒に強い印象を受けていた。二人は、一八三一年の夏、パリで同じホテルに泊まっていた。グラントは、オーウェンをパリ植物園の重要な哲学者全員に紹介していた。二人は毎晩遅くまで、異なった種のあいだに見られる相同性や進化について、語り合った。その一方で、オーウェンは、キュヴィエがラマルクの説やジョフロワの理論の限界について語っていることにも耳を傾けた。教会の権威を否定しようとすることの危険は、前の年の市街での争乱で放火された、ノートルダム寺院の隣にあった大司教の邸宅の焼け跡の光景によって、彼に強烈に印象づけられただろう。[37]フランスの最初期の革命には、もっと強権的に弾圧されるべきだった不信心な哲学者たちの著作が大いに関わっていると、ささやく者もいた。

　このころ、パリで学んだ若い科学者がもう一人いた。チャールズ・ライエルである。一八三〇年の激しい七月革命の間にパリの市街での戦いを目の当たりにして、彼は郷里に手紙を書き送って、我々の「オランウータンが、ラマルク的な原理に従って、人間になる」までには、恐ろしいほど長い時代をいくつも経なければならないだろうと述懐した。一八三一年から三二年にかけての改正法〔選挙法の改正〕にまつわる危機の時期にイギリスに戻って、ロンドンの「混乱した政治状態に動揺して」、彼は画期的な『地質学原理』全三巻となる草稿を書き始めた。一八三二年に刊行されたその第二巻は、四〇ページにわたる雄弁な議論を通して、ラマルク的な変異説を覆しにかかった。[38]

　ライエルの第二巻の成功は、イギリスにおけるラマルク説への広範な反対を確実にするものだったが、しかし、皮肉にも、ラマルクの理論をあまりにも詳細にわたって、そしてあまりにも多くのページを割いて論駁することによって、ライエルは、こういった考えについての知識をずっと広く行き渡らせもした。『原理』の中で、ライエルは、自分と自分の説から政治色を抜き去ろうとして、フランス的な考えから距離を置いた。化石や地層を研究することは、神を冒瀆したり唯物論を支持したりすることである必要はないと、彼は示唆した。陸地は長い期間のあいだに限りなく緩慢に移動してきたかもしれないが、そのことは、種が進化してきたと信じる理由には絶対になり得ない。ラマルクは、「人間をその高い地位から」[39]引きずり下ろしたという点で、完全に間違っていると、彼は、丁寧にそして敬意を込めて、断言した。けれども、『原理』は、変異論者たちを沈黙させるほどには強力ではないと、ライエルの同僚たちは嘆いた。ロバート・グラントが野放しにされているうちに、ロンドンの医療関係者のあいだで、ラマルク的な考えはすさまじい勢いで広がりつつあった。▼40

リチャード・オーウェンは、自分がロンドンで職を得てやっていこうと思うなら、かつての友人であるグラントとのあいだに一定の距離を置かなければならないとわかっていた。グラントの講義の聴講生は、一八三〇年代には増加しつつあり、そしてまた、彼の考えにもかかわらず。彼は大学の外でもさまざまな機関の座にも食い込みつつあった。彼はリンネ協会や地質学会、動物学会の会員に選ばれていた。しかし、同時に、『医学報知』誌は、一八三三年に、グラントとウェイクリーが「神聖な事柄を下賤な笑いの種にし、キリスト教の厳粛な真理を冒瀆し嘲笑している」と非難した。オーウェンは機が熟すのを待った。グラントや彼の考えを直接非難したりすれば、この年上の男にいっそう注目を集めることにしかならないだろう。

一八三二年、ラマルク説に異を唱えるライエルの『地質学原理』第二巻が書店に並ぶのと時を同じくして、リチャード・オーウェンとロバート・グラントがともに動物学会の評議員に選ばれたことで、いよいよ雌雄を決するべきときが来た。二年間にわたって、二人は評議会の中のさまざまな委員会で角を突き合わせて、表面的な丁重さの下で互いの地盤を突き崩そうと努めた。グラントは、何とかしてロンドンの権力の中枢の中により広い地歩を築こうと立ち回って、一八三五年、特別委員会で一連の講義を行えるように話を持っていった。オーウェンは、グラントの大胆さと特別委員たちの軟弱さに憤激して、四月の選挙で彼が学会から除名されるようキャンペーンに乗り出した。それは功を奏した。グラントは追放された。信用を奪われて、彼は、自分の考えを発表する場も、研究を続けるために必要とした解剖のための検体のすみやかな供給も、失った。それはきわめて公然たる屈辱であり、『タイムズ』紙の一面で報じられさえした。グラントの方も、今後動物学会と関わりを持つことは一切ないと宣言した。

一八四〇年代、ダーウィンがビーグル号の航海から帰ったあとで、彼はかつての師を訪問しないことにした。グラントは今ではひどい財政状態だった。彼はいまだにイングランドで医師としてやっていけるようになるためのロンドンの医師資格試験を受けることを拒んでいた。彼は最後に自分の講義を『比較解剖学大綱』という本にして出版し始めて、一部は刊行したが、一八四一年に、シリーズは、何らかの結論に達することもないままに、不意に中断され、彼はそれっきり再開することはなかった。一八五〇年に学生数が劇的に減少したときに、大学は彼に年百ポンドという少額の固定給を支給した。ウェイクリーはキャンペーンを張って、さらに五〇ポンドの年金が支払われるよう尽力した。グラントは講義を続けたが、学生たちは彼のことを嫌みっぽく陰気だと感じていた。一八四九年、大学の同僚の一人ジョン・ベドーがロンドンでグラントの許を訪問したとき、彼は相手がカムデン・タウンの貧民街に住んでいることを知った。ベドーが彼に新しい住まいを見つけるように強く勧めると、グラントは苦々しげに「僕は世の中は主に悪党と娼婦からなっているとわかったのだ。どちらといっしょに住んでも変わりはないさ」[▼41]と言い放った。

一八四〇年代と五〇年代を通して、自分の種の理論を机の引き出しにしまって、代わって、より議論の余地のない、フジツボの分類を記述することに関心を注いでいたチャールズ・ダーウィンは、グラントの不遇と屈辱のさらなるニュースをかなりの魅了と警戒の念で聞いていたにちがいない。彼の変異説の師は、ラマルクと同様に、ほとんど隠者になってしまっていた。彼の言うことに耳を傾ける者など誰もいなかった。人々は、彼がユーストン駅の近くの家から講義室まで、いまだに古くくたびれた燕尾のコートを着て、飛ぶように駆けていって、話しかけられると苛立って攻撃的な態度で応じているさまを、噂していた。彼は、ダーウィンが自説を発表できるようになる前に、鎮めておくべきもう一人の亡霊だった。しかし、この男には、称賛されるべき点も多々ある。私的な収入もなしに、グラントは、自分の能力だけを礎にして、専門家としての自らの暮らしを築いていったのだ。それはすばらしいことだ。彼が特権と縁故主義を非難したのは正しいし、国教会派のオックスフォードやケンブリッジの人脈で固めて、ロンドンの科学界を牛耳っていた人々を糾弾したのも当然である。しかし、彼が妥協できなかったこと、体制の中枢に対する彼の攻撃的な態度は、彼個人にとっても、改革の大義にとっても、そしてまた、大陸の科学思想の評判にとっても、たいへん不幸なことだった。ロバート・グラントは物笑いの種になってしまった。改革はこんなやり方では達成できない。ほかの方法を見つけなければならないと、ダーウィンにはわかっていた。

第11章 スコットランドの啓蒙主義者

一八四四年　エディンバラ

一八四四年一一月のことだった。エディンバラの町で、フロックコートにシルクハットという出で立ちの男が、新市街の広い大通りをゆっくり歩いてきた。彼の周囲では、馬車が音を立てて通りすぎていき、立ち売りが果物や花や魚をうずたかく積んだ手押し車を押して、優雅に着こなして犬を散歩させる男女の脇を抜けてゆく。本を抱えた学生たちは、押し合いながら、解剖室や講義室、近くの通りの診療所などへと進んでいき、高校生たちは、黒いガウンをまとってエディンバラ大学医学部の古典的な正面玄関を通ってゆく講師や教授たちの群れをすり抜けるように駆けてゆく。医学部の正門の向かいで、男は、マクラクラン・ステュワート社という看板を掲げて、大学に書籍を卸している書店の前で立ち止まった。

客でごった返す暖かい店内で、店主は、男が、ジャーナリストで、今やたいへんな売れ行きで影響力も大きい『チェンバースのエディンバラ・ジャーナル』で知られる出版社を兄のウィリアムとともに経営する資産家のロバート・チェンバースであると気づいて、彼に向かって頷いてみせた。チェンバースは気づかれるのを望んでいなかった。彼は観察したかったのだ。店内では、テーブルの上に、新刊書――子牛の革装や布張りの本、人相学や解剖学の本、化学や比較解剖学に関する大陸の書籍の翻訳や、さまざまな病気についての本、それに、小説や旅行書、歴史書など――が平積みされていた。ここでは、いまだに売れ

50歳前後のロバート・チェンバーズ(『創造の自然史の痕跡』第12版の扉絵に用いられた、サー・J・ウィルソン・ゴードンの油彩の肖像画に基づく、T・ブラウンによる鉄筆の版画)

行きの好調なライエルの『地質学原理』の二巻本も、バークレイの解剖学の講義録やジョージ・クームの骨相学についての書籍などと並んで、積み上げられていることに、彼は気づいた。それから、チェンバースの目は、真ん中のテーブルの上の赤い本の山に留まった。それは、匿名で出版された『創造の自然史の痕跡』という新しい本の山だった。山の嵩は見る見るうちに小さくなっていった。彼——ロバート・チェンバース——こそが、その本の著者であると知っているのは、国中で四人しかいなかった。彼としては、思いが叶うなら、ほかの誰も知らないままでいてほしかった。

上流や中流階級の男女や医学生、外の馬車で待つ裕福な人物に代わって買い物をする仕着せを着た召使いなどが、赤い本を持って勘定台に向かっていた。チェンバースはそのうちの何人かは『エグザミナー』もいっしょに持っていっているのに気づいた。これは改革派の週刊の新聞で、『痕跡』について熱狂的

で長々とした書評を掲載したばかりだった。「この小さく慎ましい一巻の中に」と、評者は書いていた、

我々は知識と考察のじつに多くの偉大な結果を見出したので、本書を思慮深い方々に関心を持たれるようどれほど熱心に推薦したとしてもしすぎることはない。これは自然科学を天地創造の歴史に結びつけようとしてなされた最初の企てである。これは広範で多彩な学識をあらかじめ必要とする企てであるが、この傑出した本の魅力となっている雄大でとらわれのない知性と、深い哲学的示唆、高邁（こうまい）な慈恵の精神、典雅な論調は、その必要を超えている。

『痕跡』は確かに「小さく慎まし」かったが、その議論と前提において、それはまた、きわめて異端的だった。著者がその身許を伏せたのには、しかるべき理由があった。

関心などないと見えるように、自身に注意を惹きつけることがないように、あらゆる努力を惜しまないで、チェンバースは自分の本を買う男女がその本をどう考えるのか思案した。彼はまさにこういった人々のために『痕跡』を書いたのだった。評者もそのことに気づいていて、匿名の著者が洗練された文体で生き生きと情熱を込めて書いていると評していた。彼は専門家——医学者や哲学者——のためにではなく、自分の周りの世界に、自然の大いなる神秘に、関心を寄せる中流階級の人々、日常を超えた大きな問題を尋ねるくらいに好奇心の強い市井（しせい）の人々のために、書いていたのだ。いつどうやって地球は始まったのか。それはどのように変化してきたのか。生命はどのように始まったのか……。チェンバースはいま彼らに答えを提供した——高熱の星雲のガスから地球が華々しく誕生する様子から、生命の起源を経て、水生の生き物が爬虫類になり、爬虫類が鳥になり、鳥が人間になるというように、新しくつねにより多様な種の進化と変容に至る物語を語って聞かせた——のだ。彼らの関心を惹きつづけるために、彼はそれをほとんど小説のように、ほとんどウォルター・スコットの物語のように書いたのだった。

チェンバースは自分が作者であることを隠すためにたいへんな努力をした。本の出版者ですら誰がそれを書いたのか知らなかった。チェンバースがまだ知らなかったのは、彼の本が引き起こすことになるスキャンダルの規模とそれが拡散する範囲であり、ロンドンでは主教と司祭がそれを異端と称しその著者を不信心の徒と呼ぶことになるということであり、科学者の中にも、それを馬鹿げていると言い切って、事実と解釈において間違いだらけだとして切り捨てる者が出てくるということ、貴族の食卓や市場(いちば)町の居酒屋など至るところで、人々が何年にもわたってそれについて語り合うことになるということだった。彼らは人間はかつてどんなだったか、今後どんなふうになっていくのかについて、地球の年齢と時間の起源について語り合った。チェンバースが知らなかったのは、まもなく桂冠詩人◇1に選ばれる、詩人のアルフレッド・テニソン卿が、馴染みの書店にすでに『痕跡』を注文しており、たいへんな売れ行きとなって、ヴィクトリア女王が一〇年にわたって自分の枕元に置くことになる長詩『追悼の詩』(*In Memorium*)の中で、悠久の時間と生命の起源、将来における人間の消滅についての複雑で折衷的な考え——ライエルの『地質学原理』とチェンバースの『痕跡』の両方から寄せ集めた考え——をまもなく発表することになるということだった。

その冬の終わり近くに、バルモラルの御用邸で、アルバート公が若い妻ヴィクトリア女王に、『痕跡』を読み聞かせはじめて、二人が、シャンデリアと銀器の燦めきのあいだで、王邸を訪れた客たちとこの本について論じあうことになると聞いたら、チェンバースは喜んだだろうが、驚きもしただろう。彼はまた、一八四八年に、パリの通りを、数ある都市の内で最も不穏なこの町における新たな蜂起の最中に、もう一人の詩人アーサー・ヒュー・クラフが、アメリカの偉大な哲学者ラルフ・ウォルドー・エマソンと歩きながら、二人でこの本を論じて、革命を称賛し、ともに、彼らの以後のエッセーや詩の中に、彼の本に由来する進化についての考えを織り込んでゆくことになるというのも、知らなかった。

『痕跡』は、その年代における出版界で最も大きな事件の一つで、ダーウィンの『種の起源』以上によく売れたが、チェンバースは自分がそれを書いたということを公にはつねに否定し続けた。その本の著者であることの責任を負うというのは、とにかく危険すぎたのである。

書店の静けさと匂いはいつもロバート・チェンバースを興奮させた。彼が育ったスコットランドの小さな市場町ピーブルズでは、生活はしばしば野蛮で攻撃的だった。「ほとんど至るところで暴力が支配していた」と、彼の兄は回想している。

「子供たちは」家でも学校でも、無慈悲にむち打たれ殴られた。そして、子供たちの方も、自分たちの能力に従って、互いに叩いたり威張り散らしたりして、鳥の巣を襲い、猫に石を投げつけ、自分たちの力の許す限りのあらゆるほかの暴力を行使した。「どろんこミフティ」という剽軽(ひょうきん)なあだ名で呼ばれていた、ピーブルズの野卑でがさつな荷車引きは、さんざん酷使され老いてくたびれきった馬を、死ぬに任せるために、公共の草地に放置するのが常だったが、そこで、少年たちは、横たわった哀れな動物に向かって、いのちが尽きるまで、何日も石を雨あられと投げつけて楽しんだが、それを叱る者もいなかった。▼1

本好きの子供として、チェンバースは地元の書店に避難していたが、そこでは店主のアレグザンダー・

◇1　**桂冠詩人**　もともと優れた詩人に与えられた呼び名で、古代ギリシア、ローマ時代に、詩作の競技の優勝者に月桂樹の枝葉で編んだ冠が授けられたことに由来する。イギリスでは、一七世紀以降、王室がすぐれた詩人を選んで、桂冠詩人の称号を与え、王室の慶弔の行事に際して、詩を読んでもらうことになっている。

エルダーが、高価に装丁された古典や携帯型の石版、紙の束が並べられた書棚の後ろで、一家の雌牛を飼っていた。店の二階で、エルダーは、地元の住民が本を借りたり返したり出来る貸本屋も経営していた。[2]ここで、本の山を前にして、堆肥と牛皮の匂いが下から上がってくる中で、チェンバースは、学校の授業にはどうしようもなく欠けていた歴史と地理、科学のすべてを見出した。チェンバースはのちに、ウェリントンによるイベリア半島での戦役に召集された新兵が外の通りを行進してゆくのを見ていたことを回顧している。彼は言葉と思想をむさぼるように吸収して、本に囲まれた自分の居場所を失うくらいなら、食事抜きで何時間もすごすことの方が幸せに感じていた。

ロバートの父親も息子と同様本好きだったが、地元の居酒屋ですごした時間のために、以前ほどにはものごとをつねに明晰に記憶しているというわけにはいかなくなっていた。チェンバース一家は、『ガリヴァー旅行記』や『ドン・キホーテ』、スモーレットの『ペレグリン・ピックルの冒険』、そして、ポープ訳の『イーリアス』などを熱心に借り出して、夕べに、ロバートの父親がフルートを吹き終えたあとで、声に出して読んだ。ロバート・チェンバースは好きなだけ早く読むことがどうしても出来なかった。彼と兄は本を一冊借りて、床に寝そべって、代わりばんこにページをめくって、二人で同時に読んだ。ロバートの父親は望遠鏡を持っていて、彼と父は天文学の本を読んで、空に見えるものが何なのか知ろうと努めた。

チェンバースは知的な放浪者で、好事家で、生まれながらの博識家だった。書店は、彼が自由に散策して、記憶し、考察して、ものごとを結びつけて、新しい問いを立てる場所だった。何年ものちに、彼が回想録を書いて、自分がどういう人間だったのか省察したとき、彼は本については書くことが多すぎて十分筆を尽くすことが出来なかった。彼は自分の子供たちに、自分が本を得るためにいつも苦労しなければならなかったこと、読むことには犠牲が伴うことを語って聞かせた。彼は子供たちに、本はほかの何物よりも大きな喜びを自分に与え、自分は本の表紙のあいだで生きてきたこと、本こそがあらゆる挫折や喪失や失望の中でつねに自分を支えてくれたことを知ってほしかった。

彼は、幼いころ、屋根裏で、綿の織物や大きな櫃（冬のあいだ乾燥した食品を蓄えておくための収納箱）のあいだに、本を収めた木箱に行きあたって、中に『ブリタニカ百科事典』をまるまる全巻見つけた際のことを、ぞくぞくするような喜びの念とともに思い起こしている。彼の父親が、最初書店に届いたときに、気まぐれにアレグザンダー・エルダーから買って、それが書棚に置くには大きすぎることに気づいて、屋根裏の木箱に仕舞って、それっきり忘れてしまっていたのである。「その時から何週間も」と、チェンバースは書いている、

私は余暇をすべて木箱の横ですごした。私にとってそれは新しい世界だった。私は、人間の知識のこんなに便利な集積が存在しており、それが私の前にごちそうを並べたテーブルのように広げられていることに宗教的な感謝の念すら覚えた。私にとってこの本を得た喜びは、大方の子供たちにとっておもちゃ屋の商品全部を贈り物にもらったときのようなものだった。私は本の中に飛び込んでいった。そして、その世界の中をミツバチが蜜を求めてさまようように飛び回った。ほかにも見るべき項目があとにたくさん控えているので、どれか一つの項目をじっくり読むことがなかなか出来なかった。天文学の項目では、物質的な宇宙の構造が即座に私の前に明らかにされた。これ以降、私は、町のほかの子供が夢にも思わないこと——私たちの世界以外にも数限りない世界があって、その中では、私たちの世界など、ほかの世界と比べたら、ごくちっぽけなものにすぎないということ——を知っているのだった。私は、自分には馴染みのある知識となったものを何も知らずにいる仲間の子供たちを哀れんだ。[3]

馴染みのある知識は秘密の知識となった。ランプの光で照らされた暗い屋根裏で育まれた、惑星の誕生に関するチェンバースの膨らみ続ける知識は、保守的で迷信深く、神を畏れるピーブルズの町では、言語

道断なものと見なされただろう。

　けれども、ロバートの屋根裏の秘密の宝物は、一年後突然なくなってしまう。木箱の中身が父親の借金を払うために売られてしまったのだ。新しい織機が手織りの機(はた)に取って代わったことで、ジェームズ・チェンバースの織物業が破綻したとき、彼は新たに服地屋を開業するために、古い家屋敷を売りに出すことを余儀なくされたが、この新事業自体、すぐに失敗に終わった。ロバートは、頭に地理学や天文学の知識を雑然と詰め込んだままでいたが、フランス軍の兵士が、スペインで捕らえられて仮釈放中の捕虜として町に送られてきたことに、気が紛れて、嬉しかった。兵士たちは、かつては豪壮だったぼろ屋で、ビリヤードをしたり、元のダンス・ホールにしつらえた間に合わせの舞台で芝居を演じたりして、日々をすごした。兄弟はウサギを育てるようになり、それを一つがい一八ペンスで、兵士の料理を作っていた捕虜の料理人に売っていた。二人はその金を使って本を買った。兵士たちは少年たちにフランス語と料理を教えてくれた。二人は兵士たちといっしょにモリエールを演じたりした。日曜日に村に戻って教会に行く途中、二人は兵士たちが休日にも芝居や音楽に興じているということで村で顰蹙(ひんしゅく)を買っているということを聞きつけた。二人の少年と知的だが頼りない父親にとっては、フランス人の捕虜は異国情緒にあふれまぶしい存在だった。説教壇に立つ牧師の虫の羽音(はおと)のように単調な声を聞きながら、ロバートとウィリアム・チェンバースは、ともに、自分たちが出来るものならどこにいたいのかわかっていた。

　兵士の一団がすべて突然ダンフリースシャーに移動させられて、捨て置かれた缶詰や本や壊れた舞台道具を人気(ひとけ)のない家にあふれかえらせて、立ち去ったとき、少年たちは大いに落胆した。けれども、それだけでは済まず、ロバートの父親が仲良くなって、金も貸していた兵士たちはまた、かなりの額の借金を踏み倒していってしまい、一家はエディンバラに引っ越すことを余儀なくされた。そこで、ロバートは学校に通い、土地の書店の主人を説得して、用事を一つか二つする代わりに、奥の部屋で静かに本を読むことを許してもらった。ロバートは、大学の向かいの書籍問屋の本の売買室で、むさぼるように本を読み、書

1829年頃のエディンバラ州サウス・ブリッジ（W・H・リザーズ画）

店の店主たちと本や著者や本の商いについて話をした。そこは暖かく明るくて新しい家具の匂いが漂っていて、まるで読書室のように快適だった。彼の父親は今度はポートベロの近郊の、塩造りが盛んなジョッパ・パンズの村で製塩所を経営しており、一家のほかの者も、そちらに引っ越して、ウィリアムとロバートはエディンバラで下宿するように残された。ウィリアムは本の商いを学んでいて、二人の周りの多くの若者と同様に、細々と暮らしながら、それなりの品位を保っていた。▼4

ピーブルズの本屋、暗い屋根裏の木箱の『百科事典』、休日を守らないフランス軍の捕虜たち——彼らはみなロバートに強い影響を及ぼした。しかし、影響を及ぼした者はほかにもいた。ジェームズ・アレグザンダーという年老いた守衛がエディンバラのカールトン通りの薄暗い一角に住んでいて、陶器の修理で細々と生計を立てていた。「彼は電気に詳しかった」と、ロバートは心を弾ませるようにして回想している、「そして、ある時、電流を起こす器具を作り上げた。彼の家は、錬金術師か魔術師のほこらのようで、実際、それほど、奇妙で得体の知れない器具であふれていたが、そこにはまた、キングという姓の二人の青年が出入りしており、そのうちの一方は種苗店の店員で、もう一方は服地屋だったが、この二人は実に創意にあふれる若者だった」[5]。ここで、機械類や、電気や化学に関する実験、技術的な工夫の計画といったものに囲まれて、ロバートは、天文学や惑星の運動、生命の起源などに関する問いを発展させていった。

一八一八年までに、チェンバース兄弟は、一八歳と一七歳になっていたが、それぞれ、自分の本の屋台を、次に貸本屋を併設した書店を、エディンバラの同じリース通りに開設していた。そこで、彼らは、教会と王の特権と権利に怒って、不満を募らせ先鋭化する多くの若者たちとともに時間をすごした。一八一九年のピータールーの虐殺[◇2]は、すでに体制から心が離れて攻撃的なっていた下層の人々をさらに憤らせた。エディンバラやロンドンの市街での革命的な蜂起の可能性も取り沙汰されるようになって、ロバートは警戒の念を募らせた。彼は改革を熱心に支持していたが、それは暴力に訴えることなく達成されなければならないと信じていた。そのことは、彼に、本や新聞、雑誌が持つ、情報を提供し議論し説得する力を改めて考えさせた。

一八二一年までに、兄弟は出版業の最初の試みに乗り出して、『万華鏡』という文芸誌を創刊した。古い印刷機を修理して、ウィリアムが手動で印刷して、中身はほとんど全部ロバートが書いた。のちにロバートは読者に語っている、

中流階級という自分が生まれ、属し続けている階級の随筆家になるというのが、最初から私の意図するところだった。それゆえ、私は、彼らの風俗や習慣を、随筆家にありがちなように高所から見下したような調子でではなく、友人の家の暖炉の脇で周囲を見渡すように、取り扱った……。至るところで、私は、優雅さを達成しようとか、洗練した物言いを守ろうということよりも、文芸の罪の内で最後にやってくるもの――退屈さ――を避けることに努めた。[6]

一八三〇年には、ちまたでは、改革や、参政権を中流階級にまで広げた場合の政治的な意味合いなどについての論議が盛んに行われるようになっていた。ロバートは、リース通りの急進的な若者や、自分の書店で廉価な雑誌を買っていた客たちのことを思い起こして、これらの下層や中流の階級の人々が教育を受けたいと望んでおり、自分が屋根裏や書店でたいへん魅力的に感じた、簡潔で平明な知識を求めていることがよく理解できた。しかし、同時にまた、店員の給与で暮らしている者にとってそういった知識を得るための資金を捻出するのはたいへんな苦労であることも、彼はわかっていた。エディンバラには、『万華鏡』のように安い値段の雑誌はいくつかあったが、大方は内容に乏しく、質も一貫していなかった。エディンバラ大学の図書館や博物館は、彼自身や聡明で知的好奇心の強いキング兄弟のような人間には閉ざされていた。裕福な教授たちは疑り深く、貧相な身なりの労働者は、いかに上品で、いかによい教育を受けているように見えても、面倒を起こして、高価な品物や書籍を盗んだり汚したりしかねないと思い込んでいた。

けれども、ロバート・チェンバースにとって、燃えたぎるような急進主義は、福音主義と同じように危険で後ろ向きなものだった。彼が新聞で読んだ、パリやほかのヨーロッパの都市やロンドンで改革法案への助走として繰り返された通りでのデモ行進は、チェンバースを震え上がらせた。彼は一八三〇年ウォルター・スコットに自分の危惧と信念について書き送っていた。「この熱狂は文学にとって、ゴート族の侵

◇2　**一八一九年のピータールーの虐殺**　本章の訳注◇5でも触れているように、一八一五年のナポレオン戦争終結以降、イングランドでは劣悪な経済状況と選挙権の制約に対する不満が、民衆の急進的な改革運動へと発展していた。そういった中で、一八一九年八月一六日にマンチェスターの広場セント・ピーターズ・フィールドで、選挙法の改正を求めて集会を開いていた群衆に対して、地元の治安判事たちの命を受けた軍の騎兵隊が突入して鎮圧を図り、混乱の中で一八人が死亡し四百から七百人もの人々が負傷する惨事となった。

この事件は、以後、ナポレオンの没落を決定づけて、イギリス軍にとっては誇らしい戦果だった四年前の「ワーテルロー（ウォータールー）の戦い」と皮肉な対比をなすものとして、広場の名前から「ピータールーの虐殺」と名付けられることになる。第10章三〇四ページ四行目以下も併せて参照されたい。

◇3攻と同様に、致命的に思われます」と、彼は嘆いた、

それが終わりに近づいているとも思えません。むしろ、これは始まったばかりなのです。人々はかつて、見識があって洗練された社会の主たる目的は暴徒を抑えることであるという格言を奉じてきて、あらゆる時代の歴史がその正しさを示してきましたが、今では格言は、統治は暴徒の下にあるとなっているのです……。悪魔がすべての愚者を配下に引き入れて、その愚者たちが私たちを革命と蛮行へ駆り立てているのです▼7。けれども、これは狂気に至る道でしかありません。私は自分のすべき仕事をしなければなりません。

チェンバースはいまや、好事家趣味や郷愁を交えた史的散策を脇に置いて、人々の許に知識を届ける新しい道を見出すことによって、目下の状況に応えていくときであると信じるようになった。

ロバートの出版への野心はますます政治的な鋭さを帯びるようになっていた。彼は自分たちの一家がいよいよ困窮を深めてゆく中で、そういった野心への扉が閉ざされてゆくのを見てきていた。そのことは彼を怒らせた。彼は許嫁のアン・カークパトリックに語って聞かせた、図書館や大学や博物館が労働者に入るのを拒む限り、本があまりに高価で買えない限り、無知が支配している限り、社会的な変化も進歩もあり得ない。労働者は動物と変わらない存在、工場や店の奴隷、知識を独占する者や聖職者の奴隷であり続けるだろう。

それゆえ、ウィリアムが新婚早々の弟に、店番や小間物屋の手伝い、保険会社の事務員などにも手の届くシリーズものの雑誌を作らないかと提案したとき、ロバートは創刊の辞に教育的な熱意のすべてを注いだ。『チェンバースのエディンバラ・ジャーナル』の目的は、「現在広く存在する教導を求める意欲に積極的に応え、その意欲に最良の糧（かて）を提供することである」と、彼は書いた。当時、同様の企画は、『ペニー・

マガジン』などいくつかあった。『ペニー・マガジン』は、急速に拡大しつつある大衆読者層のために明快に説明された科学的な考え方を提供するために一八二六年にロンドンで設立された「有益な知識普及協会」によって刊行されたものだった。けれども、『チェンバースのエディンバラ・ジャーナル』のように成功を収め長く命脈を保ったものは一つもなかった。一六ページの雑誌は続けて買われて収集されるように企図されていた。それは、歴史や哲学、科学や文学など多岐にわたる主題について、多くはロバート・チェンバースの執筆になる、短くて精彩に富んだ記事を掲載しており、値段はわずか一ペニーだった。創刊号はスコットランドで三万部売れ、第三号はイギリス中の書店で八万部売れた。[8] それはほとんど一夜のうちにチェンバース兄弟に富をもたらした。「これまでのあらゆる苦労と経験は、一八三二年に私たちの前に開かれた人生のための厳しい順応の訓練にすぎないように思えた」[9]と、ウィリアムは書いている。一八〇〇年のうちに、『ジャーナル』の普及はウィリアム・アンド・ロバート・チェンバース社を世界で最大の出版社の一つにしていた。

兄弟にとって、自分たちが下層や中流の階級に流布している知識が、宗教とは無縁でいかなる党派性も帯びていないということは、至上命題だった。彼らから見てそれは譲れない原則だった。ウィリアムはのちに書いている、「チェンバース・ジャーナルがその創設に当たって、あるいは運営のいずれの時点でも、何らかの党派や個人の特別な後援や承認を一切受けていなかったということは、慶賀すべきことだった」[10]。しかし、こういった中立性を維持することは容易ではなかった。雑誌がこれほど広範に流布するようになるとすぐに、都市の貧困層のあいだで急進主義や世俗主義が広がりつつあることを深く憂慮していた福音

◇3　**ゴート族の侵攻**　ゴート族は、古代ゲルマン系の民族で、東ゲルマン系に分類されるドイツ平原の民族。ゴットランドからウクライナに移動した後、「ゲルマン民族の大移動」によってイタリア半島やイベリア半島に王国を築いた。ローマ帝国軍と戦い、しばしば壊滅的打撃を与えた反面、ゲルマン系のなかでは早くからローマ帝国の文化を取り入れて、ローマ軍に傭兵として雇われるなど、後期のローマ帝国の歴史において大きな役割を担った。

派◇4の教会の聖職者たちは、その内容に関心を寄せはじめた。まもなく、その関心は一種の迫害へと転じた。ウィリアムは書いている、

私たちは、四方八方からそれに「宗教的な刊行物」という性格を付与するようにという要求に責め立てられた。私たちが、それは私たちの役割ではない、私たちの出版物は、さまざまな考え――宗教的なものも世俗的なものも含めて――を持つ人たちすべてに向けられている、私たちがいずれかの特定の考えに与（くみ）することは、私たちが当初から公にしていた原則に反することになると説明しても無駄だった。私たちは罵倒されさんざんにけなされた。この種の迫害――実際、それはグロテスクで滑稽な迫害だったのだが――の時期は、雑誌の創刊以降、二〇年近く続いた。▼11

改革の危機◇5のあいだ、スコットランドでは福音派の教会の力は絶大で、説教壇からの非難は効果が大きかった。ロバートは『エディンバラ・ジャーナル』を糾弾するキャンペーンに怒りを募らせたが、そのことはむしろ、彼を奮い立たせた。彼が通っていた教会の牧師ディクソン師が、説教壇から『チェンバースのエディンバラ・ジャーナル』を振りかざして、これを罵倒して、神のない知識など無益で危険ですらあると弁じ立てたとき、ロバートと妻のアンは幼い子供たちを連れて教会から出て行った。彼らは二度と戻ることはなかった。

福音派の人々が『エディンバラ・ジャーナル』の不信心ぶりを批判すればするほど、雑誌は成功していった。一八三三年には兄弟は『エディンバラ・ジャーナル』をアイルランドでも印刷・販売することにした。詩人のアラン・カニンガムはギャロウェイの羊飼いたちが雑誌を自分たちのあいだで回覧している様子を描いている。

そこでは羊飼いたちは四平方マイルに一人という割合で散在しているのだが、これを欠かさず読んでおり、彼らはこれを以下のようにして回している。これを手に入れた一番目の羊飼いがそれを読み、取り決めた時間にある丘の頂の石の下にそれを置いておく。二番目が次にこれを見つけてそれを読んで、また別の丘に持っていく。そこでそれは、オシアン◇6の詩に描かれた灰色の石の下に眠る族長のように、三番目の羊飼いによって見つけられ、こんなふうにしてそれは巡回していって、情報を国中に拡散していったのである▼12

一八三五年一月に、ロバートは誇らしげに、週刊の雑誌は「今も国中の隅々にまで浸透していっており、牛が草を食む荒れ地で人の手から手へと――**知識の燃えさかる十字架**として――旅して、生活のさまざま

◇4　**福音派**　プロテスタントのうちで比較的リベラルな考え方に対抗して、近代に台頭した、聖書信仰を中心に据えた保守的な宗派。スコットランドでは、国教会の内部で、政治的に妥協的だった主流の穏健派に対して、カルヴァン主義を徹底して、世俗の権力からの独立を主張する福音派は、一八四三年に自由教会を設立して、国教会から離脱した。まえがきの訳注◇2（〇一一ページ）を参照されたい。

◇5　**改革の危機**　イギリスでは、一八一五年にナポレオン戦争が終結したことで生じたきわめて高い失業率と、天候不順による飢饉が、人々の生活を苦しめ、穀物の価格維持を目的として同じ年に制定された穀物法がさらに状況を悪化させた。こういった生活の窮状は、選挙区の偏りや選挙権の制限の問題と結びついて、民衆が政治的急進主義に傾く動きに拍車をかけていた。一八一九年には、マンチェスターのセント・ピーターズ・フィールドで選挙法改正を求めて集会を開いていた群衆に騎兵隊が突入して鎮圧を図り、多数の死傷者を出す、いわゆるピータールーの虐殺を引き起こしている。

一八三二年の第一次選挙法改正により選挙区の偏りはある程度是正され、中流階級上層部への選挙権も認められたが、取り残された中流階級の下層と労働者階級は、より広い選挙権を求めて、一八三〇年代後半から四〇年代にかけてチャーティスト運動を展開するなど、社会的な騒擾はなかなか収まらなかった。

◇6　**オシアン**　スコットランドの伝説に登場する英雄詩人。スコットランドの作家ジェイムズ・マクファーソン（一七三六－九六）は、当地の古代の盲目詩人オシアンが作ったゲール語の英雄叙事詩が存在すると提唱し、のちに、その採集に成功して英語の散文に訳したと称して、ハイランド地方を舞台に英雄フィンガルを主人公とする一連の長編叙事詩を発表した。オシアンは、フィンガル王の息子で、彼が仲間の誰よりも長く生き延びて、昔日の栄光を後世に歌い伝えた、という設定である。当時、イギリスやヨーロッパ大陸でたいへんな好評を博したが、現在では、いわゆる『オシアン詩集』は、言い伝えや古謡などをもとに、大方はマクファーソンが創作したものと見なされている。

な様相や、ちょっとした科学の知識、道徳の教訓などを、それまでそういったものが受けられることなどほとんどなかったところへ伝えている」と読者に語った。グラスゴーのある製粉工場では労働者によって八四部もが定期購読され、それは「国中で最も位の高い人々の居間、最も学識のある人の書斎にまで届き、大きな町では、あらゆる地位や階層の商人や専門家がその定期購読者となっていて……、社会全体に隈なく広がっている」と報じられた。

「知識の燃えさかる十字架」という言葉を用いることで、ロバート・チェンバースは意図して挑発的な姿勢を取っている。燃えさかる十字架、クラン・タラ（Crann Tara）は、スコットランドの高地の部族によって、何世紀にもわたって、戦いの布告として用いられてきていた。小さな木の十字架はまずヤギの血に浸され、それから火がつけられて、町から町へと運ばれてゆく。燃えさかる十字架を目にすると、武器を手にすることの出来る、一六歳から六〇歳までの男たちは全員、即座に鎧を身につけて、集合場所へと出向かなければならない。現れることの出来なかった者は、誰であれ、剣か火炎による死を蒙ることになる。それは、一七四五年のジャコバイトの乱[◇7]のあいだにも用いられた。ウォルター・スコットは、彼の詩と小説の中で、その効果と重要性を繰り返し描いた。その意味は、チェンバースの雑誌のスコットランドの読者には完全に理解されただろう。ロバート・チェンバースは、スコットランドの労働者階級と中流階級の人々に、世俗の十字軍を告知し、教会の迫害に抵抗するように、無知と偏見と特権と対決するように、彼らを召集していたのである。『ジャーナル』は、年を追うにつれて、ますます率直な物言いをするようになっていった[▼13]。ロバートはこのころ、友人のアレグザンダー・アイアランドに書き送っている、「僕はこの自由主義的な見方が広がってきていると信じているが、それでもまだ、教会のあの犬どもと戦えるにはほど遠い[▼14]」。

教会から出て行って以降、ロバート・チェンバースはエディンバラの骨相学者たちとのあいだに新しい友人たちを作っていた。彼らは、この新しい科学を推進し実践する、熱狂的で発言も明快な改革派の男女の集団だった。骨相学者たちは、脳のさまざまな領域がそれぞれ特定の種類の行動を司っている、だから、頭の正確なかたちを分析することによって、特定の人格の型を決定することが出来ると信じていた。[*1] グループの中心はジョージ・クームで、一八二八年に刊行された彼の著書『人間の構造』は、精神の質は、魂によってではなく、脳の大きさとかたちによって決定されると論じたことで、唯物主義者で無神論者であると非難されていた。

ジョージ・クームとエディンバラ骨相学協会の会員たちは、会合を開いて、さまざまな考えを論じていたが、会員には、男性とほとんど同じくらい、多くの聡明で教育を受けた女性も含まれていた。例えば、小説家のキャサリン・クロウやクームの妻セシリアで、彼女は有名な女優サラ・シドンズの娘だった。会員たちは推薦された本をチェンバースに貸したり、新しい考えや理論を説明したりして、進歩と改革は人々が新しい知識を与えられて初めて可能となるという彼の確信をともにしていた。骨相学は人々を解放するだろうと、クームは論じた、それは一つの生き方なのだ。もし人々に、自然の生理学的法則を理解しそれに沿って生きるよう、精神の機能と特質は脳の異なった部分によって制御されていることを理解するよう、説得できるなら、世界はより公平でより公正な場となるだろう。自助・自立は理に適った基盤の上に展開されてゆくだろう。

このような「新しい福音」の力に刺激されて、チェンバースは一時的に熱心な布教家になった。彼は、一八三二年に、骨相学の核となる原理を推奨した『諸科学入門』を刊行した。もっとも、骨相学という言

◇7　**ジャコバイトの乱**　名誉革命（一六八八）に対抗して、その際に追放されたステュアート朝のジェームズ二世とその直系男子を正統な君主と仰いで、その復位を図る人々（ジャコバイト）の起こした反乱。ステュアート家がもともとスコットランドの出身だったということもあって、スコットランド人は概してジェームズに同情的だった。一七一五年と四五年の二度にわたって大きな反乱があり、最初の反乱ではスコットランドのほとんどが反乱軍の手に落ちたが、四五年の反乱以降、運動は下火となった。

＊1　骨相学は、神経科学や心理学といったのちの科学に一定の影響を及ぼしたが、現在では一種の似而非科学と見なされている。

葉自体は、それが異端を連想させるということで、用いることを注意深く避けていた。長く凝り固まった信念を覆す方法は、説教することではなく、説得することだと、彼はクームに語った。それには時間がかかるだろう。「キリスト教が実質的に認められるようになってから」と、彼はクームに書き送っている、「おそらく八百年後の前世紀の終わりまで、スコットランドではいくつかの異教の形態が生き残っていたことを考えれば、私たちは骨相学の進展がゆっくりしていることに苛立ってはなりません」[15]。

チェンバースは、『地質学原理』の中でチャールズ・ライエルによってたいへん手厳しく論難されたのを見ていた変異説が、この新しいグループの中で広く熱心に論じられているのを発見して、当初は警戒した。変異説は、一八三〇年代までに、ラマルク型、ジョフロワ型、両者の混成型など、さまざまなかたちを取るようになっていた。その考えはロンドンとエディンバラの医学者たちのあいだに行き渡っており、その中には、パリでラマルクの講義に出席していた人たちもいた。けれども、ジョージ・クームはこのような考えを一切受け入れようとしなかった。彼はチェンバースよりいっそう妥協のない唯物主義者だったが、彼は変異という発想を恐れていた。それはあまりにフランス的で、フランス人は暴力的なのだ。彼としては、この際立った唯物主義の刷毛で汚されることなど真っ平だった。彼は、『人間の構造』の中で、「革命の悪党ども」と彼らの「詐欺と略奪と冒瀆と殺人」の企てを口を極めて非難した[16]。

一八三〇年代末まで、『チェンバースのエディンバラ・ジャーナル』は一貫して、変異説を空想的で馬鹿げているとけなしていた。チェンバースは、一八三二年に『ジャーナル』に掲載した記事の中で、事実に対する無知が「哲学者たちを、人間が極微動物として始まって、生殖による段階的な改善を通して、現在の完全な状態を達成したという馬鹿げた意見をでまかせに言うよう、誘惑した」と書いた。彼は「一八〇三年になってもまだ、当時の最も偉大な研究者、最も有能な医師の一人であったダーウィン博士が、このような間違った学説に傾倒していた」という事実を嘆いた。けれども、チェンバースはこれらの学説を間違っていて馬鹿げていると信じていたが、それらは彼から見て、エラズマス・ダーウィンの詩『自然の神殿』から長々と引用してしまうくらい、面白いものだった。彼は明らかにダーウィンの議論に抗うのに悪戦苦闘していた。「ダーウィン医師の明敏な解剖学上の知識と、彼の深く洗練された議論は、それほど哲学的でない読者を、彼の根拠のない学説へと誘い込む強い傾向を持っている……。けれども、このような見方は、健全な精神によって受け入れられることは決してなく、このような馬鹿げた理論を蹴散らすのに、ほとんど考察を要しない。」[17]

彼が骨相学者たちの家の居間で変異説を議論していた一八三五年になってもまだ、ロバートは自分の信念に揺るぎがなく、『エディンバラ・ジャーナル』で、チャールズ・ライエルが『地質学原理』の中で展開したラマルクに対する論駁は「たいへん満足のいくもので、それに加えて何か言う必要など全くない」ものだったと断言して、「何人かのきわめて高名な哲学者たちが、人間自身、ソクラテス、シェイクスピアも、ニュートンも、単に高度な向上と涵養の状態に達した植虫類にすぎない」と主張してきたことに、驚きの念を新たにしたと表明した。[18]

一八三〇年代半ばまでに、ロバート・チェンバースは変異についての考えを変えはじめた。一八三五年に、彼は骨相学についての論文を書き始めて、[19]このことが、彼の心の中で、新しい問いやいくつもの知識や考えの繋がりを形づくっていった。彼は以前よりうちに籠もるようになり、マクラクラン・ステュワート書店につぎつぎと本を注文するか、あるいは書店の棚から買いあさるかして、それまでうさん臭く思っていたような種類の本、大勢(おおぜい)の専門外の読者層のために書かれた大規模な理論についての説明書、例えば、一八三七年に出版されたジョン・プリングル・ニコルの『天の構造について』のような本に、新たに強い印象を受けた。チェンバースはニコルをよく知っていた。二人はその夏、貧困にあえぐアイルランドをいっしょに旅して、保守主義のさまざまな勢力や、貧困層の強いられた無知、科学、進歩と改革などについて語り合い、地質学の実験を行ったりした。ニコルの本は、銀河と恒星の誕生以降の宇宙の進化を、生き生きとして精彩に富んだ文章で詳しく描いていた。これは、ニコルが「自然の仕組み」を解き明かすはずの六巻本の第一巻として刊行されたものだったが、売り出されてすぐにベストセラーになっていた。『チェンバースのエディンバラ・ジャーナル』の中の科学に関する記事の数は、ロバートが、動物学や植物学、自然発生、人種や民族、言語や文明の起源などについて、むさぼるように読んで、つぎつぎに記事に仕上げていったので、劇的に増えた。その間も、彼はずっと、こういったさまざまな異なった科学を一つに束ねる法則を探し求めていた。ニコルの『天の構造について』に刺激されて、チェンバースは、今では骨相学に関する自分の著書で扱う範囲を広げて、時間と地球と種の起源まで取り込み、さらに、人類の将来の進歩と変異を予想するようなことまで試みた。「思弁的な理論」と地球と種の歴史に対する新しい説明を探すことに「夢中になっていて」、チェンバースは、気づくと、エディンバラ王立協会の会員に選ばれており、このことは、彼の周りに科学者の知己を大幅に増やすことになった。

一八三〇年代末までに、チェンバースは、地球史、動物学、植物学、地質学に関する本を途方もないペースで買うか借りるかして、出版社の印刷機が立てる轟音に包まれた自分の仕事部屋でそれらの本を読み続けた。それから、一八四二年のいつ頃かに、チェンバースの一家は突然エディンバラを引き払って、沿岸部の大学町セント・アンドリューズの郊外のアビー・パークの家に転居した。ロバートは、仕事のしすぎと印刷機の騒音から来る、一種の神経衰弱を患っていたように思われる。回復すると、開かれた土地と空を見渡せる書斎で身の回りに本を集めて、明晰さの感覚を新たにして、原稿に戻った。転居はまた、詮索しようとする人の目から彼を守ってもくれた。アビー・パークでは、と彼の娘は回顧している、父は「警察官[20]に立ち交じりながら気づかれることのない犯罪者と同様の身の安全を担保されて、秘密裏に仕事をする」ことが出来た。

チェンバースは、セント・アンドリューズに滞在していたこの時期に書いたメモやノートや手紙をのちにすべて破棄したので、彼が『痕跡』の草稿を書いていたあいだに何を読んだのかという証拠は、著書そのものの中にしかない。彼は、自分の主張のさまざまな箇所を支えるために八〇以上の典拠を引いている。

彼が地質学の知識を広げてゆく中で、そのことでラマルクに対するライエルの詳細な論駁についての関心が彼の中で蘇ったこともあって、彼がライエルの『地質学原理』を読み返していたのはまず間違いない。チェンバースが、自分の骨相学の企画のために、医学や生理学に関わる本を読めば読むほど、彼は至るところで、変異説の考え方——ライエルによる場合のように、全面的に論駁されるか、あるいは、天地創造の宗教的説明に沿うように修正されるかした、考え方——に遭遇した。今や、彼は、ニコルの犀利な『天の構造について』の一巻目を時間的にさらに前へと推し進めて、惑星の誕生から種の誕生と変身にいたる物語を語る用意を調えていたのである。

一八四四年、原稿が完成して、チェンバースと家族は、エディンバラへと戻った。彼は友人のジャーナリスト、アレグザンダー・アイアランドを呼んで、自分は危険な本を出版しようとしていて、自分の選んだロンドンの出版者で、『ランセット』を出版していたジョン・チャーチルに接触するために、アイアランドの助けを必要としているのだと告げた。「僕は、チャーチルなら怯んだりしないんじゃないかと思うんだ」と、彼は選んだ理由を説明した手紙の中で書いている、「あの種の出版者はこういったことに多少は慣れているからね」[21]。アイアランドは、このあとで、一八四四年六月二七日、チャーチルに手紙を書いて、匿名の友人に代わって、本の出版を依頼した。ロバートの妻アンは、ロバートの素性を漏らさないように原稿をすべて筆写するという骨の折れる仕事を始めて、一八四四年の七月から八月にかけて、書き上げた部分をその度に束にして、チャーチルの許に送った。チャーチルはアイアランドに千部出版することを提案した。あとになって、財政的なリスクを恐れて、二人は再交渉して、印刷部数を七五〇にすることにした[22]。本はもともとは『創造の自然史』という題名になるはずだったが、チェンバースは、神を冒瀆したという非難から身を守るために、文言を和らげて、『創造の自然史の痕跡』とすることを強く主張した。断片や形跡を意味する「痕跡」という言葉を加えることによって、本は、初めのうち、骨董に関する著作のように、そして、著者も難問に取り組む考古学者か古典学者のように見えるかもしれないと、彼は説いた。

一八四四年一〇月、『痕跡』が書店に届くころまでに、すでに全部で一五〇部の前売り分が、ロンドンとオックスフォード、ケンブリッジの主導的な科学者や各地の大学の主要な図書館、機械工の組合、文学や哲学に関わる機関、作家や政治家の許に配送されていた。チャーチルは、新聞や週刊誌、宗教色の濃淡に関わりなくさまざまな定期刊行物に、本の広告を掲載した。本の作者の名前を知っていたのは、四人だけだった。作者の妻、チェンバースの兄ウィリアム、アレグザンダー・アイアランド、そして、作者の最も近しい友人で、クームの甥のロバート・コックスだった。コックスはまた、『骨相学ジャーナル』の編集者でもあった。あとになって、さらに三人が、本が攻撃された際に科学に関する特定の問題について手助けできるように、秘密を知ることを許された。『チェンバースのエディンバラ・ジャーナル』の編集助手をしていて、地質学に明るかったデヴィッド・ページと、科学全般の問題について助言できる、王立協会会員で女王の侍医だったニール・アーノット、天文学の問題で力を貸せるグラスゴー大学の天文学教授ジョン・プリングル・ニコルの三人である。チェンバースの子供たちは誰も教えられることはなく、ロバートは、本に関するものはすべて、自分の書斎の鍵のかかった引き出しにしまっていた。何年ものちに、義理の息子が彼にどうして秘密はそんなに長く保たれなければならなかったのかと尋ねたとき、チェンバースは、一一人の子供を育てた家を指さして、それから、ゆっくりと「一一の理由があったのさ」と付け加えた。[23]

チェンバースは名を伏せることの興奮と戦慄を楽しんだ。彼は食事会の席で、人々が作者の身許について思いを巡らせるのに、喜んで加わっていた。それは彼の名前が本と結びつけられるわずか二カ月前のことだったが、一八四五年の二月には、彼はまだ作者と想定される何人かのうちの一人にすぎず、そのリストには、リチャード・ヴィヴィアン、エイダ・ラヴレス、さらには、科学の心得のあったアルバート公まで含まれていた。ロバートが予期していなかったことは、彼の友人たちが巻き込まれるかもしれないということだった。ジョージ・クームも、キャサリン・クロウも、ニール・アーノットもみな、いずれかの時点で、作者を巡る議論の前線に立たされた。一八四五年四月までに、チェンバースは、自分のことを直接作者として名指しするかたちで読者から送られてくる、少数のしかししだいに増え続ける数の手紙に、警戒の念を募らせた。それでも、と彼はアイアランドに書き送った、「彼らは疑うか、推測するしか出来ない」[24]。

その間にも、『痕跡』は国中で読まれて、衝撃を与え続けていた。初版は数週間で売り切れた。さらに千部が印刷され、ひと月のうちに売り切れた。千五百部の第三版は一八四五年二月半ばの販売当日に売り切れた。四月に、チャーチルはさらに二千部を刷った。本を読んで、予感の身震いと逸脱の戦慄を感じなかった人はほとんどいなかったのではないだろうか。本は、至るところで評者から糾弾されていたからである。匿名の作者は、温かく敬意を込めた――そして、決して教えを垂れるような調子に陥ることのない――口調で、地球の歴史の物語を展開していって、その主張を何十もの権威ある典拠から集めた事実で補強して、動物学や解剖学、地質学の新しい発見を一つに結びつけて、時間と創造の大いなる神秘を説明しようとしていた。作者と読者はいっしょに発見の航海に乗り出していこうとしているのだと、彼は約束していた。そして、彼は読者に、彼らは世界がどのように創造されたのか興味を持つ権利があるのだと、繰り返し説いて聞かせた。生命がどのようにして存在するようになったのかということについての一連の完全に無邪気な質問に対する答えを明らかにすることは、子供が母親の膝元でものを問うのと同じくらい自然なことなのだ。

章ごとに、読者の目は、高熱のガスの中での地球の誕生へと、回転する初期の地球が原初の海から泡立ちどろどろに溶けた状態でしだいに現れてくるという「事実」へと、そして、「生命を持つ種族の起源に関する一般的考察」と慎ましく題された章では、まさしく種の発生という物議を醸す話題へと、開かれていった。チェンバースは、出版者に送った原稿の余白に「大いなる展開はここに始まる」[25]と書き込んだ。すべてがこの大いなる問いに繋がっているのだ――生命はどのように存在するようになったのか。エラズマス・ダーウィンは、種の起源の問題を切り出すのに、『ズーノミア』で四五〇ページまで進んだところで、「想像するのはあまりに大胆だろうか」と問うていた。チェンバースは、『痕跡』の中でわずか一五二ページまで進んだところで、その問題に取り組んだ。その問題を問うことに何の危険もないと、彼は読者に請け合った、それは完全に正当なことであり、それを問うことに何の冒瀆もないのだ。

このような状況のすべてを公平に考慮すれば、まず確実に、有機体の創造について、これまで一般に受け入れられてきたものとはいくぶん異なった考えが、私たちの心に導き入れられることになるだろう。神が、生命を帯びた存在を、そしてまた、彼らが存在する水陸の舞台を、創造されたということは、きわめて力強く証明され、遍く受け入れられてきた事実なので、私はすみやかにそれを当然のことと考える。けれども、この極めて高く支持されてきた考えの具体的な細部については、ここで私たちは確かにいくらか再考すべき理由があることがわかる。いまこう問うことが出来よう——生命を帯びた存在の創造はどのようなやり方でなされたのか。

『痕跡』全体を通して、作者は、繰り返し読者の知識に、そして、その常識に訴えて、さまざまな科学の分野における新しい発見を一つに結びつけて、妥当で証明可能な、年代順に沿った、地球と種の歴史を描き出した。彼は至るところで宗教的な感情に配慮して、最終的な段階に入っていた原稿を何度も読み返す中で、さまざまに異なった人々がそこに表されている考えにどのように後ずさりするのか想像しようとし、ひょっとすれば逆立てられるかもしれない毛を鎮めるための方法を見つけようとして、なじみにくい思弁的な主張が及ぼす効果については、それを慣れ親しんだ日常の観察で説明することで和らげようとした。彼はあらゆる箇所で読者の感情を鎮めようと努めた。「私は自分の説が大筋において真実であると信じている」と、彼は書いている、「そして、真実はすべて価値があり、それを行き渡らせるのは、祝福であると信じている」。彼は、信心深い読者をなだめるような文章すら付け加えた。「何かと文句を言いたがる人々を和ませるように、理性と常識が許す限りのあらゆる努力を惜しまなかった。――極端な人については、それでもうまくいかないかもしれないが」と、チェンバースはアイアランドに書き送った[26]。「私としては、最終的に、私の重要な説を何一つ損なうことなく、この本が大衆とのあいだにそこそこ良好な関係を保つのに大いに役立つと思えるような宗教観を導入できたことを、幸せに思っている[27]。」

最も重要な点は、『痕跡』の作者が、至るところで、読者が、これらの新しい考えと、キリスト教の神に対する彼らの信仰とを和解させるのを、助けたということである。『痕跡』は無神論の本ではない。むしろ、語り手は、すべてのめざましい変化と変容は神のなせる業（わざ）であると強調している。神は、自分に代わって自分の仕事をさせようと、自分が作り出した法則に従って仕事をさせようと、自然を創造されたのだ。もしチェンバースが種の変異を、何らかの漠然としたかたちで神の定めた法則によって駆動されたものとして提示することがなかったなら、『痕跡』は決して、バッキンガム宮殿の中にも、あるいは、実際に入っていったほど多くの図書館や居間にも、入り込んでゆくことはなかっただろう。それは読者が新しい科学と折り合いをつけることを可能にしてくれた。しかし、それは宇宙の中に神の居場所を残しはしたが、それはまた、読者に、神は地球とその法則を動かしはじめはしたが、それ以上は介入しなかったということを受け入れるよう迫ってもいた。

多くの人々が、自然の過程についてのこの新しくてより楽観的な記述を熱狂的に迎え入れた。聡明で詩人としての才能にも恵まれていたアーサー・ハラムは、アルフレッド・テニソンの最も親しい友人だったが、二二歳のときに脳溢血で亡くなり、あとに残されたテニソンは、ライエルの『地質学原理』を読み終えて、人間の世界に対して無関心なように感じられる自然の態度に二重に絶望感を募らせていた。彼はハラムに対する有名な哀歌『追悼の詩』（*In Memorial*）の中で、自然をもはや慈悲深く心優しい母ではなく、自分の子を見捨てて、彼らが自分で何とかやっていくに任せて、種全体が死に絶えるのも放置する存在として描いた。自然が「歯とかぎ爪が赤い」というだけではなく、「時は死骸を投げつける狂人」であり、「生は火炎を撒き散らす復讐の女神」である。人間もまた、「砂漠の砂に吹きまくられるか／鉄の丘に閉じ込められて」、いずれ恐竜と同じ道をたどるだろう。*2『痕跡』を読むことで、テニソンは、自然の流儀と人間の未来に対して新たな信頼と楽観を得ることが出来た。彼は、改革の発想に満ちた、ロマンチックで喜劇的な新しい物語詩『王女――混成詩』を書きはじめ、まだ進行中だった『追悼の詩』にも新しく楽観的な結末を付け加えた。

『痕跡』の最初期の書評は、来たるべき嵐の徴候を何一つ示していなかった。本はその活気に満ちた文体で称賛され、より物議を醸しそうな考えについては何も言及されていなかった。本の出版以降、最初に出た宗教的な月刊誌や週刊誌は、当然予想できたことだが、種が進歩し発展してきたという考えの異端的な性格を強調して、読者に注意するよう警告していた。けれども、世評の高い季刊誌は何の書評も掲載していなかった。数カ月にわたって、奇妙な沈黙が続いた。書評を書きそうな人物や聖職者は中身を読んで、首を振り、科学者やオックスフォードとケンブリッジの教授などが判定を下さないものかと期待を寄せ、誰かほかの人間が先頭を切ってくれるのを待っていた。一八四五年四月までに、『痕跡』は四版を重ねていた。

沈黙は、五月にケンブリッジで開かれたイギリス科学振興協会の会合で破られた。アンとロバート・チェンバースは、論議の呼んでいる彼の本の周りに科学者たちが一致して結集するだろうと考えて、その様子を自分たちの目と耳でしっかり胸に刻むつもりで、期待でそわそわしながら、列車で出かけた。代わりに、夫妻が目にしたのは、保守的な科学者の一団が、本に向かって密集して隊伍を組むさまだった。科学界は、匿名のペテン師が、証明もされていない危険な一連の思弁を裏書きするのに、科学の論文を使っていることに憤って、この本を、神を冒瀆しているからではなく、単に似而非科学だという理由で、糾弾した。チェンバースと妻は、セネト・ハウスの大勢の聴衆の最前列に座って、偉大な天文学者ジョン・ハーシェルが本を完膚なきまでにこき下ろすのを聞いた。

一八四五年五月まで、オックスフォードとケンブリッジの国教会系の科学者たちは、この匿名の著者による、都会風の、哲学に欠ける本が、まじめに考慮される名誉に値するか、決めかねていた。一八四五年一一月、トーリー党の中では自由主義的な外交官で地質学者だったジョージ・W・フィアスタンホーは、ケンブリッジのウッドワーディアン記念地質学講座教授で、トリニティ学寮の副学寮長、ノリッジ大聖堂参事会員だったアダム・セジウィック尊師に、手紙を書き送って、『痕跡』がロンドンで起こしている衝撃について警告した。「あなたなら彼をたたきつぶすことが出来ると思いますし、また、そうされることを切に願っています」と、彼は書いた、「すでに、この本は教会に対する反逆ののろしであると考える者もいます▼28」。けれども、セジウィックは、こういった本の考えは嫌いだが、時間がなくて、読んでいないと答えて、季刊誌に書くこともなかった。

セジウィックが『痕跡』を読んだのは三月になってからで、その憤激の念を明らかにしたのは四月になってからだった。大聖堂のあるイーリーの町で開かれた、聖職者のための朝食会の席で、彼はこの本を、「紛れもない唯物主義」の作品で、まず確実に女性が書いたものに違いないと、こき下ろした。「本は、確かに、品のよさといい身なりの魅力を具えているが」と、二日後、彼はチャールズ・ライエルに手紙を書き送った、自分としては「外側の覆いを引きはがして、中の不格好さと醜さをあきらかにしてやるつもりです」。彼はまた、マックヴェイ・ネイピアに手紙を書いて、「『痕跡』は阿魏(あぎ)と砒素からなるひどい丸薬を黄金の葉で包んだものだ」とした。彼はとりわけ、それが若い女性に及ぼす影響を恐れた。「あなたは、本がロンドンのインテリ気取りの女たちのあいだでどんな悪事をしでかして、今もしつづけているか、とても想像がつかないでしょう。神の御心に適うなら、私はこの悪行を鎮めるために死力を尽くすつもりで

*2 「恐竜」(dinosaur)という言葉を用いたのは、一八四二年、リチャード・オーエンが最初である。彼は、世界中の鉱山や運河、鉄道敷設の工事現場、石切場などで掘り出され博物館で組み立てられていた「爬虫類のトカゲ亜目の特別な種」を指すものとして、*Dinosauria* という言葉を作った。

わらせる」と、ネイピアに約束した。[30]

ノリッジ大聖堂参事会員で、地質学教授、トリニティ学寮の副学寮長にとって、『痕跡』は、『黙示録』に語られた大淫婦バビロンであり、[◇8]羽根と宝石で飾り立てたしわくちゃ婆であり、蛇であり、くたばり損ないの出来損ないである。彼は本の評に取り掛かり、怒りにまかせて読んでいくページごとに思いを書き込んでいった。彼のすさまじい注釈はその死後も残った。実際に刊行された彼の書評はもっと落ち着いたものだったが、道徳上の終末論の世界を目の当たりにしているという彼の感覚は、ほとんど和らげられることはなかった。彼は読者に、『痕跡』は「きらきらと輝いてなめらかで色とりどりの表面をして、偽りの哲学のとぐろを巻いて迫ってきて、手を伸ばして禁断の果実をもぐように誘ってくる」[31]と警告した。彼が五月に始めた書評は、彼が鬱憤と女性嫌いの念を最終的に吐露し終えるまでに、八五ページに達していた。

セジウィックが一連の戦いで立ち向かっていた相手は、単に唯物主義の広がりとますます高まりつつある無神論者の声だけでなく、同時にまた、科学の大衆化や、専門家でもない科学者の台頭、カトリックの教え、女性の力でもあった。その結果が、毒を含んだ悪態だった。

キリスト教系の雑誌の編集委員会の委員たちは、安堵のため息をついた。アングロ・カトリック派の『キリスト者の手控え』(*Christian Remebrancer*)誌は、種の発展という仮説の危険を「これ以上いかなる議論の余地もなく」特定したということで、セジウィックの「卓抜な論文」を称賛した。[32]スコットランドでは、スコットランド福音派が、既成のスコットランド教会と袂を分かって、自由教会を形成していたが、『痕跡』は、この自由教会よりもさらに大きな教会の権威に対する脅威であると見なされた。分裂のために、世俗の自由主義の勢力に対抗する教会の力が弱くなったと考えられていて、こういった世俗の勢力は、両方の教会にとって小異を超えていっしょに対抗すべき共通の敵となった。一八四四年にチェンバースが『痕跡』を刊行したとき、クーム夫妻やその友人、エディンバラにおける改革派の自由思想家たちは、自分たちが福音派の人々に取り囲まれて、ますます孤立無援に陥った少数派であると感じた。あるスコットランドのジャーナリストは、「私たちは、巨大な火口の縁に立っており、その火口は今にも爆発して、恐ろしい破壊で私たちを圧倒しそうだ」[33]と書いた。スコットランド教会は、福音派の地質学者ヒュー・ミラーのようなすぐれた著作者たちに、『痕跡』を論駁し、匿名の作者が拠って立つその地盤で、彼に挑戦するように呼びかけた。一八四五年九月、ミラーは『証言』(*Witness*)誌の中で、『痕跡』のことを「今世紀にイギリスで現れた、実質的な無神論の最も狡猾な一篇」と呼んだ。書評の中で論駁するだけでは満足せずに、彼は一八四九年、深い敵意を込めた著書『創造主の足跡』を刊行した。

ミラーの用いた修辞はセジウィックのものとは全く違っていた。彼は、大淫婦バビロンも、醜いしわくちゃ婆も、踏みつぶすべき出来損ないも、見なかった。代わりに、彼が見たのは、沼地や感染、人を呑み込んでゆく流砂などだった。彼は「社会の下層が瘴気をはらんだ沼地へと沈んでしまって、そこからは、貧民法による査定や、恐ろしい革命の勃発、ペストやほかの伝染病がつぎつぎに湧いてきて、その上の階級を十把一絡げの破滅に包み込もうとしている」と、言い放った。教会は「この泥沼を水抜きして浄化する」ために最大限の勇気ある試みをしなければならない[34]。

不信心は、スコットランドの——保守派も福音派も含めて——あらゆる教会の共通の敵だった。彼らは、自分たちが攻撃にさらされているという感覚を鮮明にするために、戦争の用語を用いた。聖職者たちは、『痕跡』が、その下(もと)に無神論者たちが参集する旗となってしまったと、嘆いた。それは、彼らにとっての燃えさかる十字架となってしまったのだ。グレアム・ミッチェル牧師は、彼の『不信心を退けるための若者の手引き』(一八四八)の中の一章全体を『痕跡』を非難することに当てた。説教壇からのほかの論駁がこれに続いた。牧師のジョン・ブラウン博士は、「目下の誤りに対抗するためのスコットランド協会」の

◇8　大淫婦バビロン　第7章訳注◇4(二〇一ページ)を参照されたい。

創設のための基調演説で、「不信心が今日の精神を占めており、未来の精神を占めるのです。それはますます強くなりつつあります」と宣言して、聴衆に警戒するよう呼びかけた。[35] そして、アンドリュー・トンプソン牧師は、「不信心は……、蜘蛛のように、多くの美しい知識の木々の上にその網をかけ、そして、残念ながら、あまりにしばしば、そばを通りすぎる迂闊な者を捕らえることに成功したのです」。

『痕跡』は、何十年にもわたって人々を苛立たせ、その他の点では抑制の利いた人たちからこの上なく攻撃的な修辞を引き出した。最初に出版されてから一〇年も経って、その第一〇版が刊行された一八五四年になって、トマス・ヘンリー・ハックスリーは、この本の書評を書いた。彼は、のちにダーウィンの最も率直で熱心な支持者となるのだが、その時点では変異説の不倶戴天の敵だった。彼は、シェイクスピアの『マクベス』からの一節、マクベスの前にバンクォーの亡霊がふたたび現れた際に彼が口にする台詞で始めた――「かつてなら、脳がたたき出されたら、その男は死ぬものだった」。本をどうしても黙らせることの出来ないバンクォーの亡霊に喩えることは、それをくたばり切らない出来損ないに喩えることと全く同じというわけではないが、ハックスリーは同じことを意味していた。なぜ変異説の手は、我々がそれを沈めようとした湖の中から、いまだに伸びてくるのか。なぜそれは死のうとしないのか。

けれども、『痕跡』はまた、人々を鼓舞して、彼らを挑発し、過去と未来についての彼らの感覚を押し広げて、彼らに変異はあり得ることであり、ありそうなことであると、そして、そのように考えることはそれ自体としては不信心なことでも危険なことでもないと、説得した。一八四六年、当時二六歳だったフローレンス・ナイチンゲールは、看護の職に就く準備として解剖学を学ぼうとしていたが、一人の友人といっしょに王立外科大学の博物館を訪れた。二人の女性は、ニュージーランドから送られた一連の飛ばない鳥の骨格標本に見とれて足を止めて、時間をかけて、今では絶滅した、ダチョウよりも大きな鳥ジャイアント・モアの最近発見された骨の化石と、今でも生きているより小さな種とのあいだの解剖学的な繋がりをたどった。「いちばん興味深かった点は」と、彼女は学校に通っている従妹に書き送った、「『痕跡』にあるように、いかに種が互いに混ざり合っているかというのを見ることでした」[36]。ロンドンでは、セジウィックのように騒ぎ立てる人間はほとんどいなかった。そうではなくて、人々は、『痕跡』が彼らに提供した、時間についての新しい理解に魅了された。

礼儀正しい振る舞いと注意深い慎ましさで、チェンバースは作者だと特定されずにいた。一八四〇年代を通して、彼は相変わらず、まだ増え続ける家族と印刷機の世話をして、地質学の調査旅行をして、地質学についての本格的な著作者として自らの立場を固めることに努めていた。『痕跡』の出版から四年後、一八四八年になって初めて、彼の評判は深刻な打撃を受けた。そして、おそらく、彼自身、それが自分の方の判断の過誤によるものだったと認めていたかもしれない。彼は、自分の名前がエディンバラの市長という市の行政に関わる最高の栄誉ある地位を求めて前面に出ることを許してしまった。

立候補の告知から数日のうちに、一八四八年の一一月に『証言』誌に掲載された長い手紙が、彼の立候補に「深甚なる反対」の念を表明した。匿名の手紙は言い切った、

チェンバース氏が彼の発行する定期刊行物から一切の宗教的な話題や言及を入念に排除してきており、彼がこれまで書いたり発行したりしてきたあらゆる種類の記事や論文は莫大な量であるにもかかわらず、そのうちのいずれか一つからでも、神が存在するとか、罪から救済される道が啓示によって示されたといった言葉を拾い出すのは難しいだろうということは、誰もが知ることである。彼は、実際、今日の非宗教的な定期刊行物に携わる出版界を代表する大物である。これはそれだけできわめて犯罪的である。しかし、彼はこれよりさらにあくどい嫌疑ですら非難されているのである。彼は、その間違って皮相的な科学理解は言うに及ばず、「全能なる神を宇宙から追放」し、「その御心の啓示を信用しがたい迷信」(『ノース・ブリティッシュ・レヴュー』)と片付け、「人間が神の姿に似せて作られたと聖書が教えているのを、単なるたとえ話であると語る」(『エディンバラ・レヴュー』)、そんな作品

を書いて世に送り出したと、非難されているのである。私は、チェンバース氏がこの唾棄すべき作品の著者**だ**と言っているのではない。しかし、彼は著者だと**言われている**のである。[37]

チェンバースは、経営する出版社の評判に傷がつくのを心配したのと、教会による迫害がさらに続くことを恐れて、うんざりした思いで立候補を撤回した。

チャールズ・ダーウィンは、三〇代になっており、彼の自然選択の理論は書斎の引き出しに鍵をかけて仕舞われていたが、この騒ぎを傍目（はため）から見ていて、時機が来るのを待つことにした。『痕跡』の匿名の作者が着せられた汚名を避けようと思えば、種に関する自分の考えは時機を待つしかないと、彼は実感した。本は生き生きしているが、と彼はノートに書き留めた、間違いも多い。証拠の重しがあるときにのみ、そして、理論がある——いかに種が適応して進化してきたのかという仕組みが説明される——ときにのみ、その理論を一定の敬意を持って扱う人も出てくるだろう。目下のところ、ダーウィンは引き出しの鍵をかけたままにしておくことに決めた。

彼の最も親しかった友人の植物学者ジョーゼフ・ドルトン・フッカーは、一八四四年一二月三〇日に、ダーウィンに手紙を書いて、『痕跡』の著者が多くの事実を一つにまとめていることで、楽しく読んだが、結論には全く賛成できない。いずれにせよ、この本は、不朽の名作というよりも、一過性の話題作という程度に思われる。でも、確かに、『払った代価は満たして』くれている。——代価というのは、つまり、読む手間ということだ。ほかの点では高すぎる。何しろ間違いがたくさんあるから」と、言い切った。ダーウィンは、自分としては「それほど楽しくなかった。……書き方や議論の展開は確かにすばらしい。

でも、彼の地質学はひどいという印象を受けたし、動物学にいたっては、それよりずっと拙い」と、返事した。[38] 一八四五年一〇月、ダーウィンはチャールズ・ライエルに手紙を書いて、セジウィックの書評は、種の変異を否定しようとする大がかりな議論で、自分としては「恐れとわななき」をもって読んだが、自分がセジウィックの反論を予見していて、「議論のいかなる部分も見落としていなかったということがわかって、大いに満足している」と伝えた。

『痕跡』は、チャールズ・ダーウィンにとって、悩みの種となると同時に、警告ともなった。『痕跡』が燃えさかる十字架、武器を取るようにという合図であったとしても、ダーウィンがそれに反応することはなかった。そうするのでなく、彼は、本がどうなってゆくか見届けようと、ほかの人々がその呼びかけに応じて参集するのに任せようと、決意した。彼は一八四六年の早い時期に、チェンバースが本を補うかたちで発表した論文「説明」を読んで、「そこに記された事実はセジウィックを黙らせることは出来ないとしても、その精神はセジウィックを恥じ入らせるべきだ」と考えた。一八四七年四月に、チェンバースに会って、その数日後に匿名で『痕跡』を贈られて、彼はいまやチェンバースが作者だと確信するようになった。

一〇年にわたって、彼は居心地の悪い思いをしながら何度も立ち位置を変えて、自分の良心と格闘して、自分が、喚声を上げて石を投げつけている科学の権威筋や教会の側に与するのか、彼が一方でまた忠誠を誓っていた党派――彼が一八四七年のジョーゼフ・フッカーへの手紙の中で「我々、変異論者たち」と呼んだグループ――に与するのか、決めかねていた。[39] ハックスリーが、一八五四年の第一〇版に対する書評の中で、『痕跡』のことを冷笑したとき、ハックスリーについて大切で影響力のある友人という思いを育んでいたダーウィンは、彼に書評が「気の毒な作者に対してかなり厳しい」と思ったと告げた。「こういった本は、ほかにいいことはしていないにしても」と、彼は続けた、少なくとも「自然科学に対する関心を広げるのだから」。そしてまた、彼には、自身の本がどう受け止められるかということも気がかりだった。自分の本も、彼はハックスリーに告白した、「種に関しては、『痕跡』そのものと同じくらい正統から外れているだろうから。といっても、あれほど哲学を欠いているということはないと願っているがね」[40]。『種の起源』の序文の中で、ダーウィンは、本のことを擁護するというよりむしろ、からかった。

『創造の痕跡』の作者はきっと、よくわからない数の世代を重ねたあとで、ある鳥がキツツキを生み出し、ある植物がヤドリギを生み出し、そして、これらは、現に私たちが見ているような完璧なかたちで生み出されたと言うのだろう。けれども、こういった憶測では説明になっていないように私には思われる。なぜなら、それは、有機体同士の相互適応の問題や彼らの生きている自然環境への適応の問題について何も触れておらず、何も説明していないからだ。

『痕跡』の次の版で、いまだに匿名の作者が、この扱いは公平を欠くと異議を唱えて、ダーウィンの『種の起源』は『痕跡』と「総論としては実質的に同じ考えを表している……。違いは言葉の上のもので、事実や趣旨においてではない」と主張したとき、ダーウィンは、良心の呵責を感じて、『種の起源』の第三版（一八六一）とそれ以降のすべての版で、侮辱的な一節を削除した。「歴史的概観」の中で、彼は修正を試みて、より穏やかな調子で書いた。

作者は……、種は変異と無縁な存在ではないという基本的な基盤の上に立って、説得力を込めて論じている。しかし、想定されている二つの「推進力」が、科学的な意味において、自然全体を通して数多く見られる美しい共適応をどう説明できるのか、**私には理解できない**。これでは、例えば、キツツキがその独特の生活習慣にどうやって適応してきたのかということに何らかの洞察が得られるのか、**私には理解できない**。本書は、より初期の版では、正確な知識をほとんど示しておらず、科学的な慎重さも大いに欠落していたが、力強く精彩に富んだ文体によって、すぐさま人々のあいだにたいへん広く行き渡った……。私の意見では、こういった問題に関心を呼んで、偏見を取り除き、そうすることで、同様な見方が受け入れられる素地を用意したという点で、本書は、この国ですばらしい貢献をしたのである。

ダーウィンは単に礼儀をわきまえていたというだけではなかった。彼は正しかった。『痕跡』は、人々の許に変異という考え方をもたらした。その作者は、そういった考え全体がいかに魅力的であるかを示して、地球はいかに理解しようもないほど古いのか、身体の隅々が、骨格のように一見したところ堅牢な構造ですら、完全に固定されているわけではなく、周囲に適応して変化してゆくものであり、動物も人間もすべて互いに組み合わさって、動き続け、回転し続ける、網の目のように相互に結ばれたこのすばらしい世界の一部なのだということを、説得した。彼は読者に、こういった考えを抱くこと、こういった変容を想像することは、不信心でもなければ危険でもないということを示した。彼は取り上げた事実のいくつかでひどい誤りを犯した。人々を惹きつける一貫した語りを作ろうとするあまりに、彼はいくつかのことを誇張し、ほかのことを矮小化した。彼はまた、種が時間の経過とともに進化し多様化してきたその仕組みを見つけることが出来なかった。けれども、『痕跡』のあとでは、起源や時間についてのこういった問いのいずれをも抑えることはもう不可能だった。『痕跡』がもたらした神学上の騒擾や、人々の夢の顕在化、想像と会話の点火なくして、ダーウィンの『種の起源』が世間でどのように受け入れられることになったのか、理解するのは容易ではない。

第12章 アルフレッド・ウォーレスの熱に浮かされた夢

一八五八年　マレー群島

インドネシア北東部の沖合いの海に囲まれて黄緑色に隆起する星形の火山島に立つ、茅葺きの小屋で、若いイギリス人の標本収集家が、毛布にくるまれて寝そべって、間欠的に襲ってくるマラリア熱の発作と戦っていた。一〇年のあいだ、彼は、これらの離島で収集した鳥や昆虫を売ることで、生活の糧を得てきた。毎日、夜明けから夕暮れまで、彼は、標本になりそうな希少種――蝶や鳥、甲虫に、トカゲや小さな哺乳類――の何十もの個体を狩り、殺し、罠を仕掛け、罠をはずし、詰め物をして剝製にし、皮を剝ぎ、針で留め、糸でかたちを整えて、注意深く付箋を貼り、箱詰めにして、ロンドンの自然誌関係の品を扱う卸業者に送ってきた。彼はいま、ほとんど何も出来なかった。毎日ほとんど同じ時間に、まるで憑き物のように、熱がぶり返した。午後には何時間も、彼は震え、寒気で痙攣し、それから、焼けつくような暑さに汗を垂らした。奇妙な白日夢が彼を苦しめた。寒く、暑く、湿気ていた。彼はただ、それぞれの段階の移り変わりを我が身に感じながら、発作が収まるのをじっと待った。旦那さんはマラリアの中でもいちばんたちの悪いのに罹っておられますと、一八歳のマレー人の助手アリが、頭を拭いてくれながら、語って聞かせる、親切な人が罹って死ぬタイプのもので、旦那さんも今は休むしかありません。

けれども、アルフレッド・ラッセル・ウォーレスは眠っていなかった。午後の太陽がその縁を海にひた

ウォーレスのマレー人の助手アリの18歳頃の肖像写真と、ウォーレス自身の24歳前後の肖像（アルフレッド・ラッセル・ウォーレス『我が生涯』［1905］より）

して、アリが数匹の昆虫に付箋をつけて記録し続け、それから夕べの祈りのために抜け出してゆくあいだ、ウォーレスは震えて汗をかいて、熱が上がったり下がったりするのに合わせて、毛布を蹴り下げたり引き上げたりして、その間も、彼の心は、今ではもう何年も彼に取り憑いて、彼をまずブラジルに、そして今度はマレー群島に連れ出した問題をめぐって、さ迷っていた。これらのとてつもなく多様な種はいったいどうやって**存在するようになった**のかという、この大いなる神秘ほど彼を興奮させるものは他には何一つなかった。

　こういった熱に浮かされた幻覚の中で、ウォーレスは、時折、自分に、あるいはアリに、そばにいない友人や知り合い、文通相手に――親しい収集家仲間で、アマゾン川沿いのどこかにいるヘンリー・ベイツに――、故国イギリスで行きつけのクラブでくつろいでいるか薔薇の咲き乱れるイギリス庭園を散策するさまが想像される博物学者のチャールズ・ダーウィンやチャールズ・ライエルに、ラマルクに、あるいは、『痕跡』の匿名の著者に、声に出して話しかけた。想像上の親しい会話は、あらゆる方向に逸れていった。**すべての種は進化し、適応し、変異してきた。現存するすべての有機体はより初期の形態から生じてきた。**種の収集家としての、あるいは、地質学者としての彼の仕事のすべてが、生物が変異するという考えが正しい、自明の理であるということを裏書きしていた。彼は種の問題についての論文を発表し、それは何人かの重要な人々の関心を惹いていた。[1] けれども、進化が起こる**仕組み**、その**方法**は、彼にはわからなかった。それはまだ誰にもわかっていないと、彼は信じていた。

何年も経ってからでも、ウォーレスは、熱に浮かされた中で青天の霹靂のように訪れた認識の瞬間のことを、一点の曇りもない明晰さで覚えていた。[2] 白日夢の最中に、死んだ昆虫と異郷の鳥の匂いにむせかえるような小屋の空気が、どういうわけか、一四年前にレスターのかび臭い公立図書館で読んだことがあった本――トマス・マルサスの『人口論』――へと、「私の思いを向けた」と、彼は書いている。何らかの理由で、彼は、人口が増えるのを止める「抑止力――野蛮な人種の人口をより文明化された人種の人口よりもずっと低い平均値に下げ続ける、病気や事故や戦争や飢饉――」についてのマルサスの明快な記述を思い出したのである。[3]

地震と洪水、火山の噴火、マラリアと飢饉のすさまじい歴史が、マレー群島のすべての島にその傷跡を残しており、定期的に人間と動物を大幅に間引いてきた。「このことが意味する甚大で絶え間ない破壊について漠然と考えていて」と、彼は続けている、

> 私はふと、一つの問いを立てることを思いついた。――**なぜある者は死に、ある者は生きるのか**。そして、答えは明らかに、全体としては、最も適した者が生き残る、ということだった。病気の影響か

らは、最も健康な者が逃げおおせる。敵からは、最も強い者か、最も速い者か、あるいは、最も狡猾な者が、飢饉からは、最も狩りに長けた者か、最も消化に優れた者が、逃げ延びる、といった具合である。そして、突然、この個々の個体で作用する過程は、必然的に**種を向上させる**だろう、ということがひらめいた。なぜなら、すべての世代において、劣った者は不可避的に片付けられ、優れたものは残っていく、——すなわち、**最も適した者が生き残るだろう**、ということである。それから、即座に、私はこのことの結果の全容が見えるように思えた……。このことを考えれば考えるほど、私は、長く探し求めていた、種の起源の問題を解決する自然の法則を、自分がとうとう見つけたのだということを確信するようになった。▼4

ウォーレスは熱が引き始めるのを待って、ようやく、蚊帳(かや)の下から机まで我が身を引きずっていって、眼鏡をかけ、極力すっきりした文章で考えを紙に書き留めるよう努めることが出来た。若い博物学者が、ぼんやりした頭で、手も震え、目の前の紙にインクで綴る文字も乱れる中で、ずっと自分を捉えてきた問いを最後にもう一度自身にしてみせているさまは、想像するに難(かた)くない。——これほど多くの種はどうやって存在するようになったのか。答えは息を呑むほど単純だった。最も適した者だけが生き残った。ほかの者たちは、飢饉やペスト、地震などで、厖大な数で討ち滅ぼされ、路傍に倒れていったのだ。このようにして、世代を重ねるたびに、動物の身体は修正され、変化する条件に——より暑い、より湿度の高い、あるいは、より寒い気候に——適応してきた。最も毛深い、最もうろこの多い、最も背の高い、あるいは、最も大きな目を持った個体が生き残り、より厚い皮膚やより深い毛、最も大きな目を次の世代へと伝えてゆくことで、新しい種が存在するようになったのだ。

ウォーレスは、いま自分が理解できたことを、アリに説明しようとしただろうか。彼はそれを説明できただろうか。イギリスにおいてすら、彼の新しい考えの途轍もない意義を理解できるのに十分なだけ、ものを読み、深く考え悩んできた人間など、ほんの一握りしかいない。ウォーレスの友人で昆虫学者のヘンリー・ベイツなら理解できるだろう。同様に、自然誌家にして探検家で、種の起源に関する本を書きつつあるチャールズ・ダーウィンも理解するだろう。それから、一八四八年に騎士に叙せられた地質学者のチャールズ・ライエルがいる。彼は、変異説に強硬に反対しているものの、種の問題を理解している。けれども、マレー群島のこの小屋には、アリしかいない。[5] アリは利口で、収集家として優秀だし、激務もいとわない。彼は自分の主人――同時にまた、彼の友人で教師でもあるこの男――の種に関する考えをどう思っているのだろう。アリはイスラム教徒だった。そして、種の変異に関するウォーレスの考えは、コーランの中の天地創造の物語――神は一息で大地を作られ、そもそもの初めに人間に息を吹き込まれ、彼を特別で神の御心に適う存在として他の被造物から区別されたということ――と背馳していただろう。イスラム教はアリに、人間は動物と違っていると教えてきた。アリは、主人の考えに異を唱えただろうか。あるいは、彼がウォーレスの議論の正しさを理解できたなら、彼は進化論とコーランに対する自分の信仰とを整合させる何らかの方法を見つけただろうか。[6]

ウォーレスは、自分が他の誰にも増して説得しなければならないのは、サー・チャールズ・ライエルだということがわかっていた。ラマルクの考えに精力的に反論することで、ライエルはイギリスの科学者たちを、変異についてはもう言うべきことなどないと納得させていた。彼は種の問題に関する門番となっていたのだ。ライエルが耳を傾けて説き伏せられることがない限り、誰も耳を傾けることも説き伏せられることもないだろう。ウォーレスは、熱が引いて手の震えが止まるのを待つ二晩のあいだ、自分の考えを、ライエルとの想像上の対話に終始する短い論文――イギリスの科学雑誌に掲載すべくかたちを整えた論文――に書き記した。それから、彼とアリは船で海を渡ってテルナテに戻った。

イギリスにいる人々との対話はつねに遅れがちだった。ウォーレスは、彼の留守中に届いていた郵便物の山に挟まれた手紙にダーウィンの筆跡があるのに気づいて身震いしたが、彼はその手紙が三カ月前に書かれたものであるとわかっていた。ダーウィンの手紙は、ウォーレスの研究に対する激励にあふれていた。たまに口をつぐんだような箇所やところどころに庇護者のような調子が見られたが、ウォーレスは、それを縄張り主義というよりむしろ、慎みの所為(せい)だと考えた。ダーウィンは、しかるべき人々が——サー・チャールズ・ライエル自身も含めて——ウォーレスの論文を読んでいて高く評価していると請け合った。彼はウォーレスに、種についての自分の本はなかなか進まず、また、自分は人間の起源については論じるつもりはないと語っていた。ウォーレスにとって、これ以上にいい報せはありえなかっただろう。彼は自分の論文に「一八五八年、テルナテ」と書き込んで、それを、ケントのダウンハウスのチャールズ・ダーウィン宛てに送って、論文をライエルにも回してほしいと依頼した。彼はのちに、「私は、その考えが私にとって新しいものであるように、彼にとっても新しいものであるだろう、そして、それが種の起源を説明するのに最後まで欠けていた要素を提供してくれるだろう」と期待していると述べたと、回顧している。[7]

以後五〇年にわたって、ウォーレスは、その物語を繰り返し語ったので、それは一種の個人的な神話になった。熱病、悪寒、遠い異境の地、突然に訪れた、いかに最適な者が生き残るのかという目も眩(くら)むような理解、そして、紙にペンを下ろすまでにいかに震えが収まるのを待たねばならなかったか——。彼の物語のどこを取っても疑う理由は何一つない。ウォーレスは正直で、細部にも注意が行き届き、記録や日記も正確なら、記憶も鮮明である。[8]一八五八年二月に、マレー群島で、一四年にわたる探索のジグソーの最後のピースがしかるべき場所に収まったのである。ひとたび彼の論文を収めた手紙が無事にイギリス行きの郵便船に乗せられれば、ウォーレスは、反応があるまでに何カ月も待たなければならないということがわかっていた。

結果はよく知られている。ウォーレスの手紙を受け取って、ダーウィンは愕然とした。彼には、自分が二〇年前に自然選択を発見してはいたが、ウォーレスが自分より先に発表して、第一発見者としての栄誉を主張するだろうということが、はっきり見て取れた。彼は、チャールズ・ライエルと友人ですぐれた植物学者だったジョーゼフ・フッカーの許を訪れて、状況を説明した。ライエルとフッカーは、二つの論文をリンネ協会で発表し、集まった会員に、どちらが先に自然選択を発見したか、判定するよう依頼した。一八五八年七月一日に、リンネ協会の会員は、証拠を考慮して、評決を下した。二人ともその発見に祝意を表されるべきだが、ダーウィンが先に一八四四年に未発表の論文の中でその考えを記録しており、それは他の人々も目にしたと証言していると、彼らは宣言した。判断が下されたのは、どちらが先かということであって、それ以外については何もなされなかった。どこかの主教が、気に病んで眠れなくなるということも、ダーウィンなりウォーレスなりを説教壇から糾弾するということも、なかった。そういった騒ぎや憤激が始まるのは、今や慌ただしく印刷に回されたダーウィンの著書『自然選択による種の起源』が、一八五九年一一月二四日に書店に届いてからである。

ウォーレスはつねに、自分の考えを一つの啓示として、天から降りかかったひらめきの瞬間として、描いていた。けれども、考えは、海中から浮かび上がる難破船のように、彼の熱に浮かされた脳から一気に表面化したが、それまで彼は何年にもわたって、その考えを求めて潜り続けていた。マルサスの自然による人口抑制の理論を思い出すことは、彼に最後まで欠けていたジグソーの一片、全体の配置を浮かび上がらせる要（かなめ）の点を与えはしたが、それに至るまでには、ウォーレスの目覚ましい発見に漸進的に貢献した、同様の驚くほど新しい理解の瞬間が他にいくつもあったのである。[9]

自分で思い出せる限りずっと、ウォーレスは、人種の違いとその変化の境目を徴づける地理的な境界に関心を持っていた。[10] 彼はウェールズとイングランドの境で育った。アバーガベニーの近く、彼の家から一〇マイルの距離にあって、彼の寝室の窓から見えた山並みは、「ウェールズという未知の地」——そこの人々は異なったふうに話し、異なって見える土地——の始まりを徴づけていた。もっとも、移動と異人種間の結婚のために、どこで一つの国が始まり、もう一方の国が終わるのか、正確に言うのはつねに難しかった。彼は背が高く、際だって亜麻色の髪をしていたので、アースクの町の人々は、ウォーレス家の末っ子であるアルフレッドのことを「小さなサクソン人」と呼んでいた。[11] 彼がその言葉について、どういう意味なのか尋ねたとき、おそらく誰かがイギリスに住んでいる異なった人種——ケルト人、サクソン人、アングロ＝サクソン人——について説明し、彼らがそれぞれ異なった地域にたどり着いて定着し、そして、スコットランドとウェールズとアイルランドは、ほとんどケルト人が占めており、それ以外のところはアングロ＝サクソン人が住んでいるということを説いて聞かせたのだろう。地理と人種の分かちがたさは彼に強い印象を与えた。それはちょうど、千年前に、ジャーヒズが、市場にやってくるベドウィン族やメッカに向かう途中の巡礼たち、塩田で働く黒人奴隷などを眺めて強い印象を受け、こういった身体的な違いがそれぞれが住む土地といかに密接に繋がっているかという思いを抱いたのと同様である。

一八三〇年代、四〇年代の多くの下層中流階級の家族が、生き延びるために仕事を求めて移動することを余儀なくされたのと同様に、ウォーレス家の人々も、町から町へと転居を繰り返し、その途中で、子供たちに出来る限りの教育を施すように努めた。ウォーレスの父親は三流の弁護士だったが、きっとうまくいくと信じて、鉄道や他の投機的な事業に投資したが、彼は幸運でもなければ、投資についての判断も拙くて、一家の収入はつねに不安定だった。ウォーレスの教育は継ぎはぎの状態だった。けれども、識字率が上がるにつれて、本を割引で定期購読できるブック・クラブや地方の図書館が一気に増えていった。ウォーレスの父親は、数年間一つのブック・クラブの会員になっていて、それを通して、「私たちの許には、旅行記や小説、詩、スウィフトやスコット、デフォーなど面白い本がつぎつぎと絶え間なく入ってきて、その多くを、父が夕べに声に出して読み聞かせてくれたものだった」と、のちにウォーレスは記録している。

ハートフォードにあった一家の居間で、ろうそくの光を頼りに父親が声に出して読んでくれたすべての本のうちで、ウォーレスがのちに最も鮮明に覚えていたのは、ダニエル・デフォーの『ペスト大流行記』だった。[12] 実際に目にした者の衝撃的な詳しさで、デフォーは、ペストがロンドンの人口の三分の一をぬぐい去った一六六五年の三週間を描いた。[13] 彼は、生き残った人々が自分たちが目の当たりにした荒廃の意味を探し求めるその苦悶の様子を描いている。「神の直接の手以外の何ものも、全能の存在以外の何ものも、それを出来ようはずがない」と、デフォーは結論を下した。「感染は一切の医療の試みを蹴散らし、死は至るところで荒れ狂った。もし感染がその猛威をさらに数週間続けていれば、町中の一切を、魂を持ったすべてのものを、きれいさっぱり消し去っていただろう。人は至るところで絶望しはじめ、恐怖のために気力も潰(つい)えてしまった。人々は魂の苦悶を通して茫然自失の状態で、死への恐怖が人々の顔や表情を覆っていつまでも消えることがなかった。[14]」ウォーレスはのちに、この悲劇的な記述を、マルサスの視点から理解することになる。

ウォーレス家の人々は教会に通っていたが、アルフレッドが宗教的な熱意と呼べるようなものに動かされたことは一度しかなかった。彼にとって、教会に通うことは社会的な儀式以上の何ものでもなかった。それゆえ、ペストを天罰と見なすデフォーの記述は、このようなすさまじいいのちの間引きの説明としては迷信でしかも不適切であると思えた。彼の父親が地元の貸出し図書館に職を得ると、彼は、日々自由になる時間はすべて、そこで「床の隅にしゃがんで本を読んで」すごすようになった。彼は物語や、マリアットやクーパー、ブルワー、スモーレット、ゴドウィン、フィールディングの小説に、バイロンやスコット、ポープ、ミルトンの詩などを読んだ。その世代のじつに多くの聡明な若者と同様に、彼も一人で学んで、自分のペースで好奇心の赴くままに進んでいった。

ロンドンは、若いウォーレスに政治的な教育を施した。まだ一四歳の時に、ハムステッドに住む兄のジョンの許で数カ月暮らすように首都に送られて、ウォーレスは、ジョンが指物師として徒弟に入って、階段や扉や窓を作っていた仕事場でかんなくずの中に座って、若い大工たちが変化や改革、階級などについて話したり議論したりしているのを聞いていた。[15] 時は一八三七年だった。ロンドンの労働者階級がこれほど活動的に先鋭化し団結することは以後ほとんどない。一八三二年の第一次改正法は、中流階級に選挙権を認めたが、労働者階級には認めていなかった。今や怒れる若者たちは、参政権のさらなる拡大を求めていた。十代のウォーレス兄弟も毎晩のように出席していた、トットナム宮殿通りから外れた科学会館での集会で、若者たちは、急進的な社会改革論者で社会主義者だったロバート・オーウェンの著書を回し読みしていた。講演者は、オーウェンの説く改革がいかに奴隷状態に置かれた大衆に自由をもたらし、彼らを教会の頑迷さから解き放つかを説明した。すべての人はその環境の所産であり、自分の運命を自ら決めてゆく権利と責任があると、彼らは説いていた。ウォーレスはすっかり夢中になった。

このように、若いころに、それぞれ自ら学んで政治的に目覚めたイギリスの労働者たちのあいだで遍歴の生活を送ったことで、ウォーレスは自由思想家――きわめて道徳的で、社会主義的で、教会と距離を置くという意味で世俗的な、人間――になった。彼が数カ月後ロンドンを離れて、長兄ウィリアムの下で測量士として徒弟に入るためにベッドフォードシャーに向かったとき、彼はこの兄の周囲にも、「懐疑主義、あるいは当時用いられた呼び方では、自由思想が広く行き渡って」いることを知り、「それは、日々の宗教上の教え全体の正しさなり価値なりに対する私の疑念をいっそう強め固めさせることになった」[16]。ウィリアムは友人や地元の職工協会から論議を呼んでいた本を借りて、それをアルフレッドはこっそり読んで、その中には、囂々（ごうごう）たる非難を巻き起こしたダーフィト・フリードリヒ・シュトラウスの著書『イエスの生涯』について講義した本も含まれていた。この著書は、「新約聖書」に記された奇跡の数々は偉大な人間の生涯の周辺に避けがたく生じる神話にすぎないと論じていた。シャフツベリー伯爵はのちに、『イエスの生涯』のことを「地獄の顎(あぎと)からかつて吐き出された最も有害な本」と呼ぶことになる。これは危険な領域だった。ウォーレスの一家は、宗教上の慣行を守るという点ではごく穏当だったが、「『無神論者』という言葉はほとんど人間社会に置いておくにはあまりにおぞましい存在に関わるものであるかのように、声を潜めて用いられた」と、彼は書いている。[17] 成人するまでに、ウォーレス家の兄弟たちはすべて、宗教的に懐疑主義者か無神論者となり、何らかのかたちの社会主義や大衆教育に熱心に関わるようになっていた。

ウォーレス家の兄弟たちが一八三〇年代末に他より多くの測量の仕事を得たウェールズで、彼らは土地と生き残りをかけたすさまじい戦いを目撃した。新たに可決された囲い込み法と十分の一税法によって、政府は、それまで人々が所有していた共有地を――その使用に対して課税するために――体系的に分割して専有することを進めており、それを実施するために、彼らはウォーレス兄弟のような測量士を使っていた。ウェールズでは、これらの新しい法は、不作のあとの広範な飢饉の時期に、彼らの土地に対する税と道路の通行に対する料金を課し、共有の放牧地を奪って、追い詰められた人々に耐えがたい圧力をかけていた。後から振り返って、ウォーレスは、囲い込み法のことを土地の略奪と呼ぶことになるが、その時点では、彼もウィリアムもただ仕事をしていただけだった。[18] 彼らが働いていたころ、ウェールズ中で若い農夫や農業労働者が、暴徒と化して、夜中に道路の料金所を叩きつぶしたり、作業所を襲ったり、裕福な地主の家に火を放ったりした。[19] ウォーレスはまだ二〇歳にもならず、熱心で素朴だったこともあり、これらの農民に必要なのは暴力ではなく教育だと信じて、ニースの町に職工会館と科学図書館を誘致するための計画と手順書を作成したりした。[20] **教育は力だ**と、彼は、聞いてくれる者なら誰にでも繰り返し語った。

二人の兄弟は、夕方になると、地元の図書館や労働者のクラブで、あるいは、自分たちの下宿で、貸し図書館から本を借りたり、余裕のあるときは地元の書店から廉価版を買ったりして、むさぼるように読書した。ニースで書店を営んでいたチャールズ・ヘイウォードは、ウォーレスの少年らしい熱心さと好奇心に魅了されて、科学のあらゆる分野の本や新聞、雑誌を彼に紹介した。アルフレッドは植物学に関する本を一冊買って、道路や野原、川の土手に生える土地の植物を特定しはじめ、ノートを取って、分布のパターンを探ろうとした。数カ月のうちに、彼は、イギリスの植物相についての広範で確かな知識を備えた、有能なアマチュアの植物研究家になっていた。まもなく、彼は、ウィリアム・スウェインソンの『地理と動物の分類について』を読むようになり、これによって、彼は種が土地のありようとどう関わるのかということについてより厳密に考えるようになった。

兄の仕事が傾き始めた一八四四年、ウォーレスは、予備学校の教師の職に就くためにレスターに移ったが、そこで、彼は余暇のすべてを公立の図書館ですごした。この図書館の蔵書は、彼がそれまで旅して回った際に出会った中で最もすぐれたものだった。この寒くて隙間風が入ってくる図書館で、彼は『ビーグル号航海記』を再読し、南米の森や鳥、花々、そして奇妙な民族についてのダーウィンの記述に驚かされた。それから、ダーウィンがフンボルトに心酔していることに刺激されて、彼はフンボルトの『南米紀行』やプレスコットの『メキシコとペルーの征服の歴史』を読んだ。学生より特段すぐれているわけでもないラテン語の丸暗記の授業を際限なく繰り返しながら、ウォーレスは熱帯雨林を夢見て、自分がダーウィンになったような気分で、手に銃身を感じつつ、想像上の鳥に狙いを定め、新しい種を探し求めて、馬に跨がって、遠い山脈に分け入っていくさまを思い描いていた。

一八四四年のいつごろか、ウォーレスは、レスター図書館の書棚から、マルサスの『人口論』を取り出した。この本は、その荒涼とした記述で、ダーウィンの描く南米の土地の極彩色と異国情緒と対照的だった。ウォーレスはのちに書いている、「それは、私がそれまで読んだ中で、抽象的な生物学の何らかの問題を扱った最初の本だった。そして、その主たる原理はそのままずっと私に取り憑いて離れようとせず、二〇年後、有機体の種の進化をもたらす担い手について長く探し求めていた手掛かりを私に与えてくれたのである▼21」。

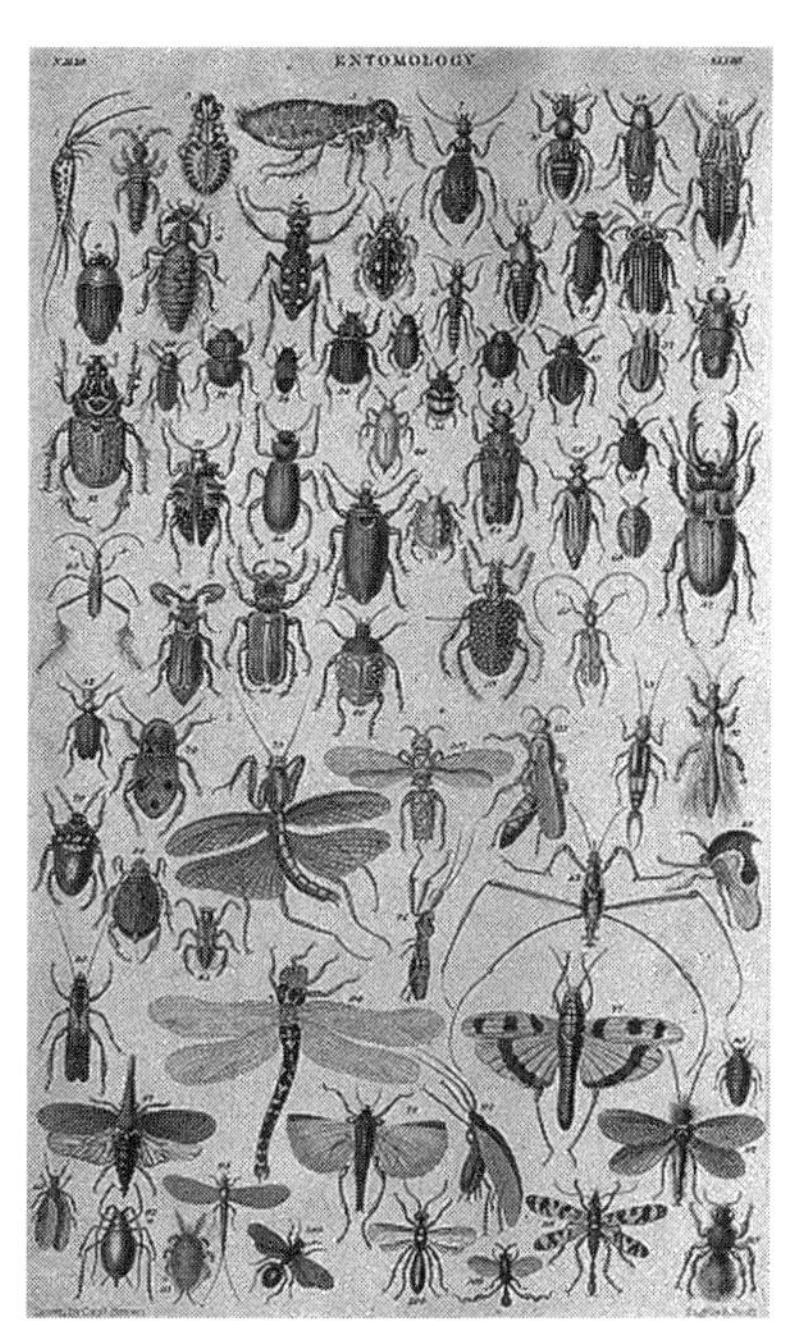

飾り棚に収めたように配列された昆虫たち（19世紀の版画：T・ブラウンの絵に基づくR・スコットによる版画［ロンドン、ウェルカム図書館蔵］）

ウォーレスは幸運だった。レスターの公立図書館で、彼はマルサスを見つけただけでなく、もう一人の読書家、ヘンリー・ウォルター・ベイツと出会った。彼は地元のメリヤスの製造業者の一九歳の息子だったが、聡明で本好きの青年だった。彼は父親の工場を経営することよりも、自然誌全般、とりわけ甲虫に興味があった。新しい友人に強い印象を与えようとして、彼はウォーレスに、町の近くの小さな地区にどのくらいの数の異なった甲虫が見出されるか推測するよう挑戦した。ウォーレスは、今では地域の植物の多様性については多くのことを知っていたが、甲虫についてはほとんど何も知らなかった。彼は五〇種くらいと推測した。ベイツはウォーレスを、クイーンズ通りにある父親の赤レンガ造りの瀟洒な家に連れて行って、そこで、彼が市の通りや公園で見つけて種類を特定し、自分の書斎のガラス・ケースにピンで留めて配列した何百もの異なった甲虫を見せた。この一つの市の一〇マイル四方の中に、おそらく一千種の異なったタイプのものがいるだろうと、彼は息を凝らしてウォーレスに語った。彼は書棚に置かれた厚い本を開いて、イギリスだけで三千以上いる甲虫の種についての記述を見せた。

ウォーレスは、ベイツが収集に際して、レスターの甲虫の生息域とその土地柄にたいへんな注意を払っていることに魅了された。ベイツはすでにもう一人前の生物地理学者だった。もっとも、彼もウォーレスもそういった言葉を用いることはなかっただろう。九世紀のバスラで、野営の明かりに引き寄せられてくる種の一覧を作っていたジャーヒズも、やはり生物地理学者と言えただろう。ウォーレスは、自分もベイツの方法を見習うことにした。彼は採集瓶や針や収集箱に投資して、スティーヴンスの『イギリスの甲虫の手引き』が値引き価格で出ていないか探して、地元の書店を歩き回った。レスター地方に心地よい夏が訪れると、水曜日と土曜日の午後にはいつも、彼は生徒たちをラテン語の授業から連れ出して、彼らとともに、「古い居城の廃墟が残る、人の手が入らず野生の状態の」ブリッドゲート・パークの地所を散策した。[22] そこで、彼らは、ベイツとその弟のフレデリックといっしょに、砂糖を塗った罠を仕掛けて、葉を裏返し、腐った丸太や岩を蹴り転がして、甲虫を収集し、その種を特定していった。慌てて逃げ出す新発見の甲虫はすべて、注意深く数を数えられ、付箋を貼られ、針で留められ、地図に書き加えられた。

ウォーレスは、一つのところに長くとどまることは決してなかった。ウィリアムが突然肺炎で亡くなったあとで、兄の仕事を継ぐために、一八四六年にウェールズに戻ることを余儀なくされて、ウォーレスは、探索の範囲をウェールズの昆虫にまで広げて、彼が新しい鉄道敷設のための測量士としての仕事を得た、ニースの渓谷の上流からマーサー・ティドビルの町まで、水準器で測量していく線に沿って、夏を通して昆虫を採集していった。彼は、バッグの中に、測量の道具といっしょに、捕虫用の瓶や小箱を持ち運んで、数日ごとにベイツに手紙を書いて、彼の許に珍しい種の見本やほかに見つけたものの詳細な情報を送った。

その夏、他の家族もウェールズに戻ってきたが、ウォーレスは、広い世界を求めてはやる気持ちを抑えられなかった。ジョージア州メイコンの専門学校で教えていた姉が、最近戻ってきて、彼に、綿畑や綿出荷用の貨物船、鉄道の敷設、奴隷やアメリカの原住民、それに、彼女には名前もわからない、想像もつかないほどの多種多様な甲虫や蝶についての話などを語って聞かせた。きょうだいはみな移住について語り合った。

ウォーレスは、ウェールズにあって、自分の果たすべき使命と進むべき方向について明確な感覚を求めて、はやる気持ちを抑えられなかったかもしれないが、退屈していたわけではなかった。スキャンダルになって大いに議論を呼んでいた赤革の『創造の自然史の痕跡』は一八四五年のいつごろかにニースにも届いた。[23] ロンドンにおいてと同様に、ウェールズの科学研究のグループのあいだでも、『痕跡』は時の本だった。ウォーレスは、この本が展開する思索にすっかり魅了された。種の変容の意味するところは息を呑むように感じられた。彼はベイツに手紙を書いて、もう本を読んだか尋ねたが、ベイツはそれが一般論を書いているにすぎないと見なしているとわかって、がっかりした。彼は返信の中で、強い調子で本を擁護した。

僕はそれを性急な一般化だとは思わない。むしろ、いくつかの注目すべき事実と類推によってしっかりと補強された、創意に富んだ思索だと思う。もっとも、それは、より多くの事実と、将来の研究がその問題に当ててくれるであろうさらなる光によって、証明される必要があるだろう。いずれにせよ、それは、すべての自然の観察者が関心を向けるべき問題を提供している。そういった観察者が目にする事実は、この説を支持するか否定するかいずれかしかない。こうして、この本は、より多くの事実を集めるようにという勧奨と、同時にまた、事実が集められた暁には、その事実を適用すべき目標を、提供しているのだ。僕としては、多くのすぐれた著作者が、動物と植物において種が進歩的に発展してきたという理論を大いに支持してくれるところをぜひとも見たいものだ。[24]

彼はベイツにローレンスの『人間についての講義』を読むように勧めた。もし『痕跡』が「種が進歩し発展してきた」ということを彼に納得させることが出来ないなら、たぶんローレンスの論文がしてくれるだろう。

『痕跡』は実際、行動するようにという勧奨だった。ウォーレスには、自分が、それまでの生涯を通して、この本を待ち続けていたように思えた。それは、彼がそれまで考察しようとして跳ね返されてきたすべてのものをひとまとめにして、彼の関心と問いの一切――地質学や、植物と動物の分布、天文学、種の多様性、化石、変種など――を組み合わせて、とどまることのない種の変化という、これ以上ないほど説得力に富む一つの語りに仕上げているのである。それはもう自明のことだった。『痕跡』の仮説を支持する十分な証拠がまだないのなら、誰かがそれを見つけなければならない。ここに自分の使命、自分の存在理由がある。自分が収集をするのは、余暇の娯楽としてではなく、ウェールズの野原でもなく、これまで誰も足を踏み入れたことのない島やジャングルや渓谷でなのだ。自分は種の変異を証明するための証拠を集めるのだ、そして、ベイツもいっしょに来るのだ。

ウォーレスは、自分とベイツが二人してどこに行くか決めるより前に、さっさと旅の用意に取り掛かった。[▼25] ベイツがやってくると、最近刊行されたウィリアム・H・エドワーズの『アマゾンを遡る航海』についての興奮さめやらぬ会話が二人にブラジル行きを決心させた。次は、旅の資金を捻出する方法を見つけなければならない。二人とも全く金がなかった。ベイツはバートン・アポン・トレントにある醸造所オールソップスで事務員として働いていた。彼の父親は息子の旅の計画など馬鹿げていると考えて、旅行代を出すのを拒否したので、二人は、旅の途中で、標本となる鳥や昆虫を採集して売ることで生活費を稼ぐことが出来ないか思案しはじめた。たいへんなフランスかぶれで旅行好きだったファニー・ウォーレスが、大英博物館とパリ植物園の収集物を弟に見せるために、ウォーレスをロンドンとそれからパリに連れて行って、彼がそこで専門的な収集家や取扱業者、剥製師などと話をする際に通訳をしてくれた。「僕は、単に一つの地方の動植物を採集するということではどうも満足できなくなりはじめている」と、彼はベイツに書き送った、「そこから学べることはあまりない。僕としては、徹底して学ぶために、一つの種類を取り上げたいように思う、とりわけ、種の起源の理論を念頭に置いてね。そうすることで、何らかの明確な結果がきっと得られるだろうと思われるのだ[26]」。

二人は、ロンドンのブルームズベリー通りに拠点を置く自然誌関係の取扱業者サミュエル・スティーヴンズに会いに行って、標本を集めて売るという計画を提案した。彼らは、標本を買ってくれそうな人物や博物館の学芸員で、自分たちに時間を割いてくれる相手なら誰にでも、話を持ちかけてみたが、購入者に自分たちのことをまじめに考えてくれるよう仕向けるのはつねに容易でなかった——結局のところ、二人は商売人の息子であり、まだ一人前と言えるような年でもなかった。最終的に、二人は、サミュエル・スティーヴンズが自分たちから標本を買ってくれるだろうと確信を持てたとき、船の切符を買って、所持品を小さなトランクに詰め込んで、出発の用意を整えた。

二人の収集家は、最初、ブラジルのことを馴染みにくく、当て外れだとすら感じた。雨林は奇妙に閑散としているように思えた。「初めて森に入ったとき」と、ウォーレスは書いている、「私は、動物園のように猿がぞろぞろいて、ハチドリやオウムもあふれるほどいるものだと期待して、あたりを見渡した」。しかし、とにかく、何も見当たらなかった。けれども、何カ月かして、目が慣れてくるにつれて、彼らは標本となるような生き物をより多く見かけて、実際に捕らえるようになっていった。スティーヴンズは、ロンドンに届いた数箱の昆虫に気をよくして、二人の収集家に結構な代価を支払ってくれた。二人は、より大きな地域を押さえるために、数カ月のあいだ、それぞれ分かれて、違った方角を目指すことにした。「私は、この国のことを見れば見るほど、**もっと多く見たく**なります[27]」と、ウォーレスはスティーヴンズに語った。ウォーレスにとっては、文化の違いに馴染んで、商売を学んで、保存や貯蔵、捕獲の仕方について実験を重ね、周囲と折り合いをつけて、よく眠り、よく食べ、意思を伝え合って、アリや熱病や孤独に対処するための方法を見つけるのに、ブラジルに滞在していた時間のほとんどを要した。どこに行っても、彼には自分が希少な標本のように扱われているように感じられた。「この国で旅行したり居住したりすることで、最も不快な点の一つは、私がいつも巻き起こす過剰な恐怖の念だ」と、彼は書いている。

私がどこへ行っても、まるで私が何か不思議で恐ろしい人食いの怪物であるかのように、犬は吠え、子供たちは悲鳴を上げ、女たちは逃げ、男たちは驚愕の念で見つめるのだ……。ある日、森の中で、一人の老人が立ち止まって、私が昆虫を捕っているのを見ていた。彼は、私が捕らえて、ピンで留め、捕獲箱に入れるまで、じっと静かに立っていたが、最後にこらえきれなくなって、身体をほとんど二つに折り曲げて、ひとしきり大笑いした。▼28

ウォーレスは不平を言うことはほとんどなかった。彼がイギリスに戻る際に乗っていた船が火災を起こして沈んで、彼が異郷で集めた標本を詰めた荷のすべてと、ノートと、持ち物の一切を失ったあとですら、彼は前向きであろうと努めた。「今やすべてが消え去って」と、彼は書いた、「私が踏破してきた未知の地を具体的に例示して、私が見てきた野生の光景を思い起こすための、一つの標本さえなくなってしまった。けれども、そんな悲嘆に暮れるのはむなしいことだと私にはわかっていた。あったかもしれないことは出来るだけ考えないようにして、実際に存在しているものの状態について思いを凝らすように努めた▼29」。この気質こそが、のちに失望の念から彼を守り支えることになる。

イギリスに戻ると、彼のノートは今では海底のどこかで、甲虫や鳥を詰めていた箱の残骸のあいだに散らばってしまっているので、ウォーレスは、議論を絞って要約して、自分が集めてきた具体的な事実を飛び越してその先にある全般的な法則を目指すしかなかった。彼は二冊の本、『アマゾン川とネグロ川旅行記』とより短い『アマゾン川の椰子の木とその用途』を刊行した。細部については記憶も曖昧になっていたため、彼はより大きな規模で、種の地理的な限界について考えはじめた。ベイツの甲虫のコレクションを見て以来、彼は、標本を採集する際に、地理的な正確さについてつねに細心の注意を払うようにしてきた。種の生息域は、彼にとって最も重要な点だった。異なった種の猿たちは、それぞれ、移動して回る個別の地理的な領域を持っていて、その限界は、川や山脈で徴づけられていると、彼は聴衆に語って聞かせた。「私はまもなく、アマゾン川とネグロ川、マデイラ川は、いくつかの種が決して越えることのない境界を形づくっているということを発見しました」と、彼は、帰国後、ロンドンでの動物学会で語った。[30]

　スキャンダルを引き起こした『痕跡』に概説されていた種の進化という、いまだに証明されていない理論のための証拠の収集者になろうと決心してから五年経った一八五四年に、ウォーレスがマレー群島にたどりつくまでに、彼は、ヨーロッパの自然誌家たちのあいだで独特な立ち位置を占めるようになっていた。貧しいながらも経済的に独立しており、彼は、何らかの機関や後援者、あるいは仕事に縛られるということもなく、また、面倒な事態から守るべき家族もなければ、危険に晒すことになる個人的な資産もなかった。彼は、アマゾンのジャングルや村で、自分の周りで執り行われている信仰や宗教上の儀式の多様性を目にしてそれを尊重するようになっていたが、彼には、自分が発見したことと自身の個人的な神への信心とを和解させる必要はなかった。彼はずっと前から、種の多様性を説明する根拠として、変異という考えを受け入れていたが、それでもまだ、種が多様化してきたその仕組みを探し求めていた。ブラジルは彼に、その仕組みを見つけるために彼が必要としていた、多様な種が集中的に密集しているような状況を与えておらず、標本を集めて生き延びていくというただそれだけの仕事に追われて、彼は、細部に気を取られてそれ以上考えを深めることは出来ずにいた。[31] しかし、事態は変わろうとしていた。

　島々が、ダーウィンにとってと同様に、ウォーレスにとっても決定的に重要だった。ウォーレスが、ジャワ島から少し離れて、島々がひも状に連なるマレー群島にやってきたのは、まず第一に、ロンドンで高値がつきそうな極楽鳥やほかの希少種を求めてだったが、これらの島々は、それぞれ独自の生態系を持っており、発展しつつあった彼の理論を検証するための一連の自然の実験室を提供することになった。彼が探していたもの――種がどのように生まれてきたのか理解するのを助けてくれそうな、それぞれの種にはそれが生息する地理的な範囲があるという証拠――は、アマゾンにおいてよりも、マレー群島においての方が、はるかに鮮明なかたちで例示されていた。彼は自分の研究にふさわしい場所に至る道を見つけ出したのだ。

ウォーレスの心と想像力は、大枠と細部とのあいだで絶え間なく動いていた。昼間は、彼は種のあいだの微細な違いを特定するために研究して、鳥や蝶の羽、甲虫の胸部などの模様や色に注意を注いで、夜になると、地図を熟視して、何千マイルに及ぶ陸地を詳細に調べてそれぞれ異なった種の生息域の境界と重なり合いを画定し、時間的にも深く遡って考えた。ジャーヒズと同様に、彼は種と土地との関係に関心を抱いて、例えば、なぜある一つの種の蛾は砂漠に棲み、別の種は山にだけ棲むのかと問うた。けれども、生物地理学者として、ウォーレスは、ジャーヒズとは全く異なったことをしていた。ジャーヒズには、証明すべき仮説などなかった。夜、砂漠での焚き火の光に集まってくる蛾の多種多様さ、それぞれの蛾や昆虫がおのおの固有な場所を占めているように見えるということは、ジャーヒズにとっては、アラーの恵みの遍在とアラーが自然を設計したその構想の英邁さを示すものだった。けれども、ウォーレスが、大型の類人猿が「決して越えることのない」境界があるように見えることに気づいて、霊長類のそれぞれの領分を画定していったとき、彼は、種が、何百万年ものあいだに、どのように多様化していったのかを理解するための手掛かりを求めていたのである。

ウォーレスは、種の問題について一つの答えに近づきつつあった。一八五五年、ボルネオ島のサラワクに滞在していたときに、彼は自身の旗幟を鮮明にしようと決意して、変容説に関する論文を発表した。論文は一八五五年に『自然誌年報』に掲載された。[32] 誰もそれについて彼に何か書いて寄こすことはなかった。

誰もそれに気づいたようにすら見えなかった。ウォーレスには、沈黙はひどく応えた。

一八五六年、彼の研究は大きな進展を見せた。群島の東端に船で向かっていて、彼は乗り継ぎに失敗して、二カ月のあいだ、助手のアリとともに、ロンボク島とバリ島に取り残された。二人で何百もの標本を記録して付箋を貼っていて、彼はアリに指摘した、「二つの島は、地理的にきわめて近く、土地柄としても似通っているが、動物学的にはそれぞれまったく別個の地域のように見える」。一方の鳥たちは動物学的に——そして、推測するに、血縁的に——オーストラリアに属しており、もう一方はアジアに属している。ウォーレスは、寝起きしていた小屋に広げた地図の上に一本の線を引いた。その線は、今日なら生物地理区(ecozones)と呼ばれるであろう、動物や植物が何千年にもわたって互いに比較的孤立した状態で発展した地表の大きな地帯——動物や植物が移り住むのを妨げた海洋や砂漠や山脈によって互いに隔てられるかたちで、彼らが生きていた陸地——のあいだの境界を形づくるものだった。彼が引いた線——ウォーレス線——は彼の名をのちのち有名にすることになる。ロンボク島とそこに棲む動植物は線の片方の側に位置しており、バリ島はもう一方の側に位置していた。ウォーレスは知らなかったが、この線は、海面より何マイルも下で大陸棚の輪郭に沿った海溝の経路を反映していた。

ウォーレス線はまた、人種の生息域も分けていた。一八五七年一月、モンスーンがマカッサル周辺の沿岸部の水田を湿原に変えてしまって、彼の集めた標本をすべて腐らせたときに、オランダ人とマレー人の混血の船長が、東方千マイルにある、伝説的な無数の小さな島々からなるアルー諸島に彼を連れて行って、六カ月後にまた連れ帰ってやると申し出てくれた。ウォーレスの船が、ニューギニア南岸の沖合に浮かぶケー島に着くと、マレー人の乗組員たちは、一艘の船に満載の土着のパプア人——「喜びと興奮で陶酔した……黒く、裸で、もじゃもじゃの頭をした四〇人の野蛮人たち」——から手荒い歓迎を受けた。二つの集団を「隣り合わせに」比較して、ウォーレスは「五分も経たないうちに」、彼らが地上で「最も際立ってはっきりと区別された二つの人種に属している」ということを認識した。「たとえ私が目が見えなかったとしても、私はこれらの島民がマレー人ではないということを確信できただろう」と彼は書いている。二つの民族は、地理的には隣同士だが、異なった陸地で生き進化してきた、全く別の先祖に由来している。ケーの海岸は、「不思議な民族が住む新しい世界」の始まりを徴づけていた。[33] 六カ月のあいだ、彼が自分に復讐を果たしているに違いないと確信した昆虫たちに咬まれて化膿した傷のために身動きできないということがないときは、彼は、アリの指揮と訓練を受けたパプア人の少年ハンターの一団とともに、これらの点在する島々を巡って、互いに異なった人種の特性と行動をつぶさに観察して、両者のあいだに横たわる差異の深さに驚愕した。[34]

マカッサルに戻って、ウォーレスは、七カ月の留守中に積もっていた書類の山の中に、二つの重要な手紙を見つけた。とうとう誰かが彼の種の論文を読んだのだ。ベイツは、手紙の中で、ウォーレスが自分の考えを印刷に回したその勇気に祝意を表していた。「僕はまず、君が自分の理論を、公表するのに十分なだけ、よく練り上げていることに、驚かされた」と、彼は告白した、「考えは真理そのもののようで、あまりに単純で明白だから、これを読んで理解した者はみな、その単純さに驚くだろう。でも、それでいて、完全に独創的だ」[35]。二番目の手紙はダーウィンからのもので、もっと抑え気味の称賛を述べていた。彼はウォーレスに、自分は二〇年にわたって種の問題を研究してきたと語った、

あなたの手紙と、そして、『年報』に掲載されたあなたの論文によって、よりいっそう、私には、私たちがほとんど同じように考え、そして、ある程度まで、同様の結論に達しているということが、はっきりと見て取れます。『年報』の論文については、ほとんどその一つ一つの言葉に至るまで、賛成です。あえて申しますと、人が、自分が何らかの理論的な論文と意見がかなり近くまで一致するというのはごく稀であるということに、あなたも同意されるでしょう。なぜなら、それぞれの人が、全く同じ事実からおのおの違った結論を引き出すというのは、嘆かわしいことですから。[36]

ダーウィンは若い採集家に、自分の領分を侵さないように警告しようとしたのか、それとも本気で激励していたのか、はっきりしたことは言えない。けれども、ウォーレスは、つねに無礼な合図になかなか気づかないたちで、自分が最も尊敬している自然誌家から手紙を受け取ったことで、すっかり喜んだ。彼にとって、ダーウィンは盟友であり、サー・チャールズ・ライエルは、ラマルクの変異説に対するその怜悧(れいり)な論駁を考えれば、打ち倒すべき竜だった。ウォーレスの使命全体が、今や、ライエルの議論を覆せるかということに掛かっていた。

ダーウィンの手紙は、それが届いたということだけで、ウォーレスを俄然活気づけ、執筆へと走らせた。彼は一八五七年の七月に四本の論文を書き上げたが、そのいずれも、種の問題のそれぞれ異なった面を扱っており、ライエルに挑戦し、証拠を提示し、より大胆な一連の主張への道をならすものだった。サラワクでの論文は理論の表明でしかなく、それを展開したものではないと、彼はベイツに書き送った。そちらはこれから出す予定である。自分としては、この問題を扱った本を出す予定だとも、彼は付け加えた。彼が自分の本について誰かに語ったのはこれが初めてだった。彼は四本の論文を猛烈な勢いで書きながら、昼間は、何時間も標本を用意し保存して、無数のアリが寄ってくるのを防いでいた。標本は、死んだ動物が保存されるのを待つあいだ、アリがその表皮や眼窩を襲うのを防ぐために、天上からひもで吊した棚の上に保管しなければならなかった。助手のアリがたまたま椰子の葉が棚に触れているのをそのままにしておいたとき、アリの群れは、それを這いのぼって、大切なお宝によってたかって、すべて食い尽くしてしまった。

「アルー諸島の自然誌について」の中で、ウォーレスは、ライエルが展開した神による種の創造の理論を真っ向から攻撃した。けれども、ウォーレスの考えは、それら自体としては、刺激に富んで、異端的であり、革命的だったが、込み入った専門的な議論に埋もれており、論文の表題も退屈で中身を期待させるようなものでなかった。これはおそらく、彼が、理論家であるというよりも採集家であるという、よそ者としての自分の立場を過敏なまでに意識していたからだろう。彼は自分の主張が正しく、専門的で、客観的に聞こえるように努めていた。「恒久的な地理上の多様性の理論についての覚え書き」の中で、彼の議論の進め方はきわめて慎重である。「この問題は、自然誌家ととりわけ昆虫学者のあいだで大きな関心を呼んでいるので」と、彼は書いた、「私として以下のような所見を申し述べたい。それは、問題のどちらの側にも与するものではなく、それを提唱されている方々が気づいておられなかったように見える難点、あるいはむしろ、矛盾点を指摘することを意図したものである[37]」。

家を片づけて、書類を整理して、手紙や論文を先に送って、ウォーレスは、一八五七年一二月一九日、オランダの蒸気船で、モルッカ諸島に向けて出航した。その間も、彼の頭の中では、しだいに本がかたちになってきており、チャールズ・ライエルとの想像上の対話がいまだに続いていて、種の起源の問題がなおも彼を悩ませていた。航海の途中、彼は改めて群島の島々における植生と動物群の際立った対照に心を打たれた。バリ島の東側の島々は土地がやせていて、低くみすぼらしい植物がわずかに植わっているだけだったが、モルッカ諸島は密生した緑の森に覆われていた。彼は調査の拠点としてテルナテを選んだが、この小さな島は、一六世紀以来、スペインとポルトガルの丁子（ちょうじ）の交易の中心地だった。そこは、古い要塞やモスク、サルタンの宮殿が地震で崩れたまま残されて、草木に覆われた廃墟が点在する土地だった。

テルナテの「王」は、デュイヴェンボーデンという名の裕福なオランダ人で、島の中心でやはりテルナテと呼ばれる町の半分以上と、何艘もの船と、百人以上の奴隷を所有していたが、ウォーレスに市場と海岸から五分程度の距離の家を提供してくれた。家は改修の必要があり、家具も入れなければならなかったが、深い井戸があって、多くの果樹が鬱蒼と茂っていた。一八五八年の一月を通して、ウォーレスとアリは、マンゴーとミルクと新鮮なパン、肉と野菜をたらふく平らげて、群島から届いた採集物と標本を数え上げていった。ウォーレスは、ベイツに自慢げにリストを送った。そこには、二〇〇〇匹の蛾と三七〇〇匹の甲虫が挙げられていて、標本の総計は八五四〇体に上った。

けれども、テルナテは快適で、食料や器財もよく揃っており、ウォーレスに完璧な採集の拠点を提供してくれたが、彼の想像力を捉えたのは、すぐそばの、鬱蒼とした森に覆われた腕を四方に伸ばして、ヒトデのようなかたちをした、ジロロ島〔別名ハルマヘラ島〕だった。そこで採集をした者はそれまで誰もいなかった。一月の初め、ウォーレスは、島で採集して一月をすごすために、七マイルの狭い海峡を渡って、最終的に、南北二つの半島を隔てる狭い地峡に位置していて、ちょうどテルナテの真向かいに当たるドディンガの村に落ち着いた。村は一人のオランダ人の下士官と四人のジャワ人の兵士によって警護されていた。彼らは、度重なる地震でほとんど二つに裂かれた小さく古いポルトガルの要塞の趾(あと)に住んでいた。ウォーレスに強い印象を与えた最初のものの一つは、ここでもまた、もともとそこに住んでいた二つの主要な人種——マレー人とパプア人——のあいだの絶対的な違いだった。「こうして、ここで」と彼は書いている、「そして、ほかの誰も予想していなかった地点で、私は、マレー人とパプア人のあいだの正確な境界線を発見したのだ[38]」。

けれども、二月はウォーレスがこれまで行ったうちで最も実りある採集旅行を期待させたかもしれないが、彼はマラリアのことを計算に入れていなかった。到着してから数日のうちに、彼は、高熱の第一波を経験して、それは、何度もぶり返して、月の大部分を身体的に麻痺させて、肉体労働をアリに委ねざるを得なくすることになった。毎日、熱が引くのを待つあいだ、彼の精神はあてもなくさ迷った。さまざまな記憶が、かつてイングランドとウェールズのほこりっぽくかび臭い図書館や書店で読んだ本の断片とともに、彼の脳裏に押し寄せてきた。身体を衰弱させるマラリアの発作は、彼の脳では錬金術のように作用して、古い記憶の深層を攪拌し、さまざまな考えの新しい配列や並置を提供した。答えは、突然、海底からの難破船のように表面に浮かび上がってきた。

それに続く数日の夕方に、まだ熱でふらふらする中で、彼が、ダーウィンとライエルの両者との興奮に満ちた想像上の会話を通して書き上げていった革命的な論文は、「変種が元の型から限りなく逸れていく傾向について」と名づけられた。彼はそれを、すみやかに掲載してくれたかもしれない動物学の雑誌の一つに直接送ることも出来たが、彼はそれには推薦者、それを擁護してくれるであろう誰かが必要だということがわかっていた。長い病の日々のあいだに、ダーウィンは彼にとって旅の伴侶となり、文通相手、盟友となっていた。

ウォーレスは忍耐強さを学んでいた。彼は、少なくとも三カ月間はダーウィンからの返事を受け取れないとわかっていた。体調が回復するとすぐに、彼は仕事に戻って、次の遠征の計画を立てて、装備の品――蜜蠟、さじ、紐、小型ナイフ、広口の捕集ビン、食料など――を調達した。四月、彼の手紙を乗せた船がさらにヨーロッパに近づいたころ、彼は、ニューギニア本島北部沖のドリーという島に向けて出航した。そこで、彼はいつものように小さな災難につぎつぎ見舞われて、そのため、彼は、マレー群島の野生生物が自分に対して復讐しているという思いをますます強めることになった。「私はこの大きな島に単身で住んだ最初のヨーロッパ人だった」と、彼は誇らしげに書いている、「しかし、一つには、一月間私を家に閉じ込めておくことになった出来事のために、また一つには、土地柄がよくなかったために、私は、期待していたような極楽鳥の希少種を得ることが出来なかった……。天候は異常なほど湿気ていて、場所は健康によくなかった」。くるぶしの傷は、湿気の高い環境で化膿し、彼の助手たちは、一人また一人とマラリアに罹っていった。またもや――今度はさらに一月のあいだ――身動きが取れなくなり、ウォーレスは、デュマの小説や『家庭報知』（*Family Herald*）誌のバックナンバーを読んだりしてすごした。小型の帆船がようやくのことで弱った男たちをテルナテに連れ戻したとき、彼の帰りを待っていたケントからの手紙など一通もなかった。

一方、イギリスでは、六月にウォーレスの手紙が最終的にダウンハウスのダーウィンの許に届いたとき、ダーウィンは打ちのめされた。「僕は先を越されるだろうと言っていた君の言葉が、まさしくそのまま現実になってしまったのだ」と、彼はライエルに書き送ったが、その文章は不安のためにもつれがちだった。

「僕はこれ以上顕著な一致は見たことがない。一八四二年に書いた手書きの粗描［ダーウィンは一八四二年に彼の種の理論の最初の鉛筆書きの粗描を始め、一八四四年に二三〇ページの詳細な要約を完成させていた］をウォーレスが持っていたとしても、彼はこれ以上うまい簡潔な要約を作れなかっただろう。彼の使っている用語ですら、今では僕の本の各章の題名として通用するほどだ……。そういう次第で、僕の本に仮に価値があったとすれば、本自体の内容が低下するということはないにしても、僕の独創性は叩きつぶされるだろう。すべての労苦は理論を適用して初めて意味をなすのだから。[39]」ライエルから何の返答の手紙も来なかったので、彼は一週間後、助言を求めて、ふたたび手紙を書いた。——すぐに出版すべきだろうか。そういうことをしても、自身の名誉を傷つけることにならないだろうか。

彼かほかの誰かが、僕が卑劣な振る舞いをしたと考えたりするくらいなら、自分の本を焼き尽くした方がはるかにましだ。彼がこの概略を僕に送ってきたことが、僕の手を縛ると思わないかい……。もし僕が名誉を汚すことなく出版できるなら、僕は、ウォーレスが彼の結論の概要を僕に送ってきたために……自分は粗描を出版するよう促されたのだと表明するつもりだ。僕たちが違っているのはただ、僕は、家畜になされた人為的な選択から、自分の見解に導かれたということだけだ。[40]

追伸の中で、彼は付け加えた、「こんなふうにして、自分の方が何年も先行しているという立場を失わざるを得ないというのはとても辛いことだが、そういう断りを入れることがこの件に関する正義を変えることになるかどうか全く確信できないのだ」。彼は、ライエルに、その正義がどこにあるか決めてくれるよう訴えた。ライエルは論文をフッカーの許に送り、リンネ協会の緊急会合を召集し、そこで、刊行が考えられている両者の論考——一八五八年のウォーレスの論文と、一八四四年に書かれたダーウィンの未刊の二三三ページの試論——を提示した。

一方、六月半ばのニューギニアでは、ウォーレスが、くるぶしの化膿から回復して甲虫の収集に戻っていたが、またもや熱病に倒れて、今度は、それに続いて、「口の中全体と舌と歯茎がただれたために、私は何日も昼のあいだに固いものを何一つ挟むことが出来なかった」。マレー人の採集者や助手のうちの二人が、病に――一人は熱病に、一人は赤痢に――罹った。彼とアリが病気の少年を看病しているあいだにも、アリたちは群がってきて、屋根の上に巣を作り、すべての柱に食いついて木くずのトンネルを掘って、彼が昆虫を整理しているあいだにもその鼻先から獲物を連れ去って、昼も夜もかみついてきた。クロバエは、採集していた鳥の表皮に群がって、卵を産み付け、それは数時間のうちに孵ってウジ虫になった。ブートンから来ていた一八歳のイスラム教徒のハンター、ジュマアトは、六月二六日に熱病で亡くなった。海路でテルナテに戻る旅は、予定では五日かかるはずだったが、風が、帆を張るのに十分なほどでなかったか、あるいは、東からではなく西から吹いたために、一七日を要した。

イギリスでは、ダーウィンの生まれて間もない息子チャールズが、猩紅熱で危険な状態だった。彼は六月二八日に亡くなった。彼の妻と娘はジフテリアに罹っていた。ダーウィンは他人に、ウォーレスの論文について必要な決定をしてくれるよう依頼した。彼は自分でそうする体力も気力もなくしていた。両方の論考が判定のためにリンネ協会に提示されたとき、集まった会員は、ダーウィンが先に発見したという点で一致した。同じ日、消耗してすっかりやせ細ったウォーレスは、快走艇のデッキを歩きながら、いっこうに吹いてこない風を待ち続けていた。[▼41]

ジョーゼフ・フッカーが、何年ものちにこの際のことを回想したとき、彼は、その日リンネ協会で一つの戦いが始まったのだと感じたことを思い起こしている。

> 引き起こされた興味はたいへん強いものだったが、古い会派の人々にとって、問題はあまりに新奇で、鎧も身に着けずに戦いの場に入るには、あまりに不吉だった。会合のあとで、会員たちは声を潜めて

話し合っていた。ライエルの賛意と、そして、おそらく、ささやかではあるが、この件に関する彼の補佐役としての私の賛意とが、彼らを威圧したのだが、それがなければ、会員たちはよってたかって学説を袋だたきにしていただろう。私たちにはまた、二人の著者とその説に親しんでいたという利点もあった。[42]

フッカーがことの次第を説明するために手紙を書き送ったとき、評決に対するウォーレスの反応は、冷静で専門家にふさわしいものだったことでよく知られている。彼が不当な扱いを受けたと感じたとしても、その記録は何も残されていない。彼は、一八五八年一〇月六日、テルナテからフッカーに返事を書いた。

まず最初に、ご自身とサー・チャールズ・ライエルに、今回のことで親切にご尽力いただいたことに、心より御礼申し上げますとともに、推し進めてくださった手続きと、私の論文にもったいなくも表明していただいた好意的なご意見にも、本当にありがたく感謝いたしております。このことについて、自分はまことに恵まれた人間であると考えずにはおれません。なぜなら、この種のことでは、新しい事実または新しい理論の最初の発見者にすべての功績を帰し、全く独自に数年後ないしは数時間後に同じ結果に到達したのかもしれないほかのいかなる者にも、ほとんどあるいは全く何の功績も認めないというのが、これまであまりに多い慣例だからです……。今や、これらや同様の見解が広く流布され公平に論じられるべき時が来たのは明らかです。[43]

ウォーレスは、ダーウィンが出版を余儀なくされた過程に、自分が一役買ったことを嬉しく思っていたように見える。彼は、ダーウィンの著書が自分の論文より徹底していることも、ダーウィンには自分より先行していたと主張する権利があることも、全く疑っていなかった。

ウォーレスの初期の手紙はすべて、このような傑出した人々に認められたことに対する満足の念を表している。ダーウィンが被(こうむ)ったような汚名、主教たちの憤激、イギリスの自然誌家たちのあいだで今や公然と布告された戦闘と、他方、未踏の地といまだ未発見の種を採集し続けることとのあいだで、どちらかを選ぶように求められていたなら、ウォーレスは後者を選んだだろう。何年にもわたって、ウォーレスは、自分の自然選択発見の物語とそれがリンネ協会の紳士たちの手でどのような運命を辿ったのかということについて、あまりにたびたび語ったので、彼はほとんどそのことを問題にせず、実際に起こったことに何か不公平な点があったかもしれないと考えることもなかった。自伝の中で、彼は自分の発見を「突然の直感」と呼び、それを、「急いで書き記した」ものだから、「自分より前に同じ点に達していて、世間が納得せざるを得ないような体系化された多くの事実と議論で補強して、理論を世に提示できるよう、その間(かん)長きにわたって絶え間なく研究を続けてきたダーウィンの永年の労苦」とても比べることなど出来ないとした。彼がし残していたのは、一歩一歩議論に議論を重ねて、「世間が納得せざるを得ないよう」にすることだった。結局のところ、二人とも異端者であり、不信心者だった。ただ種類が違っていて、違ったふうに振る舞っただけである。

それで、アリはどうなったのだろう。一八六二年にウォーレスが郵便用の蒸気船でスマトラを離れたあとで、アリはかつての主人について何を記憶していたのだろう。彼が話したのは、主人の信仰心のなさか、彼の異端か、あるいは、彼のすぐれた狩りの腕前だっただろうか。アリにとって、ウォーレスは、自分と同じように、狩りをして動物の皮を売って生計を立てている人間だったが、しかし、同時にまた、世界をより大きくより古くする問いを立てた知恵と知識の人だった。もしウォーレスが彼に、いかに新しい甲虫やトカゲが、目で見るにはあまりに緩慢な絶え間ない破壊と適応の過程を通して、つねに生まれつつあるかを話していたとすれば、もし彼がアリに、動物と人間はすべて土地を求めて競争しており、自然は食料と資源を求める競争を通して作用し、そのことが、限りなくゆっくりと、四肢が伸び、足に水掻きが出来、

ウォーレス『マレー群島』に描かれた樹木（1869）

くちばしが曲がるなどして、新しい種が生まれてくる道筋であると語っていたとすれば、アリは、若いイスラム教徒の少年として、その見方を真理として受け入れることが出来ただろうか。おそらくアリはこれらの競合しあう説明をすべて自分の頭に収めて、一人で思案し続けたのだろう。彼は、ウォーレスの理論とコーランの真理を対立するものと考えてなくて、むしろ、それらをともに可能な真理、可能な奇跡と見なしていたかもしれない。極楽鳥は、人間のために地球を飾るように与えられたアラーの贈り物だが、アリが、それがどうやって何百万年もの年月のあいだに存在するようになったのか疑問に思い、想像して、まんじりともせずに夜をすごすということがあっただろうか。

一九〇七年、二三歳のハーヴァードの動物学者トマス・バーバーは、妻とともに、オランダ領東インド諸島を旅行したとき、彼らはテルナテで予想もしない出会いをした。

ある日、妻と私は、クレーター湖に登るための準備をしていて、通りで呼び止められた。私たちに同行していたのは、捕蝶網を持ったアー・ウーと、猟銃と鳥を持ち運ぶための布袋（ふたい）と胴乱（どうらん）を持った、訓練の行き届いたジャワ人の採集者インディトとバンドゥングだった。私たちを呼び止めたのは、年老いてしなびたマレー人だった。私は今も、色褪せた青いトルコ帽を被った彼の姿が目に浮かぶ。「わしはアリ・ウォーレスだ」と、彼は言った。私はすぐに、私の前に立っているのは、何年にもわたって、ウォーレスの忠実な伴侶として、彼の収集を手伝っただけでなく、彼が病気のときには看護までしていた、あのアリだとわかった。私たちは彼の写真を撮り、帰国してからそれをウォーレスの許に送った。彼はうれしそうな返事をくれて、写真について礼を言って、マラリアでひどく苦しんでいるあいだじゅうアリがずっと看病してくれて、自分の命を救ってくれた際のことを懐かしく思い起こしていた。[▼44] この手紙を私はずっと大切にしていたのだが、いつの間にかなくしてしまい、返す返すも残念である。

後記

もしチャールズ・ダーウィンが、彼がリストに挙げた人物のうちの何人かを、古代のレスボス、あるいは、一八世紀のパリやカイロにまで追っていくことが出来ていたなら、もしそこにしばらくとどまって彼らに質問する時間が彼にあったなら、彼は、自分と自分の先駆者たちとのあいだに存在する驚くほどの近しさに強い印象を受けていただろう。ひょっとしたら、彼は、これらの先駆者たちの労苦と勇気、因習を打破しようとする態度に強い感銘を受けて、自分が研究や発見において人より先行しているかどうかということにそれほどこだわらなくなっていたかもしれない。彼が、一八六〇年から六三年にかけて、「歴史的概観」を書くための情報を集めて、種や変異についての彼らの考えを自身の考えと照らし合わせていたころ、彼は、それから百年も経たないうちに、彼らがほとんど皆、実質的に歴史の舞台から見えなくなってしまい、そして、彼らが見えなくなるのは、自分が科学の世界で聖者に祭り上げられてゆく過程と直に繫がっているということを知らなかった。

ダーウィンは、先駆者たちの苦闘の中に自身の物語が映し出されているのに気づいたことだろう。アリストテレスやジャーヒズ、グラントやウォーレスと同様に、ダーウィンも一匹狼だった。飽くなき好奇心に燃える知的な厄介者だった。彼は甲虫やフジツボを採集することに情熱を燃やし、大規模な問いに対する答えを種の違いという細部に追い求めた。彼は、答えを求めて、さまざまな学問分野の垣根を越えて探索を続けたが、それは、彼が、新しい知識はしばしば不可思議で予測不可能なところに現れるものだと知っていたからである。彼は、自分と同様に憑かれたように課題を追い続け、彼と議論を戦わすことを厭わず、彼が下した結論に挑戦し、彼のことを過度に持ち上げることのないような人物との友情を大切にした。アリストテレスやマイエ、ジョフロワ、グラントやウォーレスと同様に、彼も、それまで自然について自分が理解していたことのすべてが、長い航海によって変容を被るということを経験していた。彼はひらめきの神秘的な働きについて理解していた。ロバート・グラントのように情熱的な人物との偶然の出会いがもたらす深い影響についても知っていた。アブラム・トランブレーのように、彼は、強力な顕微鏡がいかに新しい真理を目に見えるものにするか知っていた。

アリストテレスやジャーヒズ、レオナルド、マイエやグラント、そして、ウォーレスがそうだったように、ダーウィンもしばしば、学者の理論化された知識よりも、現場の人々——養蜂家やハト飼い、蘭の栽培農家——の専門化された知識の方を尊重していた。彼は直感の価値と美しさを理解していた。彼は、そういった直感がまだ半ば垣間見られただけにすぎないときから、それらをいかに追求していくべきか知っていた。そして、彼は、自分の異端の考えを公にすることの結果をどれほど恐れていようとも、また、恐れるあまりしばしば発表を遅らせようとも、自分が、自身の理論の正しさを追求するのを止めることは出来ず、最終的に物議を醸す発表にまで突き進んでいくだろうということを知っていた。

ダーウィンは、自身と彼らとの違いにも気づいていたかもしれない。彼は自分の先駆者たちの多くが、自分のように、かなりの私的な収入があって、それゆえ、研究を続ける時間と知的な自律が保証されていたわけではないことを認めただろう。何人かは、ウォーレスやジャーヒズ、チェンバースやグラントのように、若いころに貧困と戦い、心を捉えてやまない科学的関心の方は、夜遅くや、印刷機の轟音を背に、追求するしかなかった。そういうことがあったからこそ、ダーウィンは彼らの業績をいっそう高く評価しただろう。彼らのほとんどは国際色豊かな大都に住んで、異なった考えや世界についての違った見方を持った外国人と話をする機会に恵まれていた。ダーウィンは、往々にして病と戦うか、単に人と会うのが苦手で、そういった人たちにケントにある自宅ダウンハウスに来てもらうか、はるかな距離を隔てて手紙で多岐にわたる対話を維持するしかなかった。

私としては、進化論のこの長い歴史の中に、ダーウィンが構造的なパターンがあることに気づいて、そして、発見の過程が一本の直線――最終的な真理に向かって仮借なく突き進んでゆく歴史的進展――として進行するものではないとわかって、彼はそのことに喜びを感じていたのではないかと考えたい。そういう直線的な進展ではなく、彼が理解していた種の歴史と同様に、自然選択の発見の物語も、蛇行したり、そもそもの出発点が間違っていたり、脇道に逸れたり、周囲に適応したり、衰退したりで、前進したかと思えば後退したり、さらには、突然の飛躍や加速、収斂があったりの物語である。この物語の最終的な段階が、生物学者が今では「収斂(しゅうれん)進化」(convergent evolution)と呼ぶもの――互いに関係のない種が時に同様の身体構造を獲得する過程――を映し出しているとも理解できるというのは、いかにも魅力的なように思われる。一八五八年、ダーウィンがウォーレスの論文を受け取って、自分たちが同時に自然選択を発見したのだと気づいたとき、まさにこういった収斂が起こったのである。進化論の歴史は、結局のところ、自然とその被造物の豊穣さ、多彩な形態と種の豊穣さだけでなく、際限なく新しい曲折や旋回を起こしうる多彩な考えの豊穣さの証左ともなっている。

「生命が、それに伴ういくつかの力とともに、ごく少数ないしは一つの形態のうちに吹き込まれ」と、ダーウィンは『種の起源』の中で書いた、「この惑星が定められた重力の法則に従って回転しているあいだに、そのような単純な始まりから、この上なく美しくこの上なくすばらしい数限りない形態が進化してきて、今も進化し続けているというこの考えは、荘厳というしかない」。

もしダーウィンと彼の先駆者たちが時を進むことが出来て、ケンブリッジやカリフォルニアの動物学科や実験室を歩き回って、質問をして、ひょっとしていくつかの実験を行うことが出来たりすれば、彼らは、コンピューターによるシミュレーションや厖大なデータ群、可能となっている検証能力に驚愕したに違いない。彼らが遺伝学やゲノム・プロジェクト、神経科学やクローン技術などについて、そして、遺伝子配列の特定を通して、私たち人間と動物との近縁性について私たちがいま真実と知っているさまざまの途方もないことについて、彼らがどう理解しようとしたか考えてみるとよい。しかしまた、学問の境界を越えることの結果として、しばしば大きな飛躍がもたらされることを彼らがいかによく理解していたかを見れば、科学の専門分野にますます進行している狭隘な細分化に、彼らがどれほど戸惑っただろうかということも、考えるべきだろう。そして、彼らのうち、ダーウィンと彼の祖父エラズマス、そして、ロバート・チェンバースとアルフレッド・ラッセル・ウォーレスを除けば、あとは皆、彼らが何をしているか理解し、彼らの仕事にほとんど口出しすることもなく、その有用性や応用範囲についても説明を求めることのなかった、有力で影響力もあった後援者に財政的に依存していたことを思えば、現代の科学者たちが研究助成の応募用紙に書き込んで、大学や機関の複雑な政治的駆け引きの中で交渉を重ねることに費やす厖大な時間を聞いて、どれほど当惑するかも、考えた方がいい。彼らは、こんな条件の下では、どうやって一匹狼や新規の開拓者がやっていけるのか、ここではひらめきは多く起こりうるのか、尋ねたかもしれない。そして、その答えは、予想できるものかもしれない。――科学的発見の条件が変わったからといって、革新的な考えを発する者が科学の歴史から消えるわけではない。彼らはただ適応するのだ、新しい形態へと変異するのだ。

付記 「種の起源に関する考えの最近の進展の歴史的概観」

チャールズ・ダーウィン

『自然選択による種の起源について』第四版（〔一八六六〕xiii－xxiiページ）

私はここで、種の起源に関する意見の最近の進展について、簡便ではあるが不完全な概観をしておきたい。大方の自然誌家は、種は変異することのない被造物であって、それぞれ別々に創造されたと信じている。この見解は多くの著者によって巧みに主張されてきた。他方、何人かの自然誌家は、種は改変を被っており、現存する生命形態は、先に存在していた形態から真正な生殖を通して生まれてきたその子孫であると信じている。古代の著者に見られるこの問題への言及はさておくとして、*1 近代においてこれを科学的

*1　アリストテレスは、その『自然学』（第二巻第八章第二節）の中で、雨は小麦を育てるために降るわけではなく、そのことは、小麦が戸外で脱穀されたあとでそれを腐らせるために雨が降るわけではないのと同様であると論じたあとで、同じ議論を有機体にも適用して、（この一節を私に最初に指摘したクレア・グリース氏の訳によると）「同様に、〔身体の〕各部分が、自然界で単に偶然に生じる関係を持つことを何が妨げようか、例えば、歯は、必然的に、前方のものは切り分けるのに適応して鋭くなり、奥歯は平らになって食べ物をかみ砕くのに便利なようになる。これらはこの目的のためにそう作られたからではなく、それは偶然の結果である。そして、一つの目的に沿った適応が存在しているように見えるほかの部分についても、同様である。それゆえ、すべてが一つに合わさって（つまり、一つの全体のすべての部分が）何事かのために出来ているようにたまたまなると、それらは、内的な自発性によって適切に構成されて、保持される。何ものであれ、構成

な精神で取り上げた最初の著者はビュフォンである。けれども、彼の意見は時期によって大きくぶれており、また、彼は種の変容の原因や方途については何も述べていないので、ここで詳しく立ち入る必要はないだろう。

ラマルクは、この問題に関するその結論が大きな関心を呼んだ最初の人物だった。この正当に高名な自然誌家は、自分の見解を一八〇一年に初めて発表した。そして、一八〇九年に『動物哲学』の中で、そしてさらに、一八一五年に『無脊椎動物誌』の序文の中で、それを大幅に敷衍した。これらの著作の中で、彼は、人間も含めてすべての種は、ほかの種の子孫として生まれてきたという学説を支持した。彼は初めて、無機物の世界だけでなく、有機物の世界でも、すべての変化は、奇跡的な介入の結果ではなく、法則の結果である蓋然性が高いということに注意を喚起するというすぐれた業績を上げた。ラマルクが種の段階的な変化という結論に導かれたのは、主に、種と変種は見分けるのが難しいということによって、いくつかの種の群の中では形態のほとんど完全に段階的な差異が見られるということによって、そして、家畜や栽培作物として人為的に改変された種からの類推によって、だったように思われる。改変の方途について、彼は、そのうちのいくぶんかを、暮らしの自然条件の直接的な作用に帰し、いくぶんかを、既存の形態の交雑に帰し、多くを、使用と不使用に、つまり、習性の影響に帰した。この三つ目の作用に、彼は——例えば、高い木々の枝を食(は)むためのキリンの長い首のように——自然界における見事な適応の一切を帰したように思われる。けれども、彼はまた、前進的な発達の法則といったものがあると信じていた。そして、すべての生命形態は前進する傾向を持つので、今日において単純な被造物が存在することを説明するために、彼はそういった形態は今も自然発生的に生み出されているのだと主張している。*2

ジョフロワ・サン゠ティレールは、子息の手になる『生涯』の中で述べられているように、早くも一七九五年に、私たちが種と呼ぶものは、同一の型がさまざまに変性したものではないかと疑った。一八二八年になってようやく、彼は、万物の起源以来ずっと、同一の形態が永続してきたわけではないという彼の確信を公にした。ジョフロワは、変化の原因として、主に、暮らしの条件、つまり、「環境世界」(monde ambiant) に依拠していたように思われる。彼は結論を下すのに慎重で、また、現存する種が今も改変を被っているということを信じていなかった。そして、彼の子息が付け加えているように、「それゆえ、それは、完全に将来にまで保留されるべき問題である。仮に、その将来はその問題を先送りすることは出来ないとしても」と考えていた。

一八一三年、ウィリアム・チャールズ・ウェルズ博士は、王立協会で、「肌の一部が黒人の肌に似ている白人女性について」という論文を口頭発表した。けれども、この論文は、彼の有名な『露と単眼についての二つの論文』が一八一八年に現れるまで、刊行されることはなかった。この論文の中で、彼は明確に自然選択の原理を認識しており、これは、この認識が世に示された最初の例だった。しかし、彼はこの原理を人間にだけ、しかも、いくつかの特質にのみ、適用した。黒人と混血の人間はいくつかの熱帯病に罹(り)患(かん)しないと指摘したあとで、彼はまず、すべての動物はいくぶんか変異する傾向があるとし、次に、農業

に取り込まれなかったものは、すべて、すでに朽ちており、今も朽ちていっている」と付け加えている。我々はここに、自然選択の原理がおぼろげに予見されているのを見ることが出来るが、アリストテレスがその原理をいかに不十分にしか理解していなかったかは、歯の形成に関する彼の評言から見て取れる。

*2 私は、ラマルクの最初の著書の刊行年については、イジドール・ジョフロワ・サン゠ティレールによる、この問題に関する考えについてのすぐれた歴史(『自然史概説』第二巻[一八五九]四〇五ページ)に依拠した。この著作の中で、同じ問題に関するビュフォンの結論について詳しい説明がされている。私の祖父エラズマス・ダーウィン博士が、一七九四年に刊行された『ズーノミア』(第一巻五〇〇―五一〇ページ)の中で、ラマルクの見解とその間違った根拠をどれほど大きく先取りしていたかというのはいかにも興味深い。イジドール・ジョフロワによると、ゲーテが同様な見方のたいへんな賛同者だったことに疑いの余地はなく、そのことは、一七九四年から九五年にかけて書かれながら、ずっと後になるまで出版されなかった作品の序文に示されているという。彼はまた、自然誌家にとって今後の問題は、例えば、いかに牛は角を生やすようになったかということであって、何のためにその角は使われるのかということではないと、的確に指摘している(カール・メディング博士『自然誌家としてのゲーテ』三四ページ)。ドイツのゲーテと、イギリスのダーウィン博士と、(このあとすぐ見るように)フランスのジョフロワ・サン゠ティレールが、一七九四年から九五年に種の起源について同じ結論に達したというのは、同じ時期に同様の見解が生じるということのかなり珍しい例である。

従事者は選択によって家畜化された動物を改良すると、所見を述べた。そして、それから、けれども、この後者の例で「人為的になされたことは、自然によっても、もっと緩慢にではあるが、それぞれが住む国に適したさまざまな人間の変種が形成される際にも行われて、同等の効果をもたらすように思われる」と、付け加えた。「アフリカの中央地域の最初のわずかでまばらな住民のあいだで発生するであろうこの偶発的な人間の変種のうちで、ある者は、ほかの者よりその国の病気に耐えるのに適しているだろう。この種族は結果的に数を増やし、ほかの種族は、病気の攻撃に耐えることが出来ないからだけでなく、より精力的な隣人と争うことが出来ないがゆえに、数を減らすだろう。この精力的な種族の色は、すでに言われたことから当然と思うが、暗いだろう。けれども、変種を作り出していくその同じ傾向がいまだに存在していれば、時の経過とともに、より暗く、そして、それよりさらに暗い色の種族が起こってきて、最も暗い色の者がその気候に最も適しているので、その変種が生じた特定の国では、この種族が唯一のではないにしても、最も優勢な種族となるだろう。」彼は、それから、同じ見解をより寒い気候での色の白い住民にまで敷衍している。私は、ウェルズ博士の著作の右の一節に私の注意を喚起してくれたことで、合衆国の牧師ブレイス氏に負っている。

ウィリアム・ハーバート尊師、のちのマンチェスター教会主席司祭は、『園芸学紀要』第四巻（一八二二）と、『ヒガンバナ』に関する彼の著作（一八三七年、一九、三三九ページ）の中で、「園芸学の実験は、論駁の余地なく、植物学で種とされるものは、変種のうちでより高次で永続的な部類のものにすぎないということを確立した」と宣言した。彼は同じ見解を動物にも敷衍した。司祭は、それぞれの属のただ一つの種がもともと高度に可変的な状況で作り出され、それらは、主に交雑によって、しかし、また同様に、変異によって、すべての現存する種を作り出してきたと、信じている。

一八二六年に、グラント教授は、彼のよく知られたミズカゲロウに関する論文の締め括りの一節（『エディンバラ哲学雑誌』第一四巻二八三ページ）の中で、種は他の種から生じてきたものであり、それらは改変を繰り返す中でより改善されてきたという彼の信念を明確に宣言している。同様の見解は、一八三四年に『ランセット』誌に掲載された、彼の第五五回講義でも表されている。

一八三五年、パトリック・マシュー氏は、『海軍の用材と樹木栽培』についての著作を刊行し、その中で、（すぐに言及するように）種の起源について、ウォーレス氏と私自身によって、『リンネ学報』の中で提起され、本書において詳述されたのと、まさしく同じ見解を発表した。不幸なことに、その見解は、分野の違う主題に関する著作の付論の中のそれぞれ別の箇所で手短に述べられており、マシュー氏自身が一八六〇年四月七日に『園芸家報』の中でそれに注意を惹くまで、誰にも気づかれずにいた。マシュー氏の見解と私の見解の違いはそれほど重要ではない。彼は、世界ではたびたびにわたって種がほとんど絶えてしまい、その後でまた新たに繁殖したと考えているように思われる。そして、それに代わる考え方として、彼は、「以前の群れのいかなる原型ないしは胚の存在なくしても」、新しい形態が生じるかもしれないとも、している。私は自分がいくつかの箇所をきちんと理解できているか確信はないが、彼は、種が生きているその状況が直接作用することに影響の多くを帰しているように思われる。けれども、彼が自然選択の原理の趣旨を完全に理解していたことは明らかである。

高名な地質学者で自然誌家のクリスティアン・レオポルト・フォン・ブーフは、すぐれた『カナリア諸島の地誌』（一八三六、一四七ページ）の中で、変種はゆっくりと恒久的な種へと変化し、そうなるともはや互いに交配することはないという、彼の信念を明確に表明した。

コンスタンティン・サミュエル・ラフィネスクは、一八三六年に刊行された『北アメリカの新しい植物相』の中で、次のように書いた、——「すべての種はかつては変種だったのかもしれず、多くの変種は、恒常的で独特の性格を帯びることによって、しだいに種になりつつある」（六ページ）。しかし、彼はさらにこう付け加えている、——「もっとも、属の祖先のもともとの型についてはこの限りではない」（一八ページ）。

一八四三、四四年に、サミュエル・ハルデマン教授（『ボストン自然誌ジャーナル』第四巻四六八ページ）

は、種の発達と改変の仮説に対する賛否両方の議論を的確に紹介している。彼自身は、変化を肯定する側に傾いているように思われる。

『創造の自然誌の痕跡』は一八四四年に現れた。大幅に改善された第一〇版（一八五三）で、匿名の著者は、こう語っている。「多くの考察のあとで決定された見解は、最も単純で最古のものから最高で最新のものに至るまで連続して登場した生き物たちは、神の摂理の下で、**第一に**、生命形態に付与された推進力の結果であり、その推進力が、それぞれ限定された期間に、世代を重ねることによって、何段階かの有機化を通して、それらを最も高度な双子葉植物と脊椎動物に至るまで前進させたのだが、そういう段階は数としては多くなく、一般に有機体としての性格が大きく隔たっていることでそれぞれ区別されるのだが、その隔たりが種同士の近縁性を評価する際の実際上の妨げとなっている。そして、**第二に**、これらの生き物たちは、生命力と関わるもう一つの推進力の結果であり、この推進力は、世代を重ねる中で、有機体の構造を、食べ物や居住域の性格、気候の条件など外的な状況に合わせて、改変しようとするものであり、これは自然神学者の言う『適応』である」（一五五ページ）。著者は、有機体は突然の飛躍によって進化するが、暮らしの条件によって生み出される効果は段階的であると信じているように思われる。彼は、種は変異と無縁な存在ではないという基本的な基盤の上に立って、説得力を込めて論じている。しかし、想定されている二つの「推進力」が、科学的な意味において、自然全体を通して数多く見られる美しい共適応をどう説明できるのか、私には理解できない。これでは、例えば、キツツキがその独特の生活習慣にどうやって適応してきたのかということに何らかの洞察が得られるのか、私には理解できない。本書は、より初期の版では、正確な知識をほとんど示しておらず、科学的な慎重さも大いに欠落していたが、力強く精彩に富んだ文体によって、すぐさま人々のあいだにたいへん広く行き渡った。私の意見では、こういった問題に関心を呼んで、偏見を取り除き、そうすることで、同様な見方が受け入れられる素地を用意したという点で、本書はこの国ですばらしい貢献をしたのである。

一八四六年に、経験豊かな地質学者ジャン・バティスト・ジュリアン・ドマリウス・ダロワ氏は、短いがすぐれた論文（『ブリュッセル王立アカデミー紀要』第一三巻五八一ページ）の中で、新しい種はそれぞれ別々に創造されたことよりも、改変を伴う世代の積み重ねによって作り出されたことの方がより蓋然性が高いという、彼の意見を発表した。著者は一八三一年に初めてこの意見を公にした。

リチャード・オーウェン教授は、一八四九年に次のように書いた（『四肢の性質』八六ページ）。「原型的な理念は、この惑星上で、現に今それを例示している動物種の存在よりずっと以前に、すでにこういった多様な改変を経た生き物として表現された。このような有機的現象の秩序正しい連続と進行が、どのような自然の法則ないしは二次的な原因に委ねられたのかは、私たちは、今のところ、まだ知らずにいる。」一八五八年のイギリス協会での講演（五一ページ）において、彼は、創造の力の絶え間ない作用すなわち生き物が神の定めに従って発現してくるという公理について語っている。さらにまた、地理的な分布について言及したあとで、彼は、言葉を継いで、「これらの現象は、ニュージーランドのキーウィとイギリスのアカライチョウは、それぞれ、これらの島において、そして、島のために、独自に創造されたものであるという結論に対する私たちの信念を揺るがすものである。同時にまた、『創造』という言葉によって、動物学者は『自分でも何なのか知らない過程』を意味しているということをつねに念頭に置いておいた方がいいだろう」と述べている（九〇ページ）。彼はこの考えを敷衍して、アカライチョウのような例が「鳥が、このような島において、そして、島のために、独自に創造されたものである証拠として、動物学者によって列挙」されるとき、「彼が主に表明しているのは、アカライチョウがどうやってそこに、そしてそこにだけ、やってきたか、彼が知らないということであり、そしてまた、このような無知を表現するこの仕方によって、鳥も島もともにその起源を偉大なる創造の第一原因（創造主）に負っているという彼の信念を表している」と、付け加えている。私たちが、同じ講演の中で表明されたこれらの文の一方を他方を読み解くための拠り所にして解釈すれば、この傑出した哲学者は、一八五八年に、キーウィとアカライチョウが、「どうやってかは彼が知らない」方法によって、ないしは、「何なのか彼が知らない」過程を経て、それぞれの生息地に最初にやってきたという彼の信念が揺るがされたと感じたようである。私の『種の起源』に関する著作が一八五九年に出版されて以降、といっても、その結果であるかどうかは疑わしいが、オーウェン教授は、種はそれぞれ別々に創造されたわけではなく、変異することのない被造物でもないという信念を明確に表明しているが、それでもなお彼は、私たちが自然の法則を知っているということや、多様な種が変異を通して連続的に登場してきたという二次的な原因を否定している（『脊椎動物の解剖学』［一八六六］）。それでいて、同時に、彼は、自然選択がこの結果に向けて何らかの作用をしたかもしれないと認めてもいるのである。オーウェン教授は今、彼が一八五〇年の二月に動物学会で読んだ一節（『要録』第四巻二五ページ）の中で自分が自然選択の理論を広めたと信じていることを見れば、彼がこの理論をもっと早くに認めなかったというのは驚くべきことである。というのは、『ロンドン・レヴュー』への手紙（一八六六年五月五日、五一六ページ）の中で、彼は、評者の批判のいくつかを論じて、彼は、「自然誌家なら誰でも、引かれた一節と、その［いわゆるダーウィンの］理論の基礎――つまり、周囲の状況の影響に自らを順応させるか、それに屈するかする、種の能力――とが本質的に同一であるというあなたの見方の正しさに異を唱えることは出来ない」と言っているからである。さらに、同じ手紙の中で、彼は、自分のことを「一八五〇年というより早い時期での、同じ理論の作者」と語っているのである。オーウェン教授が、自分がその時点で世間に自然選択の理論を提起したと信じているというのは、『種の起源』以降に彼が公にした著作や書評、講義の中のいくつかの箇所を知る者全員を驚かせるだろう。そういった箇所で、彼は激しい調子で理論に反対しているからである。そして、このことは、理論を肯定する側に立つすべての人にとって喜ばしいことだと言えよう。彼の反対は今後止むだろうと推測されるからである。しかしながら、一言言っておかなければならないが、先に言及されていた『動物学会要録』の中の一節は、私が調べてみたところ、あくまで動物の絶滅と生存についてしか触れておらず、段階的な改変や発生、あるいは、自然選択など、一切論じていないのである。自分が種の進化や自然選択を以前から説いていたという彼のこの主張は、オーウェン教授が二つの箇所のうち最初の一節(第四巻一五ページ)を、実際には次のような言葉で始めているという事実から大きく外れている。――「鮮新世に生きていたいかなる種類の鳥や獣も、時間や外的な状況の変化の影響によって、いかなる点についてもその性格を改変されたというひとかけらの証拠も、私たちは持っていない。」

イジドール・ジョフロワ・サン゠ティレール氏は、一八五〇年に行った講義(その要約は『動物学評論』[一九五一年一月]に掲載された)の中で、種に固有な特質は「それぞれの種が同じ環境の中にずっといつづける限り、固定されているが、周囲の環境が変われば改変される」と彼が信じる根拠を簡潔に挙げている。「要するに、野生動物を**観察**することで、種が限定された可変性を持っているということがすでに証明されているのだ。家畜化された野生動物や、再び野生化した家畜についての**実験**は、このことをいっそう明確に示している。さらに、これらの実験は、作り出された違いは**種全体に有効である**ことを証明した」。『自然誌通論』(第二巻四三〇ページ、一八五九)の中で、彼はこの結論をさらに敷衍して論じている。

最近出された広告によると、ヘンリー・フリーク博士は、一八五一年に、すべての有機体は一つの原初の形態から生じているという学説を発表したようである(『ダブリン医報』三二二ページ)。彼がそう信じる根拠と問題の扱い方は、私のものとは全く違っているが、フリーク博士はごく最近(一八六一)「有機体の近縁性による種の起源」についての論文を発表しているので、彼の見解に関して何らかの考えを明らかにするという難しい試みは、私の側からは不要だろう。

ハーバート・スペンサー氏は、(もともと、『指導者』紙[一八五二年三月]に発表され、一八五八年に彼の『論文集』に再録された)一つの論文の中で、有機体の〈創造〉説と〈発展〉説をきわめて巧みに説得力をもって比較・対照した。彼は、家畜や栽培植物に見られる改変との類似性や、多くの種の胚が生長のあいだに経る変化、種と変種を区別することの難しさ、そして、複数の種を跨いで全般的に認められる段階的な差異などを根拠に、種は改変されてきたと論じ、改変を状況の変化によるものとした。彼はまた、それぞれの心的な能力が段階的に獲得される必要があったという原理に基づいて心理学を扱ってもいる（一八五五年）。

一八五二年に、傑出した植物学者シャルル・ノーダン氏は、種の起源に関するすばらしい論文（『園芸誌』一〇二ページ、のちに、『博物館新報』第一巻一七一ページに一部再録）の中で、種は、さまざまな変種が栽培の下で作られるのと類似したかたちで形成されるという彼の信念をはっきりと表明した。そして、この栽培における変種の形成の過程を、彼は、人間の選択する力に帰した。けれども、彼は、自然の下では選択がいかに作用するかを示さなかった。彼は、ハーバート主席司祭と同様に、種は、誕生したときには、現在よりももっと可変的だったと信じている。彼は、彼が合目的性の原理と呼ぶものを重視して、こう述べている。「神秘的で不確定な力――ある者はそれを運命と見なし、またある者は神の摂理と見なすのだが――の生き物への絶え間ない作用は、世界が存在するようになって以降ずっと、その生き物が一部をなしているものごとの秩序の中でそれが課される運命を通して、それぞれの生き物のかたち、大きさ、寿命を決定している。この力こそが、自然界の全体的な構成の中でその生き物が果たすべき機能――それの存在理由である機能――にその生き物を適合させることによって、それを全体と調和させるのである[*3]」。

一八五三年に、高名な地質学者アレクサンダー・カイザーリンク伯爵は、何らかの毒気によって引き起こされたと考えられる新しい病気が起こって、世界中に広まるように、ある時期に、既存の種の胚が、特定の性格を帯びた周囲の分子によって化学的に影響を受け、こうして新しい形態を生じさせたかもしれないと示唆した（『地質学会会報』第二シリーズ第一〇巻三五七ページ）。

同じ一八五三年に、ヘルマン・シャーフハウゼン博士は、すぐれた冊子（『プロイセン王国ラインラント自然誌協会会報』）を刊行し、その中で、地球上での有機体の前進的な進化を主張した。彼は、多くの種は長いあいだ変わることがなかったが、改変されてきたものも少数あると推論した。種と種の区別を、彼は中間段階の形態の破壊ということで、説明する。「こうして、現存する植物や動物は、新しい種として創造されたということによって絶滅種と隔てられるわけではなく、連続した生殖を通しての彼らの子孫と見なされてしかるべきである。」

有名なフランスの植物学者アンリ・ルロック氏は、「種が固定されているのか変異するのかという私たちの研究が、ジョフロワ・サン＝ティレールとゲーテという二人の正当に有名な人物が提唱した考えに、そのまま繋がっているのがわかる」（『植物地理学研究』第一巻二五〇ページ）と書いた。ただ、ルロック氏の大著を通して散見されるほかのいくつかの文章を追っていると、彼が種の改変についての自身の見解をどこまで敷衍しているのか、いくぶん疑問に思えてくる。

「創造の哲学」は、ベーデン・パウエル尊師の『複数の大陸の統一性に関する論集』（一八五五）の中で、見事なかたちで扱われた。彼が、新しい種の導入は、「偶発的な現象ではなく、常時見られる現象である」、あるいは、サー・ジョン・ハーシェルが表現しているように、「奇跡的というのと対立する意味での、ごく自然な過程である」ということを示すその仕方は、何にも増して見事である。

『リンネ協会会報』の第三巻には、アルフレッド・ウォーレス氏と私自身が一八五八年七月一日に読んだ論文が収められており、その論文の中で、本書の序章で述べたように、ウォーレス氏は、すばらしい説得力と明晰さを込めて、自然選択の理論を公にした。

＊3　ハインリッヒ・ブロンの『発展の法則についての研究』の中での言及から見て、高名な植物学者で古生物学者であるフランツ・ウンガーは、一八五二年に、種は発展と改変を被るという信念を発表したようである。同様に、エドュアルト・ヨーゼフ・ダルトンも、一八二一年に、クリスティアン・パンダーとのナマケモノの化石に関する共著の中で、同様の信念を表明している。同様の見解は、よく知られているように、ローレンツ・オーケンによっても、彼の神秘的な『自然哲学』の中で、表明されている。ドミニク・アレクサンドル・ゴドロンの著作『種について』の中でのほかの言及から、ジャン・バティスト・ボリ・ド・サン＝ヴァンサンやカール・フリードリヒ・ブルダッハ、ジャン＝ルイ＝マリー・ポワレ、エリーアス・フリースなども皆、新しい種が絶え間なく作り出されていると認めていたように思われる。

すべての動物学者が深い敬意を寄せるカール・エルンスト・フォン・ベーアは、一八五九年ころに、主に地理的な分布の法則に基づいて、現在では完全に別々の形態が、単一の祖型から出自しているという彼の確信を表明した（ルドルフ・ワーグナー教授『動物学・人類学論文集』［一八六一年、五一ページ］を参照されたい。）

種の改変を信じるか、あるいは、少なくとも、それぞれの種が別々の創造の行為において作られたということを信じないとして、この歴史的概観に挙げられている三四人の著者のうち、二七人が、自然誌か地質学の個別の分野に関する著作があることを付け加えておくことが出来よう。

一八五九年六月、トマス・ヘンリー・ハックスリー教授は、王立協会で、「動物界の複数の恒常的な型」についての講義を行った。こういった例について、彼は「動物と植物のそれぞれの種や、有機体のそれぞれの代表的な型が、長い間隔を置いて、創造的な力の別々の行使によって形成され、地球の表面に置かれたと仮定するなら、これらの事実の意味を理解するのは困難であり、そしてまた、こういった仮定は、自然界に見られる全般的な類似関係に反するのと同様に、言い伝えや啓示によっても支持されていないということを思い起こしておいた方がいいだろう。一方、いつの時期であれ、その時期に生きていた種は、それ以前に存在していた種の段階的な改変の結果であるという仮説——いまだに証明されておらず、その支持者の一部によってすら嘆かわしいほど損なわれているが、それでも、生理学がいくぶんなりとも肩を持つ唯一の仮説——との関わりで、『恒常的な型』を見れば、そういった型の存在は、現存する生き物が地質学的な時間のあいだに経てきた改変の総量は、それらが被ってきた何度にもわたる変化全体に比べればごくわずかにすぎないということを示しているように思われる」と述べた。

一八五九年一二月、ジョーゼフ・フッカー博士は『オーストラリア植物相序説』を発表した。この大著の第一部で、彼は種がずっと世代を重ねてその間に改変を被ったという考えの正しさを認めて、多くの独自の観察によってこの学説を支持している。

謝辞

本書を執筆する中で、それぞれの分野における指導的な研究者の方々のご厚意に頼るところが大きかった。彼らはその専門知識を分け与えて、問題や議論になっている点を説明し、歴史に関する私の調査・研究を導いてくださった。彼らの助力がなければ、そして、私の企画の真剣さに対する彼らの信頼がなければ、私は本書を書くことが出来なかっただろう。オレゴン州ポートランドのルイス・アンド・クラーク大学の行政学教授カーティス・N・ジョンソン氏は、ダーウィンが先駆者たちのリストを作るためにした悪戦苦闘について決定的な論文を書いておられるが、ダーウィンが彼らについて感じていた不満や不安を理解しようとする私の試みを読んで訂正してくださった。ケンブリッジ大学ニーダム研究所の名誉教授、サー・ジェフリー・ロイド氏は、歴史家で哲学者で、またたいへんな博識家でもあり、『初期のギリシア科学』、『アリストテレス以降のギリシア科学』、『アリストテレスの探究』も含めて、何冊もの驚嘆すべき書物の著者であるが、アリストテレスの生涯と、動物学の研究、宇宙論的枠組みのいくばくかを――用心しながら――再構成することは可能だと信じられるだけの自信を私に与えてくださった。ケンブリッジ大学古典アラビア文化の教授ジェームズ・モンゴメリー氏は、ジャーヒズに関する世界的な権威だが、九世紀のアッバース朝の複雑な神学ならびに文学の脈絡を説明して、それまで私には全く手の届かなかった世界と時代を理解することを可能にしてくださった。彼はまた寛容にも、ジャーヒズの『動物の書』の中の重要な箇所を探して、訳すか訳し直すかしてくださり、ジャーヒズに関する現在執筆中の注目すべき著書の原稿も見せてくださった。ジュネーヴ大学のフランス文学元教授で、現在、ジョンズ・ホプキンス大学栄誉客員教授ミシェル・ジャンヌレ氏は、『永久運動』というルネサンスの無常に関する瞠目すべき書物の著者だが、レオナルドについての私の章を読んで訂正してくださった。ジュネーヴ大学のマーク・ラトクリフ博士は、啓蒙期の科学と顕微鏡について、何冊かの画期的な著書があるが、アブラム・トランブレーについての私の文を読んで訂正してくださった。ケント大学ヨーロッパ文化言語研究科のディドロの研究者ジェームズ・ファウラー博士は、寛容にもディドロとドルバックに関する私の調査に協力してくださった。ケンブリッジ大学の比類ない科学史・科学哲学科のパトリシア・フェイラ教授とジム・シーコード教授は、それぞれ、エラズマス・ダーウィンとロバート・チェンバースに関する私の論考を読んで訂正してくださった。ニューヨークのロチェスター大学の歴史学教授で、ジョルジュ・キュヴィエに関する決定的な著書と啓蒙期の科学に関する何冊かの画期的な書物の著者ドリンダ・アウトラン氏と、イリノイ大学歴史学名誉教授で、ジャン＝バティスト・ラマルクに関する重要な著書と、パリ植物園の日常生活に関する執筆中の研究書の著者であるリチャード・W・バークハート氏は、パリ植物園についての私の章を草稿段階から何度かにわたって読んでくださった。ケンブリッジ大学ホーマントン学寮のピーター・レイビー博士は、すぐれた伝記『アルフレッド・ラッセル・ウォーレスの生涯』の著者だが、アルフレッド・ラッセル・ウォーレスについての私の章を読んでくださった。私はまた、エイドリアン・デズモンド氏の助力にも感謝している。彼は、私が数年前に、ダーウィンに関する私の著書『ダーウィンとフジツボ』のために、初めてロバート・グラントの生涯と著作について調査を始めたときに、協力してくださった。私は、自分が依頼できる限り最も優秀で学識のある校閲者たちに恵まれたが、それでも残っている過誤や誤解はひとえに私自身の責任である。

本書を完成させるために、私に一年間の教育活動からの休暇を提供してくださったイースト・アングリア大学人文学部と、その休暇期間に、負担のなにがしかを必ず肩代わりしなければならなかった同僚たちに感謝することに、私は大きな喜びを感じている。本書全体がケンブリッジ大学図書館の西部屋の机で書かれた。この美しい納本図書館と、そのまれに見るすぐれた資料と、協力的なスタッフ、静けさの保証がなければ、本書は存在しなかっただろう。本書が完成に近づく中で、その細部を整えてくださったすべての校閲者と編集者――私が自分の取り上げた素材を現代の生物学者の目を通して見るのを助けてくださった遺伝学者ケイト・ダウンズ氏、歴史家で恩師でもあるアンナ・ホワイトロック氏、ブルームズベリー書店の傑出した編集チーム、とりわけ、本書が最終的なかたちに至るまで巧みにかつ忍耐強くこれを導いてくださったマイケル・フィッシュウィック氏とアンナ・シンプソン氏――に感謝することも、私にとって大きな喜びである。そして、大胆で手際のよい最終的な編集作業について、ブルームズベリーの学術書編集者のピーター・ジェイムズ氏と、アメリカ側の編集者、スピーゲル・アンド・グラウ社のシンディ・スピーゲル氏とそのチーム、とりわけ、ハナ・ランズ氏と、学術書編集者エミリー・デハフ氏にも、感謝申し上げたい。私は、とりわけ、当初から企画の野心と意気込みを支えてくださったブルームズベリーのマイケル・フィッシュウィック氏とスピーゲル・アンド・グラウのシンディ・スピーゲル氏に、感謝している。その点では、私の著書のあいだの繋がりをつねに明敏に理解してくださっている私のすぐれた著作権代理人フェイス・エヴァンス氏とアメリカでの代理人エンマ・スウィーニー氏も同様で、この二人にも感謝申し上げたい。

最後に、私の心が完全にどこかよそにあるときに見せる、うつろで放心したような様子に、ある程度まで辛抱してくれた、私の子供たちと家族、友人、競漕のクルーにも感謝したい。

索　引

●ア行

●カ行

●サ行

●タ行

●マ行

●ヤ行

●ラ行

●ワ行

参考文献

〔　〕内は確認できた邦訳文献を表している。

全般

Bowler, Peter. *Evolution: The History of an Idea.* Berkeley Los Angeles and London: University of California Press, 1989〔ピーター・J・ボウラー、鈴木善次訳『進化思想の歴史』上・下、朝日選書、朝日新聞社、1987〕

Corsi, Pietro. "Before Darwin: Transformist Concepts in European Natural History" *Journal of the History of Biology* 38: 67–83.

Glass, Bentley, Owsei Temkin, and William L. Straus, eds. *The Forerunners of Darwin: 1745–1859.* Baltimore: Johns Hopkins Univeristy Press, 1959.

Grant, Edward. *A History of Natural Philosophy from the Ancient World to the Nineteenth Century.* Cambridge: Cambridge University Press, 2007.

Larson, E. J. *Evolution: The Remarkable History of a Scientific Legacy.* New York: Modern Library, 2004.

Lovejoy, Arthur O. "Some Eighteenth-Century Evolutionists," *Popular Science Monthly 65* (1904): 238–51, 323–40.

———. *The Great Chain of Being: A Study of the History of an Idea.* Cambridge, Mass.: Harvard University Press, 1936〔アーサー・O・ラヴジョイ、内藤健二訳『存在の大いなる連鎖』、ちくま学芸文庫、筑摩書房、2013〕

Mayr, Ernst. *The Growth of Biological Thought: Diversity, Evolution and Inheritance.* Cambridge, Mass.: Harvard University Press, 1982.

Osborn, H. F. *From the Greeks to Darwin.* New York: Macmillan, 1894.

Zirkle, Conway. "Natural Selection Before *The Origin of Species,*" *Proceedings of the American Philosophical Society* 84, no. 1(1941): 71–123.

第1章　ダーウィンのリスト

Browne, Janet. *Charles Darwin.* 2 vols. London: Jonathan Cape, 1995–2002.

Corsi, Pietro. *Science and Religion: Baden Powell and the Anglican Debate, 1800–1860.* Cambridge and New York: Cambridge University Press, 1988.

Desmond, Adrian, and James Moore. *Darwin.* London: Penguin, 1992〔エイドリアン・デズモンド、ジェイムズ・ムーア、渡辺政隆訳『ダーウィン――世界を変えたナチュラリストの生涯』、工作舎、1999〕

Gotthelf, Allan. "Darwin in Aristotle," *Journal of the History of Biology* 32, no. 1 (1999): 3–30.

Johnson, Curtis N. "The Preface to Darwin's *Origin of Species:* The Curious History of the 'Historical Sketch,' "*Journal of the History of Biology* 40 (2007): 529–56.

第2章　アリストテレスの目

Balme, D. "The Place of Biology in Aristotle's Philosophy" In A. Gotthelf and James G. Lennox, eds, *Philosophical Issues in Aristotle's Biology.* Cambridge: Cambridge University Press, 1987, 9–20.

Barnes, Jonathan. *Aristotle.* Oxford: Oxford University Press, 1982.

———. ed. *Cambridge Companion to Aristotle.* Cambridge: Cambridge University Press, 1995.

———. *Greek Philosophers.* Oxford: Oxford University Press, 2001.

———. *Coffee with Aristotle.* London: Duncan Baird, 2008.

Candargy P. C. *La Végétation de l'île de Lesbos.* Lille: Bigot frères, 1899.

Casson, Lionel. *Travel in the Ancient World.* London: Book Club Associates, 2005〔ライオネル・カッソン、小林雅夫・野中春菜・田畑賀世子訳『古代の旅の物語――エジプト、ギリシア、ローマ』、原書房、1998〕

Chroust, Anton-Hermann. "Aristotle Leaves the Academy" *Greece and Rome* 14, no. 1(1967): 39–43.

———. *Aristotle: New Light on His Life.* 2 vols. London: Routledge and Kegan Paul, 1973.

Ellis, J. R. *Philip II and Macedonian Imperialism.* London: Thames and Hudson, 1976.

Frost, Frank J. "Scyllias: Diving in Antiquity" *Greece and Rome* 15, no. 2 (1968): 180–85.

Green, Peter. *Lesbos and the Cities of Asia Minor.* Austin: Dougherty Foundation, 1984.

Greene, John C. "From Aristotle to Darwin: Reflections on Ernst Mayr's Interpretation" in *The Growth of Biological Thought," Journal of the History of Biology* 25, no. 2 (1992): 257–84.

Grene, Marjorie. *A Portrait of Aristotle.* Chicago: University of Chicago Press, 1963.

———. "Aristotle and Modern Biology" *Journal of the History of Ideas* 33, no. 3 (1972): 395–424.

Jaeger, Werner. *Aristotle: Fundamentals of the History of his Development.* Oxford: Clarendon Press, 1934.

Lee, H. D. P. "Place-Names and the Date of Aristotle's Biological Works," *Classical Quarterly* 42 (1948): 61–67.

Lloyd, G. E. R. *Aristotelian Explorations.* Cambridge: Cambridge University Press, 1996.

———. *Aristotle: The Growth and Structure of His Thought.* Cambridge: Cambridge University Press, 1968〔G・E・R・ロイド、川田殖訳『アリストテレス――その思想の成長と構造』、みすず書房、1998〕

———. *Early Greek Science: Thales to Aristotle.* London: Chatto and Windus, 1970〔G・E・R・ロイド、山野耕治、山口義久訳『初期ギリシア科学――タレスからアリストテレスまで』、叢書・ウニベルシタス、法政大学出版局、1994〕

———. "The Evolution of Evolution: Greco-Roman Antiquity and the Origin of Species." In G. E. R. Lloyd, *Principles and Practices in Ancient Greek and Chinese Science.* Aldershot: Ashgate Variorum, 2006, 1–15.

———. *Magic, Reason and Experience: Studies in the Origin and Development of Greek Science.* Cambridge: Cambridge University Press, 1979.

Mason, Hugh J. "Romance in a Limestone Landscape," *Classical Philology* 90, no. 3 (1995): 263–66.

Mayor, Adrienne. *The First Fossil Hunters: Palaeontology in Greek and Roman Times.* Rev. ed. Princeton: Princeton University Press, 2010. First published 2000.

Mayr, Ernst. *The Growth of Biological Thought: Diversity, Evolution and Inheritance.* Cambridge, Mass., and London: Belknap Press, 1982.

Rihll, T. E. *Greek Science.* New Surveys in the Classics, no. 29. Oxford: Oxford University Press, 1999.

Solmsen, Frank. "The Fishes of Lesbos and Their Alleged Significance for the Development of Aristotle," *Hermes* 106 (1978): 467–84.

Taub, Liba. *Aetna and the Moon: Explaining Nature in Ancient Greece and Rome.* Corvallis: Oregon State

University Press, 2008.
Thompson, D'Arcy Wentworth. *A Glossary of Greek Fishes.* London: Oxford University Press, 1947.
———. *On Aristotle as a Biologist.* Herbert Spencer Lecture. Oxford: Clarendon Press, 1913.
Tipton, Jason A. "Aristotle's Observations of the Foraging Interactions of the Red Mullet and Sea Bream," *Archives of Natural History* 35, no. 1 (2008): 164–71.
———. 'Aristotle's Study of the Animal World: The Case of the Kobios and the Phucis," *Perspectives in Biology and Medicine* 49, no. 3 (2006): 369–83.
Voultsiadou, Eleni, and Dimitris Vafidis. "Marine Invertebrate Diversity in Aristotle's Biology" *Contributions to Zoology* 76 (2007): 103–20.
Wycherley R. E. "Peripatos: The Athenian Philosophical Scene – II." *Greece and Rome,* 2nd series, vol. 9, no. 1 (1962): 2–21.

第3章　ジャーヒズの信心深い好奇心

Aarab, Ahmed, Philippe Provençal, and Mohamed Idaomar. "Eco-Ethological Data According to Jahiz Through His Work, Kitab al-Hayawan," *Arabica* 47 (2000): 278–86.
Ahsan, Muhammad Manazir. *Social Life Under the Abbasids, 170–289 AH, 786–902 AD.* London and New York: Librarie du Liban, 1979.
Al-Samarrai, Qasim. "The Abbasid Gardens in Baghdad and Samarra," *Foundation for Science, Technology and Civilisation* (2002): 1–10.
Bayrakdar, Mehmet. "Al-Jahiz and the Rise of Biological Evolutionism," *Islamic Quarterly,* Third Quarter (1983): 307–15.
Bennison, Amira. *The Great Caliphs: The Golden Age of the Abbasid Empire.* New York and London: I. B. Tauris, 2009.
Blachère, Régis. *Histoire de la littérature arabe des origines à la fin du XVe siécle.* 3 vols. Paris: Maisonneuve, 1964.
Bloom, Jonathan. *Paper Before Print: The History and Impact of Paper in the Islamic World.* New Haven and London: Yale University Press, 2006.
Conrad, Lawrence I. *The Western Medical Tradition.* Cambridge: Cambridge University Press, 2006.
Dodge, Bayard, ed. *The Fihrist. of Al-Nadim: A Tenth-Century Survey of Muslim Culture.* 2 vols. New York: Columbia University Press, 1970.
Egerton, Frank E. "A History of the Ecological Sciences, Part 6: Arabic Language Science—Origins and Zoological Writings," *Bulletin of the Ecological Society of America* (2002): 142–46.
Grant, Edward. *A History of Natural Philosophy from the Ancient World to the Nineteenth Century.* Cambridge: Cambridge University Press, 2007.
———. *Science and Religion, 400 BC to AD 1550: From Aristotle to Copernicus.* Johns Hopkins University Press, 2006.
Griffith, Sidney H. *The Church in the Shadow of the Mosque.* Princeton: Princeton University Press, 2008.
Gutas, D. *Greek Thought, Arabic Culture: The Graeco-Arabic Translation Movement in Baghdad and Early Abbasid Society (2nd–4th/8th–10th Centuries).* London: Routledge, 1998.
Hannam, James. *God's Philosophers: How the Medieval World Laid the Foundations of Modern Science.*

London: Icon, 2009.

Heinemann, Arnim, Manfred Kropp, Tarif Khalidi, and John Lash Meloy. *Al-Jahiz: A Muslim Humanist for Our Time.* Wurzburg and Beirut: Ergon Verlag, 2009.

Kennedy, Hugh. *The Court of the Caliphs: When Baghdad Ruled the Muslim World.* London: Phoenix, 2004.

Khalidi, Tarif. *Arabic Historical Thought in the Classical Period.* Cambridge and New York: Cambridge University Press, 1994.

Kraemer, Joel L. "Translator's Foreword." In *The History of al-Tabari,* vol. 34: *Incipient Decline: The Caliphates of Al-Wathiq, Al-Mutawakkil and Al-Muntasir, AD 841–863.* New York: State University of New York Press, 1989, xi–xxiv.

Kruk, R. "A Frothy Bubble: Spontaneous Generation in the Medieval Islamic Tradition," *Journal of Semitic Studies* 35 (1990): 265–82.

Le Strange, Guy. *Baghdad During the Abbasid Caliphate: From Contemporary Arabic and Persian Sources.* Oxford: Clarendon Press, 1900.

Lindsay, James E. *Daily Life in the Medieval Islamic World.* Westport, Conn.: Greenwood Press, 2005.

Lyons, Jonathon. *The House of Wisdom: How the Arabs Transformed Western Civilisation.* London: Bloomsbury 2009.

Montgomery, James E. "Al Jahiz." In Shawkat M. Toorawa and Michael Coo-person, eds., *Dictionary of Literary Biography: Arabic Literary Culture, 500–925,* Farmington Hills, Mich.: Gale Press, 2005, 231–42.

———. "Jahiz's *Kitab al-Bayan wa-I-Tabyin.*" In Julia Bray, ed., *Writing and Representation: Muslim Horizons.* London: Routledge, 2006, 91–152.

———. "Al-Jahiz and Hellenizing Philosophy" In C. d'Ancona, ed., *The Libraries of the Neoplatonists.* Leiden: Brill, 2007.

———. "Islamic Crosspollinations." In Anna Akasoy James E. Montgomery and Peter E. Pormann, eds., *Islamic Crosspollinations: Interactions in the Medieval Middle East.* Cambridge: E. J. W. Gibb Memorial Trust, 2007.

———. ed. *Arabic Theology, Arabic Philosophy: From the Many to the One.* Leuven: Peeters, 2006.

Naji, A. J. and Y. N. Ali. "The Suqs of Basrah: Commercial Organization and Activity in a Medieval Islamic City," *Journal of the Economic and Social History of the Orient* 24: 3 (1981): 298–309.

Nasr, S. H. *Islamic Science: An Illustrated Study.* Westerham Press, Kent: World of Islam Festival Publishing, 1976.

———. *Science and Civilisation in Islam.* Cambridge, Mass.: Harvard University Press, new edn: Islamic Texts Society, 1968.

Osborn, H. F. *From the Greeks to Darwin.* New York: Macmillan, 1894.

Pellat, Charles. "Al-Jahiz." In Julia Ashtiany T. M. Johnstone, J. D. Latham, and R. B. Serjeant, eds., *The Cambridge History of Arabic Literature: Abbasid Belles-Lettres.* Cambridge: Cambridge University Press, 1990.

———. "Hayawan," *Encyclopaedia of Islam* 3 (1966): 304–15.

———. ed. *The Life and Works of Jahiz.* Translated by D. M. Hawke. Berkeley: University of California

Press, 1969.
———. *Le Milieu basrien et Ia formation de Gahiz.* Paris: Maisonneuve, 1953.
Peters, F. E. *Aristotle and the Arabs: The Aristotelian Tradition in Islam.* New York: New York University Press; London: University of London Press, 1968.
Rashed, Roshdi. "Greek into Arabic." In James E. Montgomery ed., *Arabic Theology, Arabic Philosophy: From the Many to the One.* Leuven: Peeters, 2006.
Rosenthal, Franz. *Greek Philosophy in the Arab World: A Collection of Essays.* Aldershot: Variorum, 1990.
———. "The Stranger in Medieval Islam," *Arabica* 44 (1997): 35–75.
Sabra, A. I. "The Appropriation and Subsequent Naturalisation of Greek Science in Medieval Islam: A Preliminary Statement." *History of Science* 25 (1987): 223–43.
Saliba, George. *Islamic Science and the Making of the European Renaissance.* Cambridge, Mass., and London: MIT Press, 2007.
Sarton, George. *Introduction to the History of Science.* Baltimore: Williams and Wilkins, 1927–31.
Savage-Smith, E. 'Attitudes Towards Dissection in Medieval Islam," *Journal of the History of Medicine and Allied Sciences* 50 (1995): 67–110.
Silverstein, Adam J. *Postal Systems in the Pre-Modern Islamic World.* Cambridge: Cambridge University Press, 2007.
Touati, Hourari. *Islam and Travel in the Middle Ages.* Translated by Lydia G. Cochrane. Chicago: University of Chicago Press, 2010.
Turner, Howard R. *Science in Medieval Islam: An Illustrated Introduction.* Austin: University of Texas Press, 1997.
Walbridge, John. *The Leaven of the Ancients: Suhrawardhi and the Heritage of the Greeks.* Albany: State University of New York Press, 2000.
Young, M. J. L., J. D. Latham, and R. B. Serjeant. *Religion, Learning and Science in the Abbasid Period.* Cambridge: Cambridge University Press, 1990.
Zirkle, Conway. "Natural Selection Before *The Origin of Species,*" *Proceedings of the Ameri can Philosophical Society* 84, no. 1 (1941): 71–123.

第4章　レオナルドと陶工

Allbutt, Thomas Clifford. "Palissy Bacon and the Revival of Natural Science," *Proceedings of the British Academy* (1913–14): 234–47.
Amico, Leonard N. *Bernard Palissy: In Search of Earthly Paradise.* New York: Flammarion Press, 1996.
Bell, Janis. "Color Perspective, c. 1492," *Achademia Leonardo Vinci* 5 (1992): 64–77.
Céard, Jean. "Bernard Palissy et l'alchimie." In Frank Lestringant, ed., *Actes de colloque Bernard Palissy, 1510–1590: L'écrivain, le réformé, le céramiste.* Paris: Amis d'Agrippa d'Aubigné, 1992, 157–59.
Clark, Kenneth. *Leonardo da Vinci.* Edited by M. Kemp. London: Penguin, 1993〔ケネス・クラーク、丸山修吉、大河内賢治訳『レオナルド・ダ・ヴィンチ——芸術家としての発展の物語』、叢書ウニベルシタス、法政大学出版局、2013〕
———. "Leonardo and the Antique." In C. D. O'Malley ed., *Leonardo's Legacy.* Berkeley and Los Angeles: University of California Press, 1969, 1–34.

Duhem, Pierre. *Études sur Léonard de Vinci.* Paris: A. Hermann, 1906.

———. "Leonard de Vinci, Cardan et Bernard Palissy" *Bulletin Italien* 6, no. 4 (1906): 289–320.

Frieda, Leonie. *Catherine de Medici: A Biography.* London: Weidenfeld and Nicolson, 2003.

Gould, Stephen Jay. "The Upwardly Mobile Fossils." In Stephen Jay Gould, *Leonardo's Mountain of Clams and the Diet of Worms.* London: Vintage, 1999.

Harris, Henry. *Things Come to Life: Spontaneous Generation Revisited.* Oxford: Oxford University Press, 2002〔ヘンリー・ハリス、長野敬、太田英彦訳『物質から生命へ――自然発生説論争』、青土社、2003〕

Huppert, George. *Style of Paris: Renaissance Origins of the French Enlightenment.* Bloomington: Indiana University Press, 1999.

Jeanneret, Michel. *Perpetual Motion: Transforming Shapes in the Renaissance from da Vinci to Montaigne.* Translated by Nidra Poller. Baltimore and London: Johns Hopkins University Press, 2001.

Johnson, Jerah. "Bernard Palissy Prophet of Modern Ceramics," *Sixteenth Century Journal* 14, no. 4 (1983): 399–410.

Kamil, Neil. *Fortress of the Soul: Violence, Metaphysics, and Material Life in the Huguenots' New World, 1517–1751.* Baltimore: Johns Hopkins University Press, 2005.

Kemp, Martin. *Leonardo da Vinci: The Marvellous Works of Nature and Man.* Rev. ed. Oxford: Oxford University Press, 2006〔マーティン・ケンプ、藤原えりみ訳『レオナルド・ダ・ヴィンチ――芸術と科学を越境する旅人』、大月書店、2006〕

Kirkbride, Robert. *Architecture and Memory: The Renaissance Studioli of Federico da Montefeltro.* New York: Columbia University Press, 2008.

Kirsop, Allace. "The Legend of Bernard Palissy" *Ambix* 9 (1961): 136–94.

Lessing, Maria. "Leonardo da Vinci's Pazzia Bestialissima," *Burlington Magazine* 64, no. 374 (May 1934): 219–31.

Maccagni, Carlo. "Leonardo's List of Books," *Burlington Magazine* 110, no. 784 (July 1968): 406–10.

Mauries, Patrick. *Cabinets of Curiosities.* London: Thames and Hudson, 2002.

Newman, William R. *Promethean Ambitions: Alchemy and the Quest to Perfect Nature.* Chicago: University of Chicago Press, 2004.

Nicholl, Charles. *Leonardo da Vinci: The Flights of the Mind.* London: Penguin, 2005〔チャールズ・ニコル、越川倫明他訳『レオナルド・ダ・ヴィンチの生涯――飛翔する精神の軌跡』、白水社、2009〕

Ogilvie, Brian W. *Science of Describing: Natural Science in Renaissance Europe.* Chicago: University of Chicago Press, 2006.

Ortiz, Antonio Dominguez, Concha Herrero Carretero, and Jose A. Godoy. *Resplendence of the Spanish Monarchy: Renaissance Tapestries and Armor from the Patrimonio Nacional.* New York: Metropolitan Museum of Art, 1996.

Reti, Ladislao. "The Two Unpublished Manuscripts of Leonardo da Vinci in the Biblioteca Nacional of Madrid—II," *Burlington Magazine* 110, no. 779 (February 1968): 81–89.

Richter, Jean Paul, ed. *The Literary Works of Leonardo da Vinci.* 2 vols. London: Phaidon Press, 1970.

Scalii, Mario. "The Weapons of Lorenzo de Medici." In Robert Held, ed., *Art, Arms and Armour: An International Anthology.* Chiasso, Switzerland: Acquafresca Editrice, 1979.

Shell, Hanna Rose. "Casting Life, Recasting Experience: Bernard Palissy's Occupation Between Maker and Nature," *Configurations* 12 (2004): 1–40.
Smith, Pamela H. *The Body of the Artisan: Art and Experience in the Scientific Revolution.* Chicago: University of Chicago Press, 2004.
Thompson, H. R. "The Geographical and Geological Observations of Bernard Palissy the Potter." *Annals of Science* 10: 2 (1954): 149–65.
Thomson, David. *Renaissance Paris: Architecture and Growth, 1475–1600.* Berkeley and Los Angeles: University of California Press, 1984.
Vinci, Leonardo da. Leicester Codex, in "Physical Geography" in *The Notebooks of Leonardo da Vinci*, translated by E. MacCurdy. 2 vols. London: Jonathan Cape, 1938.
White, Michael. *Leonardo: The First Scientist.* London: Abacus, 2000.

第５章　トランブレーのポリプ

Baker, Henry. *An Attempt Towards a Natural History of the Polype.* London: R. Dodsley, 1743.
Baker, John R. *Abraham Trembley of Geneva: Scientist and Philosopher, 1710–1784.* London: Edward Arnold, 1952.
Barsanti, Giulio. "Les Phénomènes 'étranges' et 'paradoxaux' aux origines de Ia première révolution biologique (1740–1810)." In Guido Cimino and François Duchesneau, eds., *Vitalisms from Haller to the Cell Theory.* Florence: Olschki, 1997.
Bezemer-Seller, Vanessa J. W. "The Bentinck Garden at Sorgvliet." In J. D. Hunt, ed., *The Dutch Garden in the Seventeenth Century.* Washington, D.C.: Dumbarton Oaks Research Library and Collection, 1990.
Brown, Harcourt. "Madame Geoffrin and Martin Folkes: Six New Letters," *Modern Language Quarterly* 1 (1940): 219.
Dawson, Virginia P. *Nature's Enigma: The Problem of the Polyp in the Letters of Bonnet, Trembley and Réaumur.* Philadelphia: Memoirs of the American Philosophical Society, 1988.
Ford, Brian J. *Single Lens: The Story of the Simple Microscope.* New York: Harper and Row, 1985.
Glass, Bentley. "Heredity and Variation in the Eighteenth Century Concept of Species." In Bentley Glass, Owsei Temkin, and William L. Straus, eds., *The Forerunners of Darwin: 1745–1859.* Baltimore: Johns Hopkins University Press, 1959, 144–73.
Hazard, Paul. *Le Crise de Ia conscience europ~enne, 1680–1714.* Paris: Boivin, 1935.
Jacob, Margaret C. "Hazard Revisited." In Phyllis Mack, ed., *Politics and Culture in Early Modern Europe: Essays in Honour of H. G. Koenigsberger:* Cambridge: Cambridge University Press, 1987, 250–72.
———. *Living the Enlightenment: Freemasonry and Politics in Eighteenth-Century Europe.* New York: Oxford University Press, 1991.
———. *The Radical Enlightenment: Pantheists, Freemasons and Republicans.* London: George Allen and Unwin, 1981.
Jong, Erik. *Nature and Art: Dutch Garden and Landscape Architecture, 1650–1740.* Philadelphia: Philadelphia University Press, 2000.
Le Bond, Aubrey. *Charlotte Sophie, Countess Bentinck: Her Life and Times.* London: Hutchinson, 1912.
Ratciff, Marc J. *L'Effet Trembley ou la naissance de la zoologie marine.* Geneva: La Baconnière, 2010.

———. *The Quest for the Invisible: Microscopy in the Enlightenment.* Farnham, Surrey and Burlington, Vt.: Ashgate, 2009.

———. "Trembley's Strategy of Generosity and the Scope of Celebrity in the Mid-Eighteenth Century" *Isis* 95, no. 4 (2004): 555–75.

Ratcliff, Marc J., and Marian Fournier. "Abraham Trembley's Impact on the Construction of Microscopes." In Dario Generali and Marc J. Ratcliff, eds., *From Makers to Users: Microscopes, Markets and Scientific Practices in the Seventeenth and Eighteenth Centuries.* Florence: Olschki, 2007.

Roger, Jacques. *Les sciences de la vie dans la pensée française du XVIIIe siécle: La génération des animaux de Descartes d l'Encyclopédie.* Paris: Armand Cohn, 1963.

Schazmann, Paul-Emile. *The Bentincks: The History of a European Family.* London: Weidenfeld and Nicolson, 1976.

Stafford, Barbara Maria. "Images of Ambiguity. Eighteenth-Century Microscopy and the Neither/Nor." In D. P. Miller and P. H. Reffi, eds., *Visions of Empire: Voyages, Botany, and Representations of Nature.* Cambridge: Cambridge University Press, 1997.

Trembley Abraham. *Instructions d'un père à ses enfants, sur la nature et sur la religion.* 2 vols. Geneva: Chapuis, 1775.

———. *Mémoires pour servir* à *l'histoire d'un genre de polypes d'eau douce.* Paris, 1744.

Trembley Maurice, and Émile Guyénot, eds. *Correspondance inédite entre Réaumur et Abraham Trembley.* Geneva: Georg, 1943.

Vartanian, Aram. "Trembley's Polyp, La Mettrie and Eighteenth-Century French Materialism," Journal *of the History of Ideas* 11(1950): 259–80.

Wellmann, Janina. "Picture Metamorphosis: The Transformation of Insects from the End of the Seventeenth to the Beginning of the Nineteenth Century" *NTM* 16, no. 2 (2008): 183–211.

Wilson, Catherine. *The Invisible World: Early Modern Philosophy and the Invention of the Microscope.* Princeton: Princeton University Press, *1995.*

第6章　カイロの領事

Allen, Don Cameron. "The Predecessors of Champollion," *Proceedings of the American Philosophical Society* 104, no. 5 (1960): 527–47.

Benitez, Miguel. "Benoît de Maillet et la littérature clandestine: Étude de sa correspondance avec l'abbé Le Mascrier," *Studies on Voltaire* 183 (1980): 133–59.

———. "Benoît de Maillet et l'origine de la vie dans la mer: Conjecture amusante ou hypothèse scientifique?" *Revue de Synthèse,* 3rd series, 113–14(1984): 37–54.

———. *La Face cachée des Lumières: Recherches sur les manuscrits philosophiques clandestins de l'âge classique.* Paris: Voltaire Foundation, 1996.

———. "Fixisme et évolutionnisme au temps des Lumières: Le *Telliamed* de Benoît de Maillet." *Rivista di Storia della Filosofia* 45 (1990): 247–68.

Carozzi, Albert V., ed. *Telliamed.* Champaign: University of Illinois Press, 1968.

Carré, Jean-Marie. *Voyageurs et écrivains français en Egypte.* Rev, and corrected ed. Cairo: Institut français d'archéologie orientale du Caire. 1990. Facsimile of 1956 edition.

Cohen, Claudine. "L'Anthropologie' de *Telliamed," Bulletins et Mémoires de la Société d'Anthropologie de Paris* 1, no. 3–4 (1989): 45–56.
———. "Benoît de Maillet et la diffusion de l'histoire naturelle à l'aube des Lumières," *Revue d'histoire des sciences* 44, no. 3–4 (1991): 325–42.
———. *La Genèse de "Telliamed": Théorie de la terre et histoire naturelle* d *l'aube des Lumières.* Paris: Presses Universitaires de France, 1989.
———. *Science, libertinage et clandestinité d l'aube des Lumières.* Paris: Presses Universitaires de France, 2011.
Darnton, Robert. "A Police Officer Sorts His Files." In Robert Darnton, *The Great Cat Massacre and Other Episodes in French Cultural History.* London: Vintage, 1985〔ロバート・ダーントン、海保眞夫、鷲見洋一訳『猫の大虐殺』、岩波現代文庫、岩波書店、2007〕
Hunt, Lynn, Margaret C. Jacob, and Wijnand Mijnhardt. *The Book That Changed Europe: Picart and Bernard's Religious Ceremonies of the World.* Cambridge, Mass., and London: Belknap Press, 2010.
McLeod, Jane. "Provincial Book Trade Inspectors in Eighteenth-Century France," *French History* 12, no. 2 (1998): 127–48.
Masson, Paul. *Histoire du commerce français dans le Levant au XVIIIe siècle.* Paris: Hachette, 1911.
Mézin, Anne. *Les Consuls de France au siècle des Lumières: 1715–1792.* Paris: La Documentation française, 1997.
Rothschild, Harriet Dorothy "Benoît de Maillet's Cairo Letters," *Studies on Voltaire and the Eighteenth Century* 169 (1977): 115–85.
———. "Benoît de Maillet's Leghorn Letters," *Studies on Voltaire and the Eighteenth Century* 30 (1964): 351–75.
———. "Benoît de Maillet's Letters to the Marquis de Caumont," *Studies on Voltaire and the Eighteenth Century* 60 (1968): 311–38.
———. "Benoît de Maillet's Marseilles Letters," *Studies on Voltaire and the Eighteenth Century* 37 (1965): 109–45.

第7章　哲学者たちの館

Billy André. *Diderot: Sa vie, son oeuvre.* Paris: A. Cresson, 1949.
Bonnefon, Paul. "Diderot prisonnier à Vincennes," *Revue d'Histoire Littéraire de la France* 6 (1899): 200–24.
Buffon, Georges Louis Leclerc. *Correspondance inédite de Buffon.* Edited by H. Nadault de Buffon. 2 vols. Paris: Hachette, 1860.
———. *The Embattled Philosopher: A Biography of Denis Diderot.* London: Neville Spearman, 1955.
Crocker, Lester G. "Diderot and Eighteenth-Century French Transformism." In Bentley Glass, Owsei Temkin, and William L. Straus, eds., *The Forerunners of Darwin, 1745–1859.* Baltimore: Johns Hopkins University Press, 1959, 114–43.
Cushing, Max Pearson. *Baron d'Holbach: A Study of Eighteenth Century Radicalism in France.* New York: Columbia University Press, 1914.
Darnton, Robert. *The Literary Underground of the Old Regime.* Cambridge, Mass.: Harvard University

Press, 1982.

———. 'A Police Officer Sorts His Files." In Robert Darnton, *The Great Cat Massacre and Other Episodes in French Cultural History*. London: Vintage, 1985〔ダーントン『猫の大虐殺』〕

Diderot, Denis. *Diderot's Letters to Sophie Volland: A Selection*. Translated by Peter France. London: Oxford University Press, 1972.

———. *Oeuvres complctes de Diderot*. Edited by Jules Assezat and Maurice Tourneux. 20 vols. Paris: Gamier, 1875.

———. *Rameau's Nephew and D'Alembert's Dream*. Translated by Leonard Tan-cock. Harmondsworth and New York: Penguin, 1976.

———. and Jean le Rond d'Alembert, eds. *Encyclopédie ou Dictionnaire raisonné des sciences, des arts et des métiers*. 17 vols. Paris, 1751–72. encyclopedie.uchicago.edu/ でのオンラインのプロジェクトを参照されたい。

Fellows, Otis. "Buffon's Place in the Enlightenment," *Studies on Voltaire and the Eighteenth Century* 25 (1963): 603–29.

Furbank, P. N. *Diderot: A Critical Biography*. London: Secker and Warburg, 1992.

Gregory Mary Efrosni. *Diderot and the Metamorphosis of Species*. London: Routledge, 2007.

———. *Evolutionism in Eighteenth-Century French Thought*. New York: Peter Lang, 2008.

Hanley, W. "The Policing of Thought in Eighteenth-Century France." *Studies on Voltaire and the Eighteenth Century* 183 (1980): 279–84.

Hill, Emita. "Materialism and Monsters in Diderot's Rave d'Alembert," *Diderot Studies* 10 (1968): 67–93.

Kafker, Frank A., and Jeff Loveland. "Diderot et Laurent Durand, son éditeur principal." *Recherches sur Diderot et sur l'Encyclopédie* 39 (2005): 29–40.

Kors, Alan Charles. "The Atheism of d'Holbach and Naigeon." In Michael Hunter and David Wooton, eds., *Atheism from the Reformation to the Enlightenment*. Oxford: Clarendon Press, 1992.

———. *D'Holbach's Coterie: An Enlightenment in Paris*. Princeton: Princeton University Press, 1976.

Llana, James. "Natural History and the *Encyclopaedie*," *Journal of the History of Biology* 33 (2000): 1–25.

Lovejoy Arthur O. "Buffon and the Problem of Species." In Bentley Glass et al., *Forerunners of Danvin, 1745–1859*. Baltimore: Johns Hopkins University Press 1959.

———. "Some Eighteenth-Century Evolutionists," *Popular Science Monthly* 65 (1904): 238–51.

Newland, T. C. "D'Holbach, Religion and the 'Encyclopédie.'" *Modern Language Review* 69, no. 3 (1974): 523–33.

Roger, Jacques. *Buffon: A LIfe in Natural History*. Edited by L. Pearce Williams, translated by Sarah Lucille Bonnefoi. Ithaca and London: Cornell University Press, *1997*.

———. "Diderot et Buffon en 1749, *Diderot Studies* 4 (1963): 221–36.

———. *The Life Sciences in Eighteenth-Century French Thought*. Edited by Keith R. Benson. Translated by Robert Ellrsch. First published 1963. Stanford: Stanford University Press, 1997.

Spanger, May "Science, phiosophie et littérature: Le polype de Diderot" *Recherches sur Diderot et sur l'Encyclopédie* 23 (1997): 89–107.

Stengers, Jean. "Buffon et la Sorbonne." In Roland Mortier and Hervé Hasquin, eds., *Atudes sur le XVIlle siècle*. Brussels: Éditions de l'Université de Brucelles, 1974, 113–24.

Topazio, Virgil W. *D'Holbach's Moral Philosophy: Its Background and Development.* Geneva: Institut et Musée Voltaire, 1956.

Vartanian, Aram. "From Deist to Atheist: Diderot's Philosophical Orientation, 1746–1749," *Diderot Studies* 1 (1949): 46–63.

———. *Science and Humanism in the French Enlightenment.* Charlottesville, Va: Rookwood, 1999.

———. "Trembley's Polyp, La Mettrie and Eighteenth-Century French Materialism," *Journal of the History of Ideas* 2, no. 3 (1950): 259–86.

Voltaire (J. F. M. Arouet). *Cabales (1772).* In *Oeuvres complètes*, 70 vols. Paris: Firmin-Didot, 1875, 2.

Wickwar, W. H. *Baron d'Holbach: A Prelude to the French Revolution.* London: George Allen and Unwin, 1935.

Wilson, Arthur M. *Diderot.* New York: Oxford University Press, 1972.

第8章　地下のエラズマス

Altick, Richard Daniel. *The Shows of London*. Cambridge, Mass., and London: Belknap Press, 1978.

Barlow, Nora. "Erasmus Darwin FRS 1731–1802," *Notes and Records of the Royal Society of London* 14, no. 1(1959): 85–98.

Bewell, Alan. "Erasmus Darwin's Cosmopolitan Nature," *ELH 76,* no. 1 (2009): 19–48.

Browne, Janet. "Botany for Gentlemen: Erasmus Darwin and *The Loves of the Plants,*" *Isis* 80, no. 4 (1989): 593–621.

Coleridge, Samuel Taylor. *The Collected Letters of Samuel Taylor.* Edited by Earl Leslie Griggs, 6 vols. Oxford: Clarendon Press, 1956–71.

Craven, Maxwell. *John Whitehurst of Derby: Clockinaker and Scientist, 1713–88.* Ashbourne: Mayfield, 1996.

Darwin, Erasmus. *Zoonomia, or the Laws of Organic Life.* London: J. Johnson, 1794–96.

Dean, Bashford. "Two Letters of Dr. Darwin: The Early Date of His Evolutionary Writings." *Science* 23, no. 600 (1906): 986–87.

Dent, Robert K. *Old and New Birmingham: A History of the Town and Its People.* Wakefield: EP Publishing, 1972–73. Reprint of 1878–80 edition.

Elliott, Paul. "Erasmus Darwin, Herbert Spencer and the Origins of the Evolutionary Worldview in British Provincial Scientific Culture." *Isis* 94, no. 1 (2003): 1–29.

Ford, Trevor B. *Treak Cllff Cavern and the Story of Blue John Stone.* Castleton: Harrison Taylor, 1992.

Garfinkle, Norton. "Science and Religion in England, 1790–1800: The Critical Response to the Work of Erasmus Darwin." *Journal of the History of Ideas* 16, no. 3 (1955): 376–88.

Harrison, James. "Erasmus Darwin's View of Evolution." *Journal of the History of Ideas* 32, no. 2 (1971): 247–64.

Hassler, Donald M. *The Comedian as the Letter D: Erasmus Darwin's Comic Materialism.* The Hague: Martinus Nijhoff, 1973.

Keir, James. *Sketch of the Life of James Keir.* London: R. E. Taylor, 1868.

King-Hele, Desmond. *The Collected Letters of Erasmus Darwin.* Cambridge: Cambridge University Press, 2006.

———. *Erasmus Darwin: A LIfe of Unequalled Achievement.* London: Giles de la Mare, 1999.
———. *Erasmus Danvin and the Romantic Poets.* Basingstoke: Macmillan, 1986.
———. "Erasmus Darwin's Life at Lichfield: Fresh Evidence," *Notes and Records of the Royal Society of London* 49, no.2(1995): 231–43.
———. *Letters of Erasmus Darwin.* Cambridge: Cambridge University Press, 1981.
———. *The Llfe and Genius of Erasmus Darwin.* London: Faber and Faber, 1977.
McNeil, Maureen. *Under the Banner of Science: Erasmus Darwin and His Age.* Manchester: Manchester University Press, 1987.
Meteyard, Eliza. *A Group of Englishmen (1795 to 1815): Being Records of the Younger Wedgwoods and Their Friends.* London: Longmans, Green, 1871.
———. *The Life of Josiah Wedgwood.* 2 vols. London: Hurst and Blackett, 1865.
Moers, Ellen. "Female Gothic;" In George Levine and U. C. Knoepflmacher, eds., *The Endurance of Frankenstein: Essays on Mary Shelley's Novel.* Berkeley: University of California Press, 1982. First published 1976.
Palmer, Stanley. *Police and Protest in England and Ireland, 1780–1850.* Cambridge: Cambridge University Press, 1989.
Porter, Roy. "Erasmus Darwin: Doctor of Evolution?" In James Moore, ed., *History, Humanity and Evolution: Essays for John C. Greene.* New York and Cambridge: Cambridge University Press, 1989, 39–69.
Posner, E. "Erasmus Darwin and the Sisters Parker," *History of Medicine* 6, no. 2 (1975): 39–43.
Priestman, Martin. *Romantic Atheism: Poetry and Freethought, 1780–1830.* Cambridge: Cambridge University Press, 1999.
———. "Darwin's Early Drafts for the *Temple of Nature.*" In C. U. M. Smith and Robert Arnott, eds., *The Genius of Erasmus Darwin.* Aldershot: Ashgate, 2005, 307–19.
Primer, Irwin. "Erasmus Darwin's *Temple of Nature:* Progress, Evolution, and the Eleusinian Mysteries," *Journal of the History of Ideas* 25, no. 1 (1964): 58–76.
Seward, Anna. *Memoirs of the Life of Dr. Darwin.* London: J. Johnson, 1804.
Smith, C. U. M., and Robert Arnott, eds. *The Genius of Erasmus Darwin.* Alder-shot: Ashgate, 2005.
Smyser, Jane Worthington. "The Trial and Imprisonment of Joseph Johnson, Bookseller," *Bulletin of the New York Public Library* 77 (1974): 418–35.
Stukeley William. "An Account of the Impression of the almost Entire Skeleton of a large Animal in a very hard Stone, lately presented the Royal Society, from Nottinghamshire." *Philosophical Transactions* 30, no. 360 (1719): 963–68.
Taylor, David. *Crime, Policing and Punishment in England, 1750–1914.* Basing-stoke: Macmillan, 1998.
Uglow, Jenny. *The Lunar Men: The Friends Who Made the Future, 1730–1810.* London: Faber and Faber, 2003.
Whitehurst, John. *An Inquiry into the Original State and Formation of the Earth.* London: Bent, 1778.

第9章　パリ植物園

Ambrose, C. T. "Darwin's Historical Sketch—An American Predecessor," *Archives of Natural History* 37, no. 2 (2010): 191–202.

Appel, Toby A. *The Cuvier-Geoffroy Debate: French Biology in the Decades Before Darwin.* Oxford: Oxford University Press, 1987.

Bange, Raphaël, and Pietro Corsi. "Chronologie de la vie de Jean-Baptiste Lamarck." Centre National de la Recherche Scientifique, 1997. オンラインで www.lamarck.cnrs.fr/chronologie を参照。

Blainville, Henri-Marie Ducrotay de. *Histoire des sciences de l'organisation et de leurs pro gras comme base de la philosophie, rédigée etc. par F. L. M. Maupied.* 3 vols. Paris, 1845.

Bourdier, Frank. "Le Prophète Geoffroy Saint-Hilaire, Georges Sand et les Saint-Simoniens," *Histoire et Nature* 3 (1973): 47–66.

Burkhardt, R. W. "The Inspiration of Lamarck's Belief in Evolution," *Journal of the History of Biology* 5 (1972): 413–38.

———. "Lamarck, Evolution and the Politics of Science," *Journal of the History of Biology* 3 (1970): 275–96.

———. "The Leopard in the Garden: Life in Close Quarters at the Museum d'Histoire Naturelle," *Isis* 98, no. 4 (2007): 675–94.

———. *The Spirit of System: Lamarck and Evolutionary Biology.* Cambridge, Mass., and London: Harvard University Press, 1977.

Burleigh, Nina. *Mirage: Napoleon's Scientists and the Unveiling of Egypt.* New York: Harper, 2007.

Cahn, Throphile. *Vie et l'oeuvre d'Étienne Geoffroy Saint-Hilaire.* Paris: Presses Universitaires de France, 1962.

Corsi, Pietro. *The Age of Lamarck: Evolutionary Theories in France, 1790–1830.* Berkeley: University of California Press, 1988.

———. "Before Darwin: Transformist Concepts in European Natural History" *Journal of the History of Biology* 38, no. 1 *(2005):* 167–83.

———. *Lamarck, philosophe de la nature.* Paris: Presses Universitaires de France, 2006.

Cuvier, Georges. "Elegy of Lamarck." *Edinburgh New Philosophical Journal* 20 (January 1836): 21–22.

Deleuze, Joseph. *Histoire et description du Muséum Royal d'Histoire Naturelle, ouvrage rédigé d'après les ordres de l'administration du Muséum.* Paris: Royer, 1823. Translated into English 1823.

Desmond, Adrian. *The Politics of Evolution: Morphology, Medicine and Reform in Radical London.* Chicago and London: University of Chicago Press, 1989.

Endersby Jim. "'The Vagaries of a Rafinesque': Imagining and Classifying American Nature," *Studies in History and Philosophy of Science Part C: Studies in History and Philosophy of Biological and Biomedical Sciences* 40, no. 3 (2009): 168–78.

Gould, Stephen Jay. "A Tree Grows in Paris: Lamarck's Division of Worms and the Division of Nature." In Stephen Jay Gould, *The Lying Stones of Marrakech: Penultimate Reflections in Natural History.* New York: Harmony Books, 2000, 115–43.

Grant, Iain Hamilton. *Philosophies of Nature After Schelling.* New York and London: Continuum, 2006.

Gregory Mary Efrosni. *Evolutionism in Eighteenth-Century French Thought.* New York: Peter Lang, 2009.

Henry Freeman G. "Rue Cuvier, Rue Geolfroy-Saint-Hilaire, Rue Lamarck: Politics and Science in the

Streets of Paris," *Nineteenth-Century French Studies* 35, no. 34 (2007): 513–25.
Jordanova, Ludmilla. *Lamarck.* Oxford: Oxford University Press, 1984.
Le Guyader, Hervé. *Geoffroy Saint Hilaire: A Visionary Naturalist.* Translated by Marjorie Grene. Chicago: University of Chicago Press, 2004.
Lee, Mrs. R. *Memoirs of Baron Cuvier.* London: Longman, Rees, Orme, Brown, Green and Longman, 1833.
Loveland, Jeff. "Daubenton's Lions: From Buffon's Shadow to the French Revolution," *New Perspectives on the Eighteenth Century* 1 (2004): 29–47.
Orr, M. "Keeping It in the Family: The Extraordinary Case of Cuvier's Daughters." In Cynthia Burek and Bettie Higgs, eds., *The Role of Women in the History of Geology.* London: Geological Society of London, Special Publications, 2007, 281: 277–86.
Outram, Dorinda. "The Language of Natural Power: The Funeral Éloges of Georges Cuvier," *History of Science* 16 (1978): 153–78.
———. "Le Museum National d'Histoire Naturelle après 1793: Institution scientifique ou champ de bataille pour les familles et les groupes d'influence?" In Claude Blanckaert, Claudine Cohen, Pietro Corsi, and Jean-Louis Fischer, *Le Muséusm au premier siècle de son histoire.* Paris: Muséum National d'Histoire Naturelle, 1997, 25–30.
———. *Science, Vocation and Authority in Post-Revolutionary France: Georges Cuvier.* Manchester: Manchester University Press, 1984.
———. "Uncertain Legislator: Georges Cuvier's Laws of Nature in Their Intellectual Context," *Journal of the History of Biology* 19, no. 3 (1986): 323–68.
Packard, A. S. *Lamarck: The Founder of Evolution.* New York: Longmans, Green, 1901.
Richards, Robert J. *The Romantic Conception of Life: Science and Philosophy in the Age of Goethe.* Chicago: University of Chicago Press, 2002.
Rudwick, Martin J. S. *Bursting the Limits of Time: The Reconstruction of Geohistory in the Age of Revolution.* Chicago: University of Chicago Press, 2005.
———. *Georges Cuvier, Fossil Bones and Geological Catastrophe: New Translations and Interpretations of the Primary Texts.* Chicago: University of Chicago Press, 1997.
Solé, Robert. *Les Savants de Bonaparte.* Paris: Editions du Seuil, 1999.
Spary Emma. *Utopia's Garden: French Natural History from Old Regime to Revolution.* Chicago: University of Chicago Press, 2000.
Strathern, Paul. *Napoleon in Egypt: The Greatest Glory.* London: Jonathan Cape, 2007.

第10章　海綿の哲学者

Ashworth, J. H. "Charles Darwin as a Student in Edinburgh, 1825–27." *Proceedings of the Royal Society of Edinburgh,* 55 (1935): 97–113.
Balfour, John Hutton. *Biography of the Late John Coldstream.* London: J. Nisbet, 1865.
Beddoe, John. *Memories of Eighty Years.* Bristol: Arrowsmith, 1910.
Corbin, Alain. *The Lure of the Sea: The Discovery of the Seaside, 1750–1840.* Harmondsworth: Penguin, 1995.

Corsi, Pietro. "The Importance of French Transformist Ideas for the Second Volume of Lyell's *Principles of Geology*," *British Journal for the History of Science* 11, no. 3 (1978): 221–44.

Darwin, Charles. *Autobiography with original omissions restored; edited with appendix and notes by his grand-daughter, Nora Barlow*. London: Collins, 1958〔チャールズ・ダーウィン、八杉龍一、江上生子訳『ダーウィン自伝』、ちくま学芸文庫、筑摩書房、2000〕

Desmond, Adrian. *Archetypes and Ancestors: Palaeontology in Victorian London, 1850–1875*. London: Blond & Biggs, 1982.

———. *The Politics of Evolution: Morphology, Medicine and Reform in Radical London*. Chicago: University of Chicago Press, 1989.

———. "Richard Owen's Reaction to Transmutation in the 1830s." *British Journal for the History of Science* 18, no. 1 (1985): 25–50.

———. "Robert E. Grant's Later Views on Organic Development." *Archives of Natural History* 11 (1984): 395–413.

———. "Robert E. Grant: The Social Predicament of a Pre-Darwiian Transmutationist." *Journal of the History of Biology* 17, no. 2 (1984): 189–223.

———. and James Moore. *Darwin*. Harmondsworth: Penguin, 1992.

Grant, Robert. "Observations and Experiments on the Structure and Functions of the Sponge." *Edinburgh Philosophical Journal* 13, no. 25 (1825): 99.

Jespersen, P. Helveg. "Charles Darwin and Dr. Grant." *Lychnos* (1948–49): 159–67.

Marshall, James Scott. *The Life and Times of Leith*. Edinburgh: John Donald, 1986.

Mowat, Sue. *The Port of Letth: Its History and Its People*. Edinburgh: John Donald in association with the Forth Ports, 1994.

Pakenham, Simona. *In the Absence of the Emperor: London-Paris, 1814–15*. London: Cresset Press, 1968.

Parker, Sarah E. *Robert Edmond Grant (1793–1894) and His Museum of Zoology and Comparative Anatomy*. London: Grant Museum of Zoology 2006.

Porter, Roy. *The Greatest Benefit to Mankind: A Medical History of Humanity from Antiquity to the Present*. London: Fontana, 1997.

Royle, Edward. *Victorian Infidels: The Origins of the British Secularist Movement, 1791–1866*. Manchester: Manchester University Press, 1974.

Secord, James A. "Edinburgh Lamarckians: Robert Jameson and Robert E. Grant." *Journal of the History of Biology* 24 (1991): 1–18.

Sheppersen, George. "The Intellectual Background of Charles Darwin's Student Years at Edinburgh." In M. Banton, ed., *Darwinism and the Study of Society*. London: Tavistock Publications; Chicago: Quadrangle Books, 1961, 17–35.

Stevenson, Sara. *Hill and Adamson's "The Fishermen and Women of the Firth of Forth."* Edinburgh: Scottish National Portrait Gallery, 1991.

Wakley Thomas. "Biographical Sketch of Robert Edmund Grant, M.D." *Lancet* 2 (1850): 686–95.

Wallace, Joyce M. *Traditions of Trinity and Leith*. Edinburgh: John Donald, 1997.

第11章　スコットランドの啓蒙主義者

Chambers, Robert. "Natural History: Animals with a Backbone." *Chambers's Edinburgh Journal,* November 24, 1832.

———. "Popular Information on Science: Transmutation of Species." *Chambers's Edinburgh Journal,* September 26, 1835.

———. *Vestiges of the Natural History of Creation and Other Evolutionary Writings.* Edited by J. A. Secord. Chicago: University of Chicago Press, 1994.

Chambers, William. *Memoir of Robert Chambers and Autobiographical Reminiscences of William Chambers.* Edinburgh and London: W & R. Chambers, 1872.

Combe, George. *Constitution of Man Considered in Relation to External Objects.* Edinburgh: J. Anderson Jr., 1828.

Layman, C. H., ed. *Man of Letters: The Early Life and Love Letters of Robert Chambers.* Edinburgh: Edinburgh University Press, 1990.

Lehmann, R. C. *Memories of Half a Century.* London: Smith, Elder, 1908.

Scholnick, Robert J. "'The Fiery Cross of Knowledge': *Chambers's Edinburgh Journal,* 1832–1844." *Victorian Periodicals Review* 32, no. 4 (1999): 324–58.

Secord, Anne. "Corresponding Interests: Artisans and Gentlemen in Nineteenth-Century Natural History" *British Journal for the History of Science* 27 (1994): 383–408.

———. "Science in the Pub." *History of Science* 32 (1994): 269–315.

Secord, James A. "Behind the Veil: Robert Chambers and Vestiges." In James R. Moore, ed., *History, Humanity and Evolution: Essays for John C. Greene.* Cambridge and New York: Cambridge University Press, 1989, 165–94.

———. *Controversy in Victorian Geology: The Cambrian-Silurian Debate.* Princeton: Princeton University Press, 1986.

———. "The Discovery of a Vocation: Darwin's Early Geology" *British Journal for the History of Science* 24 (1991): 133–57.

———. *Victorian Sensation: The Extraordinary Publication, Reception, and Secret Authorship of "Vestiges of the Natural History of Creation."* Chicago: University of Chicago Press, 2000.

第12章　アルフレッド・ウォーレスの熱に浮かされた夢

Brooks, John Langdon. *Just Before the Origin: Alfred Russel Wallace's Theory of Evolution.* New York: Columbia University Press, 1984.

Camerini, Jane R. "Remains of the Day: Early Victorians in the Field." In Bernard Lightman, ed., *Victorian Science in Context.* Chicago: University of Chicago Press, 1997, 354–77.

———. "Wallace in the Field." In H. Kuklick and R. Kohler, eds., "Science in the Field." *Osiris* 11(1996): 44–65.

———. ed. *The Alfred Russel Wallace Reader: A Selection of Writings from the Field.* Baltimore: Johns Hopkins University Press, 2001.

Endersby, Jim. "Escaping Darwin's *Shadow.*" *Journal of the History of Biology* 36, no. 2 (2003): 385–403.

Hodge, Jonathan, and Gregory Radick. "The Place of Darwin's Theories in the Intellectual Long Run."

In Jonathan Hodge and Gregory Radick, eds., *The Cambridge Companion to Darwin.* 2nd ed. Cambridge: Cambridge University Press, 2009, 246–73.

Hughes, R. Elwyn. "Alfred Russel Wallace (1823–1913): The Making of a Scientific Non-Conformist." *Proceedings of the Royal Institution* 63 (1991): 175–83.

———. "Alfred Russel Wallace: Some Notes on the Welsh Connection." *British Journal for the History of Science* 22, no. 4 (1989): 401–18.

Macdougall, Ian. *All Men Are Brethren: French, Scandinavian, Italian, German, Dutch, Belgian, Spanish, Polish, West Indian, American and Other Prisoners of War in Scotland During the Napoleonic Wars, 1803–1814.* Edinburgh: John Donald, 2008.

McKinney H. Lewis. *Wallace and Natural Selection.* New Haven and London: Yale University Press, 1972.

Moore, James. "Wallace's Malthusian Moment: The Common Context Revisited." In Bernard Lightman, ed., *Victorian Science in Context.* Chicago: University of Chicago Press, 1997, 290–311.

Quammen, David. *The Song of the Dodo: Island Biogeography in an Age of Extinctions.* London: Hutchinson, 1996.

Raby, Peter. *Alfred Russel Wallace: A Life.* Princeton: Princeton University Press, 2001.

Slotten, Ross A. *The Heretic in Darwin's Court: The Life of Alfred Russel Wallace.* New York: Columbia University Press, 2004.

Wallace, A. R. *My Life: A Record of Events and Opinions.* London: Chapman and Hall, 1908.

———. "On the Law Which Has Regulated the Introduction of New Species." Dated Sarawak, Borneo. *Annals and Magazine of Natural History,* 2nd series, 16 (1855): 184–96.

Williams, David. *The Rebecca Riots: A Study in Agrarian Discontent.* Cardiff: University of Wales Press, 1955.

原 注

まえがき

1 Edward Royle, *Victorian Infidels: The Origin of the British Secularist Movement, 1791–1866* (Manchester: Manchester University Press, 1974) と Andrew Wheatcroft, *Infidels: A History of the Conflict Between Christendom and Islam* (London: Penguin, 2004) を参照されたい。

2 1847年4月18日付けのチャールズ・ダーウィンからジョーゼフ・フッカーへの手紙、Letter 1082, DCP. ダーウィンに関する手紙類については、オンラインの「ダーウィン書簡プロジェクト」(Darwin Correspondence Project 以下 DCP と略す) から引くこととする。

第1章 ダーウィンのリスト

1 ダーウィンは、1860年5月18日付けのアルフレッド・ラッセル・ウォーレス宛の手紙の中でも、『種の起源』の刊行直後に受け取った非難の手紙について、「蜂の群れのように大挙してやってくる」と形容している。Letter 2807, DCP.

2 1859年12月14日付けのチャールズ・ダーウィンからジョーゼフ・フッカーへの手紙、Letter 2583, DCP.

3 1855年、ベーデン・パウエルは『複数の大陸の統一性に関する論集』という本を出版していて、その中で、彼は、1844年に匿名で出版されたが、大いに議論を呼び、たいへんな売れ行きだった本『創造の自然史の痕跡』の中で論じられた種の変化についての考えを擁護し、敷衍しようとした。ベーデン・パウエルについては、Pietro Corsi, *Science and Religion: Baden Powell and the Anglican Debate, 1800–1860* (Cambridge and New York: Cambridge University Press, 1988) を参照されたい。

4 ダーウィンに宛てたパウエルの手紙は残っていないが、DCPの編者たちは、1860年1月8日に書かれた、それに対するダーウィンの詳細な返事を通して、その内容を推定した。本章を通して、私は、Curtis N. Johnson の長く詳細で思索に富んだ論文 "The Preface to Darwin's *Origin of Species*: The Curious History of the 'Historical Sketch,' " *Journal of the History of Biology* 40 (2007): 529–56 に負っている。

5 チャールズ・ライエルは、彼の『地質学原理』(1830、32) に「歴史的概観」を含めていた。〔チャールズ・ライエル、ジェームズ・A・シコード編、河内洋佑訳『地質学原理』上・下、「科学史ライブラリー」、朝倉書店、2006–7〕

6 ダーウィンは、1860年にベーデン・パウエルに手紙を書いたときに、自分には歴史的な技量が乏しいことを告白している。歴史的な序文を書くことは「少なからず難しく、私などよりむしろ、科学史家の仕事ではないでしょうか」(1860年1月18日付けのチャールズ・ダーウィンからベーデン・パウエルへの手紙、Letter 2655, DCP)。

7 1858年10月6日付けのアルフレッド・ウォーレスからジョーゼフ・フッカーへの手紙、Letter 2337, DCP.

8 1859年12月21日付けのチャールズ・ダーウィンからジョーゼフ・フッカーへの手紙、Letter 2591, DCP.

9 Charles Victor Naudin, "Considérations philosophiques sur l'espèce et la variété," *Revue Horticole*, 4th series, 1 (1852): 102–9.

10 「僕は、フランス語はけっこう速く読めるのだが、正確にとはとても言えないんだ。」1860年1月20日付けのチャールズ・ダーウィンからジョーゼフ・フッカーへの手紙、Letter 2657, DCP.

11 1859年12月23日付けのチャールズ・ダーウィンからジョーゼフ・フッカーへの手紙、Letter 2595, DCP.

12 1859年12月25日付けのチャールズ・ダーウィンからジョーゼフ・フッカーへの手紙、Letter 2602, DCP.

13 *Annual Register* 102 (1860), *Chronicle* 3 (January 1860).

14 1860年1月3日付けのチャールズ・ダーウィンからジョーゼフ・フッカーへの手紙、Letter 2635, DCP.

15 1860年1月18日付けのチャールズ・ダーウィンからベーデン・パウエルへの手紙、Letter 2654, DCP.

16 1859年11月22日付けのチャールズ・ダーウィンからジョーゼフ・フッカーへの手紙、Letter 2542, DCP.

17 1859年11月11日付けのチャールズ・ダーウィンからヒュー・ファルコナーへの手紙、Letter 2524, DCP.

18 1859年11月11日付けのチャールズ・ダーウィンからジョーゼフ・フッカーへの手紙、Letter 2705, DCP. 及び、1860年3月18日付けのチャールズ・ダーウィンからアルフレッド・ラッセル・ウォーレスへの手紙、Letter 2807, DCP.

19 1860年3月18日付けのチャールズ・ダーウィンからエイサ・グレーへの手紙、Letter 2808, DCP.

20 *Gardeners' Chronicle,* April 21, 1860 に掲載されたダーウィンの手紙。

21 1861年1月15日付けのチャールズ・ダーウィンからジョーゼフ・フッカーへの手紙、Letter 3047, DCP.

22 ダーウィンがアリストテレスを読んでいたことについては、Allan Gotthelf, "Darwin on Aristotle," *Journal of the History of Biology* 32, no. 1 (1999): 3–30を参照されたい。

23 166年11月12日付けのジェイムズ・グリースからチャールズ・ダーウィンへの手紙、Letter 5276, DCP. アリストテレスの生物学研究は、19世紀に、ヨーロッパの各地で再評価の動きがあった。フランスの比較解剖学者ジョルジュ・キュヴィエは、彼の『自然科学史』(1841)の中で、自分は『動物誌』を読んだとき、「驚愕の念で呆然となった」と述べている。ドイツでは新しい訳が刊行され(1811、1816)、1783年にはフランス語訳が、そして、1862年にはリチャード・クロスウェルによる10巻本の『動物誌』の、1882年にはチャールズ・オーグルによる『動物部分論』の、それぞれ新しい英訳が刊行された。ジョージ・ヘンリー・ルイスは1864年にアリストテレスに関する本を書いた。1年後、グリースは、これが最後となる、ダーウィンへのまた別の依頼の手紙を書いた。自分はオランダ語の文法書を英語に訳したいと思っている。よければ、ダーウィン氏の方から、ジョン・マレー氏に一言口添えしていただけないだろうか。ダーウィンは依頼に応じた。本は1874年に原稿が出版社に送られ、同年刊行された。

第2章　アリストテレスの目

1　Liba Taub, *Aetna and the Moon: Explaining Nature in Ancient Greece and Rome* (Corvallis: Oregon State University Press, 2008), 87を参照されたい。

2　T. E. Rihll, *Greek Science*, New Surveys in the Classics, no. 29 (Oxford: Oxford University Press, 1999), 5を参照されたい。

3　ディオゲネスはアリストテレスのことを、足が長く目は小さく、流行の服を着て、指輪をしていると述べている。彼はまた、アリストテレスはひげを剃っていたとも伝えている。Diogenes, *Lives of the Philosophers*, V: 1.

4　Hugh J. Mason, "Romance in a Limestone Landscape," *Classical Philology* 90, no. 3 (1995): 263–66.

5　P. C. Candargy, *La Végétation de l'île de Lesbos* (Lille: Bigot frères, 1899), 1–39.

6　今日、レスボスにやってくる移民は、収容され追放される。2009年の夏、ギリシアの新しい政府は、迫害や戦争地域を逃れて、ヨーロッパに向かう西向きのルートの途中に、トルコとレスボスのあいだの危険な9マイルの海峡を毎月渡ってくる何百人ものアフガンやソマリアの移民の男性や女性、子供たちを投獄するために島に建てられた悪名高い収容センターを一時的に閉鎖した。自分が見たものは「ダンテの地獄よりひどかった」と、ギリシアのある大臣はジャーナリストたちに語った。Niki Kitsantonis, "Migrants Reaching Greece Despite Efforts to Block Them," *New York Times*, November 18, 2009.

7　R. E. Wycherley "Peripatos: The Athenian Philosophical Scene – II," *Greece and Rome*, 2nd series, vol. 9, no. 1 (1962): 2–21.

8　Anton-Hermann Chroust, *Aristotle: New Light on His Life*, 2 vols. (London: Routledge and Kegan Paul, 1973), 1: 158.

9　J. R. Ellis, *Philip II and Macedonian Imperialism* (London: Thames and Hudson, 1976), 95–100を参照されたい。

10　Plato's *Apology*, from Plato, *Five Great Dialogues of Plato: Euthyphro, Apology, Crito, Meno, Phaedo*, translated by Benjamin Jowett (Claremont, Calif.: Coyote Canyon Press, 2009), 20–21.〔プラトン、納富信留訳『ソクラテスの弁明』、光文社古典新訳文庫、光文社、2012〕

11　初期の蔵書や図書館については、Jeno Platthy *Sources on the Earliest Greek Libraries with the Testimonia* (Amsterdam: Hakkert, 1968)を参照されたい。

12　アリストテレスが東方に向かいその途中でペラに滞在したという証拠はないが、何人かのアリストテレス研究者は、アタルネウスの宮廷で彼が使節としての役割を果たしていたことと、アリストテレスとヘルミアスとの関係にピリッポスが肩入れしていたことを考慮すれば、彼が自分の将来について話し合うためにピリッポスと直接会う必要があっただろうというのは十分あり得ることだと考えている。とりわけ、Chroust, *Aristotle*, 159を参照されたい。

13　Herman Melville, *Moby-Dick* (1851), ch. 1, "Loomings".〔ハーマン・メルヴィル、富田彬訳『白鯨』上・下、角川文庫、2015〕古代ギリシアにおける海陸の旅については、Lionel Casson, *Travel in the Ancient World* (London: Book Club Associates, 2005), ch. 4を参照されたい。

14　Werner Jaeger, *Aristotle: Fundamentals of the History of His Development*, rev. ed. (Oxford: Clarendon Press, 1948; first published 1934), 114.

15　Aristotle, *The History of Animals*, 982b12ff.〔アリストテレス、金子善彦、濱岡剛、伊藤雅巳、金澤修訳『動物誌』上・下、「新版アリストテレス全集」第8・9巻、岩波書店、2015〕

16 また、Mason, "Romance in a Limestone Landscape," 263–66を参照されたい。レスボスの町々については、古代の記述にすら目も眩むような輝きが感じられる。ミティレネはレスボスで最大の市で、アリストテレスが、島に滞在しているあいだ、おおかたの時間をすごしたところだが、そのミティレネについての最初期の記述は、すべてがゆらめいているように感じさせたに違いない白くかすんだような光のいくばくかを伝えている。紀元2世紀に島に住んだ作家ロンゴスは、彼の牧歌的物語『ダフニスとクロエー』を、彼が幼少期を過ごした詩情あふれる町ミティレネの記述から始めている。「レスボスには、ミティレネという大きく美しい町がある。町には何本もの運河が交差しており、そこを伝って海が陸地にまで流れ込んでくる。町にはまた、磨かれた石で出来た橋がいくつも架かっていて、その様子を見れば、町自体が島のように感じられるだろう」。彼はまた、ほかの箇所で、岩肌に妖精たちが彫られていて、水が湧き出して小川となって流れ去る、神聖な洞窟についても触れている。〔ロンゴス、松平千秋訳『ダフニスとクロエー』、岩波文庫、1987〕

17 Alcaeus 397, 367, 347(a), 345. Peter Green, *Classical Bearings: Interpreting Ancient History and Culture* (Berkeley: University of California Press, 1998), 60に引かれている。

18 Sappho frr 136, 105(a), 117A, 156. David A. Campbellによる訳。Peter Green, *Lesbos and the Cities of Asia Minor* (Austin: Dougherty Foundation, 1984), 21–22に引かれている。

19 レスボス島の魚の意義と、それらがいかにアリストテレスの哲学理解を形づくったかということの全貌に関しては、D'Arcy Wentworth Thompson, *On Aristotle as a Biologist* (Oxford: Clarendon Press, 1913); H. D. P. Lee, "Place-Names and the Date of Aristotle's Biological Works," *Classical Quarterly* 42 (1948): 61–67; ならびに、Frank Solmsen, "The Fishes of Lesbos and Their Alleged Significance for the Development of Aristotle," *Hermes* 106 (1978): 467–84を参照されたい。

20 Thompson, *On Aristotle as a Biologist*, 50.

21 Anna Marguerite McCann, "The Harbour and Fishery Remains at Cosa, Italy," *Journal of Field Archaeology* 6, no.4 (1979): 391–411.

22 Jaeger, *Aristotle*, 337.

23 Aristotle, *Parts of Animals*, 1.5, 645a27–30, William Ogleによる訳(アリストテレス、濱岡剛訳「動物の諸部分について」〔「アリストテレス全集」第10巻『動物論三篇』、岩波書店、2016〕所収)。

24 Jason A. Tipton, 'Aristotle's Observations of the Foraging Interactions of the Red Mullet and Sea Bream," *Archives of Natural History* 35, no. 1 (2008) 164–71とTipton, "Aristotle's Study of the Animal World: The Case of the Kobios and the Phucis," *Perspectives in Biology and Medicine* 49, no. 3 (2006): 369–83 を参照されたい。ギリシアの魚についての偉大な権威は D'Arcy Wentworth Thompson, *A Glossary of Greek Fishes* (London: Oxford University Press, 1947) である。

25 「ほかの魚は、イソギンポやハゼのように、習慣的に、泥や海草、海藻、あるいは茎植物や若い草木を食べる。ついでながら、イソギンポが口にする唯一の肉は小エビの肉である」。*Aristotle, The History of Animals,* 591b10, William Ogleよる訳。

26 D. Balme, "The Place of Biology in Aristotle's Philosophy" in Allan Gotthelf and James G. Lennox, eds., *Philosophical Issues in Aristotle's Biology* (Cambridge: Cambridge University Press, 1987), 301.

27 John C. Greene, "From Aristotle to Darwin: Reflections on Ernst Mayr's Interpretation in *The Growth of Biological Thought*," *Journal of the History of Biology* 25, no. 2 (1992): 257–84 を参照されたい。

28 G. E. R. Lloyd, "The Evolution of Evolution: Greco-Roman Antiquity and the Origin of Species," in his *Monthly Magazine Principles and Practices in Ancient Greek and Chinese Science* (Aldershot: Ashgate Variorum, 2006), 10–11を参照されたい。

29 Aristotle, *The History of Animals*, 567b12.

30 数十年のちに、アテネで、テオプラストスは、これらの植物に関する覚え書きを本にまとめることになる。この『植物探究』と『植物の原因について』は、古代に書かれた植物に関する書物のうちで最も重要なものに数えられよう。

31 元のギリシア語は、"epamphoterizesn"で、David BalmeはAristotle, *History of Animals*, Books 7–10, edited and translated by D. M. Balme (Loeb Classical Library Cambridge, Mass., and London: Harvard University Press, 1991) の中で"tend to both sides"(「両側に向かう」)と訳したが、Geoffrey LloydはG. E. R. Lloyd, "Fuzzy Natures," (———, *Aristotelian Explorations* [Cambridge: University Press, 1996], 72.)の中でA. L. Peckに従って"dualise"(「二性化する」)と訳している。

32 Lloyd, "Evolution of Evolution," 12を参照されたい。

33 G. E. R. Lloydの1996年のすばらしい論文"Fuzzy Natures," 68–83を参照されたい。

34 Aristotle, *The History of Animals*, 588b5f.

35 Ibid., 588b12f.

36 Aristotle, *Parts of Animals*, 681a28.

37 この記述は、起源170年から180年にかけて書かれたオッピアノス『漁夫の歌』(Oppian, *Halieutica* 5, 612–74)の中の古代ギリシアの素潜りの海綿漁の詳細な記述に基づいている。私は、アリストテレスの時代とオッピアノスの時代とでは、海綿漁のやり方にほとんど変化はなかっただろうと考えている。アリストテレスは、『問題集』の中で、空気を供給するための一種の潜水鐘の使用に言及している。「海綿の漁師たちが容易に呼吸できるように、水ではなく空気を満たしたやかんが降ろされ、それが潜っている男をずっと助ける。やかんは、降ろされていく間、空気が抜けたり水が入ってきたりするのを防ぐために、底の部分がどちらの方向にも同じ高さになるよう、力を込めて垂直に保たれる」Frank J. Frost, "Scyllias: Diving in Antiquity" *Greece and Rome* 15, no. 2 (1968): 180–85, 183に引用されたE. S. Forsterの訳による。〔アリストテレス、丸橋裕、土屋睦廣、坂下浩司訳『問題集』、「アリストテレス全集」第13巻、岩波書店、2014〕。

38 Eleni Voultsiadou and Dimitris Vafidis, "Marine Invertebrate Diversity in Aristotle's Biology," *Contributions to Zoology* 76 (2007): 103–20を参照されたい。素潜りについては、Frost, "Scyllias: Diving in Antiquity" 180–85を参照されたい。

39 Adrienne Mayor, *The First Fossil Hunters: Palaeontology in Greek and Roman Times* (Princeton: Princeton University Press, 2010; first published 2000)を参照されたい。Mayerは、こういった奇妙な推測がなされたのは、一つには、化石に関してさまざまな憶測があったからではないかと示唆している。

40 Aristotle, *On Generation and Corruption*, Book 11, ch. 10〔アリストテレス、今井正浩訳『動物の発生について』、「アリストテレス全集」第11巻、岩波書店、2020〕。

41 Aristotle, *The History of Animals,* 741b22–4; Marjorie Grene, *A Portrait of Aristotle* (Chicago: University of Chicago Press, 1963), 64に引かれている。

42 Lloyd, "Evolution of Evolution," 4–5.

43 ibid., 6に引かれている。

44 Jonathan Barnes, *Greek Philosophers* (Oxford: Oxford University Press, 2001) を参照されたい。

45 Ernst Mayr, *The Growth of Biological Thought: Diversity, Evolution, and Inheritance* (Cambridge, Mass., and London: Belknap Press, 1982), 89.

46 同書305–7ページとLloyd, *Principles and Practices in Ancient Greek and Chinese Science*を参照されたい。

47 Grene, *Portrait of Aristotle*, 65, 136–37を参照されたい。

48 Lloyd, "Evolution of Evolution," 1–15を参照されたい。

49 この点について、私は、同論文12–15ページにおける、古代ギリシア・ローマの進化に関する推考について、G. E. R. Lloyd の洞察のこもった結論に負っている。

第3章　ジャーヒズの信心深い好奇心

1 Guy Le Strange, *Baghdad During the Abbasid Caliphate: From Contemporary Arabic and Persian Sources* (Oxford: Clarendon Press, 1900) を参照されたい。「ミルバド」(Mirbad)とは、字義通りには「ラクダが膝をつくところ」を意味している。本章を書くに際して、私は、ケンブリッジ大学古典アラビア文化学のJames Montgomery教授の学識に負うところが大きかった。教授はまた、寛容にも、ジャーヒズの『動物の書』について執筆中の本を読むことも認めてくださった。

2 A. J. Naji and Y. N. Ali, "The Suqs of Basrah: Commercial Organization and Activity in a Medieval Islamic City,"*Journal of the Economic and Social History of the Orient* 24, no. 3 (1981): 298–309を参照されたい。バスタとミルバドについては、Charles Pellat, *Le Milieu basrien and laformation de Gahiz* (Paris: Maisonneuve, 1953); Régis Blachère, *Histoire de la littérature arabe des origines à la fin du XVe siècle* (Paris: Maisonneuve, 1964), 3: 527; ならびに Hourari Touati, *Islam and Travel in the Middle Ages,* translated by Lydia G. Cochrane (Chicago: University of Chicago Press, 2010) を参照されたい。

3 Charles Pellat, introduction to Charles Pellat, ed., *The Life and Works of Jahiz,* translated by D. M. Hawke (Berkeley: University of California Press, 1969), 2 を参照されたい。

4 まさにそのミルバドに家を建てた8世紀の学者の言葉を引いて、ジャーヒズは書いている、「イラクは世界の目であり、バスラはイラクの目であり、ミルバドはバスラの目である」(同書、192ページ)。

5 こういう主張を最初にした研究者は、科学史に関する事典のすぐれた編纂者だったGeorge Sartonだった。1927年、彼は、3巻本の*An Introduction to the History of Science* (Baltimore: Williams and Wilkins, 1927) の第1巻で、ジャーヒズの作品は、のちの多くの理論(進化や適応、動物心理学など)の萌芽を含んでいると主張した(597ページ)。1966年に、ジャーヒズの研究者で翻訳も手掛けるCharles Pellatは、*Encyclopedia Islam* の中で、「〔『動物の書』の中でジャーヒズは〕それなりに興味深い進化論を素描した」と主張した(第3巻312ページ)。1983年、Mehmet Bayrakdar 博士は、"Al-Jahiz and the Rise of Biological Evolution," *Islamic Quarterly*, Third Quarter の中で、それよりずっと大胆な一連の主張をして、具体的には、ジャーヒズは「生存競争と、種の互いへの変容と、環境の要因を描いた」(310ページ)、「彼は動物学と生物学の発展に深い影響を及ぼした」(312ページ)、そして、「ジャーヒズとほかのイスラムの進化論者たちは、ダーウィンと彼の先駆者たちに影響を与えた」(313ページ)と説いた。Bayrakdar の主張は、2002に、"A History of the Ecological Sciences, Part 6: Arabic Language Science--Origins and Zoological Writings," *Bulletin of*

the Ecological Society of America, 142–46の中で、Frank E. Egertonによって疑問視された。2000年に、Ahmed AarabとPhilippe ProvençalとMohamed Idaomarは、"Eco-Ethological Data According to Jahiz through his Work 'Kitab al-Hayawan,' " *Arabica* 47 (2000): 278–86の中で、ジャーヒズの作品の中に、生命の多様性や、食物連鎖、動物の適応、渡り、冬眠などについての思索が存在することについて、より緻密な一連の主張を展開した。

6 あるブログの作者は、彼女の歴史の先生が、ジャーヒズの『動物の書』を探して大英博物館の図書室を訪れた際、本が見つからなかったので、記録を調べると、本を最後に借り出したのがダーウィンで、彼はそれを返却しなかったということを発見したと語っていたという。作者は、『種の起源』は「歴史上最も重大な剽窃の一つだということは十分あり得る」と結論づけている。http://uiforum. uaeforum.org/showthread.php?6582-Early-Islamic-scholars-on-evolutionを参照されたい。

7 この物語は9世紀には広く流布しており、10世紀には当代とりわけアラブの書物の世界についての史家だったアル・ナディームによって記録されている。Bayard Dodge, ed., *The Fihrist of Al-Nadim: A Tenth-Century Survey of Muslim Culture*, 2 vols. (New York and London: Columbia University Press, 1970), 2: 583–84.

8 Sidney H. Griffith, *The Church in the Shadow of the Mosque* (Princeton: Princeton University Press, 2008)を参照されたい。

9 古典学者のDimitri GutasとGeorge Salibaは、翻訳運動の背後にある動機という点で、意見を異にしている。 Gutasは、運動の推進者としてカリフを強調するのに対して、Salibaは、翻訳を、宮廷の廷臣や行政官たちのあいだでの後援者を得ようとする競争がもたらした社会変化が引き金になったと見なしている。

10 Dodge ed., *Fihrist of Al-Nadim,* 2: 585–86. 編者のBayard Dodgeはこの物語と神殿の場所とについて思いを巡らせている。「建物は、おそらく……エフェソスかミレトスの近くだったに違いない。10世紀までには、ミレトスの近くのディディマにあったアポロンの大神殿とペルガモンの有名な図書館はまず確実に廃墟となっていたはずである。それゆえ、この図書館は、近くに有名なディアナの神殿があったエフェソスの2世紀の建物だった可能性が高い」。

11 「知恵の館」の具体的な詳細についてはほとんどわかっていない。民間の言い伝えに関しては、Jonathan Lyons, *The House of Wisdom: How the Arabs Transformed Western Civilisation* (London: Bloomsbury 2009)と、古典学者のGutasとSalibaの著書を参照されたい。

12 研究者たちがこの翻訳運動を捉えてきたその多様な見方の分析と、こういった出会いがどうしてさまざまあったのかということの鋭敏な解明については、James E. Montgomery, "Islamic Crosspollinations," in Anna Akasoy, James E. Montgomery and Peter E. Pormann, eds., *Islamic Crosspollinations: Interactions in the Medieval Middle East* (Cambridge: E. J. W Gibb Memorial Trust, 2007)とRoshdi Rashed, "Greek into Arabic," in James E. Montgomery ed., *Arabic Theology, Arabic Philosophy: From the Many to the One* (Leuven: Peeters, 2006)を参照されたい。

13 Jonathan Bloom, *Paper Before Print: The History and Impact of Paper in the Islamic World* (New Haven and London: Yale University Press, 2001), 49.

14 Ibid., 47–56.

15 文学史家のTarif Khalidiは、adabのことを「狭隘な専門化を避け、さまざまな角度から議論して、自然や社会のあらゆる現象を寛容で懐疑的な精神で検討することを尊ぶ……自然と社会を研

究するための仕組み」と言い表している。Tarif Khalidi, *Arabic Historical Thought in the Classical Period* (Cambridge and New York: Cambridge University Press, 1994), 104.

16 ミルバドの本屋の屋台については、Naji and Ali, "Suqs of Basrah," 303 を参照されたい。

17 Dodge ed., *Fibrist of Al-Nadim*, 2: 255. http://www.muslimheritage.com/uploads/ACF9F4.pdf

18 Qasim Al-Samarrai, "The Abbasid Gardens in Baghdad and Samarra," *Foundation for Science, Technology and Civilisation* 2002, 1–10を参照されたい。

19 アリストテレスの著作のアラビア語とシリア語への翻訳と、翻訳運動全般については、F. E. Peters, *Aristotle and the Arabs: The Aristotelian Tradition in Islam* (New York: New York University Press; London: University of London Press, 1968) とD. Gutas, *Greek Thought, Arabic Culture: The Graeco-Arabic Translation Movement in Baghdad and Early Abbasid Society (2nd–4th/8th–10th Centuries)* (London: Routledge, 1998) を参照されたい。

20 その執筆年代に関する議論については、Sa'id H. Mansur, "The World View of al-Jahiz," in *Kitab al-Hayawan* (Alexandria: Dar al-Maare, 1977), 92–96 を参照されたい。

21 Charles Pellat, "Hayawan," in *Encyclopaedia of Islam*, 3: 305 を参照されたい。

22 Ibid.,304–15; S. H. Nasr, "Zoology," in his *Islamic Science: An Illustrated Study* (Westerham Press, Kent: World of Islam Festival Publishing, 1976), ならびに、Egerton, "History of the Ecological Sciences, Part 6," 142–46を参照されたい。

23 『種の起源』(1859)の最後の一節〔チャールズ・ダーウィン、渡辺政隆訳『種の起源』上・下、光文社古典新訳文庫、2009〕。また、Aarab, Provençal, and Idaomar, "Eco-Ethological Data According to Jahiz," 278–86を参照されたい。

24 Jahiz, *Hayawan*, 2: 110–11; translated by Charles Pellat, ed. *Life and Works of Jahiz,* 142.

25 Ibid. Translated by Pellat.

26 Bayrakdar, "Al-Jahiz and the Rise of Biological Evolution," 307–15.

27 Jahiz, *Hayawan*, 2: 110, translated by Charles Pellat, ed., Life and Works of Jahiz, 142.

28 Jahiz, *Hayawan*, 3: 268.

29 バグダッドとサッマーラーのカリフの宮殿の中の動物園については、Al-Samarrai, 'Abbasid Gardens in Baghdad and Samarra," 1–10, www.muslimheritage.com/uploads/ACF9F4.pdfを参照されたい。

30 Jahiz, *Hayawan*, 3: 213–14; translated by Charles Pellat, ed., *Life and Works of Jahiz*, 172–73. 近親交配の悪影響についての知識は注目に値する。それはもちろん、ハトの繁殖業者が自分の飼っているハトについて長い時間をかけて観察して知ることになるものである。それは現代遺伝学の基礎をなしている。ハトの寵愛とハト・レースは中世のイラクで人気のある娯楽だった。アッバース朝の人々はまた伝書バトも使っていた。

31 Jahiz, *Hayawan*, 6: 16–17. 訳はJames Montgomery の提供による。

32 Gutas, *Greek Thought, Arabic Culture*, 124.

33 Joel L. Kraemer, "Translator's Foreword," in *The History of al-Tabari*, vol. 34: *Incipient Decline: The Caliphates of Al-Wathiq, Al-Mutawakkil and Al-Muntasir, AD 841–863* (New York: State University of New York Press, 1989), xv.

34 彼らの親密さは、ジャーヒズが後援者に宛てた軽くからかうような手紙に垣間見える。その中で、彼は、相手が自分の書斎を片づけさせて、本を閉じさせたことで小言を言っている。Pellat, ed., *Life and Works of Jahiz*, 209–11, 214–15.

35 History of al-Tabari, 34: 65–68を参照されたい。

36 Ibid., 68.

37 Ibid., 117を参照されたい。

38 Kraemer, "Translator's Foreword," in ibid., xxi.

39 "Some Things About al'Mutawakkil and His Way of Life," in ibid., 185の中のムタワッキルの後援についてのal-Tabariの記述を参照されたい。

40 Gutas, *Greek Thought, Arabic Culture*, 128.

41 Pellat, ed., *Life and Works of Jahiz*, 7–8.

42 ジャーヒズの作品の中でキリスト教徒について言及した箇所の訳については、ibid., 86–89を、そして、アルファス=イブン・カカンからの手紙については、7–8を参照されたい。

43 Kraemer, "Translator's Foreword," in *History of al-Tabari*, 34: xiii.

44 Lawrence I. Conrad, *The Western Medical Tradition* (Cambridge: Cambridge University Press, 2006), 137. アッバース朝では、平均寿命は35歳かそれ以上ということで、これは、その時点で世界中の国で最も長いものだった。

45 Pellat, ed., *Life and Works of Jahiz*, 9. ジャーヒズが死んだのは、史家のイブン・ナディームがバグダッドの書籍と著作者と翻訳家のリストを書き始めるよりも1世紀かそれ以上前のことだが、彼はまだジャーヒズに面識のあった人々と話をすることが出来た。そのうちの一人は、「俺はジャーヒズに『あんたはバスラに家屋敷があるのかね』と聞いたんだ。そしたら、彼はにっこり笑って、『あちらには、自分と妾とその妾に仕える侍女と下男とロバがいる』と言っていた」と語って聞かせた。それから、ジャーヒズは、自分の後援者と自身の著書を挙げ、それぞれに対してどれだけ支払われたかを述べて、自分についての話を、「それから、わしはバスラに行って、屋敷を得たが、それは手を入れる必要もなく、土地に肥料を足すことも無用だった」という言葉で締めくくったという。ジャーヒズの友人は、彼が屋敷の話をしたときの笑顔をおぼえていた。イブン・ナディームはその笑顔のことも記録した。そのことからも、私たちは、ジャーヒズがバスラに戻ったときに感じた喜びを垣間見ることが出来る。Dodge, *Fihrist of Al-Nadim*, 2: 440.

46 Amira Bennison, *The Great Caliphs: The Golden Age of the Abbasid Empire* (New York and London: I. B. Tauris, 2009), 89.

47 とりわけ、James Hannam, "Heresy and Reason," in his *God's Philosophers: How the Medieval World Laid the Foundations of Modern Science* (London: Icon, 2009), 77–89を参照されたい。

48 Ibid., 77–81.

49 Michael White, *Leonardo: The First Scientist* (London: Abacus, 2000), 42.

第4章 レオナルドと陶工

1 レオナルドは、ヴェローナの山からやってきた百姓たちのことを、彼のノート「レスター手稿」の中で語っている。Leonardo da Vinci, "Physical Geography" in *The Notebooks of Leonardo da Vinci*, translated by E. MacCurdy (London: Jonathan Cape, 1938), 1: 355–56, 359. Michel Jeanneretは、"Earth Changes: Leonardo Da Vinci," in his *Perpetual Motion: Transforming Shapes in the Renaissance from da Vinci to Montaigne*, translated by Nidra Poller (Baltimore and London: Johns Hopkins University Press, 2001), 50–81の中で、レオナルドが水や流動・流転といったものにいかに強く惹かれていたかを分析している。レオナルドの芸術的発展と知的発展の繋がりについては、

範囲はもっと限定されているが、Pierre Duhem, "Leonard de Vinci, Cardan et Bernard Palissy" *Bulletin Italien* 6, no. 4 (1906): 289–320の中でも論じられている。

2 ミラノにおけるレオナルドの弟子たちについては、Charles Nicholl, *Leonardo da Vinci: The Flights of the Mind* (London: Penguin, 2005), 233–35〔チャールズ・ニコル、越川倫明他訳『レオナルド・ダ・ヴィンチの生涯——飛翔する精神の軌跡』、白水社、2009〕を参照されたい。

3 Ibid., 248–53.

4 Ibid., 215. また、Janis Bell, "Color Perspective, ca. 1492," *Achademia Leonardo Vinci* (1992): 64–77も参照されたい。アリストテレスの著書1冊が、アランデル手稿の中の1490年頃の蔵書リストに"meteora d'Aristotle vulgare"〔俗ラテン語訳アリストテレス『気象論』〕として挙げられ、また、1490–91年頃のアランデル手稿の中の別のリストにも、さらには、1503–4年のマドリッド手稿の中の長いリストの中にも、挙げられている。レオナルドの蔵書については、Carlo Maccagni, "Leonardo's List of Books," *Burlington Magazine* 110, no. 784 (1968): 406–10とLadislao Reti, "The Two Unpublished Manuscripts of Leonardo da Vinci in the Biblioteca Nacsonal of Madrid—II," *Burlington Magazine* 110, no. 779 (1968): 81–89を参照されたい。

5 15世紀以降のルネサンスの王侯たちが珍重品を収蔵していた飾り棚については、Robert Kirkbride, *Architecture and Memory: The Renaissance Studioli of Federico da Montefeltro* (New York: Columbia University Press, 2009) を参照されたい。

6 Leonardo, Codex Arundel, 155r, translated by Jean Paul Richter, in Richter, ed., *The Literary Works of Leonardo da Vinci*, 2 vols. (London: Phaidon Press, 1970), 1: 1339.

7 ルネサンスが発生や変身ということにいかに魅了されていたかということの瞠目すべき研究としては、Jeanneret, *Perpetual Motion* とりわけ、"Earth Changes: Leonardo da Vinci" の章を参照されたい。

8 Nicholl, *Leonardo da Vinci,* 278.

9 Ibid., 279.

10 Ibid., 302.

11 ルネサンス期の流転・流動の観念については、Jeanneret, *Perpetual Motion* とりわけ、"Earth Changes: Leonardo da Vinci." の章を参照されたい。

12 Nicholl, *Leonardo da Vinci*, 373に引かれている。

13 Maria Lessing, "Leonardo da Vinci's Pazzia Bestialissima," *Burlington Magazine* 64, no. 374 (1934): 219–31を参照されたい。

14 レオナルドがギリシア・ローマの墓石から着想を得ていた可能性に関する詳細な記述については、Kenneth Clark, "Leonardo and the Antique," in C. D. O'Malley ed., *Leonardo's Legacy* (Berkeley and Los Angeles: University of California Press, 1969), 1–34を参照されたい。

15 ケンブリッジ大学動物学博物館のRichard Preeceはこの貝殻を特定した。それが、地中海の海岸では見られないXenophora solaris(カジトリグルマ)だとすれば、レオナルドはおそらくそれを貴族の私邸の書斎に飾られた多くの貝殻のコレクションの一つで見かけたのだろう。あるいは、彼は、自然誌に関する品を扱う業者から自分で買い求めたのかもしれない。コレクションについては、Patrick Mauries, *Cabinets of Curiosities* (London: Thames and Hudson, 2002) を参照されたい。ルネサンス期の甲冑、とりわけ、鎧に牡鹿の角を用いることについては、Antonio Domínguez Ortiz, Concha Herrero Carretero, and José A. Godoy, *Resplendence of the Spanish Monarchy:*

Renaissance Tapestries and Armor from the Patrimonio Nacional (New York: Metropolitan Museum of Art, 1991) を参照されたい。1520年代ころにルネサンスの甲冑に牡鹿の角を用いたもう一つの例については、118–19ページを参照されたい。レオナルドはこういった古代の甲を、1500年ころにローマでか(“Leonardo and the Antique” における Kenneth Clarkの議論を参照されたい)、あるいは、ロレンツォの古代の甲冑のコレクションの中で、見ていたのかもしれない。Mario Scalini, “The Weapons of Lorenzo de Medici,” in Robert Held, ed., *Art, Arms and Armour: An International Anthology* (Chiasso, Switzerland: Acquafresca Éditrice, 1979) を参照されたい。

16 Madrid Codices, II, 125r, Biblioteca Nacional, Madrid. Nicholl, *Leonardo da Vinci*, 388に引かれている。

17 Madrid Codices II, 2. Nicholl, *Leonardo da Vinci*, 390に引かれている。

18 レオナルドのノートのうち、最も重要なものの一つであるレスター手稿は1690年代にローマの手稿を納めた収納箱から発見され、レスター卿トマス・コークによって購入され、以後この家族が所有していたが、1980年代にアーマンド・ハマーに売却され、彼はこれをハマー手稿と改名した。1994年、クリスティでオークションにかけられ、ビル・ゲイツが三千万ドルで購入し、彼はノートを元の名に戻した。レオナルドが水に魅せられていたことについては、Martin Kemp, *Leonardo* (Oxford: Oxford University Press, 2006), 75–83〔マーティン・ケンプ、藤原えりみ訳『レオナルド・ダ・ヴィンチ——芸術と科学を越境する旅人』、大月書店、2006〕とJeanneret, *Perpetual Motion*を参照されたい。

19 Leonardo da Vinci, Codex Atlanticus, Ambriosiana Library Milan, 18v., translated by Jean Paul Richter, in Richter, *Literary Works of Leonardo da Vinci*, 1: 987.

20 Leonardo,“Physical Geography” 1: 359.

21 これらの著者はすべてレオナルドのノートの中で言及されている。

22 Aristotle, *Meteorologica*, translated by H. D. P. Lee (London: Heinemann, 1952), 119–21〔アリストテレス、三浦要訳「気象論」(「アリストテレス全集」第6巻『気象論・宇宙について』、岩波書店、2015所収)〕。

23 ジョルジョ・ヴァザーリは、この一節を『画家・彫刻家・建築家列伝』の初版(1550)に含めたが、批判的すぎると考えて、第二版では削除した。Nicholl, *Leonardo da Vinci*, 483に引かれている。

24 William R. Newman, *Promethean Ambitions: Alchemy and the Quest to Perfect Nature* (Chicago: University of Chicago Press, 2004), 120–27を参照されたい。

25 Leonardo, Leicester Codex, 2r.

26 例えば、ルネサンスの学者マルシリオ・フィチーノの『三重の生』第3巻第1章を参照されたい。

27 Richter, *Literary Works of Leonardo da Vinci*, 1: 791–92.

28 Kemp, *Leonardo*, 148–50.

29 種の変異についてレオナルドが興味を持っていなかった理由の一つは、彼が錬金術に関する理論をすべて軽蔑していたことにあるように思われる。変成は、この時点で、暗号と秘密と妖術にくるまれた錬金術の概念だった。錬金術師たちは、自分たちが鉛を金に、そして、死すべき存在を不死の存在に変成することが出来ると信じていた。レオナルドから見て、そんなものはただのほら話だった。いかなる人間も生身を新しい形態に変えることなど出来ない。いかなる種類のものであれ、変成という発想に対するこの嫌悪感こそが、自然界における流動と流転

についての偉大な哲学者だったレオナルドをしても、種が、長大な期間をいくつも経る中で、いまだ特定されていない自然の過程を通して、ある形態から別の形態へと変成されたかもしれないという考えに賛同するのを不可能にしたのだろう。

30 Stephen Jay Could, *Leonardo's Mountain of Clams and the Diet of Worms* (London: Vintage, 1999)所収の"The Upwardly Mobile Fossils"における、化石に関するレオナルドの著述についてのCouldの分析を参照されたい。

31 David Thomson, *Renaissance Paris: Architecture and Growth, 1475–1600* (Berkeley and Los Angeles: University of California Press, 1984), 165–75.

32 職人としてのパリシーと、彼が自分の芸術を体現するためにいかに自身の肉体を用いたのかということに関する魅力ある分析として、Pamela H. Smith, *The Body of the Artisan: Art and Experience in the Scientific Revolution* (Chicago: University of Chicago Press, 2004), 100–106を参照されたい。

33 カトリーヌ・ド・メディシスについては、Leonie Frieda, *Catherine de Medici: A Biography* (London: Weidenfeld and Nicolson, 2004)を参照されたい。

34 グロットに対するカトリーヌの出費を詳細に記した出納帳がパリの国立文書館に残されており、その日付は1570年2月22日になっている。パリシーとグロットに関する抜粋がLeonard N. Amico, *Bernard Palissy: In Search of Earthly Paradise* (New York: Flammarion Press, 1996), 231–32に転載されている。

35 Ibid., 25–26.

36 William Newman, *Promethean Ambitions,* 145–64の中での、パリシーの芸術の基盤にある錬金術的発想に関するNewmanの分析を参照されたい。また、Jean Céard, "Bernard Palissy et l'alchimie," in Frank Lestringant, ed., *Actes de colloque Bernard Palissy 1510–1590: L'écrivain, le réformé, le céramiste* (Paris: Amis d'Agrippa d'Aubigné, 1992), 157–59も参照されたい。

37 さまざまな文書館の記録から、彼が生きていたあいだから数多くのフランスの貴族たちがパリシー作の陶器を収集していたのは明らかである。モンモランシーはとりわけ大きなコレクションを持っていた。Amico, *Bernard Palissy*, appendix 1, documents I and III, 229を参照されたい。

38 Ibid., 41–42.

39 Hanna Rose Shell, "Casting Life, Recasting Experience: Bernard Palissy's Occupation Between Maker and Nature," *Configurations* 12 (2004): 1–40とNewman, *Promethean Ambitions*, 158–59を参照されたい。

40 Bernard Palissy, *The Admirable Discourses of Bernard Palissy*, translated by Aurèle la Rocque (Urbana: University of Illinois Press, 1957), 34–35.

41 パリシーに対するパラケルススの著作の影響に関するより詳細については、Neil Kamil, *Fortress of the Soul: Violence, Metaphysics, and Material Life in the Huguenots' New World, 1517–1751* (Baltimore: Johns Hopkins University Press, 2005)における、パリシーの作品に関するすばらしい研究を参照されたい。

42 Henry Harris, *Things Come to Life: Spontaneous Generation Revisited* (Oxford: Oxford University Press, 2002), 1–8を参照されたい。また、人工的な生命と錬金術との繋がりについては、Newman, *Promethean Ambitions*, 164–237を参照されたい。

43 ロンドレもブロンも共に腐食と自然発生について書いていた。『自然とさまざまな魚』(1555)の中で、ピエール・ブロンは、カエルは卵と腐食物のどちらからでも生まれると主張した。自然

発生についてのブロンの見方は、ルネサンスに関する彼の考えとも軌を一にしている。フランスの自然誌家ギヨーム・ロンドレは、魚に関する彼のとてつもない大著『魚全史』(1558)の中の一章全体を、よどんだ沼地にする有機体に当てており、これらは「性格からして、植物と動物の中間である」と信じていた。パリシーはまた、レオナルドの親友の息子で偉大な博識家だったイタリア人ジェロラモ・カルダーノの論文「腐敗の中から生まれる生き物」のフランス語訳も読んでいた。この論文の中で、カルダーノは、「カエルは不純な水の中から、そして、時には雨の中から、生じてくる。彼らは、種もなしに、腐食と腐敗の中から生まれてくる一定の数の不完全な動物の一種である」と主張した。

44 Palissy, *Admirable Discourses,* 244–45.

45 B. Palissy (1563), "Recepte véritable," *Oeuvres de Bernard Palissy*, edited by A. France (1880), 13. また、Frank Lestringant による新しい版 (Paris: Macula, 1996) も参照されたい。こちらには、かなり長くたいへん有益な序章が付いている。

第5章　トランブレーのポリプ

1 この時期のオランダの庭園については、Erik Jong, *Nature and Art: Dutch Garden and Landscape Architecture, 1650–1740* (Philadelphia: Philadelphia University Press, 2000) とJ. W Vanessa Bezemer-Seller, "The Bentinck Garden at Sorgvliet," in J. D. Hunt, ed., *The Dutch Garden in the Seventeenth Century* (Washington, D.C.: Dumbarton Oaks Research Library and Collection, 1990) を参照されたい。私は、本章の初期の草稿を注意深く検討していただいたということで、啓蒙期の顕微鏡に関する秀逸な研究 *The Quest for the Invisible: Microscopy in the Enlightenment* (Farnham, Surrey and Burlington, Vt.: Ashgate, 2009) の著者で、ジュネーヴ大学の Marc Ratcliff に負っている。

2 Abraham Trembley, Instructions d'un père à ses enfants, sur la nature et sur la religion, 2 vols (Geneva: Chapuis, 1775), 1:xii. ベンティンク家の人々については Paul-Emile Schazmann, *The Bentincks: The History of a European Family* (London: Weidenfeld and Nicolson, 1976) とAubrey Le Bond, *Charlotte Sophie, Countess Bentinck: Her Life and Times* (London: Hutchinson, 1912) を参照されたい。ウィレム・ベンティンクが息子たちの家庭教師やほかの人々と交わした書簡は、大英博物館のBentinck Papersに収められている。ベンティンク伯爵夫人は、のちに、ヴォルテールと親交を深めて、彼の『カンディード』の霊感の元となったと考えられている。トランブレーは、1744年の著書『淡水のポリプ属に関する回想録』(*Mémoires pour servir à l'histoire d'un genre de polypes d'eau douce*)の中に、自身のポリプ発見についての詳細な記述を残している。

3 John R. Baker, *Abraham Trembley of Geneva: Scientist and Philosopher, 1710–1784* (London: Edward Arnold, 1952), 28–29. また、トランブレーの教育論に関するBakerの章 (188–204ページ) を参照されたい。

4 17世紀の昆虫学については、Janina Wellmann, "Picture Metamorphosis: The Transformation of Insects from the End of the Seventeenth to the Beginning of the Nineteenth Century," *NTM* 16, no. 2 (2008): 183–211を参照されたい。

5 1740年7月13日付けのボネからレオミュールへの手紙。Papers of Réaumur and Bonnet, Archives de l'Académie des Sciences, Paris. アルゴスの王は、デルポイの神託で自分の娘の息子によって己の死がもたらされるだろうと告げられたので、娘のダナエを塔に幽閉した。しかし、塔は神々からの防壁とはならなかった。ゼウスは黄金の驟雨に変装して、彼女を誘惑し、ダナエはペル

セウスを生んだ。

6 単為生殖の発見の詳細な分析については、Marc Ratcliff, *Quest for the Invisible* の中のすぐれた章 "Insects, Hermaphrodites and Ambiguity" (57–73) を参照されたい。

7 1740年8月5日付けのレオミュールからボネへの手紙。Virginia P. Dawson, *Nature's Enigma: The Problem of the Polyp in the Letters of Bonnet, Trembley and Réaumur* (Philadelphia: Memoirs of the American Philosophical Society, 1988), 80, 114に引かれている。

8 Trembley, *Mémoires*, 18.

9 Baker, *Abraham Trembley of Geneva*, 29.

10 Ibid., 32.

11 Ibid.

12 Maurice Trembley, *Correspondance inédite*, 28. Virginia P. Dawson, *Nature's Enigma*, 101–2の中で英訳されている。

13 1740年12月18日付けのボネからトランブレーへの手紙。George Trembley Archives, Toronto, Ontario. Dawson, *Nature's Enigma*, 89を参照されたい。

14 1741年1月27日付けのトランブレーからボネへの手紙。Ms Bonnet 24, Bibliothrque Publique et Universitaire de Genève. Dawson, *Nature's Enigma*, 89に引かれている。

15 Ibid., 138.

16 1741年3月24日付けのボネからトランブレーへの手紙。George Trembley Archives, Toronto, Ontario. Dawson, *Nature's Enigma*, 138に引かれている。

17 唯物論的な考えや生気論的な考えの根拠としてのポリプについては Aram Vartanian, "Trembley's Polyp, La Mettrie and Eighteenth-Century French Materialism," *Journal of the History of Ideas* 11 (1950): 259–80; Jacques Roger, *Les Sciences de la vie dans la pensée française du XVIIIe siècle: La généiration des animaux de Descartes à l'Encyclopédie* (Paris: Armand Colin, 1963), 749; Ratcliff, *Quest for the Invisible*, 103–25; Dawson, *Nature's Enigma*, 15–56; Giulio Barsanti, "Les Phénomènes 'étranges' et 'paradoxaux' aux origines de la première revolution biologique (1740–1810)," in Guido Cimino and François Duchesneau, eds., *Vitalisms from Haller to the Cell Theory* (Florence: Olschki, 1997), 67–82; Barbara Maria Stafford, "Images of Ambiguity, Eighteenth-Century Microscopy, and the Neither/Nor," in D. P. Miller and P. H. Reill, eds., *Visions of Empire: Voyages, Botany, and Representations of Nature* (Cambridge: Cambridge University Press, 1997), 23–57; Catherine Wilson, *The Invisible World: Early Modern Philosophy and the Invention of the Microscope* (Princeton: Princeton University Press, 1995), 203; and Brian J. Ford, *Single Lens: The Story of the Simple Microscope* (New York: Harper and Row, 1985), 109–11を参照されたい。

18 1741年3月24日付けのボネからトランブレーへの手紙。George Trembley Archives, Toronto, Ontario.

19 Dawson, *Nature's Enigma*, 91に引かれている。

20 1741年8月30日付けのレオミュールからトランブレーへの手紙。Maurice Trembley and Emile Guyénot, eds., Correspondance inédite entre Réaumur et Abraham Trembley (Geneva: Georg, 1943), 106に拠る。

21 *Histoire de l'Académie Royale des Sciences* (Amsterdam: Pierre Mortier, 1741), 1: 46.

22 [Gilles Auguste Bazin], *Lettres d'Eugène à Clarice* (Strasbourg: Imprimerie du Roi et de

Monseigneur le Cardinal de Rohan, 1745). Dawson, *Nature's Enigma*, 186に引かれている。

23 デカルトの考えは、ベストセラーになったベルナール・フォントネルの『世界の複数性についての対話』によって広く一般に知られるようになり、18世紀初期の思想界を席巻した。

24 デカルトの考えは18世紀までに自然学に広く浸透していたので、ボネやリヨネ、トランブレーらにとって、すべての小さな有機体のことを「小さな機械」と、そしてその働きを「仕組み」と呼ぶのは、彼らには当たり前の習性となっていたが、彼らは、そういった仕組みは神によって操作されていると考えていた。Virginia Dawson, *Nature's Enigma* の "The Ragged Cartesian Fabric of Eighteenth-Century Biology" の章(25–51)を参照されたい。

25 1741年6月29日付けのボネからクラメールへの手紙。Ms Suppl. 384, Bibliothèque Publique et Universitaire de Genève. Dawson, *Nature's Enigma*, 141に引かれている。

26 1741年6月付けのクラメールからボネへの手紙。Ms Bonnet 43, Bibliothrque Publique et Universitaire de Genève. Dawson, *Nature's Enigma*, 141に引かれている。

27 1741年12月付けのクラメールからボネへの手紙。Dawson, *Nature's Enigma*, 169に引かれている。

28 Dawson, *Nature's Enigma*, 143–44.

29 1741年11月4日付けのボネからレオミュールへの手紙。Papers of Réaumur and Bonnet, Bibliothèque Publique et Universitaire de Genève. Dawson, *Nature's Enigma*, 141に引かれている。

30 1741年11月30日付けのレオミュールからボネへの手紙。Ms Bonnet 26, Archives de l'Académie des Sciences, Paris.

31 1743年7月16日付けのトランブレーからマーティン・フォークスへの手紙。Ms Folkes, vol. 4, letter 66. Ratciff, *Quest for the Invisible*, 12に引かれている。

32 Ratcliff, *Quest for the Invisible*, 12.

33 Ibid., 13.

34 1743年1月12日付けのジョフラン夫人からマーティン・フォークスへの手紙。Harcourt Brown, "Madame Geofluin and Martin Folkes: Six New Letters," *Modern Language Quarterly* 1 (1940): 219に引かれている。

35 1743年11月30日付けのフォークスからトランブレーへの手紙。Ms Trembley, 91–92. Ratcliff, *Quest for the Invisible*, 21に引かれている。

36 Henry Baker, *An Attempt Towards a Natural History of the Polype* (London: R. Dodsley, 1743), 7–10, 209–10.

37 Anonymous, [report of Philosophical Transactions 42:467], *Bibliothèque Britannique* 22, no. 1 (1743): 159.

38 切断されたあとで再生したポリプやほかの昆虫に関する初期の考察については、Charles Bonnet, "Of Insects Which Are Multiplied, as It Were, by Cutting or Slips," *Philosophical Transactions* 42, no. 470 (1743): 468–88を参照されたい。発見はまた、Charles Bonnet, *Traité d'insectologie ou observations sur les pucerons* (Amsterdam: Luzac, 1745) の中で、フランス語でも発表された。また、William Bentinck, "Abstract of Part of a Letter from the Honourable William Bentinck, Esq., F. R. S., to Martin Folkes, Esq., Pr. R. S., Communicating the Following Paper from Mons. Trembley of the Hague," *Philosophical Transactions* 42, no. 467 (1743): ii(この表題の中で後に続くと言及されている論文はAbraham Trembley "Observations and Experiments upon the Freshwater Polypus, by Monsieur Trembley at the Hague," iii–xiである); Duke of Richmond, "Part of a Letter from His Grace the Duke

of Richmond to M. Folkes," *Philosophical Transactions* 42, no. 470 (1743): 5 10–13; Baker, *Attempt Towards a Natural History of the Polype*; ならびに、Thomas Lord, "Concerning Some Worms Whose Parts Live After They Have Been Cut Asunder," *Philosophical Transactions* 42, no. 470 (1743): 522–23を参照されたい。

39 Dawson, *Nature's Enigma*, 167–68を参照されたい。

40 この考えは、18世紀にほかの人々も持っており、preformismと呼ばれた。Bentley Glass, Owsei Temkin, and William L. Straus, eds., *The Forerunners of Darwin: 1745–1859* (Baltimore: Johns Hopkins University Press, 1959), 164–69を参照されたい。

41 Ibid., 168.

42 C. Bonnet, *Considérations sur les corps organisés,* in *Oeuvres d'histoire naturelle et de philosophie*, 8 vols. (Neuchâtel, 1779–83; first published 1762), 3: 90. Bentley Glass, "Heredity and Variation in the Eighteenth Century Concept of Species," in Glass, Temkin, and Straus, *Forerunners of Danvin*, 164に引かれている。

43 Charles Otis Whitman, *Biologial Lectures* (Woods Hole, Mass.: Marine Biological Laboratory, 1894)の中の"The Palingenesia and the Germ Doctrine"と"Bonnet's Theory of Evolution—A System of Negation," (205–72)を参照されたい。

44 1750年1月9、20日付けのアブラム・トランブレーからウィレム・ベンティンクへの手紙。Ms Egerton 1726, British Library London. Dawson, *Nature's Enigma*, 187に引かれている。

45 Marc Ratcliffがトランブレー効果と呼ぶものに関する魅力的な議論については、彼のすばらしい論考*L'Effet Trembley, ou la naissance de la zoologie marine* (Geneva: La Baconnière, 2010)を参照されたい。

46 Baker, *Attempt Towards a Natural History of the Polype*, 207.

47 『回想録』の中のポリプの図はピエール・リヨネによって、また、4枚の挿絵は、ウィレム・ベンティンクの贔屓を受けていたオランダ人の職人コルネリウス・プロンクによって、彫られた。

48 Baker, *Attempt Towards a Natural History of the Polype*, 37.

49 Margaret C. Jacobは、*Living the Enlightenment: Freemasonry and Politics in Eighteenth-Century Europe* (New York: Oxford University Press, 1991)の中で、こういった主張をした。彼女の主張には、Marc Ratcliffも含めて何人かの研究者が異論を唱えている。

50 Margaret C. Jacob, *The Radical Enlightenment: Pantheists, Freemasons and Republicans* (London: Allen and Unwin, 1981), 245–47. またJacob, *Living the Enlightenment*, 129–30も参照されたい。

51 Paul Hazard, *Le Crise de la conscience européenne, 1680–1714* (Paris: Boivin, 1935), and Margaret C. Jacob, "Hazard Revisited," in Phyllis Mack, ed., *Politics and Culture in Early Modern Europe: Essays in Honour of H. G. Koenigsberger* (Cambridge: Cambridge University Press, 1987), 250–72.

52 シャルル・ボネは、以後ずっと視力と闘いつづけた。彼は、妻と暮らしていたジュネーヴ郊外のカントリー・ハウスを離れることはほとんどなかったように思われる。子供はいなかったが、二人は妻の甥を養子として養育して、この甥オラス＝ベネディクト・ド・ソシュールは高名な物理学者で登山家となった。顕微鏡を用いた緻密な研究が出来なくなったので、ボネは、だんだん哲学的、形而上学的な性格の本を書くようになり、それらは、彼が深めつつあった、胚が元から存在していたという理論を支えることとなった。トランブレーは、1747年にベンティンク家を離れた。彼は、1750年から55年にかけて、15歳の第3代リッチモンド公爵の教師兼付き添いと

して、グランド・ツアーに出て、ヨーロッパ中を旅した。のちに、彼は結婚して、その後の生涯を、自分の子供たちの養育と教育に、そして、教育の方法に関する著書を書くことに、捧げた。

第6章　カイロの領事

1　Harriet Dorothy Rothschild, "Benoît de Maillet's Cairo Letters," *Studies on Voltaire and the Eighteenth Century* 169 (1977): 134 と Paul Masson, Histoire du commerce français dans le Levant au XVIIIe siècle (Paris: Hachette, 1911) を参照されたい。ポンシャルトラン伯爵ルイ・フェリポーは、海軍の評議会を監督して3代にわたって海軍大臣を務めたフランスの政治家一族の一人で、マイエはこの3人の大臣のいずれにも報告書を送った。ルイは1690年から99年まで海軍大臣を務め、彼の息子ジェロームは1699年から1714年まで父の跡を継いだ。ジェロームの息子ジャンは、新たに構成された海軍評議会を率いて1723年から37年まで大臣を務めた。ルイ・フェリポーは、マイエとは出身のロレーヌ以来の家族ぐるみの友人で、1692年に彼をカイロでの職に指名した。マイエは、ジェロームを嫌っていたが、40年以上にわたって、後援者の一族に忠実だった。私はここで、エジプトとリヴォルノとパリとマルセーユにおけるマイエの暮らしの様子を、主に、現在 Archives Nationales, Correspondance Consulaire に収められている彼が残した手紙から構成した。これらの手紙は、Rothschild, "Benoît de Maillet's Cairo Letters," 115–85; Rothschild, "Benoît de Maillet's Letters to the Marquis de Caumont," *Studies on Voltaire and the Eighteenth Century* 60 (1977): 311–38; Rothschild, "Benoît de Maillet's Leghorn Letters," *Studies on Voltaire and the Eighteenth Century* 30 (1964): 351–76 および Rothschild, "Benoît de Maillet's Marseilles Letters," *Studies on Voltaire and the Eighteenth Century* 37 (1965): 109–45 の中で検討されてきた。

2　1709年にエジプトで活況を呈していた25の貿易港のうちで、1724年まで残っていたのは、わずか八つか九つだけだった。1724年3月19日付けのマイエからモールパ伯爵への手紙。Rothschild, "Benolt de Maillet's Marseilles Letters," 120 に所収。

3　Lester G. Crocker, "Diderot and Eighteenth-Century French Transformism," in Glass, Temkin, and Straus, *Forerunners of Darwin*, 123–24.

4　Benoît de Maillet, *Description de l'Egypte,* 1735 ed., 1: 200–201.

5　Claudine Cohen, "Benoît de Maillet et la diffusion de l'histoire naturelle à l'aube des lumières," *Revue d'Histoire des Sciences* 44, no. 3–4 (1991): 334を参照されたい。

6　これはまず確実に、パリで G. de Luyne によって出版された1677年版である。

7　Maillet, *Telliamed*, 1750, 100〔ブノワ・ド・マイエ、多賀茂、中川久定訳「テリアメド」(『ユートピア旅行記叢書 第12巻 海底の国と地底の国編』、岩波書店、1999所収)〕(私は1750年の英語版を使用している。これは1748年の元のフランス語版にきわめて忠実な訳である)。また、Albert V. Carozzi によって企てられた注釈付きの訳とさまざまな手稿のテクストの詳細な研究 Carozzi, ed., *Telliamed* (Champaign: University of Illinois Press, 1968) も参照されたい。なお、1リーグは約3マイルで、歩いて一時間ほどの距離である。それゆえ、この時点で、メンフィスは海から75マイルの距離だったということになる。

8　Maillet, *Telliamed*, 92.

9　出版における匿名の歴史については、John Mullan, Anonymity: A Secret History of English Literature (London: Faber and Faber, 2008) を参照されたい。

10 Fontenelle, *Conversations on the Plurality of Worlds*, translated by Elizabeth Gunning (London: Hurst, 1803; first published in 1686), 65.〔ベルナール・ル＝ボヴィエ・ド・フォントネル、赤木昭三訳『世界の複数性についての対話』、「プラネタリー・クラシクス」、工作舎、1992〕

11 Ibid., 112.

12 Claude Gadrois, *Discours sur les influences des astres selon les principes de M. Descartes* (Paris: J.-B. Coignard, 1671).

13 マイエがパリシーの議論を用いたことに関するさらなる資料については、Carozzi, *Telliamed*, 335–36を参照されたい。

14 Maillet, *Telliamed*, 276–77.

15 Rothschild, "Benoît de Maillet's Leghorn Letters," 360–63を参照されたい。

16 Maillet, *Telliamed*, 50–51.

17 Ibid., 159.

18 Rothschild, "Benoît de Maillet's Marseilles Letters," 125.

19 Ibid., 133.

20 Ibid., 113.

21 Jane McLeod, "Provincial Book Trade Inspectors in Eighteenth-Century France," in *French History* 12, no. 2 (1998): 127–48とRobert Darnton, *The Great Cat Massacre and Other Episodes in French Cultural History* (London: Vintage, 1985) 所収の "A Police Officer Sorts His Files" (145–89) を参照されたい。〔ロバート・ダーントン、海保眞夫、鷲見洋一訳『猫の大虐殺』、岩波現代文庫、2007〕

22 Miguel Benitez, "Benoît de Maillet et la littérature clandestine: etude de sa correspondance avec l'abbé Le Mascrier," *Studies on Voltaire and the Eighteenth Century* 183 (1980): 143を参照されたい。

23 Rothschild, "Benoît de Maillet's Letters to the Marquis de Caumont," 315.

24 Ibid., 315–16.

25 Maillet, *Telliamed*, 225.

26 Ibid., 230–31.

27 Ibid., 232–44.

28 Ibid., 249–50.

29 Rothschild, "Benoît de Maillet's Marseilles Letters," 117.

30 Ibid., 136.

31 Rothschild,"Benoît de Maillet's Letters to the Marquis de Caumont," 332.

32 Ibid., 334.

33 『世界の宗教儀式』については、Lynn Hunt, Margaret C. Jacob, and Wijnand Mijnhardt, *The Book That Changed Europe: Picart and Bernard's "Religious Ceremonies of the World"* (Cambridge, Mass., and London: Belknap Press, 2010) を参照されたい。

34 Rothschild, "Benoît de Maillet's Letters to the Marquis de Caumont," 335.

35 Benitez, "Benoît de Maillet et la littérature clandestine," 153–54に引かれている手紙。

36 マスクリエが加えた変更については、Albert V. Carozzi (ed.), *Telliamed*の中でのCarozziによって編集されたテクストと変更点に関する彼の研究（26–30ページ）とを参照されたい。

37 A. J. Dézallier d'Argenville, *L'Histoire naturelle éclaircie dans une de ses parties principales* . . . (Paris:

Debure l'aîné, 1757), 74.

38 Voltaire (J. F. M. Arouet) in *Cabales* (1772), in *Oeuvres complètes*, 70 vols. (Paris: Firmin-Didot, 1875), 2: 749.

39 Darnton, "A Police Officer Sorts His Files," 158. 私はこの一節のDarntonの訳を用いたが、フランス語の表題は自分で英訳した。

40 1867年5月22日付けのダーウィンからアイザック・アンダーソン=ヘンリー・メイへの手紙、Letter 5545, DCP.

第7章 哲学者たちの館

1 Arthur M. Wilson, *Diderot* (New York: Oxford University Press, 1972), 55–56.

2 *Paul Bonnefon, "Diderot prisonnier à Vincennes," Revue d'Histoire Litttéraire de la France* 6 (1899): 204–5.

3 Ibid., 203.

4 Wilson, *Diderot*, 63–64を参照されたい。

5 この頃、ディドロの周辺では死と誕生が相次いだ。ドゥニとナネットは、1744年に二人の生後6週間の第一子、娘のドゥニーズを葬った。ナネットは1746年に息子を産むが、この子は病気がちだった。ディドロの母親は1748年に亡くなった。ナネットがまだ息子を妊娠しているあいだに、ディドロは年下で既婚の女性——作家のマドレーヌ・ダルサン・ド・ピュイシュー——と情熱的な恋を始めた。ディドロの無神論の始まりについては、Aram Vartanian, "From Deist to Atheist: Diderot's Philosophical Orientation, 1746–1749," *Diderot Studies* 1 (1949): 31–51を参照されたい。

6 May Spanger, "Science, philosophie et littérature: Le polype de Diderot," *Recherches sur Diderot et sur l'Encyclopédie* 23 (1997): 89–107を参照されたい。

7 ディドロはこの議論を『哲学断想』(1746) の中で行った。

8 進化論の歴史を研究しているErnst Mayrは、モーペルテュイは進化論者ではなく、彼は生物学者というよりも宇宙論者だったと主張している。その一方で、Mayrは、彼は遺伝学のパイオニアの一人だったとも論じている。モーペルテュイは、一種のパンゲン説を提唱し、母親と父親の両方からの粒子が子供の性格に影響を及ぼすと説いた。Peter Bowlerは、モーペルテュイが人類の起源が自然にあると明確に説いて、生命形態は時と共に変化してきたかもしれないという考えを提起して、遺伝の研究を推し進めたと評価している。彼の哲学は基本的に唯物主義的だった。Mayr, *The Growth of Biological Thought*, 328–29.

9 Vartanian, "From Deist to Atheist," 31–51とCrocker, "Diderot and Eighteenth-Century French Transformism," 117.

10 Jacques Roger, *Buffon: A Life in Natural History*, edited by L. Pearce Williams, translated by Sarah Lucille Bonnefoi (Ithaca and London: Cornell University Press, 1997), 199.〔ジャック・ロジェ、ベカエール直美訳『大博物学者ビュフォン——18世紀フランスの変貌する自然観と科学・文化誌』、工作舎、1992〕

11 Arthur O. Lovejoy, "Buffon and the Problem of Species," in Glass, Temkin, and Straus, *Forerunners of Darwin*, 68. Ernst Mayrは、ビュフォンは進化論者ではなかったが、「それでも、彼が進化論の父であることは確かである」と主張している。Mayr, *Growth of Biological Thought*, 330.

12 Vartanian, "From Deist to Atheist," 59. Lester Crockerは、"Dideror and Eighteenth-Century French

Transformism" の中で マイエの本はディドロの『盲人についての手紙』に明らかな影響は何一つ及ぼしていないと論じている。

13 Wilson, *Diderot*, 105 を参照されたい。

14 P. N. Furbank, *Diderot: A Critical Biography* (London: Secker and Warburg, 1992), 153; Wilson, *Diderot*, 109.

15 "The detention of M. Diderot": Bonnefon, "Diderot prisonnier à Vincennes," 206.

16 Wilson, *Diderot*, 117.

17 Diderot, "Animal," *Encyclopédie ou Dictionnaire raisonnè des sciences, des arts et des métiers*, edited by Denis Diderot and Jean le Rond d'Alembert, 17 vols. (Paris: 1751–72), 1: 469. また、Mary Efrosni Gregory, *Diderot and the Metamorphosis of Species* (London: Routledge, 2008), 109–10 を参照されたい。

18 Roger, *Buffon*, 187–89 を参照されたい。

19 Otis Fellows, "Buffon's Place in the Enlightenment," *Studies on Voltaire and the Eighteenth Century* 25 (1963): 613.

20 Wilson, *Diderot*, 7.

21 Wilsonは、ドルバックとディドロは、1751年の秋頃まで会ったことはなかったと説いているが、Korsはもっと早い時期を主張している。1751年の出来事について論じる中で、ルソーは、ドルバックはすでに「ずっと長い間、ディドロと繋がって」いたと語っている。Alan Charles Kors, *D'Holbach's Coterie: An Enlightenment in Paris* (Princeton: Princeton University Press, 1976), 14.

22 ドルバック男爵がロワイヤル街の邸宅を買ったのは1759年だが、彼はそれ以前にそこでサロンを開いていたので、最初の数年間はそこを借りていたのかもしれない。現在の住所は8, rue des Moulinsである。Wilson, *Diderot*, 175を参照されたい。Andre Buy, *Diderot: Sa vie, son oeuvre* (Paris: A. Cresson, 1972), 314–15は、日付のない売買の勘定書を引用している。

23 Wilson, *Diderot*, 198.

24 ルソーは書いている、「自然な不快感から、私は長いあいだ、彼が近づいてくるのに応えようとしなかった。ある日、彼は私にどうして自分を避けるのかと尋ねた。私は彼にあなたは裕福すぎるのだと答えた。しかし、彼はあくまで自分の意向を通そうと決心しており、最後には成功した。私の最大の不幸は、特別に目をかけられると、それに抵抗できなくなることから来ていた。私はつねづね、それに屈してしまったことを後悔してきた」(『告白』第1章)。〔ジャン=ジャック・ルソー、桑原武夫訳『告白』上・中・下、岩波文庫、1966〕

25 Max Pearson Cushing, *Baron d'Holbach: A Study of Eighteenth Century Radicalism in France* (New York: Columbia University Press, 1914), 21 を参照されたい。男爵の蔵書のカタログは、1789年にパリでドゥブレ(Deburé)によって発行された。

26 Dominique-Joseph Garat, *Mémoires historiques sur la vie de M. Suard, sur les écrits, et sur le XVIIIe siécle*, 2 vols. (Paris, 1820), 1: 208–9.

27 ドルバックの悲嘆を伝えるものとしては、ルソーの『告白』第8章を参照されたい。

28 ドルバック『自然の体系』のM. Mirabaudによる英訳(1797)が1999年にClinamen Pressから複刻された際に付されたMichael Bushの序文9ページを参照されたい。ドルバックの最初の子供シャルル=マリウスは1757年8月に生まれた。彼の2人の娘は1758年と1760年に生まれた。そして、誕生の日付が歴史的資料に残っていないもう一人の息子がそのしばらくのちに生まれ

ている。T. C. Newland, "D'Holbach, Religion, and the 'Encyclopédie'," *Modern Language Review* 69, no. 3 (1974): 523–33を参照されたい。

29 1753年に25歳の神学生でディドロの友人だったモレレ神父は、彼のことを「人を転向させようとしていたが、必ずしも無神論へというわけではなく、哲学と理性へと向かわせようとしていた……。彼が自身の無神論的な考えを弁護するときも、とげとげしい調子になることはなく、自分の考えに同意しない人たちに不快そうな様子を見せることもなかった」と述べている。モレレはまた、多くの若い僧たちが、今や無神論者として名を轟かすディドロを改宗させようとして企てるさまざまな試みと、彼らが説教するためにエストラパード街に現れると通りで始まる神学論争の様子も伝えている。Morellet, *Mémoires*, 1: 29–30, 34–35.

30 Wilson, *Diderot,* 194を参照されたい。

31 Ibid., 194–95に引かれている。

32 Arthur O. Lovejoy "Some Eighteenth-Century Evolutionists," *Popular Science Monthly* 65 (1904): 238–51を参照されたい。

33 Wilson, *Diderot*, 196–98を参照されたい。

34 Ibid., 198に引かれている。

35 Roger, *Buffon*, 338に引かれている。ビュフォンと変容説については、Mayr, *Growth of Biological Thought*, 330–37; Lovejoy "Buffon and the Problem of Species" ならびに、Mary Efrosni Gregory, *Evolutionism in Eighteenth-Century French Thought* (New York: Peter Lang, 2008), 69–92を参照されたい。

36 1759年10月15日付けのディドロからソフィー・ヴォランへの手紙。Denis Diderot, *Diderot's Letters to Sophie Volland: A Selection*, translated by Peter France (London: Oxford University Press, 1972), 37–38. 英訳版はこの手紙の日付を10月17日としているが、元のフランス語版(Ernest Babelon編)は、10月15日としている。Kors, *D'Holbach's Coterie*, 99に引かれている。

37 Cushing, *Baron d'Holbach*, 26.

38 1768年10月8日付けのソフィー・ヴォランへの手紙。Diderot, *Diderot's Letters to Sophie Volland*, 180–81.

39 Ibid., 189.

40 Wilson, *Diderot*, 559に引かれている。

41 Ibid., 568;『ダランベールの夢』〔ディドロ、新村猛『ダランベールの夢——他四篇』、岩波文庫、1958〕への影響については、Crocker, "Diderot and Eighteenth-Century French Transformism," 137–43を参照されたい。

42 Denis Diderot, *Oeuvres complètes de Diderot*, edited by Jules Assezat and Maurice Tourneux, 20 vols. (Paris: Gamier, 1875), 4: 94–96.

43 彼は『トリストラム・シャンディ』〔ロレンス・スターン、朱牟田夏雄訳『トリストラム・シャンディ』上・中・下、岩波文庫、1969〕のことを「あらゆる本のうちで、最も狂っていて、最も賢明で、最も愉快な本で……、これほど狂っていて、これほど賢く、これほど愉快な本は、英語で書かれたラブレーだ」と呼んだ。Wilson, *Diderot*, 457に引かれている。

44 1769年8月31日付けのソフィー・ヴォランへの手紙。Diderot, *Diderot's Letters to Sophie Volland,* x.

45 Diderot, Rève, 180–81.

46 Ibid., 180.

47 Ibid., 181.

48 生き物の繋がり合いについてのディドロの見解は、本質的にラブレー的である。

49 ビュフォンは、『博物誌』の第9巻になって初めて、自然界における出来事の流れを描写するのに、流動という考えを用いていた。「自然は絶え間ない流動(*de flux continue*)という動きの中にあるのだ。しかし、人間には、自分の生きる世紀というこの一瞬における自然を捉え、その前後をわずかに見やるだけで、自然がかつてどんなふうであっただろうか、そして、今後どんなふうになっていくのだろうか、垣間見ようと出来るのに十分である」。"Des animaux communs aux des continents," in *Histoire naturelle, générale et particuliére* (Paris: Imprimerie Royale, 1749–67).

50 Jean Philibert Damiron, *Mémoires sur Naigeon et accessoirement sur Sylvain Maréchal et Delalande* (Paris: Durand, 1857), 409.

51 Kors, *D'Holbach's Coterie*, 235–43.

52 1770年11月28日付けのソフィー・ヴォランへの手紙。Diderot, *Diderot's Letters to Sophie Volland*, 206–7.

53 Voltaire, *Oeuvres*, 66: 394.

54 Cushing, *Baron d'Holbach*, 58.

55 1773年7月22日付けのソフィー・ヴォランへの手紙。Diderot, *Diderot's Letters to Sophie Volland*, 209.

56 Roger, *Buffon*, 432とMayr, *The Growth of Biological Thought*, 336.

57 Jean Stengers, "Buffon et la Sorbonne," in Roland Mortier and Hervé Hasquin, eds., *Études sur le XVIIIe siécle* (Brussels: Éditions de l'Université de Bruxelles, 1974), 113–24.

58 Roger, *Buffon*, 423.

59 Georges Louis Leclerc Buffon, *Correspondance inédite de Buffon*, edited by H. Nadault de Buffon, 2 vols. (Paris: Hachette, 1860), 2: 615に引用されている。

第8章　地下のエラズマス

1 トレー・クリフの洞窟は、現在ではトリーク・クリフの洞窟として知られている。エラズマス・ダーウィンは、自身の洞窟訪問を、Desmond King-Hele, ed., *The Collected Letters of Erasmus Darwin* (Cambridge: Cambridge University Press, 2007), 44に引かれた、1767年7月2日付けのジョサイア・ウェッジウッドへの手紙の中で伝えている。John Whitehurst, *An Inquiry into the Original State and Formation of the Earth* (London: Bent, 1778) を参照されたい。ホワイトハーストの伝記を著したMaxwell Cravenは、『地球の原初の状態と形成についての探究』は1778年まで出版されることはなかったが、その所見と結論の詳細な概要は、早くも1763年には回覧されていたと確認している。本の原稿は1767年までに完成され、1760年代にはルーナー協会の会員のあいだでは回覧されていたと思われる。エラズマス・ダーウィンがこの初期の原稿を読んでいたということは十分考えられる。彼は当然ホワイトハーストが自分の理論を詳しく話すのも聞いたことだろう。私は、本章を注意深く読んで洞察に富んだ示唆をいただいたことで、科学史家のPatricia Faraに感謝している。

2 Trevor B. Ford, *Treak Cliff Cavern and the Story of Blue John Stone* (Castleton: Harrison Taylor, 1992)を参照されたい。

3 エラズマス・ダーウィンの新古典主義的な想像力に洞窟が関係している証拠として、彼の『自

然の神殿』に付された地質学的な注を参照されたい。また、Irwin Primer, "Erasmus Darwin's *Temple of Nature*: Progress, Evolution, and the Eleusinian Mysteries," *Journal of the History of Ideas* 25, no. 1 (1964): 58–76も参照されたい。

4 アシュトン・レヴァーの収集物については、Richard Daniel Altick, *The Shows of London* (Cambridge, Mass., and London: Belknap Press, 1978), 30を参照されたい。

5 例えば、John Woodward, *An Essay Toward a Natural History of the Earth and Terrestrial Bodies, Especially Minerals, etc.* (1695), *Brief Instructions for Making Observations in All Parts of the World* (1696), 並びに、*An Attempt Towards a Natural History of the Fossils of England,* 2 vols. (1728–29)を参照されたい。

6 Jenny Uglow, *The Lunar Men: The Friends Who Made the Future, 1730–1810* (London: Faber and Faber, 2003), 150–51; Maxwell Craven, *John Whitehurst of Derby: Clockmaker and Scientist, 1713–88* (Ashbourne: Mayfield, 1996).

7 William Stukeley, "An Account of the Impression of the Almost Entire Skeleton of a Large Animal in a Very Hard Stone, Lately presented the Royal Society, from Nottinghamshire," *Philosophical Transactions* 30, no. 360 (1719): 963–68.

8 ジョサイア・ウェッジウッドは、1767年4月2日付けのトマス・ベントレーへの手紙の中で、化石について述べている。Eliza Meteyard, *The Life of Josiah Wedgwood,* 2 vols. (London: Hurst and Blackett, 1865), 1: 501に引かれている。

9 Ibid., 500–502.

10 1767年7月2日付けのエラズマス・ダーウィンからジョサイア・ウェッジウッドへの手紙。King-Hele ed. *Collected Letters of Erasmus Darwin,* 44に引かれている。

11 1767年7月29日付けのエラズマス・ダーウィンからマシュー・ボウルトンへの手紙。King-Hele ed. *Collected Letters of Erasmus Darwin,* 45に引かれている。

12 1768年9月4日と10月15日付けのエラズマス・ダーウィンからリチャード・ギフォードへの手紙。King-Hele, *Collected Letters of Erasmus Darwin,* 91–97に引かれている。

13 Desmond King-Hele, *Erasmus Darwin: A Life of Unequalled Achievement* (London: Giles de la Mare, 1999), 9に引かれている。

14 Ibid., 92.

15 メアリー・パーカーは1770年7月26日にダーウィン家に入って、彼女の最初の娘スーザンは72年5月に、そして、二番目のメアリーは74年5月に生まれた。King-Hele, *Erasmus Darwin: A Life of Unequalled Achievement,* 106–7を参照されたい。

16 二人の娘が年齢に達すると、彼は、二人のためにアッシュボーンに学校を設立して、また、彼女たちのための教育に関する本を著した。

17 King-Hele ed. *Collected Letters of Erasmus Darwin,* 153–54.

18 Ibid., 137–38.

19 エラズマスは、エリザベス・ポールに(おそらく)早くも1771年に会い(King-Hele, *Erasmus Darwin: A Life of Unequalled Achievement,* 127)、75年に——ひょっとすれば、もっと早くに——彼女の子供たちを治療し始めた。彼女は74年に双子の赤ん坊のうちに一人を失った。子供が病気のあいだ、彼が医師として家族の相談に乗ったということは十分あり得ることである。

20 King-Hele ed. *Collected Letters of Erasmus Darwin,* 139–40.

21 Anna Seward, *Memoirs of the Life of Dr. Darwin* (London: J. Johnson, 1804), 125–32; 庭と浴場の跡は、アブノールズ通りに面したメイプル・ヘイズ・スクールという言語障害のある子供たちのための学校の地所の中に今でも見られる。

22 Seward, *Memoirs of the Life of Dr. Darwin,* 130–31.

23 Ernst Mayr は、*Growth of Biological Thought,* 340–41 の中で、進化論的な考え方の進展の中でリンネが果たした役割を考察している。彼は、リンネはしばしば進化論の大敵のように考えられているが、彼が進化論的な考えに一貫して反対したことが問題を科学的な認識の場に持ち込むことになり、また、彼の体系は自然界における非連続性に注意を向けたと、論じている。

24 造語については、1781年9月29日付けのエラズマス・ダーウィンからジョーゼフ・バンクスへの手紙(King-Hele ed. *Collected Letters of Erasmus Darwin,* 189–91)と、1781年10月4日付けの彼からジョサイア・ウェッジウッドへの手紙(ibid., 192–93)を参照されたい。『植物の愛』の詳細な研究については、Janet Browne, "Botany for Gentlemen: Erasmus Darwin and *The Loves of the Plants,*" *Isis* 80, no. 4 (1989) 601を参照されたい。

25 1778年10月24日付けのウェッジウッドからベントレーへの手紙。Craven, *John Whitehurst of Derby,* 94–95 に引かれている。および、1778年11月4日付けのウェッジウッドからベントレーへの手紙。 Uglow, *Lunar Men,* 300–1 に引かれている。

26 1782年夏(?)のエラズマス・ダーウィンからの受取人不明の手紙。King-Hele ed. *Collected Letters of Erasmus Darwin,* 204–5 を参照されたい。

27 1784年5月23日付けのエラズマス・ダーウィンからジョーゼフ・ジョンソンへの手紙。King-Hele ed. *Collected Letters of Erasmus Darwin,* 235. エラズマスは、詩全体の内容の順序では『植生の経済』の方が最初の巻になるが、『植物の愛』を先に書いて出版した。

28 1784年5月23日付けのエラズマス・ダーウィンからジョーゼフ・ジョンソンへの手紙。King-Hele ed. *Collected Letters of Erasmus Darwin,* 235.

29 *The Biography of Mrs Schimmel Penninck,* 177; Uglow, *Lunar Men,* 424 に引かれている。

30 1788年以降のエラズマスの手紙は化石への言及にあふれている。

31 『植物の愛』がどう受け取られたかに関する詳細な記述については、Desmond King-Hele, *The Life and Genius of Erasmus Darwin* (London: Faber and Faber, 1977), 197–98 を参照されたい。

32 1790年3月15日付けのジェームズ・キアからエラズマス・ダーウィンへの手紙。James Keir, *Sketch of the Life of James Keir* (London: R. E. Taylor, 1868), 111;「酸化炭化水素」(oxyde hydro-carbonneux)という用語は、フランスの化学者ラヴォアジェの研究を指して言ったものである。

33 1790年1月19日付けのエラズマス・ダーウィンからジェームズ・ワットへの手紙。King-Hele ed. *Collected Letters of Erasmus Darwin,* 358. 1792年2月、彼はロバート・ダーウィンに手紙を書いて、『ズーノミア』を刊行するつもりであると繰り返している、「僕はもうこれ以上詩を書く考えはなく、次は『ズーノミア』という医学的で哲学的な著作を試みるつもりです」(ibid., 364)。

34 この時代についての広範で詳細な記述に関しては、Uglow, *Lunar Men,* 440–44 を参照されたい。

35 Robert K. Dent, *Old and New Birmingham: A History of the Town and Its People* (Wakefield: EP Publishing, 1972–73; first published 1879), 229.

36 King-Hele ed. *Collected Letters of Erasmus Darwin,* 399.

37 King-Hele, *Erasmus Darwin: A Life of Unequalled Achievement,* 292.

38 Ibid., 293.

39 Ibid., 291.

40 1796年3月15日付けのエラズマス・ダーウィンからR・L・ウェッジワースへの手紙。スパイとはアプトン氏のことで、1792年にジョン・リーヴが設立した「共和主義者と平等主義者から自由と資産を守るための協会」によって、家の中の行動を監視するよう雇われていた。

41 King-Hele ed. *Collected Letters of Erasmus Darwin,* 472.

42 King-Hele, *Erasmus Darwin: A Life of Unequalled Achievement,* 314–17. ジョンソンの投獄については、Jane Worthington Smyser, "The Trial and Imprisonment of Joseph Johnson, Bookseller," *Bulletin of the New York Public Library* 77 (1974): 418–35 を参照されたい。

43 Martin Priestman, "Darwin's Early Drafts for the Temple of Nature," in C. U. M. Smith and Robert Arnott, eds., *The Genius of Erasmus Darwin* (Aldershot: Ashgate, 2005), 311.

44 この見解は、Maureen McNeil, *Under the Banner of Science: Erasmus Darwin and His Age* (Manchester: Manchester University Press, 1987) の中で詳細に展開された。

45 Norton Garfinkle, "Science and Religion in England, 1790–1800: The Critical Response to the Work of Erasmus Darwin," *Journal of the History of Ideas* 16, no. 3 (1955): 385.

46 1815年5月30日付けのウィリアム・ワーズワースへの手紙。Earl Leslie Griggs, ed., *The Collected Letters of Samuel Taylor Coleridge,* 6 vols. (Oxford: Clarendon Press, 1956–71), 4: 574–75; Samuel Taylor Coleridge, "Notes on Stillingfleet," *Athenaeum,* March 27,1875, 2474: 423 に所収。

47 Ellen Moers, "Female Gothic," reprinted in George Levine and U. C. Knoepflmacher, eds., *The Endurance of Frankenstein: Essays on Mary Shelley's Novel* (Berkeley: University of California Press, 1982), 83–84.

第9章　パリ植物園

1 パリ植物園に関する魅力的な記述については、R. W Burkhardt, "The Leopard in the Garden: Life in Close Quarters at the Museum d'Histoire Naturelle," *Isis* 98, no. 4 (2007): 675–94, Dorinda Outram, "Le Museum National d'Histoire Naturelle après 1793: Institution scientifique ou champ de bataille pour les familles et les groupes d'influence?" in C. Blanckaert, Claudine Cohen, Pietro Corsi, and Jean-Louis Fischer, eds., *Le Muséum au premier siècle de son histoire* (Paris: Muséum National d'Histoire Naturelle, 1997), 25–30, ならびに、Dorinda Outram, *Georges Cuvier: Science, Vocation and Authority in Post-Revolutionary France* (Manchester: Manchester University Press, 1984) を参照されたい。パリ植物園のもっと前の歴史については、Emma Spary, *Utopia's Garden: French Natural History from Old Regime to Revolution* (Chicago: University of Chicago Press, 2000) を参照されたい。植物園内の政治的な動きについては、Pietro Corsi, *The Age of Lamarck: Evolutionary Theories in France, 1790–1830* (Berkeley: University of California Press, 1988), Toby A. Appel, *The Cuvier-Geoffroy Debate: French Biology in the Decades Before Darwin* (Oxford: Oxford University Press, 1987), ならびに、R. W Burkhardt, "Lamarck, Evolution and the Politics of Science,"*Journal of the History of Biology* 3 (1970): 275–96 を参照されたい。同時代の記述としては、Joseph Deleuze, *Histoire et description du Muséum Royal d'Histoire Naturelle, ouvrage rédigé d'après les ordres de l'administration du Muséum* (Paris: Royer, 1823; translated into English in 1823)を参照されたい。本章を執筆し、改訂し、訂正するに際して、私は寛容な研究者 Dorinda Outram と Richard Burkhardt に負っていることに感謝したい。

2 A. S. Packard, *Lamarck: The Founder of Evolution* (New York: Longmans, Green, 1901), 42–43. この3人に関する主要な伝記は、以下の通りである。ラマルクについては、Raphaël Bange and Pietro Corsi, "Chronologie de la vie de Jean-Baptiste Lamarck," Centre National de la Recherche Scientifique (online); Ludmilla Jordanova, *Lamarck* (Oxford: Oxford University Press, 1984); R. W Burkhardt, *The Spirit of System: Lamarck and Evolutionary Biology* (Cambridge, Mass., and London: Harvard University Press, 1977), ならびに Pietro Corsi, *Lamarck, philosophe de la nature* (Paris: Presses Universitaires de France, 2006). キュヴィエについては、Dorinda Outram, *Georges Cuvier: Science, Vocation and Authority in Post-Revolutionary France* と Toby Appel, *The Cuvier-Geoffroy Debate.* ジョフロワについては、Throphile Cahn, *La Vie et l'oeuvre d'Étienne Geoffroy Saint-Hilaire* (Paris: Presses Universitaires de France, 1962) と Hervé Le Guyader, *Geoffroy Saint-Hilaire: A Visionary Naturalist,* translated by Marjorie Grene (Chicago: University of Chicago Press, 2004).

3 Outram, *Georges Cuvier: Science, Vocation and Authority in Post-Revolutionary France,* 166–68 を参照されたい。

4 Ibid., 176.

5 自然史博物館での初期のキュヴィエについては、Dorinda Outram, "Uncertain Legislator: Georges Cuvier's Laws of Nature in Their Intellectual Context," *Journal of the History of Biology* 19, no. 3 (1986): 323–68 を参照されたい。

6 ラマルクをいくぶん偏執狂的な人格と捉えるこの描写は、Henri-Marie Ducrotay de Blainville, *Histoire des sciences de l'organisation et de leurs progrès comme base de la philosophie, rédigée etc. par F. L. M. Maupied,* 3 vols. (Paris, n.p., 1845), 3: 358 に由来している。

7 Appel, *Cuvier-Geoffroy Debate,* 53–59 と Outram, *Georges Cuvier: Vocation, Science and Authority in Post-Revolutionary France,* 128 を参照されたい。

8 Corsi, *Age of Lamarck,* 64–65.

9 Appel, *Cuvier-Geoffroy Debate,* 34–37.

10 ラマルクの講義に出席した若者たちの国籍と生涯についての詳細な情報については、www.lamarck.cnrs.fr/auditeurs/presentation.php?lang=en における、受講生に関する Pietro Corsi 教授による有益なデータベースを参照されたい。

11 ラマルクが種の固定説から変容説に転向したことについては、さまざまな理由が提起されてきた。とりわけ、Richard Burkhardt, "The Inspiration of Lamarck's Belief in Evolution," *Journal of the History of Biology* 5 (1972): 413–38 と Burkhardt, *Spirit of System,* ch. 5 を参照されたい。

12 ラマルクは、1800年の講義で初めて、自身の役割を自然学者でかつ哲学者として定義した。Burkhardt, "Lamarck, Evolution and the Politics of Science," 285 を参照されたい。

13 Corsi, *Age of Lamarck,* 93.

14 Ibid., 100 に引かれている。

15 Ibid., 93–94. Corsi は、保管されていた書類の中に Richard Burkhardt が発見したものに触れている。キュヴィエが『地球の変動』の草稿から削除した一節で、その中で、キュヴィエは、鳥の変身に関するラマルクの描写を冷酷に嘲笑している。

16 Cuvier, "Mémoire sur les espèces d'éléphants tant vivantes que fossiles," 12. Appel, *Cuvier-Geoffroy Debate,* 51 に引かれている。

17 Burkhardt, "Lamarck, Evolution and the Politics of Science," 287.

18 Corsi, *Age of Lamarck,* 122を参照されたい。

19 Jean-Baptiste Lamarck, *Recherches sur l'organisation des corps vivants et particulièrement sur son origine, sur la cause de ses développements et des progrès de sa composition, et sur celle qui, tendant continuellement à la detruire dans chaque individu, amène nécessairement sa mort; précédé du discours d'ouverture du cours de zoologie, donné dans le Muséum National d'Histoire Naturelle*〔生体の組織に関する研究、とりわけ、その起源、その発達と構造の進化の原因、そして、個体において絶えず破壊へと繋がり、必然的にその死をもたらす原因に関する研究；国立自然史博物館で行われた動物学講義の開講に際しての講演の次第〕(Paris: Maillard, 1802), 50.

20 Jean-Baptiste Lamarck, *Hydrogéologie* (Paris: Chez l'Auteur, Agasse et Maillard, 1802), 54. Corsi, *Age of Lamarck,* 106に引かれている。

21 Lamarck, *Hydrogéologie,* 88. Corsiは*Age of Lamarck*, 115–17の中で、ラマルクの地球の発達史と生命の歴史との矛盾を説明している。

22 Lamarck, *Recherches,* 208. 彼は1809年の『動物哲学』の中で、キリンの例をはるかに広範に用いている。

23 http://www.lamarck.cnrs.fr/audtieurs/liste.php?lang=en でCorsiが挙げている学生数の一覧を参照されたい。

24 植物園で最大の数の聴講者がいたのは、ルネ・デフォンテーヌの物議を醸すことのない植物学の講義だった。彼はつねに500から600人の聴講者を集めており、女性の比率もずっと高かった。これと比べれば、ラマルクの聴講者は少なかった。キュヴィエはその講義にしばしば200人から300人の学生を集めていた。Deleuze, *Histoire et description du Muséum Royal d'Histoire Naturelle*を参照されたい。

25 ラマルクの主要な考えの便利な要約とその評価については、Mayr, *Growth of Biological Thought,* 359を参照されたい。

26 Pietro Corsi, "Before Darwin: Transformist Concepts in European Natural History" *Journal of the History of Biology* 38 (2005): 167–83を参照されたい。

27 Appel, *Cuvier-Geoffroy Debate,* 20–21.

28 Geoffroy 1796. Le Guyader, *Geoffroy Saint Hilaire,* 21に引かれている。

29 Nina Burleigh, *Mirage: Napoleon's Scientists and the Unveiling of Egypt* (New York: Harper, 2007), 189.

30 Geoffroy Saint-Hilaire, *Lettres écrite d'Egypte,* 95–96; Appel, *Cuvier-Geoffroy Debate,* 75に引かれている。

31 Burleigh, *Mirage,* 197.

32 Robert Sole, *Les Savants de Bonaparte* (Paris: Editions du Seuil, 1999), 160.

33 Étienne Geoffroy Saint-Hilaire, *Études progressives d'un naturaliste pendant les annés 1834-1835* (Paris), 149–51; Appel, *Cuvier-Geoffroy Debate,* 78に引かれている。

34 Saint-Hilaire, *Lettres écrites d'Egypte,* 205. Appel, *Cuvier-Geoffroy Debate,* 76に引かれている。

35 Appel, *Cuvier-Geoffroy Debate,* 81.

36 Burleigh, *Mirage,* 190.

37 Appel, *Cuvier-Geoffroy Debate,* 82.

38 Isidore Geoffroy Saint-Hilaire, *Vie, travaux et doctrine scientifique d'Étienne Geoffroy Saint-Hilaire*

(Paris and Strasbourg, 1847), 116–17. Appel, *Cuvier-Geoffroy Debate,* 83に引かれている。

39 Appel, *Cuvier-Geoffroy Debate,* 84.

40 イジドール・ジョフロワ・サン=ティレールも変容論的な考えを推進した。ダーウィンはその「歴史的概観」の中に彼も含めた。

41 キュヴィエの4人の義理の子供と、彼がデュヴォーセル夫人とのあいだに設けた4人の子供については、Mrs. R. Lee, *Memoirs of Baron Cuvier* (London: Longman, Rees, Orme, Brown, Green and Longman, 1833), 18–19を参照されたい。また、ジョルジュと名づけられたキュヴィエの一番目の息子の死については、ibid., 19を参照されたい。

42 Isidore Bourdon, *Illustres Médecins et naturalistes des temps modernes* (Paris: Comptoir des Imprimeurs-Unis, 1844), 116–17を参照されたい。

43 François-René Chateaubriand, *The Genius of Christianity,* 5 vols. (Paris: Migueret, 1802), Part 3, Book 2, ch. 2. Outram, "Uncertain Legislator," 335に引かれている。

44 キュヴィエの信仰については、Outram, *Georges Cuvier,* 141–60を参照されたい。彼の地質学の講義については、Martin J. S. Rudwick, *Georges Cuvier, Fossil Bones and Geological Catastrophe: New Translations and Interpretations of the Primary Texts* (Chicago: University of Chicago Press, 1997), 74–88を参照されたい。

45 Packard, *Lamarck,* 57–61を参照されたい。

46 パリ植物園の歴史、とりわけ、比較解剖学博物館の歴史については、Deleuze, *Histoire et description du Museum Royal d'Histoire Naturelle*を参照されたい。

47 おそらくロバート・ジェイムソンによるのであろう英訳は1836年に発表された。Georges Cuvier, "Elegy of Lamarck," *Edinburgh New Philosophical Journal* 20 (January 1836), 1–22. この追悼文は、1932年11月26日にフランス国立研究所でシルヴェストル男爵によって読まれた(キュヴィエは少し前に亡くなっていた)。それは、1831年6月27日にヴォルタ氏への追悼文に続いて読まれる予定だったが、延期された。それは、フランスでは(説明のない遅延のあとで)*Mémoires de l'Académie Royale des Sciences de l'Institut de France,* vol. 13 (Paris, 1835), i–xxxiに掲載された。

48 キュヴィエの体系は、何世紀にもわたって自然哲学を支配してきた自然観――「存在の大いなる連鎖」といって、自然は、最下層の最も単純な有機体から、最上段の最も複雑なものまで、はしごのように配列されているという信念――を瓦解させた。この主題の古典的な文献としては、Arthur O. Lovejoy *The Great Chain of Being: A Study of the History of an Idea* (Cambridge, Mass.: Harvard University Press, 1936)〔アーサー・O・ラヴジョイ、内藤健二訳『存在の大いなる連鎖』、ちくま学芸文庫』、2013(1975)〕を参照されたい。

49 ソフィー・デュヴォセルは今では、公認されてはいなかったものの、「動物界」の巻の主たる協力者で、上級の助手と挿絵画家を兼ねていた。彼女は、企画を助けるために召集されて、比較解剖学の展示室の中のキュヴィエの書斎に隣接する部屋で作業していた助手のグループを束ねていた。M. Orr, "Keeping It in the Family: The Extraordinary Case of Cuvier's Daughters," in Cynthia Burek and Bettie Higgs, eds., *The Role of Women in the History of Geology* (London: Geological Society of London, 2007), Special Publications, 281: 277–86を参照されたい。

50 Appel, *Cuvier-Geoffroy Debate,* 146.

51 この自然誌家の重要なグループについては、Robert J. Richards, *The Romantic Conception of Lift: Science and Philosophy in the Age of Goethe* (Chicago: University of Chicago Press, 2002)とIain

Hamilton Grant, *Philosophies of Nature After Schelling* (New York and London: Continuum, 2006) を参照されたい。

52　Johann Peter Eckermann, *Conversations of Goethe with Eckermann and Soret,* translated by John Oxenford (London: George Bell and Sons, 1874), 12 1–22.〔ヨハン・ペーター・エッカーマン、山下肇訳『ゲーテとの対話』上・中・下、岩波文庫、2014(1968–9)〕ゲーテは、ダーウィンのリストに一種の変容説の支持者として登場している。

53　Dorinda Outram, "The Language of Natural Power: The Funeral Éloges of Georges Cuvier," *History of Science* 16 (1978): 153–78.

54　Corsi, *Age of Lamarck,* 179.

55　Ibid., 223.

56　Adrian Desmond *The Politics of Evolution: Morphology, Medicine, and Reform in Radical London* (Chicago and London: University of Chicago Press, 1991) を参照されたい。

57　ラフィネスクについては、C. T. Ambrose, "Darwin's Historical Sketch—An American Predecessor," *Archives of Natural History* 37, no. 2 (2010): 191–202 と Jim Endersby," 'The Vagaries of a Rafinesque': Imagining and Classifying American Nature," *Studies in History and Philosophy of Science Part C: Studies in History and Philosophy of Biological and Biomedical Sciences* 40, no. 3 (2009): 168–78 を参照されたい。

第10章　海綿の哲学者

1　リースの社会史については、James Scott Marshall, *The Life and Times of Leith* (Edinburgh: John Donald, 1986); Sue Mowat, *The Port of Leith: Its History and Its People* (Edinburgh: John Donald in association with the Forth Ports, 1994), ならびに、Joyce M. Wallace, *Traditions of Trinity and Leith* (Edinburgh: John Donald, 1997) を参照されたい。

2　ジェームソン教授に関するさらなる情報については、James A. Secord, "Edinburgh Lamarckians: Robert Jameson and Robert E. Grant," *Journal of the History of Biology* 24 (1991): 1–18 を参照されたい。

3　エラズマス・ダーウィンの生涯と著作に関するさらなる詳細については、King-Hele, *Erasmus Darwin: A Life of Unequalled Achievement* と McNeil, *Under the Banner of Science* を参照されたい。

4　Simona Pakenham, *In the Absence of the Emperor: London-Paris, 1814–15* (London: Cresset Press, 1968) を参照されたい。

5　Roy Porter, *The Greatest Benefit to Mankind: A Medical History of Humanity from Antiquity to the Present* (London: Fontana, 1997), 306–14 を参照されたい。

6　グラントが出席しなかったと私たちが考えるのは、彼が聴講の登録をしていなかったからである。ラマルクの講義の聴講者を辿った Pietro Corsi の魅力的なデータベース www.lamarck.cnrs.fr/ を参照されたい。

7　Robert Grant, "Observations and Experiments on the Structure and Functions of the Sponge," *Edinburgh Philosophical Journal* 13, no. 25 (1825): 99.

8　Ibid., 97.

9　グラントの生涯と業績についての最も詳細な研究は Adrian Desmond によって、Desmond, *The Politics of Evolution*; Desmond, "Robert E. Grant's Later Views on Organic Development," *Archives of*

Natural History 11(1984): 395–413ならびに、Desmond, "Robert E. Grant: The Social Predicament of a Pre-Darwinian Transmutationist," *Journal of the History of Biology* 17, no. 2 (1984): 189–223の中で行われてきた。グラントの生涯に関する記述が、Sarah E. Parker, *Robert Edmond Grant (1793–1894) and His Museum of Zoology and Comparative Anatomy* (London: Grant Museum of Zoology 2006) として短い本にまとめられている。グラントは、パリの医学研究の技術を身につけていたので、自分が解剖したすべてのもの、あらゆる考え、特別な連想や、批判的な会話などについてノートを取っていた。しかし、これはすべて消失してしまった。彼は結婚することもなく、近しい縁者もないまま亡くなり、彼の蔵書は残ったが、こういった貴重な日記やメモや手紙の束などは残らなかった。それゆえ、彼の知的な旅路や実際の足跡を辿ることは、推測の域を出ない。1850年に友人のトマス・ウェイクリーが『ランセット』誌に寄せた長い伝記的エッセーは、おそらくグラントとの面談に基づいたもので、現存しているが、それ以外には、彼が1820年代、30年代に著した数十の論文を別にすれば、ほとんど何も残っていない。Thomas Wakley "Biographical Sketch of Robert Edmond Grant, M. D.," *Lancet* 2 (1850): 686–95. グラントが海綿に関して発表したすべての著作に関する完全で詳細なリストについては、Parker, *Robert Edmond Grant (1793–1894) and His Museum of Zoology and Comparative Anatomy* を参照されたい。

10 Grant, "Observations and Experiments on the Structure and Functions of the Sponge," *Edinburgh Philosophical Journal* 13 (1825): 102.

11 Grant, "Observations and Experiments on the Structure and Functions of the Sponge," *Edinburgh New Philosophical Journal* 2 (1826): 126. グラントが海綿に関する一連の論文を発表しているあいだに *Edinburgh Philosophical Journal* は *Edinburgh New Philosophical Journal* に改名された。

12 Ibid., 136.

13 Robert Grant, "Observations and Experiments on the Structure and Functions of the Sponge," *Edinburgh Philosophical Journal* 14, no. 27 (1826): 123.

14 海綿は実際には動物であり、移行期にある有機体ではない。海綿は6億年以上前にほかの後生動物から枝分かれした古代の動物の一グループである。この枝分かれは、細胞の分裂や成長、分化、接着、死などの仕組みの進化を必要とした。現代の遺伝学では、海綿類は、後生動物の多細胞化の過程の起源を探究する上で中心的な役割を果たしている。海綿について議論していただいたことで、遺伝学者のKate Downesに感謝申し上げたい。

15 John Hutton Balfour, *Biography of the Late John Coldstream* (London: J. Nisbet, 1865), 6.

16 ロバート・グラントが同性愛者だったのかもしれないということを最初に示唆した歴史家はAdrian Desmondで、彼は、Desmond, *Archetypes and Ancestors: Palaeontology in Victorian London, 1850–1875* (London: Blond and Biggs, 1982) の中で、ロンドン大学ユニヴァーシティ・カレッジ動物学科でのグラントの評判に関する記述に基づいて、そう推測した。グラントは、生涯にわたって、結婚することはなく、男性とのあいだに強固な友情を保ち続けた。彼は多くの男性と数カ月間の海外への旅行を繰り返した。もしコールドストリームとグラントとのあいだに性的な感情が起こったとすれば、とりわけ、コールドストリームの強固な信仰を考えれば、彼がグラントのそばで研究を続けていた時期に、コールドストリームが日記の中で表していた自己嫌悪の強烈さの説明がつくかもしれない。それはまた、Desmondが指摘しているように、ロンドンでのグラントの評判の低下と、チャールズ・ダーウィンが結果的に彼とのあいだに距離を置くようになったことの、考えられる多くの要因の一つなのかもしれない。この問題について議論していただいたことで、Adrian Desmondに感謝申し上

げたい。

17 ここでもまた、この問題について数年前にいただいた寛容な協力と助言について、Adrian Desmond に感謝申し上げたい。ハイデルベルク大学で、グラントは、解剖学と生理学の若い教授フリードリヒ・ティーデマンに出会っていた。ラマルクは、その変容説にもかかわらず、動物界と植物界の完全な区分を信じていた。しかし、ティーデマンは、最も単純で古い生命形態にあっては、二つの界の境界は固定されていないと信じていた。

18 J. H. Ashworth, "Charles Darwin as a Student in Edinburgh, 1825–1827," *Proceedings of the Royal Society of Edinburgh* 55 (1935): 97–113 を参照されたい。ダーウィンの生涯のうちのこの時期に関しては、Adrian Desmond and James Moore, *Darwin* (Harmondsworth: Penguin, 1992)〔エイドリアン・デズモンド、ジェイムズ・ムーア、渡辺政隆訳『ダーウィン——世界を変えたナチュラリストの生涯』、工作舎、1999〕の魅力的な記述と、P. Helveg Jespersen, "Charles Darwin and Dr. Grant," *Lychnos* (1948–49): 159–67; George Sheppersen, "The Intellectual Background of Charles Darwin's Student Years at Edinburgh," in M. Banton, ed., *Darwinism and the Study of Society* (London: Tavistock Publications; Chicago: Quadrangle Books, 1961), 17–35, ならびに、H. Ashworth, "Charles Darwin as a Student in Edinburgh," *Proceedings of the Royal Society of Edinburgh* 55 (1935): 97–113 を参照されたい。

19 Plinian Minutes Ms, 1ff., 34–36, Edinburgh University Library, Dc. 2. 53.

20 Grant, "Observations on the Spontaneous Motions of the Ova of Zoophytes," *Edinburgh New Philosophical Journal* 1 (1826): 156.

21 Edinburgh Notebook, listed as DAR 118 in the Darwin archive in Cambridge University Library 56.

22 Ibid.

23 Ashworth, "Charles Darwin as a Student in Edinburgh," 105 に引かれている。

24 Jespersen, "Charles Darwin and Dr. Grant," 164–65. Jespersen が言及している備忘録は現在では失われているので、この回想は注意して読む必要がある。けれども、グラントがロンドンで働いていたころ、彼は、発見や発表について誰が先行していたのかについて、人と争うことで悪名高く、自身が研究で発見したことなどについてもなかなか人に見せようとしなかった。Desmond, *The Politics of Evolution* を参照されたい。

25 Balfour, *Biography of the Late John Coldstream,* 38.

26 Ibid., 69.

27 Ibid.

28 コールドストリームは、ダーウィンへの手紙の中で、相手の言葉をそのまま引用して返している。1829年2月28日付けのジョン・コールドストリームからチャールズ・ダーウィンへの手紙。Letter 58, DCP.

29 Ibid.

30 Desmond and Moore, *Darwin,* 82 に引かれている。

31 1831年7月9日付けのチャールズ・ダーウィンからウィリアム・ダーウィン・フォックスへの手紙。Letter 101, DCP.

32 Charles Darwin, *Autobiography with original omissions restored; edited with appendix and notes by his grand-daughter, Nora Barlow* (London: Collins, 1958), 71–72.〔チャールズ・ダーウィン、八杉龍一訳『ダーウィン自伝』、ちくま学芸文庫、2000〕

33 コールドストリームはやがて、岩場の水たまりでの探究を通してある種の心の平和を取り戻した。彼は1835年に結婚して、家庭生活と医師としての成功と、たまに百科事典のクラゲやキクイムシ、フジツボなどの項目を執筆するという日常に落ち着いていった。

34 ウェイクリーとグラントの盟友関係に関する詳細な記述と、19世紀初期の政治と科学の怜悧な分析については、Desmond, *Politics of Evolution,* 122–23を参照されたい。ウェイクリーは、1833／34年の『ランセット』誌に、グラントの講義内容の細目をすべて掲載して、連繋を通してグラントの考えをさらに先鋭化させた。

35 Robert Grant, Lecture 55, *Lancet* 2 (1833–34): 1001.

36 Carl Gustav Carus, *On the State of Medicine in Britain in 1844* より。Desmond, *Politics of Evolution,* 258に引かれている。

37 Adrian Desmond, "Richard Owen's Reaction to Transmutation in the 1830s," *British Journal for the History of Science* 18, no. 1 (1985): 25–50.

38 Pietro Corsi, "The Importance of French Transformist Ideas for the Second Volume of Lyell's *Principles of Geology,*" *British Journal for the History of Science* 11, no. 3 (1978): 221–44.

39 Desmond, *Politics of Evolution,* 328.

40 グラントのロンドンでも悪戦苦闘についての怜悧な記述については、Desmond, "Robert E. Grant: The Social Predicament," 189–223を参照されたい。

41 John Beddoe, *Memories of Eighty Years* (Bristol: Arrowsmith, 1910), 32–33.

第11章　スコットランドの啓蒙主義者

1 William Chambers, *Memoir of Robert Chambers and Autobiographical Reminiscences of William Chambers* (Edinburgh and London: W & R. Chambers, 1872), 50. 寛容にも本章の草稿を読んで、訂正して、感想を寄せてくださったことでだけでなく、その卓抜な著書 *Victorian Sensation: The Extraordinary Publication, Reception, and Secret Authorship of "Vestiges of the Natural History of Creation"* (Chicago: University of Chicago Press, 2000) に関しても、James A. Secord に感謝申し上げたい。この本がなければ、この章と、実際、ほかの章の何カ所かも、書くことはできなかっただろう。

2 C. H. Layman, ed., *Man of Letters: The Early Life and Love Letters of Robert Chambers* (Edinburgh: Edinburgh University Press, 1990), 57.

3 Ibid.,

4 Chambers, *Memoir of Robert Chambers,* 77.

5 Layman, *Man of Letters,* 84–85.

6 Chambers, *Memoir of Robert Chambers,* 242–43.

7 1830年3月30日付けのチェンバースからスコットへの手紙。James A. Secord, "Behind the Veil: Robert Chambers and *Vestiges,*" in James R. Moore, ed., *History, Humanity and Evolution: Essays for John C. Greene* (Cambridge and New York: Cambridge University Press, 1989), 169に引かれている。

8 Secord, *Victorian Sensation,* 234.

9 Ibid., 241.

10 Ibid., 238.

11 Ibid., 246.

12 Layman, *Man of Letters,* 177.

13 『ジャーナル』が年ごとにますます率直な物言いをするようになっていったことについては Robert J. Scholnick, "'The Fiery Cross of Knowledge': *Chambers's Edinburgh Journal,* 1832–1844," *Victorian Periodicals Review* 32, no. 4 (1999): 324–58 を参照されたい。けれども、残念なことに、Scholnick は燃えさかる十字架の意義を捉えそこねて、それはチェンバースがますます救世主のような論調を帯びていった証拠だと論じているが、そういうことはない。燃えさかる十字架は、スコットランドの歴史という脈絡では、独特の政治的な意味を持っていたのである。

14 日付のないチェンバースからアイアランドへの手紙。Secord, "Behind the Veil," 171 に引かれている。

15 1835年11月25日付けのロバート・チェンバースからジョージ・クームへの手紙。National Library of Scotland Ms 7234. Secord, *Victorian Sensation,* 87 に引かれている。

16 George Combe, *Constitution of Man Considered in Relation to External Objects* (Edinburgh: J. Anderson Jr., 1828), 301.

17 Robert Chambers, "Natural History: Animals with a Backbone," *Chambers's Edinburgh Journal,* November 24, 1832, 338.

18 Robert Chambers, "Popular Information on Science: Transmutation of Species," *Chambers's Edinburgh Journal,* September 26, 1835, 273–74; Secord, *Victorian Sensation,* 93 に引かれている。

19 1837年に、ロバート・チェンバースは、友人たちへの手紙で、ここ2年間、余暇はすべて「骨相学」の論文の草稿に当ててきたと書いている。この本が『創造の自然史の痕跡』になった。Secord, "Behind the Veil," 174.

20 Eliza Priestly *The Story of a Lifetime* (London: Kegan, Paul, Trench, Trubner, 1908), 43.

21 44年6月30日付けのロバート・チェンバースからアレグザンダー・アイアランドへの手紙。Secord, *Victorian Sensation,* 114 に引かれている。

22 Secord, *Victorian Sensation*, 115.

23 R. C. Lehmann, *Memories of Half a Century* (London: Smith, Elder, 1908), 7. Lehmann はここで、1852年にチェンバースの娘の一人と結婚したフレデリック・レーマンの回想録から引用している。

24 Secord, *Victorian Sensation*, 376 に引かれている。

25 Ibid., 104.

26 1844年6月30日付けのロバート・チェンバースからアレグザンダー・アイアランドへの手紙。National Library of Scotland. Secord, "Behind the Veil," 171 に引かれている。

27 〔1844年の〕ロバート・チェンバースからアレグザンダー・アイアランドへの手紙。National Library of Scotland. Secord, "Behind the Veil," 170–71 に引かれている。

28 1844年11月16日付けのジョージ・W・フィアスタンホーからアダム・セジウィック尊師への手紙。Secord, *Victorian Sensation,* 222 に引かれている。

29 1845年5月4日付けのアダム・セジウィックからマックヴェイ・ネイピアへの手紙。Secord, *Victorian Sensation,* 240 に引かれている。

30 1845年4月10日付けのアダム・セジウィックからマックヴェイ・ネイピアへの手紙。Macvey Napier, ed., *Selections from the Correspondence of the Late Macvey Napier* (London: Macmillan, 1879), 492.

31 Secord, *Victorian Sensation,* 246 に引かれている。

32 *Christian Remembrancer,* June 1845, 612.

33 [James McCosh], "Periodicals for the People," *Lowe's Edinburgh Magazine,* January 1847, 200.

34 Hugh Miller, "The People Their Own Best Portrait Painters," *Witness,* December 5, 1849, 2.

35 Scottish Association for Opposing Prevalent Errors, *Report of the Proceedings of the First Public Meeting of the Scottish Association for Opposing Prevalent Errors, Held in the Salon of Gibb's Royal Hotel, Princes Street, Edinburgh on Tuesday 9th March, 1847.* Secord, *Victorian Sensation,* 289 に引かれている。

36 Secord, *Victorian Sensation,* 444 に引かれている。

37 Ibid., 294–95.

38 1844年12月30日付けのジョーゼフ・フッカーからチャールズ・ダーウィンへの手紙。Letter 804, DCP.

39 1847年4月18日付けのチャールズ・ダーウィンからジョーゼフ・フッカーへの手紙。Letter 1012, DCP.

40 1854年9月2日付けのチャールズ・ダーウィンからT・H・ハックスリーへの手紙。Letter 1587, DCP.

第12章　アルフレッド・ウォーレスの熱に浮かされた夢

1 Alfred Russel Wallace, "On the Law Which Has Regulated the Introduction of New Species," dated Sarawak, Borneo, *Annals and Magazine of Natural History,* 2nd series, 16 (1855): 184–96. 私は、この章に対して惜しみないご意見をくださり、ウォーレスの生涯について知られていることの微妙な点について話していただいたこと、また、ウォーレスについての卓越した評伝で、すぐれた伝記作家Peter Rabyに負っている。

2 ウォーレスは、熱によって引き起こされたひらめきがどこで起こったのかという点で、つねに少し曖昧である。彼はそれが、自身がベース・キャンプとして使っていたテルナテ島の海に面した小さな町テルナテでだったと主張しているが、彼のフィールド・ワークの記録は、彼が二月はずっとジロロ島のドディンガにとどまっていたことを示している。ウォーレスの伝記を書いたRoss A. Slottenが指摘するように、読者のほとんどはテルナテについては聞いたことがあっただろうが、ジロロはあまりに小さすぎて、西洋では何の地理上の意味も持たなかったからだというのが、最も考えられることだろう。Ross A. Slotten, *The Heretic in Darwin's Court: The Life of Alfred Russel Wallace* (New York: Columbia University Press, 2004), 509 n. 6.

3 A. R. Wallace, *My Life: A Record of Events and Opinions,* 2 vols. (London: Chapman and Hall, 1905), 1: 361.

4 Ibid., 362.

5 ウォーレスは、自伝の中でアリについて書いている。彼は1851年にアリを雇い、狩りと標本の準備が出来るように訓練した。アリについてはまた、Jane R. Camerini, "Wallace in the Field," in H. Kuklick and R. Kohler, eds., "Science in the Field," *Osiris* 11(1996): 55–56 も参照されたい。ウォーレスのもう一人の主要な助手チャールズ・アレンは、彼と共にイギリスから渡ってきていたが、1856年に修道院に入るために彼の許を離れた。彼は1860年にウォーレスの許に戻った。

6 1862年、ウォーレスが郵便蒸気船でスマトラからシンガポールに向けて出航したとき、彼はアリに現金と2丁の銃、弾薬、備品と器具を与えて、裕福な人物としてあとに残した。自伝の中にもアリの写真を出して、ウォーレスは、彼のことを東方における旅のほとんどで信頼できる伴侶

であり、彼が現地で雇った最良の召使いだったと述べている。

7 Wallace, *My Life,* 1: 363.

8 原注第12章2を参照されたい。

9 Jim Endersbyが2003年の評論で指摘したように、ウォーレスは進化論の歴史の中で敗者として以外のかたちで表されることは稀で、彼の生涯もダーウィンの物語における一つの影として以外に見られることはまれである。Jim Endersby "Escaping Darwin's Shadow," *Journal of the History of Biology* 36, no. 2 (2003): 385–403を参照されたい。入手可能なウォーレスの多くの伝記のうちで、Peter Rabyのものが今も最もすぐれている。Raby, *Alfred Russel Wallace: A Life* (Princeton: Princeton University Press, 2001)を参照されたい。また、Slotten, *Heretic in Darwin's Court*も参照されたい。

10 初期のウォーレスの境界や境界線に対する関心に関するこういった洞察について、私は、James Mooreの重要な論文、"Wallace's Malthusian Moment: The Common Context Revisited," in Bernard Lightman, ed., *Victorian Science in Context* (Chicago: University of Chicago Press, 1997), 290–311に負っている。

11 Wallace, *My Life,* 1: 29.

12 ウォーレスはまた、同じ頃に、ペストで疎開した人々があとに残していった空き家に押し入った盗賊についての、トマス・フッドの教訓話「大ペスト物語」〔Thomas Hood, "The Tale of the great Plague"〕も読んだ。

13 ペストが襲ったとき、デフォーはわずか4歳だった。彼が1722年に一人の目撃者の日記として出版した記録は、一部は虚構であり、一部は複数の目撃者の記述を寄せ集めたものである。

14 Daniel *Defoe, Journal of the Plague Year,* 282.〔ダニエル・デフォー、武田将明訳『ペストの記憶』、「英国十八世紀文学叢書第三巻」、研究社、2017〕

15 Wallace, *My Life,* 1: 80.

16 Ibid., 227.

17 Ibid., 226.

18 ウォーレスは自伝の中で、囲い込みの原理に対する長く雄弁な非難をしている。ibid., 78–84. 彼はのちに土地国有化運動で積極的に活動している。

19 これらの暴動は、聖書の中のリベカ(Rebecca)にちなんで、レベッカ暴動(1833–43年)と呼ばれた。扇動者たちはほとんど農業従事者か農夫だったが、その多くが女性に変装して一団で道路の料金所を攻撃した。David Williams, *The Rebecca Riots: A Study in Agrarian Discontent* (Cardiff University of Wales Press, 1955)を参照されたい。

20 ウォーレスは、このころ、ニースで最初の論文"The South-Wales Farmer"を執筆し、それはのちに、*My Life,* 1: 207–22の中で発表された。これは、現在では、Jane R. Camerii, ed., *The Alfred Russel Wallace Reader: A Selection of Writings from the Field* (Baltimore: Johns Hopkins University Press, 2001), 18–60に収められている。

21 Wallace, *My Life,* 1: 232. 彼は、1844年にマルサスを読み、そして、彼の自然選択の理解は1858年に訪れる。だから、その間の時間の経過は実際には彼が記憶していたより短い。

22 Ibid., 237.

23 R. Elwyn Hughes, "Alfred Russel Wallace: Some Notes on the Welsh Connection," *British Journal for the History of Science* 22, no. 4 (1989): 401–18.

24 1845年12月28日付けのウォーレスからベイツへの手紙。Wallace, *My Life,* 1: 254 に収録されている。

25 Raby, *Alfred Russel Wallace,* 28.

26 Wallace, *My Life,* 1: 256–57.

27 David Quammen, *The Song of the Dodo: Island Biogeography in an Age of Extinctions* (London: Hutchinson, 1996) の中の "The Man Who Knew Islands." 65 に引かれている。

28 Wallace's Ms Journal, 39, 54, Linnaean Society archives より。Camerii, "Wallace in the Field," 53 に引かれている。

29 Quammen, "The Man Who Knew Islands," 71 に引かれている。

30 Ibid., 73–74 に引かれている。

31 彼は、日々の業務や時間割を定めていて、そのことが彼を収集家としてたいへん成功させることに繋がった。彼は毎朝5時に起床して、昆虫を整理し乾かして、その日のための道具を用意して、9時から午後の3時までは、ジャングルや野原あるいは森に出て、採集し、帰宅すると、助手たちといっしょに昆虫を殺してピンで留めた。それから、4時に食事を取って、再び、6時かその日の採集量によってはもっと遅くまで作業して、その後、数時間は読書か団欒に当ててから、就寝した。Wallace *My Life,* 1: 337–38 に引かれた、1854年5月28日にウォーレスがシンガポールから送った手紙に拠る。

32 ウォーレスの論文「新しい種の導入を規定してきた法則について」("On the Law Which Has Regulated the Introduction of New Species")は1855年に『自然誌年報』(*Annals and Magazine of Natural History*)に掲載された。

33 Alfred Russel Wallace, *The Malay Archipelago: The Land of the Orang-Utan, and the Bird of Paradise. A Narrative of Travel, with Studies of Man and Nature,* 2 vols. (London: Macmillan & Co., 1869), 2: 176, *177,* 179.〔アルフレッド・ラッセル・ウォーレス、新妻昭夫訳『マレー諸島——オランウータンと極楽鳥の土地』上・下、ちくま学芸文庫、1993〕

34 アルー諸島に滞在していたころのウォーレスの記述は、とりわけ魅力的である。ibid., 2: 196–298 を参照されたい。

35 1856年11月19日付けのヘンリー・ベイツからA・R・ウォーレスへの手紙。Slotten, *Heretic in Darwin's Court,* 135 に引かれている。

36 1857年5月1日付けのチャールズ・ダーウィンからA・R・ウォーレスへの手紙。Letter 2086, DCP.

37 Slotten, *Heretic in Darwin's Court,* 139 に引かれている。

38 Wallace, *Malay Archipelago,* 2: 20. Moore, "Wallace's Malthusian Moment: The Common Context Revisited," 296 に引かれている。

39 1858年6月18日付けのチャールズ・ダーウィンからチャールズ・ライエルへの手紙。Letter 2285, DCP.

40 1858年6月25日付けのチャールズ・ダーウィンからチャールズ・ライエルへの手紙。Letter 2294, DCP.

41 何人かの歴史家たちは、ダーウィンの振る舞いは紳士的とは言えないと示唆してきた。ほかの歴史家たちは、彼は自分に有利になるよう積極的に状況を操作したとし、また別の人たちは、彼はウォーレスの考えのいくつかを盗んだとも示唆してきた。John Langdon Brookes は、ウォーレスの

論文は早くも5月18日の時点で届いており、ダーウィンは、自分の日記にその受領を記すまでに少なくとも2週間かおそらく1カ月間すら自分の許に置いていた可能性があると指摘している。そのことは、彼にウォーレスの考えのいくつかを「盗用」するのに十分なだけの時間を提供しただろう。Arnold Brackman は、ダーウィンとフッカーとライエルのあいだには共謀があって、階級が問題だったのだと示唆している。別の見方は、二つの理論は同じではなく、ウォーレスの言う自然選択は変種と種のレヴェルで作用したのに対して、ダーウィンが唱えたものは個体のレヴェルで作用したとしている。Slotten, *Heretic in Darwin's Court,* 159 を参照されたい。

42 フッカーは、この記述を Francis Darwin, ed., *The Life and Letters of Charles Darwin,* 3 vols. (London: John Murray 1887), 2: 126 のために書いた。

43 1858年10月6日付けのA・R・ウォーレスからジョーゼフ・フッカーへの手紙。Slotten, *Heretic in Darwin's Court,* 160 に引かれている。

44 Thomas Barbour, *Naturalist at Large* (London: Scientific Book Club, 1950), 36. Camerini, "Wallace in the Field," 55 に引かれている。

訳者あとがき

本書は、Rebecca Stott, *Darwin's Ghosts: The Secret History of Evolution*（イギリス版Bloomsbury, アメリカ版Spiegel & Grau, 2012）の全訳である。この翻訳は、二〇一三年にBloomsburyから出版されたペーパーバック版（副題は"In Search of First Evolutionists."）に依拠している。

「ダーウィンの亡霊たち」というと、何となくダーウィンが亡霊となっていろんなところに出没したかのような印象を与えるかもしれないが、実際には、第1章に述べられているように、『種の起源』の刊行以降、進化論に関して自薦他薦の先駆者候補がつぎつぎに現れて、中にはダーウィンが自分の説を剽窃したと仄めかす者もあったりして、ダーウィン自身、彼らの業績をよく知らなかったこともあって、本当に先駆者と言えるのかどうか判断がつかないことも多く、こういう人々をどう扱えばよいのか、まるで過去の亡霊に取り憑かれたかのように悩まされたという逸話に基づいている。ただ、日本語の表題としては少し落ち着きが悪く、何を指しているのかわかりづらいということもあって、現在のようなものに落ち着いた。

著者のレベッカ・ストットは、二〇二一年に退職するまでイースト・アングリア大学で文学と文芸創作の教授を務めており（現在は名誉教授）、また、同じ二〇二一年に、イギリス王立文学協会の会員に選ばれている。ほかに、ケンブリッジ大学の科学史・科学哲学科の研究員としても活動している。著書は、イギリス文学の研究書や、評伝、小説など多岐に亘っているが、代表的なものとして次のような作品がある。

The Fabrication of the Late Victorian Femme Fatale: The Kiss of Death, 1992〔一九世紀末イギリスの文化状況の中で、ファム・ファタール（宿命の女）のイメージがどのように作り出されていったかを考察したもの〕

Elizabeth Barrett Browning, 2003〔一九世紀後半期に活躍した詩人エリザベス・バレット・ブラウニングの生涯と詩についての研究書。サイモン・アヴェリーとの共著〕

Oyster, 2003〔牡蠣について、その催淫効果などに関する蘊蓄を語ったもの〕

Theatres of Glass: The Woman Who Brought the Sea to the City, 2003〔一八四七年にロンドンのウェストミンスター寺院の構内に、イギリスで最初の海生水族館を作ったアン・ティンの評伝〕

Darwin and the Barnacle, 2003〔若き日のダーウィンのフジツボの研究が、のちの進化論の基盤となった次第を、彼の宗教上の葛藤を交えて論じたもの〕

Ghostwalk, 2007〔アイザック・ニュートンと錬金術の関わりを絡めて、一七世紀と現代の二つの殺人事件を繋ぐ怪奇スリラー小説〕

The Coral Thief, 2009〔ナポレオンの没落直後の騒擾の絶えないパリを舞台に、科学者としての野心に燃える青年の危険な恋の冒険を描いたミステリー小説〕

Darwin's Ghosts: The Secret History of Evolution, 2012〔本書〕

In The Days of Rain, 2017〔強固なキリスト教原理主義を奉じる家庭に育った著者が、もともとその教えを固く信じていながら、やがてそこから離反していった父との、葛藤を交えた関係を中心に綴った回想録〕コスタ文学賞（伝記部門）受賞。

Dark Earth, 2022〔ローマ帝国軍が退去して廃墟として残された中世初期のロンドンを舞台に、秘められた力を持つ姉妹の活躍を描いた歴史ファンタジー〕

私が本書について初めて知ったのは、たまたま手に取った『ニューヨーク・タイムズ』に掲載されていた書評からで、そこでの高い評価に惹かれて、取り寄せて読んでみて、その独特の語り口と起伏に富んだ内容にすっかり魅せられた次第である。

　種の多様性や進化に関して、ダーウィン以前の自然誌家たちの見方を論じた本は、ほかにも知らないわけではなく、探せばもっといろいろ出てくるだろう。改めて言うまでもなく、ダーウィンの進化論というのは、何もないところに突然降って湧いたように出てきたものではない。特にダーウィン前夜ともいうべき一九世紀前半期には自然誌に関する新しい発見や発掘が相次いでおり、さまざまな見方が提起され、熱い議論が展開されていて、当然、そういう知見や状況を紹介し解説した文献も決して少なくない。

　そういった中で、とりわけ本書に強く惹かれたのは、古代ギリシアから大英帝国の時代までという扱われている期間の長さや、単にヨーロッパにとどまらず、アッバース朝のイスラム帝国からエジプト、さらには、アマゾンからマレー群島に至るという、舞台となっているさまざまな場が織りなす空間の広がりといった壮大な展望もさることながら、それぞれの出来事に登場する人物たちの息づかいまでが聞こえてきそうな、その描写の鮮やかさにある。類書にありがちなように、単にそれぞれの事績や見方を紹介し比較するというのではなく、そういう自然誌家たちの生涯——彼らが研究に捧げた情熱や挫折、仲間同士の友情や対立、喜びや失意といったもの——がじつに生き生きと描かれており、読者を抗いがたくその世界へと引き込んでゆくのである。

　生命の帯びる多種多様な姿に対する驚異や不思議の念は、人がこの世に誕生して以来、ずっと変わることなくあり続けたものだっただろう。奥深い洞窟の壁画や土偶、ナスカの地上絵などに描かれたさまざまな動物の姿も、この地上に満ちる数限りない生命の多彩なありように対する、太古の人々の畏怖と驚愕、あるいは、憧憬の念と、なおも、その多様な生命を自らの知力によって把握・理解し、あわよくばこれを支配しようとする、そのやみがたい意志の表れだったと言えるだろう。

　聖書やコーランの中で語られる神による世界の創造についての神話なども、そういった驚異や不思議の念に応えようとする多くの企ての一つだっただろう。そのようにして構築された世界把握の枠組みは、人がこの世にあって周囲の環境と対峙してゆくための拠り所として、一方で大きな安心や満足をもたらしたにちがいない。イスラムの碩学アル＝ジャーヒズが、砂漠の野営地の周辺に出没するさまざまな動物たちが織りなす食物連鎖の中に、創造主の限りない栄光と叡知を見て、その信仰をより確かなものとしたというのもそのいい例の一つと言えよう。

けれども、そういった枠組みが一つ得られたからといって、それで全ての不思議や疑問が解決するわけでもなく、枠からはみ出した要素、収まり切らない事実はより包括的な枠組みの必要を訴え続けることにもなろう。さらにまた、時を経るにつれて、旧来の枠組みと背馳するような事実や証拠が出てきたとき、人はより満足のゆく新たな枠組みを求めて模索・探究しようとして、旧来の枠組みやそれに依拠していた者たちとのあいだに、しばしば激しい軋轢や衝突を引き起こし、ときに激しい非難や弾圧、処罰を被ることになる。実際にそういった事態に陥らない場合でも、人はそのことを恐れ、備えなければならない。

本書で扱われている人物たちの多くも、その置かれた時代や国・地域によって、対峙しなければならない宗派などは微妙に異なっているが、研究や発表の際に、支配的なキリスト教会やその意向を受けた治安組織の監視や介入に晒されている。

しかも、そういった枠組みは、単に自分の外側にあるだけではなく、自身が育ってくる過程で疑問の余地のない真実として教えられ、依拠すべき規範として内面化されているわけだから、それに反するような事実を探究し、新しい枠組みを構想しようとする企てにはつねに深い疑念や逡巡が伴い、時には絶望的な思いに駆られることもあるだろう。

本書を通して伝わってくるものは、こういった圧力や疑念に晒されながら、それでもなお臆することなく探究や発表を続けた人々のたゆまぬ努力とその先にある知的な興奮や喜びである。

先にも触れたように、本書の魅力は、そういった興奮や喜びが、単なる事実としてではなく、生(なま)の感覚として伝えられ、私たちをその興奮の中に引き込んでゆくことである。本書に対する書評の中で、ある評者がpage turner（読み出すと止まらない）という言葉を使っていたが、実際、時ところ、そして論じる角度をつぎつぎに変えながら表されてゆく探究の労苦と挫折、そして、それでも止むことのない熱意と発見の喜びは、読む者を熱い共感で包み込んでいかずにはおかない。

本書のこういった魅力には、その文体も大きく関わっているように思われる。余談になるかもしれないが、最後にその点について少し触れておきたい。原文を読んでいて強く感じられることは、本書では叙述間接話法が多用されているということである。叙述間接話法（style indirect narratif）というのは、自由間接話法（style indirect libre）ともいって、一九世紀前半のジェイン・オースティンの小説などでも多く用いられているが、明確に方法論的な自覚をもって用いたのはフランスのギュスターヴ・フロベールが最初とされ、とりわけ、二〇世紀初頭のモダニズム期の、「意識の流れ派」と呼ばれる、ヴァージニア・ウルフやジェイムズ・ジョイス、ヘンリー・ジェイムズといった作家たちが好んで用いた手法である。これは、登場人物の発言や思考の内容を表す間接話法の文章について、例えば、“he thought that”といった言葉を省いて、内容を伝える文を――時制や人称の移動は通常の間接話法と同様にして――地の文に直接割って入れる技法である。もともと小説などで多用された手法であり、現代の小説では広く一般化されているように思うが、客観的な記述を旨とするノンフィクションで用いられるのはずっとまれなのではないだろうか。作者ストットが文芸創作（creative writing）の教授をしており、実際に自身が小説も書いているということも関係しているのだろう。

こういった文体では、地の文のなかに登場人物の発言や思考内容が他の部分と連続したかたちで書かれることで、語り手が客観的に語っているのか、登場人物の主観的な判断なのかといった区別が希薄になり、登場人物にとっての現実感の総体が、それだけ読者にスムースに伝わってくることになる。その文体的な効果は、描かれている人物と彼ないしは彼女を取り巻く状況の関わり方によっても変わってきて、一概には言えないだろうが、この作品の場合、言わば状況に取り込まれ悪戦苦闘しながら、なおもその中で自らの地歩を築こうとする人物たちのありようをより鮮明に浮かび上がらせ、その心のドラマに読者を深く引き込んでゆくよう作用しているように思われる。訳文がそういった雰囲気をいささかでも伝えるものになっていることを願うばかりである。

その一方で、そのことと一見矛盾するようだが、ストットの語りにはどこか斜に構えて、対象を軽く突き放すような皮肉っぽい調子があって、そのことが、読者が取り上げられている人物に過度に入れ込んでしまうのを妨げ、対象とのあいだに微妙な距離を置いて見るように促す効果を生んでいる。

こういった、一方で描かれた人物やその世界に読者を引き込みつつ、同時にそれとのあいだに距離を醸し出すような独特の叙述のスタイルが、寄せては返す波のような小気味のいいリズムを作り出して、人物やその状況に対する私たちの反応に鮮やかな彩りや陰影を添えることになり、言わば近しい友人として彼らと喜怒哀楽を共にするような感覚に繋がり、そのことが最終的に彼らに対する私たちの深い共感や敬意を産み出すことになっているように思われる。

最初に読んだのは、『ニューヨーク・タイムズ』の書評で本の存在を知ってから間もなくのころだったから、出版からさほど時を経ていない時期だったと記憶している。読み終えて、ぜひとも自分で訳してみたいと感じたが、当時は勤務先の仕事や本来の研究などに追われていたこともあり、すぐには実現に至らなかった。定年を迎えて自由に使える時間が出来ても、すぐさま頭を切り換えられるほど器用でもなく、身の回りにある本を気ままに読み散らすような日々が続いたが、新型コロナ・ウィルスの感染症が広く流行したり自身少し体調を崩してしばらく入院したりしたこともあって、何となく老い先が見えた気がして、気力が続くあいだに何か思い入れのあるものを一つでもかたちにしておきたいという思いが湧いて、本書の翻訳に取り掛かった次第である。

昔の「スペイン風邪」の流行といったことは話には聞いていたが、感染症の世界的な広がりなど、この年になるまで経験したこともなく、この間極力外出を控え、幸い感染することもなく今日に至っているが、この報道に接するにつけ、恐ろしさが募った。その中で、私がとりわけ強く印象づけられた点は、ウィルスの変異の速さと、そのことが周囲に及ぼす影響の大きさということである。当時はそれを観察するような技術もなかったのだから当然といえば当然だが、生き物を細胞や遺伝子のように微細なレヴェルに降り下って見たときに現れてくるのは、ダーウィンの時代には想像だにできなかったような、種の恐るべき流動性であり、そのことが、そのまま他の生物の存亡まで左右するという、世界そのものの可変性である。当時は何千年、何万年、あるいはそれ以上という単位でしか考えられなかった種の変異が、まさしく一日一日といった単位で論じられているのである。

けれども、同時にまた、この間に私たちが目撃したのは、そういった事態にすみやかに対処してゆく人間のしなやかな対応力である。新しいウィルスの登場や変異に応じて、矢継ぎ早にワクチンや治療薬の開発を進められる今日の科学の進化と、私のような門外漢にはとても信じられない対策の迅速さには本当に驚かされた。そういったワクチンや治療薬の開発に携わられた方々と、我が身の危険を顧みずに実際に治療に当たられた医療関係者の方々に対して心からの敬意と感謝の念を表したいが、そういった今日の医療や開発も、本書の中に描かれたような数知れない人々が気の遠くなるような時間をかけて営々と積み重ねてきた科学的な探究や試行錯誤の上に成り立っていることに、改めて深い感慨を覚える次第である。

本書が底本として依拠したペーパーバック版では略されているが、初版のまえがきは、ここで取り上げられている先駆者たちが、ダーウィンが神格化されてゆく過程でむしろ忘れ去られて、見えなくなっていることを慨嘆したあとで、「本書は、彼らをもう一度見えるところに引き出すことを目指すものである」という言葉で括られている。この一文がどうして削られたのか、あくまで推測の域を出ないが、言い方がいくぶんストレートすぎて、そのことだけが目的であるかのような印象を与えてしまうことを危惧されたのかもしれない。けれども、なお、本書がそういった人々に光を当てる一つの機会となることを願う作者の気持ち自体には変わりはないだろうし、その点では、僭越であるかもしれないが、訳者もまた同じ思いである。

今ではもういちいち口にするのもはばかられるほど厳しさの募る昨今の出版状況のなかで、企画を採用していただいた、髙木有氏を始め、作品社の編集部の方々、とりわけ、版権の交渉から校正に至るまで、煩雑な編集の実務の一切を担当して、力を尽くしてくださった田中元貴氏に、この場を借りて、改めて深く感謝申し上げたい。

記録づくめの酷暑の夏に

髙田　茂樹

【著者略歴】

レベッカ・ストット（Rebecca Stott）

イギリスの作家。イースト・アングリア大学名誉教授。英文学とクリエイティブライティングを担当。また、ケンブリッジ大学科学史・科学哲学科研究員を兼務した。著作に、若き日のダーウィンを論じた『Darwin and the Barnacle』や、キリスト教原理主義を奉じる環境で育った著者の子供時代と、尊敬する父との関係を描いた回想録『In The Days of Rain』（2017年に権威あるコスタ文学賞［伝記部門］受賞）、小説『Ghostwalk』、『The Coral Thief』などがある。

【訳者略歴】

髙田茂樹（たかだ・しげき）

金沢大学名誉教授。主たる研究対象は、シェイクスピアを中心とする英国エリザベス朝の演劇と、広くイギリス近代初期の文化。著書に『奈落の上の夢舞台——後期シェイクスピア演劇の展開』（水声社、2019）、訳書にクリストファー・マーロウ『タンバレイン』（水声社、2012）、スティーヴン・グリーンブラット『シェイクスピアの自由』（みすず書房、2013）など。

進化論の知られざる歴史
——ダーウィンとその〈先駆者〉たち

2024年10月20日　初版第1刷印刷
2024年10月25日　初版第1刷発行

著　者　レベッカ・ストット
訳　者　髙田茂樹

発行者　福田隆雄
発行所　株式会社 作品社
〒102-0072 東京都千代田区飯田橋 2-7-4
電　話　03-3262-9753
ＦＡＸ　03-3262-9757
振　替　00160-3-27183
ウエブサイト　https://www.sakuhinsha.com

装　丁　コバヤシタケシ
本文組版　米山雄基
印刷・製本　シナノ印刷株式会社

Printed in Japan
ISBN978-4-86793-046-5　C0040